# 가스터빈

원성필 · 이근식 지음

UUP

# 가스터빈

2016년 9월 23일 1판 2쇄 발행
2009년 2월 28일 1판 1쇄 발행

지은이 | 원성필, 이근식 공저
발행인 | 오연천
발행처 | UUP (울산대학교출판부)

출판등록 | 제 370-1996-000001호(1996.3.13)
홈페이지 | http://uup.ulsan.ac.kr
주소 | 680-749 울산광역시 남구 대학로 102(무거동) 울산대학교 출판부
전화 | (052) 259-2488
팩스 | (052) 277-3011



값 15,000원

*ISBN 978-89-7868-167-4 93550*

# 머리말

가스터빈엔진은 대표적인 열기관 중에 하나이다. 가스터빈하면 혹시 고개를 갸우뚱 할 사람이 있을지는 몰라도 제트엔진하면 모두가 다 알 것이다. 제트엔진이 곧 가스터빈엔진이다. 1930년대에 최초로 제작된 제트엔진은 그 후 기술발전과 신재료의 개발로 현재는 항공기에서뿐만 아니라 발전시스템으로 사용되고 있으며, 선박이나 탱크의 엔진으로 또 가스/원유의 수송용 동력기관으로 사용되고 있다. 특시 금세기에 들어와서 대형발전시스템에서 전기를 생산해서 공급하는 중앙식 발전의 개념에서 필요한 곳에서 필요로 하는 전기를 직접 생산하여 사용하는 분산발전시스템으로 그 개념이 전환되고 있으며, 분산발전시스템에 가스터빈이 중요한 역할을 할 것으로 보인다. 또한 각종 전자제품이 홍수처럼 출시되는 요즈음 소형 전자기기의 전기 공급원으로 초소형 가스터빈이 상용화 될 날도 멀지 않았다.

가스터빈에 관한 교재는 많이 있으나 대부분 외국서적이며, 국내 서적은 한손으로 꼽을 정도이다. 이것은 가스터빈에 대한 우리나라의 기술수준을 대변하는 것이라고도 볼 수 있다. 1990년대 들어서 기술축적이 전혀 없는 상태에서 본격적으로 시작된 국내 연구는 아직도 크게 신장되지 못하고 있다. 사실 항공기용 가스터빈 분야의 경우 우리나라가 비집고 들어갈 틈이 전혀 없다고 할 수도 있다. 최근에 한국형 차세대 전투기사업(KF-X)의 후속추진을 KDI가 경제성이 없다고 의견을 낸 것도 이와 무관하지 않다. 그러나 가스터빈의 산업용 응용분야는 앞으로 그 적용 가능성이 무궁무진하다고 할 수 있어서 특정 분야를 잘 선정하여 집중 투자한다면 향후 세계시장에서 어깨를 겨룰 가능성은 충분히 남아있다.

저자는 가스터빈 관련 업무에 직접적으로 종사한 적이 없었기 때문에 본서를 저술하려고 마음을 먹기까지 상당한 시일이 소요되었다. 그러므로 다른 이유보다는 저자 자신이 가스터빈에 대해서 상세하게 알고 싶어 하는 욕망이 본서를 탄생시켰다고 할 수 있다.

본서의 성격은 입문서이다. 가스터빈에 관련된 전반적인 내용을 서술하였으며, 잘 안다고 해서 어떤 특정한 부분을 상세하게 다루지도 않았다. 또한 내용이 특정한 분야로 치우치지 않도록 적절하게 안배하였다. 본서의 특징이라면 우선 강의식으로 평이하게 서술되어 있다는 것이며, 이론 편과 구성부품 편을 잘 조화시키고 핵심이 되는 모든 내용을 포함하면서도 한 학기 강의로 완전히 마칠 수 있도록 저술되었다. 또한 가스터빈 입문서로서 이해를 돕기 위해서 그림과 예제를 엄선하였다.

저자 나름대로 정성을 다하였으나 아직 학문이 부족하기 때문에 오류나 미비한 점이 많이 발견될 것이며, 그 때마다 독자들이 계속해서 지적해주시길 부탁드린다. 본서가 나오기까지 격려해주신 많은 분들과 연구비를 지원해준 울산대학교, 그리고 출판할 수 있도록 도와주신 울산대학교 출판부 직원 여러분께 감사의 말을 전한다.

2008년 가을

저자 씀

# 차례


■ 머리말 • 3

## 제1장 서론

1.1_ 열기관의 역사 • 11
    1. 증기기관 • 11
    2. 가솔린엔진과 제트엔진 • 14
1.2_ 가스터빈의 개요 • 16
    1. 동력 발생용 가스터빈 • 18
    2. 분사 추진용 가스터빈 • 20
1.3_ 단위계 • 23
연습문제 • 25

## 제2장 열역학

2.1_ 기본 개념 • 27
    1. 기본 술어 • 27
    2. 에너지 • 31
    3. 열과 일 • 31
    4. 비열 • 35
2.2_ 기본 법칙 • 36
    1. 질량보존 법칙 • 36

2. 열역학 제 1 법칙 • 37
3. 열역학 제 2 법칙과 엔트로피 관계식 • 40
2.3_ 이상기체 • 45
2.4_ 연소 • 47
1. 완전연소 과정 • 48
2. 반응열과 연소열 • 49
3. 발열량 • 50
2.5_ 가스터빈 사이클 • 51
1. 공기표준 터보제트 사이클 • 52
2. 실제 가스터빈 사이클 • 59
연습문제 • 60

## 제3장 유체역학

3.1_ 기본 개념 • 63
1. 마하수 • 63
2. 정체상태 • 64
3.2_ 기본 방정식 • 67
1. 연속방정식 • 67
2. 운동량 보존법칙 • 67
3. 베르누이 방정식 • 69
3.3_ 노즐 • 70
1. 노즐 단면적과 유동 속도 • 70
2. 수축 노즐 • 71
3. 수축-확대 노즐 • 74
4. 노즐의 유량 관계식과 최대 유량 조건 • 75
5. 노즐 효율 • 77
3.4_ 충격파 • 79
1. 수직 충격파 • 79
2. 경사 충격파 • 81
연습문제 • 85

## 제4장 동력 발생용 가스터빈


4.1_ 기본 터보축 가스터빈 • 87

1. 공기표준 사이클 • 87
2. 실제 사이클 • 91
3. 가스터빈엔진의 설계점 • 101
4. 개조형 가스터빈과 고유형 가스터빈 • 103

4.2_ 재생 가스터빈 • 105

1. 재생 가스터빈 사이클 • 105
2. 재생기 • 107

4.3_ 기타 가스터빈 • 113

1. 수증기 분사 가스터빈 • 113
2. 증발-재생 가스터빈 • 114
3. 내부 냉각 가스터빈 • 115
4. 재열 가스터빈 • 119
5. 내부냉각-재열-재생 가스터빈 • 122

4.4_ 가스터빈 발전 시스템 • 123

4.5_ 밀폐형 가스터빈 • 135

4.6_ 터보축 가스터빈의 응용 • 136

연습문제 • 141


## 제5장 분사 추진용 가스터빈


5.1_ 엔진 추력과 열효율 • 146

5.2_ 터보제트 엔진 • 149

5.3_ 터보팬 엔진 • 158

5.4_ 터보프롭 엔진 • 169

5.5_ 물분사와 후기연소 • 175

연습문제 • 178

## 제6장 흡입구, 노즐 및 연소기

6.1_ 흡입구 • 181
1. 아음속 흡입구 • 182
2. 초음속 흡입구 • 185
6.2_ 노즐 • 190
6.3_ 연소기 • 194
연습문제 • 200

## 제7장 압축기

7.1_ 터보기계의 성능 • 201
7.2_ 원심압축기 • 206
1. 개요 • 206
2. 기본 관계식 • 208
3. 입구와 디퓨저에서의 고려 사항 • 211
4. 성능 특성 곡선 • 217
7.3_ 축류 압축기 • 219
1. 개요 • 219
2. 기본 관계식 • 222
3. 깃 캐스케이드 • 231
4. 다단(Multi-Stage) 성능 해석 • 237
5. 성능 특성 곡선 • 241
7.4_ 축류-원심형 압축기 • 243
연습문제 • 245

## 제8장 터빈

8.1_ 축류 터빈 • 248
1. 개요 • 248
2. 기본 관계식 • 249
3. 노즐과 로터에서의 손실 • 252

4. 반동도 • 254
5. 깃의 종류와 설계 • 256
6. 다단(Multi-Stage) 설계와 성능 특성 곡선 • 258
7. 터빈 냉각 • 267
8.2_ 반경류형 터빈 • 270
연습문제 • 273

## 제9장 엔진 성능해석

9.1_ 성능변수의 분류 • 276
9.2_ 기준성능 계산 • 278
1. 성능변수 • 278
2. 성능계산 • 279
9.3_ 탈설계점 성능 계산 • 286
1. 설계상수의 결정 • 286
2. 수정성능변수 • 289
3. 가스발생기의 펌핑 특성 • 290
4. 터보제트엔진의 탈설계점 성능 계산 • 301
9.4_ 기타 엔진의 성능해석 • 307
연습문제 • 309

## 제10장 가스터빈 기술발전 동향

10.1_ 국내외 기술개발 동향 • 311
10.2_ 배기가스와 소음의 규제 • 314
10.3_ 향후 가스터빈의 응용 분야 • 316
10.4_ 결론 • 321
연습문제 • 322

- 부록 • 323
- 참고문헌 • 329
- 찾아보기 • 331

# 제1장

# 서론

가스터빈은 동력 발생 장치 중의 하나이며, 열기관(heat engine)의 일종이다. 가스터빈은 발전과 같은 산업용뿐만 아니라 제트기나 헬리콥터의 엔진으로도 사용되고 있다. 따라서 본 장에서는 열기관의 역사에 대해서 간단히 알아보고, 가스터빈에 대한 가장 기초적인 내용과 단위계를 살펴볼 것이다.

## 1.1 열기관의 역사

불과 300년 전만 하더라도 동력원으로는 사람이나 동물의 힘 또는 풍력이나 수력을 사용하였으며, 이러한 힘을 사용하여 기계를 만들고 세계 곳곳을 항해하였다. 그러나 진정한 근대 세계로의 진입은 증기기관의 발명 이후로 평가할 수 있으며, 문명의 도약은 가솔린 및 디젤엔진의 발명과 제트엔진의 발명으로 가능하였다.

### 1. 증기기관

1세기경에 알렉산드리아에 살고 있었던 Hero는 두 개의 제트(jet)를 가진 볼을 고안하였다. 그림 1.1에서 보는 바와 같이 증기가 볼에 있는 제트를 통해 분출하면서

[그림 1.1] Hero의 기관

볼이 회전하게 된다. Hero는 기계인형을 만드는 취미를 가지고 있었으며, 이 볼을 이용해 인형을 움직이게 하여 사람들을 즐겁게 해주었다. 아쉽게도 이 발명은 다른 용도로는 사용되지 않았다.

1690년에 프랑스 사람인 Denis Papin은 물을 높은 곳으로 송출하기 위한 증기기관을 하나 고안하여 만들었다. 금속판(피스톤 역할)/통(실린더 역할) 형태로 증기가 실린더로 들어가서 금속판을 최대한도로 올리고 차가운 물을 실린더 주변으로 분사하여 금속판을 다시 내려오게 하는 구조로 되어 있다. 1698년에 영국의 Thomas Savery는 실린더를 두 개 사용하여 하나의 통에 증기가 들어갈 때, 다른 통은 냉각되는 구조로서 훨씬 많은 물을 빨리 송출할 수 있었다. 그러나 보일러와 일을 수행하는 실린더-피스톤 장치를 제대로 갖춘 1712년의 Newcomen(영국의 Thomas Newcomen이 발명함) 기관을 성공적인 최초의 증기기관으로 간주한다. Newcomen 기관은 보일러에서 만든 저압(대기압 정도)의 증기를 이용한 기관으로 열효율은 1%도 채 되지 못하였으며, 실린더-피스톤은 응축기의 역할도 하였다. 그림 1.2에서 Newcomen 기관의 개략도와 삽화 하나를 보여주고 있다. 보일러에서 만들어진 저압의 증기가 실린더 내로 들어가서 피스톤을 위로 올리고 보일러 밸브가 닫힌 후 물이 분사되어 증기를 응축시켜 내보낸다. 이 기관은 일분에 12번 정도 왕복운동을 할 수 있었으며, 1725년까지 널리 사용되었다. 그러나 이 기관의 구조적 단점은 실린더-피스톤이 응축기의 역할도 하는 것이었다.

1763년 28살의 영국 수리공 James Watt는 Glasgow 대학에서 실험용 Newcomen 기관을 수리하면서 이 기관의 개선에 대해서 관심을 가지게 되었으며, 1765년 그의 생각은 실현되었다. 아이디어의 핵심은 응축기를 다른 실린더로 분리시키는 것이었으며, 이것은 기관의 속도를 크게 증가시켰다. Watt의 증기기관은 Newcomen 기관보다 4배 이상의 동력을 생산하였으며, 열효율은 4~5% 정도였다. 1781년에는 실린더 양쪽에서 증기를 교대로 투입하는 양방향 증기기관도 발명하였으며, 그림 1.3에서 보여주고 있다. Watt는 1819년 사망할 때까지 증기기관의 생산과 판매를 거의 독점하다시피 하여 매우 큰 돈을 번 것으로 알려져 있다.

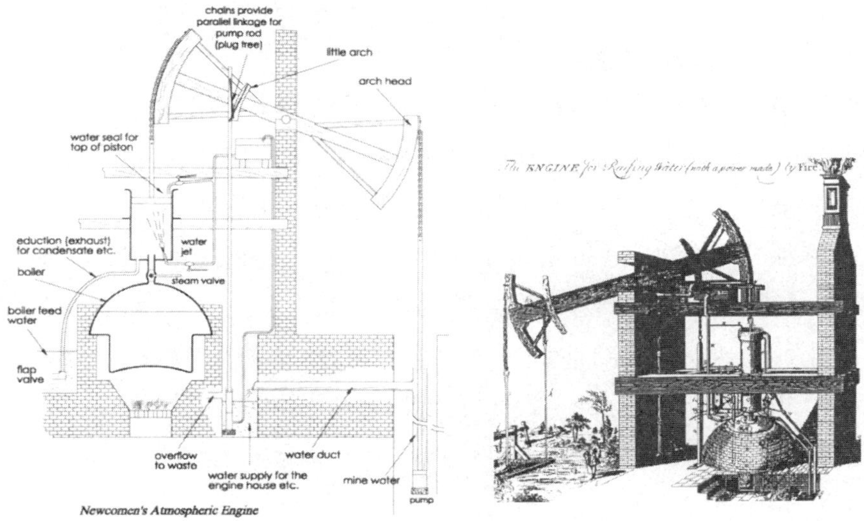


[그림 1.2] Newcomen 기관

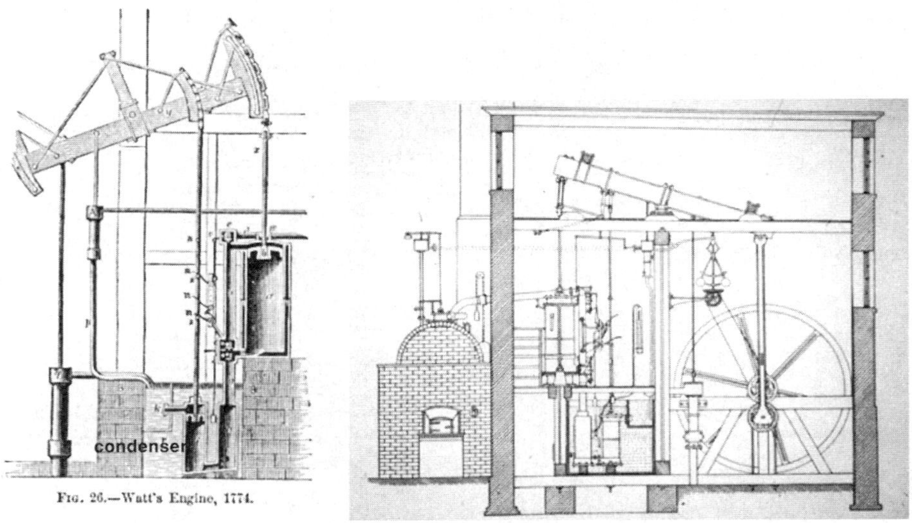


Single Acting type(1774년)　　Double Acting type(1784년)

[그림 1.3] Watt의 증기기관

Watt의 증기기관도 낮은 압력의 증기를 사용하였는데, 그가 고압의 증기를 사용하지 않은 이유는 폭발하지 않을까 하는 두려움 때문이었다. 고압 증기의 사용은 거의 같은 시기에 영국의 Richard Trevithick과 미국의 Oliver Evans에 의해서 이루어졌다. Evans는 1773년 불과 18살의 나이에 고압 증기기관을 개발하고, 1789년에는 고압 증기기관을 동력원으로 하는 수륙양용의 차를 발명하였다. 수륙양용의 차였지만 실제로는 육상에서 운행된 적은 없는 것으로 알려져 있다.

영국의 Cornwall에서 살고 있던 Trevithick은 Cornish 기관으로 명명된 고압 증기기관을 개발했으며, 이 기관을 사용해서 1804년에 기차를 하나 만들었다. 이 기차는 시속 6km 정도였다. Trevithick의 성공은 George Stephenson에 영향을 주었으며, 그도 1815년에 기차를 만들었다. 그 후 10년이 지난 1825년에 Stephenson의 기차는 영국 북부 Stockton과 Darlington시 사이를 시속 25km로 주파하는 기록을 세우게 된다. 이것은 정기적으로 승객을 운반하였던 세계최초의 열차이다. Stephenson의 증기기관은 로켓(rocket)으로 불려졌으며, 450명의 승객을 태운 21량의 객차를 수송할 수 있었다.

증기기관은 초창기부터 배나 선박을 구동하는데 사용되었으며, 최초의 증기선은 1783년 프랑스의 Saone 강에서 운행되었다. 19세기 말까지 세계의 교역은 증기선에 의존하였으며, 세계 각 국의 국력은 소유한 함대의 전력으로 평가할 수 있을 정도였다. 비록 증기기관이 19세기 말까지 기차, 선박 및 공장에서 광범위하게 사용되었지만 소형의 육상 수송은 거의 말에 의존하였다. 따라서 소형 육상 수송에서 증기기관이 사용된 예는 극히 드물며, 농작물을 운송하는 차량에 사용된 것이 고작이었다. 그 결과로 영국 런던에서는 수백 명의 인부들이 말똥만을 치우는 일에 종사했을 정도였다.

## 2. 가솔린엔진과 제트엔진

문명의 도약은 새로운 아이디어를 필요로 하며, 그것은 가솔린엔진이라는 것으로 시작되었다. 증기기관이 소형 육상 수송에서 사용되지 못한 근본적인 이유는 크고 무거운 보일러를 싣고 다녀야하는 것이었다. 가솔린엔진은 보일러와 동력전달 부분이 하나의 실린더 내에서 이루어지기 때문에 소형으로 만들 수 있다. 가솔린엔진에 대한 최초의 고안은 프랑스인인 Alphonse Beau de Rochas에 의해 1862년 확립되었다. Rochas의 아이디어를 발판으로 독일의 Nikolaus Otto는 실제 가솔린엔진을 만들었으며, 더 좋은 엔진이 나오기 전까지 무려 10년 동안 35,000여 대를 제작 판매하였다.

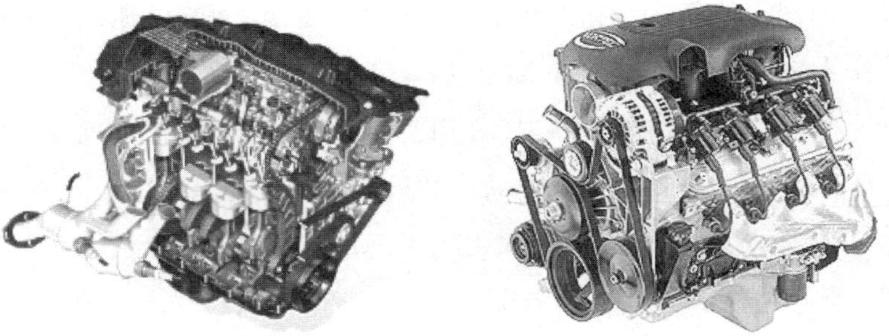

(a) Fiat 가솔린 엔진
(4 기통, 90bhp)

(b) Humvee 디젤 엔진
(8 기통, 316bhp)

[그림 1.4] 최신의 가솔린엔진과 디젤엔진

Gottlieb Daimler는 Otto와 함께 일하였으나, 1882년 Wilhelm Maybach와 손잡고 새로운 회사를 설립하여 근대적이고 소형이며 경량인 가솔린엔진을 제작하였다. 1885년에 Daimler는 최초의 오토바이를 제작하여 실험하였다. 한편 Karl Benz는 같은 해에 가솔린엔진 자동차를 제작하였으며, Daimler와 Maybach도 한해 뒤에 자동차를 제작하였다. 1892년에 Rudolf Diesel은 디젤엔진이라는 다소 다른 작동방식의 엔진을 발명하였으며, 이 엔진은 좀더 무거운 오일을 연료로 사용하였다. 디젤엔진은 특히 선박이나 공장용 동력기관으로 대단히 유용하게 사용되었다. 현재 가솔린엔진과 디젤엔진은 육상 수송용 자동차의 엔진뿐만 아니라 디젤엔진은 선박 및 기관차의 동력기관으로도 독점적으로 사용되고 있다.

16세에 공군사관학교에 입학한 영국의 Frank Whittle은 전투기 조종사 및 시험 조종사를 거쳐 1934년부터 1937년까지 Cambridge 대학에서 기계공학을 전공하였다. 그는 조종사 시절부터 높은 고도에서 보다 빨리 날 수 있는 비행기 추진기관에 관심을 가졌으며, 드디어 1930년에 제트엔진(일명 분사 추진용 가스터빈)을 발명하였다. 제트엔진은 가솔린엔진처럼 연료인 가솔린과 공기를 함께 연소시키지만 프로펠러를 회전시키는 동력을 얻는 대신에 팽창된 연소가스를 노즐을 통해 분사하여 직접 추진력을 얻는 방식의 기관이었다. 정부에서 이 제트엔진에 관심을 보이지 않자 Whittle은 직접 Power Jet Ltd.라는 회사를 1936년에 설립하고, 다음 해에 제트엔진을 만들어 시험하였다. 2차 세계대전이 발발하자 정부에서도 제트엔진에 대해서 관심을 가지게 되었으며, Whittle의 첫 번째 제트비행기는 Gloster E28/39로 명명되어 1941년 5월에 첫 시험 비행을 수행하였다. 이 제트비행기는 고도 7,500m 상공에서 시속 600km로 하늘을 날았다.

한편 독일에서도 자체적으로 제트엔진을 1935년에 개발하였는데, 그 개발의 주인공은 Hans Joachim Pabst von Ohain이었다. Whittle과는 달리 Ohain은 독일정부의 전폭적인 지원을 받았으며, 따라서 첫 번째 제트비행기는 Heinkel He 178로 영국의 제트기보다 빨리 시험 비행을 완료하게 된다. 드디어 1942년 7월 19일 Messersschmitt 262로 명명된 세계 최초의 제트 전투기가 독일 상공을 날아올랐다. 영국의 제트 전투기는 1944년에 처음으로 선을 보이게 된다.

세계 최초의 제트 전투기인 Messersschmitt 262기는 엔진 문제 때문에 발전 속도가 느렸으며, 총 1430여 대가 생산되어 2차대전 종료 직전 몇 달 동안 실전에 투입되었다. 실제로 이 전투기는 속도는 빨랐으나 체공시간이 짧았기 때문에 전세를 역전시키지는 못하였다. 그러나 제트엔진에 대한 지식은 전후에 더욱 활용되어 오늘날 항공 수송기관의 대명사가 되었다.

제트엔진 발전에 대한 미국의 기여도 결코 무시할 수 없다. 지금도 잘 알려져 있는 General Electric, Westinghouse, Northrup, Lockheed Martin 및 Pratt & Whitney社 등은 1940년대부터 제트엔진의 발전에 지대한 공헌을 해왔으며, 현재는 미국이 제트엔진을 포함한 가스터빈의 시장을 거의 독점하다시피 하고 있다. 오늘날 가스터빈은 최신예 전투기, 민간 대형 여객기 및 헬리콥터의 엔진으로 사용될 뿐만 아니라 발전용, 고속 선박용의 엔진으로도 사용되고 있다.

## 1.2 가스터빈의 개요

가스터빈(정확한 명칭은 가스터빈엔진, gas turbine engine)은 압축기, 연소기(또는 연소실), 터빈으로 구성된 동력발생 장치이다. 가스터빈은 공기를 압축, 연소기에서 연료와 함께 연소시킨 뒤 나온 고온 고압의 가스를 터빈에서 팽창시켜 연속적으로 동력을 얻는 장치로 장치의 무게 당 동력발생 비율이 매우 높다. 이 장치는 1791년 John Barber가 최초로 이론적인 특허를 획득한 이래 현재까지 신뢰할 수 있는 동력발생 기관으로 널리 사용되고 있다.

그림 1.5는 가스터빈엔진과 가솔린엔진의 비교를 보여주고 있다. 두 기관 모두 흡입/압축과정, 연소/팽창과정 및 배기과정으로 구성되나 가스터빈에서는 각 과정이 일어나는 장치가 독립적인데 반해 가솔린엔진에서는 동일한 실린더 내에서 이루어진다. 또한 가스터빈은 연속적으로 동력을 발생시키지만 가솔린엔진에서는 간헐적으로 동력이 발생된다는 차이점이 있다. 가스터빈의 장단점은 다음과 같다.

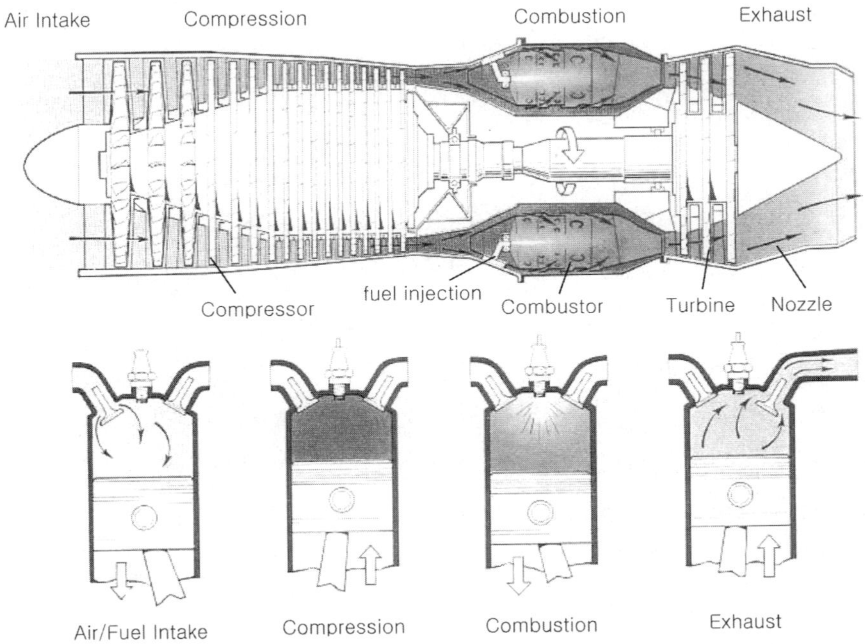


[그림 1.5] 가스터빈과 가솔린기관

**장점**
a. 왕복운동과 폭발적인 연소에 따르는 진동이 없음.
b. 소형, 경량이면서 고출력, 효율성 높은 기관임.
c. 냉각수가 필요 없고, 윤활유 사용도 매우 적어 유지하기 쉬움.
d. 기동이 빠르고 부하 급변에도 신속 대응 가능
e. 출력 범위가 매우 넓고(수십 kW ~ 수십만 kW), 거의 모든 용도에 사용 가능.

**단점** a. 단기(single engine)로 비교하면 디젤기관이나 증기기관에 비해 열효율 낮음.
b. 중유 등의 저질 연료를 사용하기 곤란하여 경제성이 나쁨.

단점 b는 가스터빈이 많은 뛰어난 특성이 있는 데도 불구하고 일반 산업용 동력 기관으로의 사용이 그다지 많지 않았던 이유이다.

가스터빈은 동력 발생용과 분사 추진용 두 가지로 나눌 수 있는데 간단하게 알아보도록 하자.

### 1. 동력 발생용 가스터빈

동력 발생용 가스터빈(gas turbines for shaft power)은 글자 그대로 터빈에서 발생된 출력인 축 동력을 얻기 위한 것으로 **터보축**(turbo-shaft) 엔진이라 한다. 결국 동력 발생용은 터빈에서의 출력 중에서 압축기를 구동하고 남는 동력을 직접 이용하는 것이기 때문에 동력축에 발전기를 연결하면 발전용이 되고 선박용 스크루나 익형(wing type)의 프로펠러를 연결하면 선박이나 헬리콥터용 엔진으로 사용할 수 있다. 따라서 터보축 엔진은 헬리콥터, 고속정, 구축함, 기관차, 탱크 등과 같은 수송기관이나 군용차량 또는 발전용으로 사용된다. 현재 가스터빈은 터빈 날개의 냉각기술의 향상 및 새로운 내열재료가 개발되어, 터빈 입구 온도 1300~1400°C가 실용화됨으로서 각종 용도에 그 사용이 급증하고 있다.

그림 1.6은 발전용 가스터빈인 모델 LM6000(1992년)과 그것을 사용한 미국 캘리포니아 Herdon 발전소 전경을 보여주고 있다. 가스터빈 발전소는 그림에서 보는바와 같이 연소가스의 열을 이용하는 **열 회수 보일러**(HRSG, Heat Recovery Steam Generator)가 있는 경우가 보통이다. 그림 1.7은 가스터빈 발전소의 구성도를 보여주고 있는데, 발전과 함께 공정용 증기를 만드는 시스템으로 **열병합 발전**(cogeneration)의 한 유형이다.

(a) LM6000 가스터빈 (39,970kW)

(b) Herdon 발전소(California, USA)

[그림 1.6] 발전용 가스터빈(LM6000, General Electric Co.)

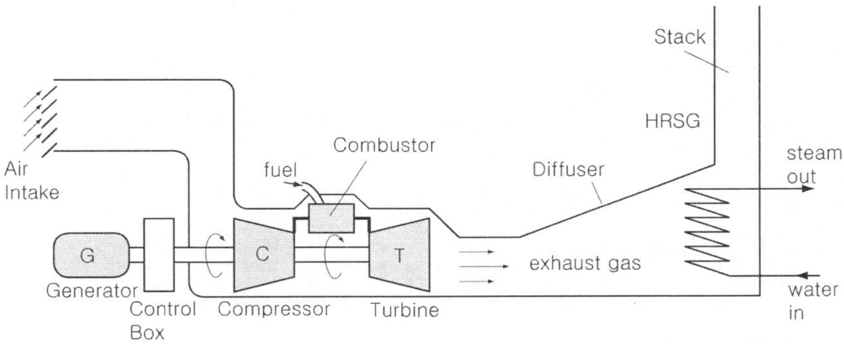


[그림 1.7] 가스터빈 발전소 구성도

실제로 가스터빈은 증기터빈과 같이 출력이 아주 큰 것에는 적합하지 않으나 단기(single engine)로 최대 10만kW까지는 제작이 가능하므로 증기터빈과 조합된 복합발전용 기관으로도 사용이 가능하며, 비상용 또는 지역발전용으로는 단독으로 사용되고 있다. 또한 소형이고 냉각수가 필요 없기 때문에 해상발전용과 원격지발전용으로 사용되기도 하며, 또 차량에 적재하여 이동용 전원보급 장치로서도 이용되고 있다.

그림 1.8은 헬리콥터용 터보축 엔진의 상세도를 보여주고 있다. 그림에서 화살표는 작동유체의 흐름을 나타낸다.

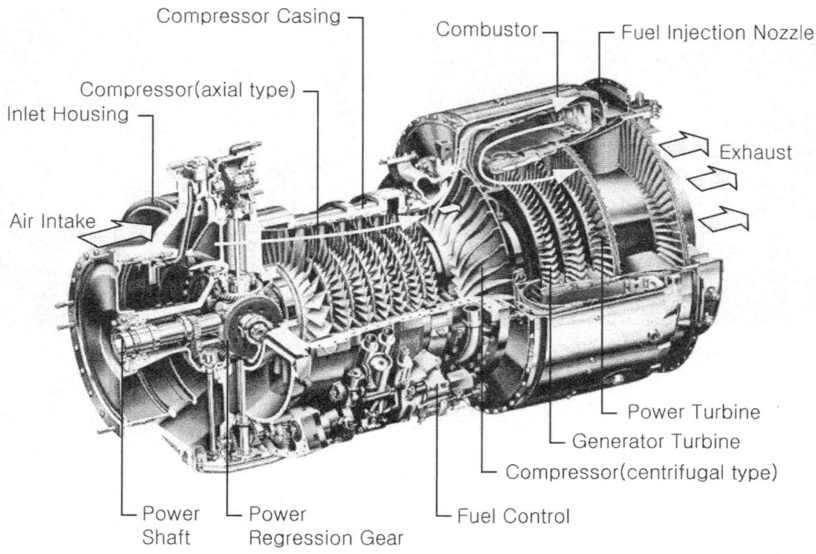


[그림 1.8] 헬리콥터용 터보축 엔진(T55, Allied Signal)

## 2. 분사 추진용 가스터빈

분사 추진용(gas turbine for jet propulsion)은 기본 요소인 압축기, 연소기, 터빈 외에 흡입구와 터빈 출구에 노즐이 추가로 장착된 형태이며, 노즐에서 연소가스를 팽창시켜 고속으로 분사하여 추력(thrust)을 얻는다. 결국 분사 추진용의 터빈은 압축기를 구동하는 동력만을 생산하며, 추진력은 노즐로부터 분사된 제트로부터 얻게 된다. 높은 하늘을 고속으로 비행하는 항공기용 엔진으로 분사 추진용 가스터빈을 사용하는 경우, 압축기 입구의 공기 온도가 낮기 때문에 열효율이 향상한다는 점, 소형, 경량으로 고출력을 얻을 수 있다는 점, 그리고 분사 추진이 고속비행에 적합하다는 점 등의 유리한 점이 많아 가스터빈이 최초로 보급된 것도 이 분야였다.

현재 분사 추진용 가스터빈은 **터보제트**(turbo-jet), **터보팬**(turbo-fan) 및 **터보프롭**(turbo-prop) 엔진의 세 가지 형태가 있으며, 비행기의 추진기관으로 독점적으로 사용되고 있다. 그림 1.9는 위에서 언급된 세 가지 형태의 가스터빈의 개략도를 각각 보여주고 있다.

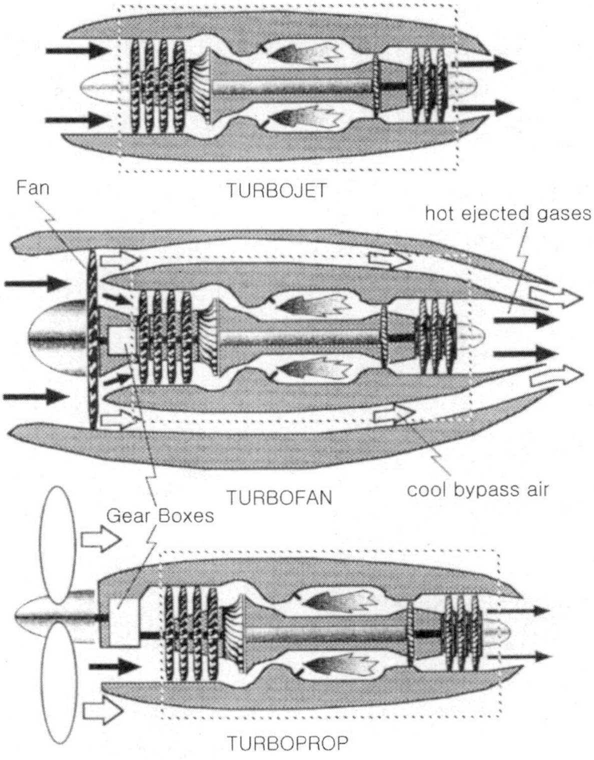


[그림 1.9] 분사 추진용 가스터빈의 종류

터보프롭 엔진은 피스톤기관 항공기에서 제트엔진 항공기로의 이행의 단계에서 양쪽의 장점을 동시에 수용하기 위하여 개발되었으며, 터보제트 엔진보다 많은 동력을 얻을 수 있다. 추진력의 약 75~80%는 프로펠러에서 나머지는 분사된 제트에서 얻는다. 터보제트 엔진은 고온, 고압가스의 에너지를 100% 분사에너지로 변환하여 추력을 얻으며 초음속 비행에 적합하다. 그러나 아음속에서는 추진효율이 나쁘며 배기소음이 크고 연료소비율이 좋지 않다. 터보팬 엔진은 터빈부에 터빈을 증설하여 배기가스의 에너지를 흡수시키고 앞쪽에 설치한 팬을 구동하여 팬으로 압축된 공기의 일부는 바이패스시키고 나머지는 엔진으로 유입하여 연소 후 분사시킨다. 대량의 공기를 비교적 낮은 속도로 분출시켜 추력을 얻는 형식이므로 아음속 비행에 적합하고 배기소음이 작고 연료소비율도 뛰어나 민간 대형 항공기용으로 적합하다. 그러나 꼬리 관(tail pipe)에서 연료를 재분사하여 **후기 연소**(after burning)를 시키면 높은 추력을 얻을 수 있어 최신예 전투기에서도 사용되고 있다.

그러므로 터보제트 엔진은 주로 전투기용으로 사용되며(F-5 제공호, F-4 팬텀 등), 터보팬 엔진은 최신예 전투기(F-15, F-16 등)와 민간 여객기(B737, B747 등)에 사용되고, 터보프롭 엔진은 C-130과 같은 수송기에 사용되고 있다. 가스터빈에 대한 상세한 내용은 나중에 자세히 언급될 것이다.

그림 1.10은 비행기에 사용되는 실제 가스터빈 모델을 보여주고 있다.

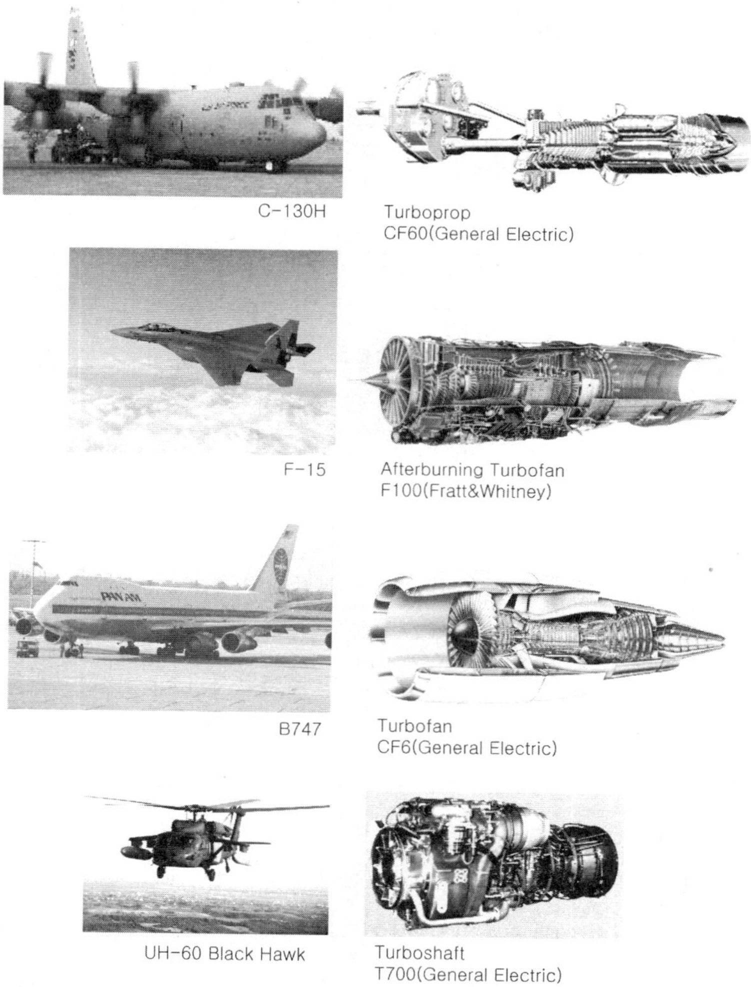


[그림 1.10] 비행기의 가스터빈 모델

## 1.3 단위계

가스터빈에 관계된 각종 성질의 값을 수치로 나타내어 서로 비교하기 위해서는 단위가 필요하다. 단위가 없는 수치는 수 자체를 제외하고는 아무 의미가 없다.

국제단위계(International System of Unit)를 SI 단위계라 하며, 표 1.1에 기본이 되는 물리적 성질과 그 단위 명 및 기호를 나타내었다.

물질량 1mol은 질량 0.12kg의 탄소($C^{12}$)에 들어있는 탄소원자의 수를 아보가드로수라 하는데, 이 수만큼 모인 물질의 양을 1 mol이라 한다. 아보가드로수는 $6.022 \times 10^{-23} mol^{-1}$ 이다.

온도 단위로는 ℃ 도 많이 사용되는 데, 절대온도 kelvin과의 상관관계는 다음과 같다.

$$K = {}^{\circ}C + 273.15$$

한편 SI 단위계에서 사용되는 접두사를 표 1.2에서 보여주고 있다.

[표 1.1] 기본 성질의 단위 및 기호

| 성질 | 단위 명 | 기호 |
|---|---|---|
| 질량 | kilogram | kg |
| 길이 | meter | m |
| 시간 | second | s |
| 온도 | kelvin | K |
| 전류의 양 | ampere | A |
| 광도 | candela | cd |
| 물질량 | mole | mol |

[표 1.2] 접두사와 그 의미

| 접두사 | 약어 | 의미 |
|---|---|---|
| mega- | M | $10^{6}$ |
| kilo- | k | $10^{3}$ |
| deci- | d | $10^{-1}$ |
| centi- | c | $10^{-2}$ |
| milli- | m | $10^{-3}$ |
| micro- | $\mu$ | $10^{-6}$ |
| nano- | n | $10^{-9}$ |
| pico- | p | $10^{-12}$ |

힘의 단위는 Newton(N)이며 1N은 질량 1kg의 물체를 $1m/s^2$의 가속도로 움직이게 하는 힘이다.

$$1\,N = 1\,kg \cdot 1\,m/s^2 = 1\,kg \cdot m/s^2$$

지구상에 살고 있는 우리는 사실 질량보다는 무게에 더욱 익숙해 있다. 왜냐하면 주변에서 물건의 양을 저울로 재는 것을 수도 없이 봐왔고 많이 재보기도 했기 때문이다. 무게란 어떤 물체에 작용하는 중력의 크기이다. 무게의 단위로 kgf(kg중)를 사용한다.

$$1\ kgf\ =\ 1\ kg \cdot 9.8\ m/s^2\ =\ 9.8\ N$$ 이다.

질량 1kg의 물체를 지구상에서 측정하면 1kgf가 되지만 달에서 측정하면 1/6kgf 정도 될 것이다. 중력의 크기가 달라지기 때문이다.

한편 압력은 단위면적 당의 힘으로 정의되는 양이므로 단위는 $N/m^2$(또는 $kgf/m^2$, $kgf/cm^2$)이 되며, 단위 $N/m^2$을 Pa(Pascal)이라 한다. 즉

$$1\ Pa\ =\ 1\ N/m^2\ =\ 1/9.8\ kgf/m^2$$

다음으로 일의 단위로는 Joule(J)을 사용한다. 1J은 1N의 무게를 1m 만큼 옮길 때 소요된 일량이다.

$$1\ J = 1\ N \cdot 1\ m\ =\ 1\ N \cdot m$$

마찬가지로 1 kgf · m는 1kgf의 무게를 1m 만큼 옮길 때 소요된 일량이다. SI 단위계에서는 열의 단위나 퍼텐셜에너지, 운동에너지 등 모든 에너지의 단위를 Joule로 통일하여 사용하고 있다. 그러나 열의 단위로 cal(calorie)나 kcal을 많이 접하게 되는 데, 1cal란 4°C의 물 1g을 1°C 올릴 때 들어가는 열로

$$1\ cal\ =\ 4.2\ J,\quad 1\ kcal\ =\ 4.2\ kJ$$

의 관계가 있다. 한편 비열이란 단위질량의 물질을 단위온도 올릴 때 필요한 열로 정의되므로 kJ/kg°C나 kcal/kg°C의 단위를 사용한다.

마지막으로 동력의 단위로는 W(Watt)가 사용된다. 1W는 1J의 일을 1초 동안에 하는 일률로

$$1\ W\ =\ 1\ J/1\ s\ \ =\ 1\ J/s$$

이다. 또한 kgf · m/s 나 열률의 단위로 kcal/s, kcal/min, kcal/hr 등도 사용된다. 여

기서 min은 분을 hr은 시간을 나타낸다. 전통적인 동력의 단위로 마력(horse power, hp)이 있는 데

$$1\,hp = 75\,kgf \cdot m/s = 735\,W$$

이다.

## 연습문제

**1.1** 가스터빈 역사의 연대기를 작성하라.

**1.2** 제트기관의 발전과정에서 지대한 공헌을 한 사람 둘을 선정하라면 영국의 Whittle과 독일의 Ohain을 들 수 있다. 이 두 사람에 대하여 자세히 조사하라.

# 제2장

# 열역학

이 장에서는 앞으로 가스터빈 엔진을 이해하고 분석하는데 필요한 열역학에 관련된 사항을 복습해 본다. 가스터빈은 공기가 주요 작동유체이므로 이상기체에 대한 기본적인 사항을 알아야 하며, 가스터빈 사이클을 해석하기 위해서는 열과 일의 개념을 이해하고 열역학 1법칙과 2법칙을 제대로 적용할 수 있어야 하며, 엔탈피, 엔트로피를 비롯한 각종 열역학적 성질을 계산할 줄도 알아야 한다. 또한 사이클 효율과 압축기, 터빈, 노즐 등 가스터빈 구성요소의 효율에 대한 정의와 그 의미를 이해하고 있어야 한다.

## 2.1 기본 개념

### 1. 기본 술어

#### (1) 시스템과 주위

**시스템**(系, system)이란 열역학적인 문제의 대상이 되는 가상적인 물질의 집합을 말하며, **주위**(surrounding)는 시스템을 포함하지 않는 나머지 모든 물질을 말한다. 시스템과 주위는 **경계**(boundary)로 구분된다. 경계는 단단한 고체로 만들어진 통의 표

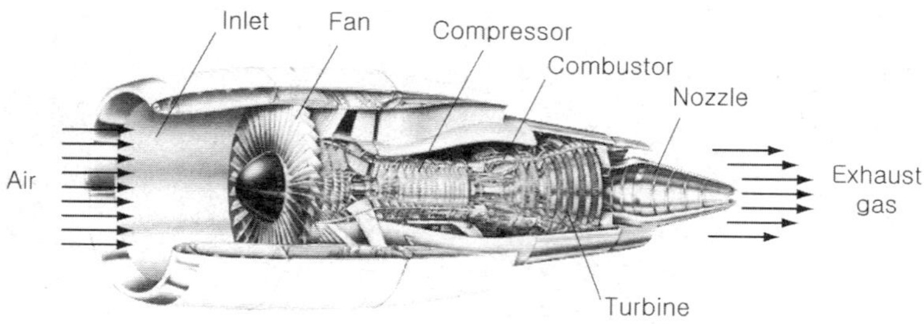


[그림 2.1] 터보팬 엔진(model: CF6N)

면과 같이 고정된 것도 있지만, 고무풍선의 표면과 같이 변하는 것도 있다. 경계를 통하여 물질이나 열 또는 일의 출입이 일어난다.

경계를 통하여 물질(질량)이 출입하는 시스템을 **개방계**(또는 개방시스템, open system)라 하고 물질이 출입하지 않는 시스템을 **밀폐계**(closed system)라 한다. 밀폐계라도 열이나 일은 출입할 수 있다. 한편 주위와 어떤 상호작용도 하지 않는 시스템을 **고립계**(isolated system)라 하는 데, 시스템과 주위를 합한 것을 시스템으로 고려한다면 고립계가 될 수 있다. 또한 주위와 열 교환을 하지 않는 시스템을 **단열계**(adiabatic system)라 한다. 한편 유체역학에서는 **검사체적**(또는 제어체적, control volume)이란 용어를 주로 사용하는데, 검사체적이라는 것은 열역학에서의 개방계를 뜻하는 것이다.

그림 2.1에서 보는 바와 같이 가스터빈엔진의 구성요소인 흡입구, 팬, 압축기, 연소기, 터빈, 노즐은 각기 개방계이다.

(2) 상태와 열역학적 성질

20°C의 공기와 100°C의 공기는 다른 상태라고 말한다. 이처럼 시스템의 **상태**(state)란 어떤 측정 가능한 물리적인 양이 서로 달라 다른 것과 구별되어질 때 사용된다. 한편 **열역학적 성질**(thermodynamic property)은 어떤 상태를 규정짓는 데 사용될 수 있는 모든 측정가능한 양을 말한다.

열역학적 성질은 **종량적 성질**(extensive property)과 **강성적 성질**(intensive property)로 구분한다. 종량적 성질은 질량에 비례하여 그 값이 변하는 것으로 질량, 체적, 에너지 등이 있으며, 강성적 성질은 질량에 의존하지 않는 것으로 온도, 압력, 밀도

등이 이에 속한다. 일반적으로 체적이나 에너지와 같은 종량적 성질을 질량으로 나누면 강성적 성질이 되는데, 이와 같은 단위 질량당의 성질은 앞에 **비**(比, specific)란 글자를 붙여 표시한다. 즉 단위 질량당 에너지를 **비에너지**(specific energy), 단위 질량당 체적은 **비체적**(specific volume)이라 한다.

(3) 과정과 사이클

시스템의 상태가 변할 때 그 중간 경로를 **과정**(process)이라 하며, 여러 경로를 거쳐 최초의 상태로 돌아오게 되는 과정이 있다면 그 과정을 **사이클**(cycle)이라 한다.

(4) 가역과정과 비가역과정

어떤 과정이 있을 때 그 과정이 가역적인지 또는 비가역적인지 열역학에서는 매우 중요한 개념으로 열역학 제2법칙의 골격이 된다. **가역과정**(reversible process)이라는 것은 그 과정이 완전히 역방향으로 진행될 수 있어서 원래의 상태로 돌아갈 수 있는 과정을 말한다. 여기서 원래 상태로 돌아갈 수 있다는 것은 결국 과정의 진행방향이 자유자재로 바뀔 수 있다는 것을 의미하기 때문에, 가역과정은 시스템에 관련된 임의의 성질이 아주 미세하게 변화해도 진행방향이 바뀔 수 있는 과정으로 정의할 수도 있다.

한편 가역과정에 대한 원래의 정의에서 '완전히'란 말에 주목해야 한다. '완전히'란 의미는 주위에 전혀 영향을 끼치지 않음을 뜻한다. 결국 원래의 상태로 돌아갈 수 있다 하드라도 주위에 조금이라도 영향을 끼친다면 **비가역과정**(irreversible process)이다. 따라서 비가역과정이란 한쪽 방향으로만 진행되는 과정이라 할 수도 있다. 비가역과정으로 대표적인 것을 몇 가지 들어보면 다음과 같다.

① 유한한 온도차에 의한 열전달: 열은 항상 온도가 높은 곳에서 낮은 곳으로 흐른다.

② 마찰: 기계적인 일은 마찰을 통해 모두 열로 변환된다. 열을 가해 물체를 원래 위치로 옮기는 것은 불가능하다.

③ 자유팽창과 혼합: 기체를 자유 팽창시킨 경우나 두 유체를 혼합시킨 경우 저절로 본래의 상태로 환원 될 수는 없다.

④ 전기저항손실: 전류는 저항기(resistor)를 통해 열로 발산된다. 열을 저항기에 가해 전류를 흐르게 할 수는 없다.

⑤ 연소과정: 연료를 공기와 연소시키면 발열반응을 통해 열을 방출하고 어떤 생성물로 변한다. 생성물에 열을 공급한다 해도 연료와 공기의 상태로 환원되지 않는다.

결국 가역과정과 비가역과정을 비교해보면 비가역과정에는 여러 가지 요인이 내포되어 있는 데, 그 요인을 **비가역성**(irreversibility)이라 한다. 비가역성 중에 대표적인 것이 위의 예 ①과 ②이다. 열전달은 보통 시스템과 주위(또는 다른 시스템) 사이에서 일어나게 되므로 유한한 온도차를 외부적인 비가역성이라 한다. 한편 모든 장치는 운전 시 내부에서 마찰이 일어나므로 마찰과 같이 시스템 내부에 존재하는 비가역성을 내부적인 비가역성이라 한다. 위의 예에서 ①을 제외한 비가역성은 모두 내부적인 것이다. 그렇다면 ③, ④, ⑤에 관계된 내부적인 비가역성은 어떤 것일까? 바로 입자의 충돌이다. 혼합, 저항손실, 연소와 같은 화학반응은 입자의 충돌에 의해 일어난다.

결국 가역과정과 비가역과정은 비가역성 개념으로 설명할 수도 있다. 즉 과정에 관련된 비가역성이 전혀 없다면 가역과정으로, 비가역성이 하나라도 존재하면 비가역과정으로 생각할 수 있다. 그러나 비가역성에는 외부적인 것과 내부적인 것이 있으므로, 가역과정을 내부적 가역과정(내부적인 비가역성이 없는 과정), 외부적 가역과정(외부적인 비가역성이 없는 과정) 및 내.외부적 가역과정(어떤 비가역성도 없는 과정, 완전가역과정)으로 구분하기도 한다.

## 2. 에너지

**내부에너지**(internal energy, $U$)는 물질이나 장이 갖고 있는 총에너지로부터 그들의 전체로서의 역학적 운동에 관한 에너지를 뺀 나머지 부분을 나타낸다. 따라서 어떤 물체가 갖고 있는 에너지에는 물체 자체의 속도에 의한 운동에너지, 중력장이나 전기장 또는 자기장에 의한 퍼텐셜에너지 및 내부에너지가 있다. 내부에너지는 물체를 구성하는 분자의 운동에 관련된 에너지로 온도와 압력으로 특징 지워진다. 따라서 퍼텐셜에너지로 중력장의 위치에너지만 고려하면, 질량이 $m$인 어떤 시스템이 갖는 총 에너지 $E$는

$$E = U + KE + PE = U + \frac{1}{2}m\,\mathrm{v}^2 + mgz \quad \mathrm{(J)} \tag{2.1}$$

로 표현되며, 단위로는 Joule(J)을 사용한다. 한편 단위 질량당 에너지인 비에너지 $e$는

$$e = u + \frac{1}{2}\mathrm{v}^2 + gz \ \mathrm{(J/kg)} \tag{2.2}$$

가 된다. 여기서 $u$는 **비내부에너지**(specific internal energy)라 한다.

가스터빈엔진을 포함해서 우리가 실제 다루는 시스템은 위치에너지를 고려할 정도로 크지 않을 뿐만 아니라, 정지해 있는 경우가 대부분이다. 또한 움직이더라도 시스템 전체가 함께 움직이므로 위치에너지를 계산에서 제외할 수도 있다. 따라서 위치에너지를 무시하고 해석하는 경우가 일반적이다.

## 3. 열과 일

**열**(heat) $Q$와 **일**(work) $W$는 시스템이 갖고 있는 에너지의 종류가 아니다. 에너지는 한 시스템에서 다른 시스템으로 그 경계를 통해 전달될 수 있는 데, 에너지가 전달되는 형태로 열과 일이 있다. 결국 열과 일은 시스템이 갖고 있는 에너지가 아니라 에너지가 전달될 때 그 에너지 흐름을 지칭하는 것이다.

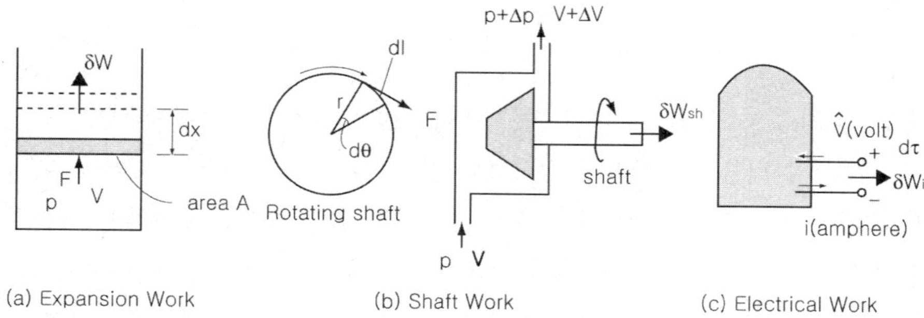


[그림 2.2] 형상일의 종류

열은 온도가 높은 곳에서 낮은 곳으로 전달되는 에너지 흐름을 지칭하는 것으로 자동적으로 일어나게 된다. 이와 같이 온도차에 기인해서 나타나는 에너지 흐름을 열이라 하며, 열을 제외한 다른 모든 에너지 흐름을 일이라 한다.

열과 일은 초기 상태와 최종 상태가 같더라도 그 중간 과정에 따라 값이 달라진다. 열역학에서 경로에 의존하여 그 값이 달라질 수 있는 것은 열과 일 단 두 가지뿐이며, 모든 열역학적 성질은 상태함수(state function)로서 수학적인 함수처럼 거동하고 경로에 의존하지 않는다. 한편 시스템으로 전달되는 열은 (+) 부호인 양의 값으로, 시스템으로부터 방출된 열은 (-) 부호인 음의 값으로 정하며, 일의 부호는 시스템이 일을 한 경우는 (+) 값으로, 시스템이 일을 받은 경우는 (-) 값으로 정한다. 일은 열과 서로 반대인 부호 체계를 가지고 있다.

일은 바로 앞에서 언급한 바와 같이 열을 제외한 모든 에너지 흐름을 지칭한다. 시스템으로 전달되는 전기적인 흐름도 일의 일종이다. 일은 일반적으로 작용하는 힘과 이에 기인한 변위 차의 곱으로 정의되며 이렇게 정의되는 일을 마찰이나 줄열(Joule heating)과 같이 열로 소산되는 **소산일**(dissipation work)과 구별하기 위해 **형상일**(configuration work)이라 한다. 다시 말해서 형상일이란 열로 소산되지 않은 유용한 일로서 그 전달 과정이 눈에 보이기 때문에 형상이란 단어를 사용한 것이다. 체적이 팽창/수축하는 것도 눈으로 확인 할 수 있으며, 축이 회전하는 것도 눈으로 확인할 수 있다. 전기 흐름도 전등이 켜지거나 모터가 돌아가는 것으로 확인할 수 있다.

대표적인 형상일에는 체적 팽창/수축 일, 축일, 전기적 일 등이 있다. 체적 팽창/

수축 일은 밀폐계에서 중요하게 고려되는 일이며, 그림 2.2(a)에서 보는바와 같이 그 미소 크기는 형상일의 정의에 따라

$$\delta W = F \cdot dx = p\,A\,dx = p\,dV \quad \text{(J)} \tag{2.3}$$

이 된다. 이 식에서 $p$, $V$는 시스템의 압력($N/m^2$=Pa)과 체적($m^3$)이다.

한편 그림 2.2(b)와 같은 축일은 개방계에서 주로 고려되는 일로 그 미소 크기는 다음과 같이 표현된다.

$$\delta W_{sh} = F \cdot dl = F \cdot r\,d\theta = F \cdot (2\pi r)\,dN \quad \text{(J)} \tag{2.4}$$

위 식에서 $N$은 회전수를 나타낸다. 또한 개방계 입출구의 상태 변화로 축일을 표시할 수도 있는데 그 상관관계 식은 다음과 같다.

$$\delta W_{sh} = F \cdot (2\pi r)\,dN = -V\,dp \; \text{(J)} \tag{2.5}$$

그리고 전기적 미소 일은 다음과 같이 표시할 수 있다(그림 2.2(c) 참조).

$$\delta W_i = \hat{V}\,i\,d\tau \; \text{(J)} \tag{2.6}$$

위 식에서 $\hat{V}$는 전압(volt), $i$는 전류(ampere)를 나타내며, $\tau$는 시간을 나타낸다. 사실 전기적 일은 변환되는 에너지의 형태에 따라서 형상일로 취급할 수도 있고 소산일로 취급할 수도 있다.

그리고 식 (2.3)~(2.6)으로 표시된 일은 시스템 내부에서 일어나는 상태변화를 기준으로 계산되는 값으로 마찰이나 줄열과 같은 비가역성을 고려하지 않은 일을 나타낸다. 따라서 실제로 시스템으로부터 얻거나 시스템에 가해줘야 하는 일과는 그 값에서 약간의 차이가 있다. 만일 초기상태(또는 입구상태) 1에서 최종상태(또는 출구상태) 2로 변하는 과정이 있다면, 이 과정에서 한 일 $W_{12}$는 식 (2.3)~(2.6)을 각각 적분해서 구할 수 있다.

한편 일에는 **유동일**(flow work)이라는 것이 있는데 이것은 시스템으로 출입하는 질량에 의한 일이다. 질량이 시스템으로 들어오면 시스템은 압축 일을 받은 것이 되며, 반대로 질량이 나가면 시스템이 질량을 밀어낸 것이므로 일을 한 것이 된다. 따라서 유동일은 출입하는 질량의 에너지로 간주하는 것이 일반적이며, 경계를 통

한 일과는 구분한다. 유동일 $W_{fl}$ 의 크기는 출입하는 질량의 압력과 체적을 곱한 값 ($p \cdot V$)으로 구할 수 있다(그림 2.3 참조).

질량이 시스템으로 들어올 때 갖고 들어오는 에너지와 시스템에 행하는 유동일을 합한 양은 $(U + mv^2/2 + mgz) + pV$ 이며, 결국 이 양은 유동하는 유체가 갖고 있는 총에너지라 할 수 있다. 운동에너지와 위치에너지를 무시한다면 총에너지는 $U + pV$가 된다. 열역학에서 $U + pV$는 **엔탈피**(enthalpy, $H$)라고 정의되는 열역학적 성질이다.

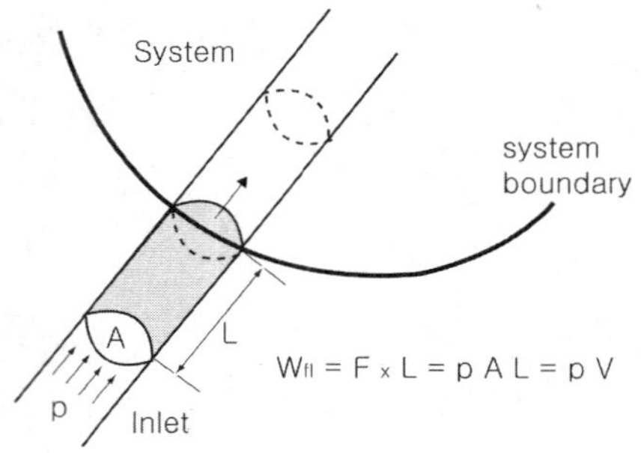


[그림 2.3] 유동일

가스터빈은 개방계이므로 일반적으로 축일과 유동일을 고려하게 된다.

[예제 2.1] 공기 터빈이 있다. 터빈 입구의 공기 상태는 600kPa, 200°C이며, 팽창하여 출구 압력이 200kPa이 된다. 터빈 내에서 공기의 압력-비체적 관계가 $pv^n = C$(n=1.4)일 때, 공기 단위 질량당 터빈이 한 일을 구하라.

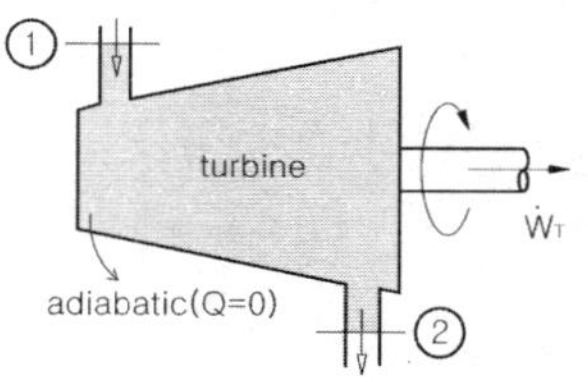


**풀이** (핵심) 축일

출구상태: $p_2 = 200\text{Pa},\ v_2 = \left(\dfrac{p_1}{p_2}\right)^{1/1.4} \cdot v_1 = 0.496\ \text{m}^3/\text{kg}$

따라서 터빈이 한 축일은

$$w_{12} = \int_{p_1}^{p_2} -v\,dp = -\frac{n}{n-1}(p_2 v_2 - p_1 v_1) = 128.08\text{kJ/kg}$$

[예제 2.2] 공기를 압축하여 송출하는 압축기가 있다. 이 압축기는 100kPa의 공기를 1000kPa로 만들어 내보낸다. 압축기에 공급해야 할 단위 질량당 일을 구하라. 공기의 밀도는 1kg/m³으로 일정하다. 단, 공기의 온도변화는 무시하라.

**풀이** (핵심) 공기의 온도변화를 무시하므로 유동일=축일

유동일은 에너지 출입으로 간주하므로 시스템으로 질량이 들어오면 (+) 부호, 나가면 (-) 부호이다.

압축기로 들어온 단위 질량당 유동일 $= p_i v_i = p_i / \rho = 100/1 = 100$kJ/kg

압축기에서 나간 단위 질량당 유동일 $= -p_o v_o = -p_o / \rho = -1000$kJ/kg

따라서 펌프에서의 유동일 총합은 $100 + (-1000) = -900$kJ/kg

결국 900kJ/kg 만큼 압축기에 공급해줘야 한다.

## 4. 비열

어떤 물체의 **열용량**(heat capacity, $C$)이란 그 물체를 1K나 1°C 올리는 데 들어간 열을 말한다. K는 절대온도 kelvin(K=°C+273.15)이다. 온도를 $\Delta T$ 올리는데 들어간 열이 $\Delta Q$라면, 이 물체의 열용량은 $C = \Delta Q / \Delta T$로 정의되며 단위는 J/K나 J/°C를 사용한다.

단위 질량당의 열용량은 **비열**(specific heat, c)이라 하며, 다음과 같이 정의된다.

$$c = \frac{\Delta Q}{m \Delta T} = \frac{\Delta q}{\Delta T} = \frac{\delta q}{dT} \quad \text{(J/kg·K 또는 J/kg°C)} \tag{2.7}$$

비열에는 정적비열($c_v$)과 정압비열($c_p$)이 있다. **정적비열**은 물질의 체적을 일정하게 유지한 상태에서 얻은 비열 값이며, **정압비열**은 압력을 일정하게 유지한 상태에서 얻은 비열 값으로 다음과 같이 각각 정의된다.

$$c_v = \left.\frac{\delta q}{dT}\right)_v, \quad c_p = \left.\frac{\delta q}{dT}\right)_p \tag{2.8}$$

한편 정압비열과 정적비열의 비는 비열비 또는 단열지수라 하며, 가스터빈엔진의 압축과정이나 팽창과정에서 매우 중요시되는 인자이다. **비열비** $\gamma$는 다음과 같이 정의된다.

$$\gamma = c_p / c_v \tag{2.9}$$

**[예제 2.3]** 강철로 된 통 안에 0.1kg의 질소가 들어있다. 이 통은 잘 단열되어 있고, 내부에 히터가 설치되어 있다. 히터에 400J의 전기적 일을 공급했더니 질소의 온도가 5.1°C 올라갔다. 질소의 비열은 얼마인가? 이 비열의 종류는?

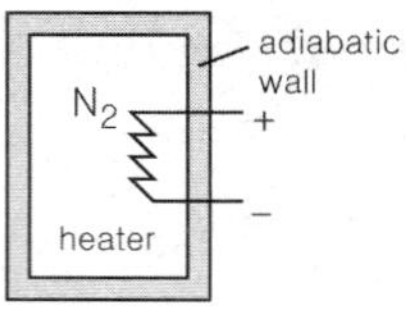


**풀이** (핵심) 비열의 정의, 정적과정

비열의 정의에 따라

$$c = \frac{\Delta Q}{m\,\Delta T} = \frac{400}{0.1 \times 5.1} = 784.3 \text{ J/kg°C}$$

정적과정이므로 위에서 계산된 비열은 정적비열이다.

## 2.2 기본 법칙

열역학의 기본 법칙에는 질량보존 법칙, 열역학 제1법칙 및 열역학 제2법칙 이 있다. 이에 대한 내용을 간단히 살펴보도록 하자.

### 1. 질량보존 법칙

어떤 물체나 시스템의 질량은 저절로 생성되지도 소멸되지도 않는다는 것이 바로 질량보존 법칙이다. 따라서 질량보존 법칙은 다음과 같이 나타낼 수 있다.

- 질량 생성량 = 질량 소멸량 = 0
- 들어온 질량 = 저장된 질량 + 나간 질량

그림 2.4와 같이 본래 질량이 $M$인 시스템으로 어떤 시간 $\Delta\tau$ 동안 들어온 질량을 $\Delta m_i$, 나간 질량을 $\Delta m_o$라 하고, 시스템의 질량 변화량을 $\Delta M$이라 하면 질량보존 식은 다음과 같이 된다.

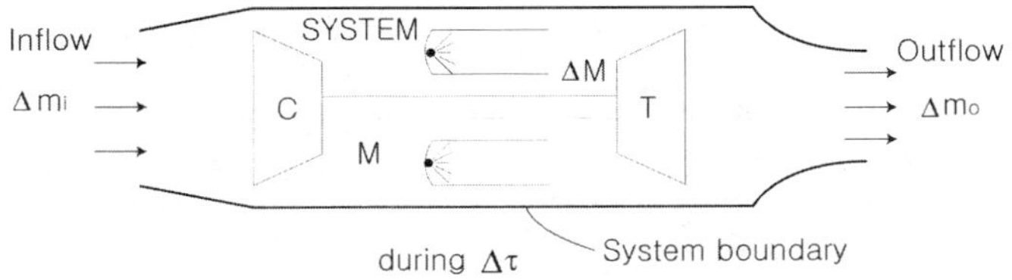


[그림 2.4] 질량보존 법칙의 유도

$$\Delta m_i = \Delta M + \Delta m_o \text{ (kg)} \tag{2.10}$$

이 식을 단위 시간당의 식으로 바꾸기 위해 $\Delta\tau$로 나누고 극한($\Delta\tau \to 0$)을 취하면

$$\dot{m}_i = \frac{dM}{d\tau} + \dot{m}_o \text{ (kg/s)} \tag{2.11}$$

이 되며, 위 식에서 $\dot{m}_i$, $\dot{m}_o$는 질량유량(mass flow rate)이라 부르는 양이다.

만일 시간에 따라서 변화가 없는 정상상태라면 시스템의 질량은 일정할 것이다. 즉 시간에 대한 미분양인 $d/d\tau$ 항이 0이 되므로 식 (2.11)은 다음과 같이 표시된다.

$$\dot{m}_i = \dot{m}_o = \dot{m} \text{ (kg/s)} \tag{2.12}$$

즉 들어오는 질량유량과 나가는 질량유량이 같다는 것을 나타낸다.

## 2. 열역학 제 1 법칙

열역학 제1법칙은 곧 에너지보존 법칙이다. 에너지는 저절로 생성되거나 소멸되지 않는다는 것이 에너지보존 법칙이며 범우주적 법칙이다.

- 에너지 생성량 = 에너지 소멸량 = 0
- 들어온 에너지량 = 저장된 에너지량 + 나간 에너지량

이와 같은 개념적인 식을 열과 일 그리고 질량출입이 모두 가능한 일반적인 시스템에 대해서 공식화해 보자.

그림 2.5에 일반적인 시스템의 상태도가 나타나 있다. 들어오는 상태와 나가는 상태는 주어진 시간동안 일정하다고 생각한다. 주어진 시간인 $\Delta\tau$ 동안 시스템으로 들어오는 열과 단위 질량당 비에너지를 $\Delta Q$, $e_i$, 시스템으로부터 나가는 일과 비에너지를 $\Delta W$, $e_o$라 하고 시스템의 에너지 변화량을 $\Delta E_{sys}$이라 하면

들어온 에너지량 = 열로 들어온 에너지 + 질량이 가지고 들어온 에너지와 유동일

$$= \Delta Q + \Delta m_i \cdot e_i + \Delta m_i \cdot p_i v_i, e_i = u_i + \frac{1}{2}\mathrm{v_i}^2 + gz_i$$

나간 에너지량 = 일로 나간 에너지 + 질량이 가지고 나간 에너지와 유동일

$$= \Delta W + \Delta m_o \cdot e_o + \Delta m_o \cdot p_o v_o, \ e_o = u_o + \frac{1}{2}\mathrm{v_o}^2 + gz_o$$

시스템의 에너지 변화량 = $\Delta E_{sys} = \Delta(M \cdot e_{sys})$

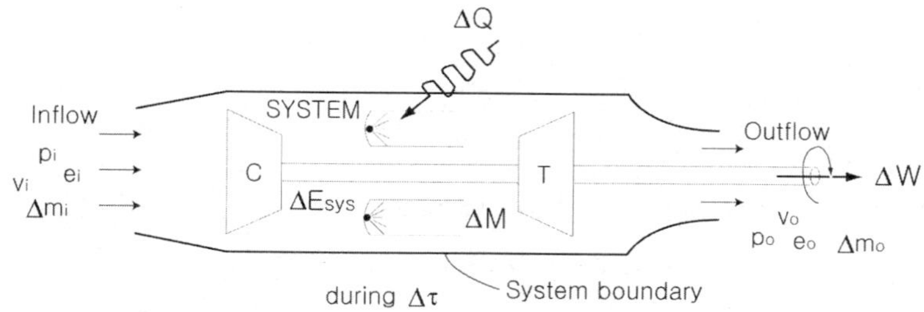


[그림 2.5] 에너지보존 법칙의 유도

엔탈피의 정의($h = u + pv$)를 사용하여 위 식을 정리하면 다음과 같이 양으로 표시된 일반적인 에너지보존 식(단위 J)을 나타낼 수 있다.

$$\Delta Q + \Delta m_i(h_i + \frac{1}{2}\mathrm{v}_i^{\,2} + gz_i) = \Delta E_{sys} + \Delta m_o(h_o + \frac{1}{2}\mathrm{v}_o^{\,2} + gz_o) + \Delta W$$

(2.13)

한편 이 식을 에너지 율(energy rate)에 대한 식으로 고쳐 쓸 수도 있다. 각 항을 $\Delta\tau$로 나누고 극한($\Delta\tau \rightarrow 0$)을 취하면, 식 (2.13)은 다음과 같이 된다.

$$\dot{Q} + \dot{m}_i(h_i + \frac{1}{2}\mathrm{v}_i^{\,2} + gz_i) = \frac{dE_{sys}}{d\tau} + \dot{m}_o(h_o + \frac{1}{2}\mathrm{v}_o^{\,2} + gz_o) + \dot{W}$$

(2.14)

이 식에서 $\dot{Q} = \Delta Q/\Delta\tau$, $\dot{W} = \Delta W/\Delta\tau$이며, 단위는 J/s로 와트(W)이다. 만일 들어오는 입구나 출구가 여러 개 있다면 위 식에서 들어오거나 나가는 에너지 항에 총합을 의미하는 $\Sigma$만 붙여주면 된다.

식 (2.13)이나 식 (2.14)와 같은 포괄적인 식으로부터 경우에 따라 단순화시킬 수 있다. 우선 정상상태인 경우 시스템의 에너지 변화량은 없기 때문에 ($\Delta E_{sys} = 0$) 식 (2.14)는

$$\dot{Q} + \dot{m}(h_i + \frac{1}{2}\mathrm{v}_i^{\,2} + gz_i) = \dot{m}(h_o + \frac{1}{2}\mathrm{v}_o^{\,2} + gz_o) + \dot{W} \quad \text{(W)}$$

(2.15)

가 되고, 질량유량 $\dot{m}$으로 나누고 퍼텐셜에너지를 무시하면

$$q + h_i + \frac{1}{2}\mathrm{v}_i^{\,2} = h_o + \frac{1}{2}\mathrm{v}_o^{\,2} + w \quad \text{(J/kg)} \tag{2.16}$$

이 된다. $q$는 단위 질량당 들어온 열(J/kg)이며, $w$는 유동일을 제외하고 단위 질량당 시스템이 행한 (+)부호의 모든 일을 나타낸다.

그러나 실제 가스터빈과 같은 개방계에서 $w$에 관련된 일은 축일만 고려하면 된다. 대부분의 시스템은 단단한 고체로 만들어져 있기 때문에 체적팽창에 관계된 일

의 양은 그 값이 작을 뿐만 아니라 공기에 대한 일이기 때문에 유용한 일은 아니다. 가스터빈 관련 문제는 정상상태 해석이 대부분이므로 식 (2.16)을 주로 사용하게 된다.

한편 밀폐계에 대한 에너지보존 식은 식 (2.13)으로부터 유도할 수 있다. 들어오고 나가는 질량이 없으므로($\Delta m_i = \Delta m_o = 0$)

$$\Delta Q = \Delta E + \Delta W \tag{2.17}$$

이 된다. 밀폐계의 유용한 일은 체적팽창/수축에 관한 일이 전부이고, 시스템의 에너지로는 내부에너지만 고려할 수 있으므로, 식 (2.17)을 미분량의 식으로 표시하면 다음과 같이 된다.

$$\delta Q = dE + \delta W = dU + p\,dV = dH - V\,dp \tag{2.18}$$

### 3. 열역학 제 2 법칙과 엔트로피 관계식

#### (1) 열역학 제 2 법칙

넓은 의미의 열역학 제2법칙이란 결국 "우리가 알고 있는 지식 한도 내에서 일어날 수 없는 모든 현상을 규정하는 법칙"이라 할 수 있으며, 열역학 제1법칙과 마찬가지로 범우주적 법칙이다. 열역학적 관점에서 보면 일어날 수 없는 현상이라는 것은 곧 한 방향으로만 진행되고 완전하게 역 방향으로는 진행하지 못하는 과정이다. 완전한 역방향의 과정이 불가능한 과정을 비가역과정이라 하므로 열역학 제 2 법칙은 비가역과정을 규정하는 법칙이라 할 수도 있다. 또한 정반대의 표현으로 "가역과정은 존재하지 않는다"도 열역학 제2법칙이다.

완전한 가역과정은 실제 존재하진 않지만 가능한 한 가역과정에 가깝게 만든다는 것은 효용성의 의미에서 매우 중요한 개념이다. 그러나 역사적으로 볼 때 열역학 제 2법칙에 관한 서술 중에서 열역학의 정립을 가속시킨 켈빈-플랑크(Kelvin-Planck)의 서술과 클라우지우스(Clausius)의 서술이 대표적이다.

- Kelvin-Planck 서술: 받은 열을 모두 일로 변환시키는 열기관은 불가능하다.
- Clausius 서술: 열은 저절로 낮은 온도에서 높은 온도 쪽으로 흐르지 않는다.

켈빈-플랑크의 서술은 열기관에 관한 것으로 열기관의 효율이 100%인 것은 존재할 수 없다는 의미이며, 클라우지우스의 서술은 냉동기에 관한 것으로 냉동기의 효율 즉 성능계수가 무한대인 것은 존재할 수 없다는 의미이다.

(2) 카르노 사이클

사이클로 운전되면서 동력을 계속해서 발생시키는 종합적인 장치를 열기관이라 한다. 증기기관, 가솔린이나 디젤엔진과 같은 내연기관, 가스터빈엔진 등이 열기관이다. 열기관은 동력을 지속적으로 발생하기 위해 여러 가지의 부속장치가 사용되며, 각 부속장치에서의 과정이 연결되어 하나의 사이클을 이루게 된다.

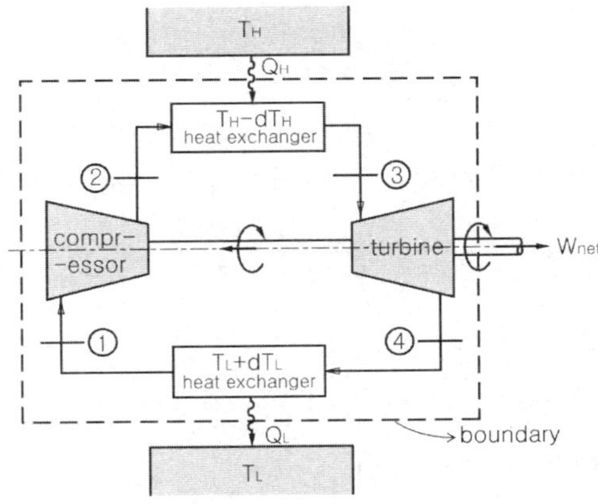


[그림 2.6] 카르노 열기관의 구성

열을 공급하거나 흡수하는 열원이 주어졌을 경우, 이 열원 사이에서 작동되는 열기관 중 가장 **열효율**(thermal efficiency 또는 사이클 효율)이 높은 기관이 바로 **카르노 기관**(Carnot heat engine)이다. 카르노 기관은 압축기, 고온열원 측 열교환기, 터빈 및 저온열원 측 열교환기로 구성되며, 각 장치에서의 과정은 내.외부적으로 모두 가역적인 과정으로만 구성된다. 그림 2.6은 카르노 기관의 구성도를 보여주고 있으며, 작동유체는 이상기체인 공기라 생각한다.

그림을 보면 압축된 공기는 열교환기에서 열을 공급받아 고온 고압의 상태가 된 후 터빈에서 팽창하면서 축일을 발생한다. 터빈에서 발생된 축일 중에서 일부는 압축기를 구동하는데 쓰이고 나머지는 순일(net work, 알짜로 나간일)이 된다. **카르노**

**사이클**(Carnot cycle)에서의 각 과정은 다음과 같다.

- 1-2 가역단열 압축과정(압축기)
- 2-3 가역등온 열 공급과정(고온열원( $T_H$, 단위 K)측 열교환기)
- 3-4 가역단열 팽창과정(터빈)
- 4-1 가역등온 열 방출과정(저온열원( $T_L$, 단위 K)측 열교환기)

카르노 사이클을 포함해서 모든 열기관 사이클의 열효율 $\eta_{th}$ 는 다음과 같이 정의된다.

$$\eta_{th} = \frac{benefit}{\text{cost}} = \frac{energy\ sought}{energy\ that\ \text{costs}} \tag{2.19}$$

이 식을 카르노 사이클에 적용하면 열효율 $\eta_C$는

$$\eta_C = \frac{W_{net}}{Q_H} = 1 - \frac{Q_L}{Q_H} \tag{2.20}$$

이 된다. 카르노 사이클의 경우는 $Q_L/Q_H = T_L/T_H$인 관계가 성립하므로 식 (2.20)은 다음과 같이 된다.

$$\eta_C = 1 - \frac{Q_L}{Q_H} = 1 - \frac{T_L}{T_H} \tag{2.21}$$

카르노 기관은 실제로 만들 수 없는 기관이다. 우선 마찰과 같은 내부적인 비가역성이 없어야 하고, 등온(엄밀하게 말하면 아주 극미한 온도차)에서 열 공급과 열 방출이 일어나야 하므로 어떤 유한한 열량을 주고받기 위해서는 열교환기의 크기가 무지무지하게 커져야 한다.

(2) 엔트로피와 엔트로피 관계식

카르노 사이클 관계식($Q_L/Q_H = T_L/T_H$)을 약간 변형시키면

$$\frac{Q_H}{T_H} + \frac{-Q_L}{T_L} = 0$$

이 되는데, 이 식은 $\delta Q/T$라는 양을 사이클 적분하면 얻을 수 있다.

$$\frac{Q_H}{T_H} + \frac{-Q_L}{T_L} = \oint_C \frac{\delta Q}{T} = 0$$

사이클 적분하여 0이 된다는 사실은 가역과정에서 $\delta Q/T$라는 양은 어떤 열역학적 성질의 미분량으로 생각할 수 있다는 것이며, 열역학에서 이 양을 **엔트로피**(entropy)라 한다. 따라서 엔트로피는 가역과정에서 열에 의해서 변하는 양으로 다음과 같이 정의된다.

$$dS = \left(\frac{\delta Q}{T}\right)_{rev} \quad \text{(J/K)} \tag{2.22}$$

이 식을 비가역과정으로 확대시키면

$$dS \geq \frac{\delta Q}{T} \quad \text{(등호는 가역적일 때 성립)} \tag{2.23}$$

이 되는데, 이 식으로부터 유용한 사실 하나를 확인할 수 있다. 열 출입이 없는 실제 단열과정($\delta Q = 0$)에 대한 엔트로피 변화는 0보다 크다($dS > 0$). 엔트로피가 열 출입에 관련되어 변하는 성질인데, 열 출입이 없는 경우에도 엔트로피가 증가한다는 사실은 엔트로피가 생성된다는 것을 반증하는 것이다. 또한 이 사실을 개방계로 확대시키면 열 출입이 없는 정상상태 단열과정에서 출구의 엔트로피는 입구의 엔트로피보다 항상 커진다고 말할 수 있다($s_o > s_i$).

물론 가역 단열과정이라면 엔트로피는 생성되지 않는다. 따라서 가역 단열과정은 엔트로피의 변화가 없는 과정으로 **등엔트로피 과정**(isentropic process)이라 한다. 가스터빈의 흡입구나 노즐 또는 압축기나 터빈에서의 이상적인 과정이 바로 등엔트로피 과정이다.

그렇다면 엔트로피의 물리적인 의미는 무엇일까? 엔트로피는 물질이나 시스템의

**무질서도**(disorder)를 나타내는 성질이라 정의할 수 있다. 엔트로피가 클수록 무질서도가 증가하며 그 효용성은 떨어진다.

한편 가역과정에서 미소 열 출입 양은 $\delta Q = TdS$가 되고, 상태변화가 있을 때 총 출입 열량은 다음과 같이 적분하면 구할 수 있다.

$$Q_{12} = \int_1^2 TdS \, (\text{J}) \tag{2.24}$$

위 식으로부터 온도-엔트로피 선도(T-s 선도)는 사이클 해석에서 매우 유용하다는 사실을 알 수 있다. 열의 양을 쉽게 면적으로 나타낼 수 있고, 가역단열 과정은 엔트로피가 일정하므로 수직선으로 나타낼 수 있기 때문에 사이클을 표시하는데 매우 편리하다. 그림 2.7은 T-s 선도 상에 나타낸 카르노 사이클을 보여주고 있다.

마지막으로 엔트로피 정의 식 (2.22)와 밀폐계에 대한 에너지보존 식 (2.18)을 이용하면 엔트로피 변화에 대한 식을 다음과 같이 유도할 수 있다.

$$ds = \frac{du}{T} + \frac{p}{T}dv \quad \text{또는} \quad ds = \frac{dh}{T} - \frac{v}{T}dp \tag{2.25}$$

이 식은 열역학적 성질 사이의 관계를 나타내는 매우 중요한 식으로 모든 과정에 대해서 성립하는 식이다. 다시 말해서 엔트로피는 열역학적 성질이므로 초기상태와 최종상태가 주어져 있다면 중간과정에 관계없이 그 변화량은 같기 때문에, 가역, 비가역, 밀폐계, 개방계 할 것 없이 적용할 수 있는 식이다.

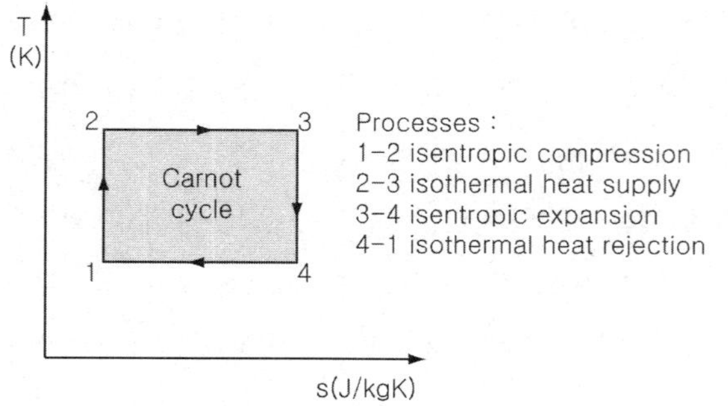


[그림 2.7] T-s 선도와 카르노 사이클

## 2.3 이상기체

**이상기체**(ideal gas)란 다음과 같은 압력-체적-온도 관계식을 만족하는 기체를 말한다.

$$p\,V = n\,\overline{R}\,T \tag{2.26}$$

이 식을 이상기체 상태방정식이라 하며, $n$은 기체의 몰수이며, $\overline{R}$은 일반기체상수(universal gas constant)로 몰(mole) 단위로 kmol, 압력 단위로 kPa, 체적 단위로 $m^3$, 온도 단위로 켈빈 K를 사용하면

$$\overline{R} = 8.314 \text{ kJ/kmol}\cdot\text{K}$$

가 된다. 공기는 압력이 매우 클 때나, 온도가 매우 낮을 때를 제외하고는 식 (2.26)을 잘 만족하므로 이상기체로 취급할 수 있다.

식 (2.26)은 여러 가지 형태로 변형될 수 있다.

$$p\overline{v} = \overline{R}\,T,\; p\,V = m\,R\,T,\; p\,v = R\,T$$

위 식에서 $\overline{v}$는 단위 몰 당 체적($=V/n$)이고 $R$은 기체상수($=\overline{R}/M$, gas constant)이며, $M$은 기체의 분자량(molecular weight, kg/kmol)을 나타낸다.

이상기체의 내부에너지와 엔탈피는 온도만의 함수이며 내부에너지와 엔탈피의 변화량은 정적비열과 정압비열을 사용하여 나타낼 수 있다. 물론 정적비열과 정압비열도 온도만의 함수이다.

$$u = u(T),\; h = h(T),\quad du = c_v\,dT,\quad dh = c_p\,dT$$

따라서 식 (2.25)와 상태방정식으로부터 이상기체의 엔트로피 변화량은 다음과 같이 표현된다.

$$ds = \frac{c_v dT}{T} + \frac{R}{T}dv \quad \text{또는} \quad ds = \frac{c_p dT}{T} - \frac{R}{p}dp \tag{2.27}$$

한편 이상기체의 어떤 과정이 가역 단열적으로 진행되는 등엔트로피 과정의 경우에는 다음과 같은 압력-체적 관계가 성립한다.

$$p\,v^{\gamma} = C,\ \gamma = c_p / c_v \tag{2.28}$$

다음의 표 2.1은 중요 기체의 성질을 보여주고 있다.

[표 2.1] 중요 기체의 성질

| 물질 | 분자식 | 분자량 kg/kmol | 기체상수 kJ/kg.K | 비열(kJ/kg.K) | | γ | 임계온도 K | 임계압력 MPa | 임계비체적 $m^3$/kmol |
|---|---|---|---|---|---|---|---|---|---|
| | | | | $c_p$ | $c_v$ | $c_p/c_v$ | | | |
| 공기 | | 28.967 | 0.2870 | 1.005 | 0.718 | 1.400 | 133.0 | 3.76 | 0.0933 |
| 암모니아 | $NH_3$ | 17.03 | 0.4882 | 2.190 | 1.691 | 1.295 | 405.5 | 11.28 | 0.0724 |
| 아르곤 | Ar | 39.948 | 0.2081 | 0.523 | 0.314 | 1.666 | 151.0 | 4.86 | 0.0749 |
| n-부탄 | $C_4H_{10}$ | 58.124 | 0.1430 | 1.716 | 1.573 | 1.091 | 425.2 | 3.80 | 0.2547 |
| 이산화탄소 | $CO_2$ | 44.01 | 0.1889 | 0.833 | 0.645 | 1.292 | 304.2 | 7.39 | 0.0943 |
| 일산화탄소 | CO | 28.011 | 0.2968 | 1.038 | 0.737 | 1.408 | 133.0 | 3.50 | 0.0930 |
| 에탄 | $C_2H_6$ | 30.070 | 0.2795 | 1.616 | 1.340 | 1.206 | 305.5 | 4.88 | 0.1480 |
| 헬륨 | He | 4.003 | 2.0770 | 5.233 | 3.157 | 1.658 | 5.3 | 0.23 | 0.0578 |
| 수소 | $H_2$ | 2.016 | 4.1242 | 14.186 | 10.065 | 1.409 | 33.3 | 1.30 | 0.0649 |
| 메탄 | $CH_4$ | 16.043 | 0.5183 | 2.211 | 1.691 | 1.308 | 191.1 | 4.64 | 0.0993 |
| 질소 | $N_2$ | 28.013 | 0.2968 | 1.038 | 0.737 | 1.408 | 126.2 | 3.39 | 0.0899 |
| 산소 | $O_2$ | 31.999 | 0.2598 | 0.913 | 0.653 | 1.398 | 154.8 | 5.08 | 0.0780 |
| 프로판 | $C_3H_8$ | 44.097 | 0.1885 | 1.679 | 1.491 | 1.126 | 370.0 | 4.26 | 0.1998 |
| 이산화황 | $SO_2$ | 64.063 | 0.1298 | 0.636 | 0.502 | 1.267 | 430.7 | 7.88 | 0.1217 |
| 수증기 | $H_2O$ | 18.016 | 0.4615 | 1.905 | 1.440 | 1.323 | 647.3 | 22.9 | 0.0568 |

주) 비열이나 비열비는 대기압, 온도 20°C에서 측정된 값이다.
주) 공기의 임계온도와 임계압력은 Kay's mixing rule에 의해 계산된 값이다.

가스터빈 사이클을 해석하기 위해서는 각 상태점의 엔탈피나 엔트로피 값을 알아야 하는데 엔탈피 차는 정압비열과 온도차의 곱으로 표시되고, 엔트로피를 구하는 식에도 비열이 포함된다. 결국 비열이 온도의 함수이므로 비열 값을 어떻게 취급하느냐에 따라서 다음과 같이 세 가지 방법으로 구할 수 있다.

- 비열을 일정한 값으로 취급한다.
- 비열을 계산 온도 범위에 대해서 어떤 평균값으로 대체한다.
- 비열을 온도의 함수로 취급한다.

물론 세 가지의 방법 중에서 비열을 온도의 함수로 취급하는 세 번째의 방법이 가장 정확하다. 이 경우 엔탈피나 엔트로피의 변화는 비열을 온도의 함수로 주고 다음과 같이 적분하여 구하게 된다.

$$\Delta h = h_2 - h_1 = \int_1^2 c_p(T)\,dT \ \text{(J)} \tag{2.29}$$

$$\Delta s = s_2 - s_1 = \int_1^2 c_p(T)\frac{dT}{T} - R\ln\frac{p_2}{p_1} \ \text{(J/kg·K)} \tag{2.30}$$

## 2.4 연소

가스터빈은 공기를 압축, 연소기에서 연료와 함께 연소시킨 뒤 발생한 고온 고압의 가스에너지를 이용하여 동력이나 추력을 발생시키는 장치이다. 그러므로 연소는 매우 중요한 과정이다.

연소는 급격한 산화반응으로 정의할 수 있으며, 가스터빈에 사용되는 연료는 보통 **탄화수소**(hydrocarbon) 계열로 화학식은 $C_xH_y$이다. 한편 연소반응에 산화제로 관여하는 공기는 매우 많은 성분이 섞여 있는 혼합물이다. **건공기**(dry air)는 수증기를 제외한 공기를 말하며, 공기에 포함되어 있는 대부분의 성분은 그 비율이 거의 일정한데 반하여 수증기의 성분 비율은 날씨에 따라 자주 바뀌기 때문에 연소과정에서는 건공기를 기준으로 한다.

건공기는 보통 체적비(몰비)로 질소 78.085%, 산소 20.9476%, 아르곤 0.934%, 이산화탄소 0.0314%, 네온 0.001818% ... 등으로 구성되어 있다. 질소와 산소를 제외하면 매우 소량이고 반응에 거의 관여하지 않으므로 해석의 편의를 위해 건공기는 질소 / 산소 비율이 몰비로 79% / 21%, 질량비로 77% / 23% 섞여있는 혼합물로 간주한다.

1. 완전연소 과정

연료의 성분은 C와 H이므로 산소와 반응하여 각각 이산화탄소와 수증기가 되는 것이 완전연소이다. 즉

$$C + O_2 \rightarrow CO_2, \quad H_2 + 0.5O_2 \rightarrow H_2O$$

이다. 연료 $C_xH_y$에 대한 완전연소 반응식은

$$C_xH_y + (x + \frac{y}{2})O_2 \rightarrow xCO_2 + \frac{y}{2}H_2O$$

이며, 산소 대신에 공기를 사용하면 질소는 산소보다 79/21=3.76배 많으므로 반응식은

$$C_xH_y + (x + \frac{y}{2})(O_2 + 3.76N_2) \rightarrow xCO_2 + \frac{y}{2}H_2O + 3.76(x + \frac{y}{2})N_2$$

가 된다. 연료 $C_xH_y$ 1kmol 당 공기는 (x+y/2)kmol이 필요하다. 연료 1kg당 필요한 이론공기량을 **이론적 공연비**(A/F, Theoretical Air/Fuel ratio)라 하며, 이론적 공연비의 역수를 **이론적 연공비**(F/A, Theoretical Fuel/Air ratio)라 한다.

완전연소를 이루기 위해서는 우선 충분한 공기의 공급과 이상적인 혼합이 필요하므로 보통 실제의 가스터빈 연소 과정에서는 이론공기량 보다 200~400% 정도 더 많은 공기를 공급하게 된다. 이와 같이 초과 공급된 공기를 **과잉공기**(excess air)라 하며 다음의 식과 같이 % 기준으로 나타낸다.

$$\%\ 과잉공기 = \left(\frac{실제\ A/F}{이론적\ A/F} - 1\right) \times 100 \qquad (2.31)$$

100% 과잉공기라면 이론 공기량의 두 배를 공급한 것이 된다.

[예제 2.4] 메탄의 이론적 공연비를 구하라.

**풀이** 메탄의 완전연소 반응식은

$CH_4 + 2(O_2 + 3.76N_2) = CO_2 + 2H_2O + 7.52N_2$

이론적 A/F$= 2(32+3.76\times 28)/(12+4) = 274.56/16 = 17.16$ kg/kg$_f$

## 2. 반응열과 연소열

연소와 같은 반응은 많은 열을 방출하는 발열반응이며, 열을 흡수하는 흡열반응도 있다. 결국 반응이 일어나는 시스템이 고립되어 있지 않다면 주위와 서로 열을 주고받게 된다. 이처럼 반응에 따라 출입되는 열을 **반응열**(heat of reaction)이라 한다. 반응열은 에너지보존 식을 적용하면 유도할 수 있다. 반응열을 $Q_{RP}$라 하고 반응물의 총엔탈피를 $H_R$, 생성물의 총엔탈피를 $H_P$라 하면 에너지보존식 $Q_{RP} + H_R = H_P$로부터 $Q_{RP} = H_P - H_R$이다.

결국 반응열은 주어진 온도와 압력에서 생성물 총엔탈피와 반응물 총엔탈피의 차로 표시된다. 보통 반응열은 25°C, 100kPa(대기압)에서 규정되며, 이때의 반응열을 **표준반응열**(standard heat of reaction)이라 하기도 한다. 따라서 반응열의 정의식은 다음과 같다.

$$Q_{RP} \equiv (H_P - H_R)_{T,p} \quad \text{(J)} \tag{2.32}$$

발열반응인 경우 $H_R > H_p$이므로 반응열은 음의 값이 되며, 흡열반응인 경우 반응열은 양의 값이 된다. 연소과정에서의 반응열은 음의 값을 나타내므로 부호를 바꿔 양의 값으로 표시한 값을 **연소열**(heat of combustion)이라 부르기도 한다. 따라서 연소열 $Q_{HC}$는

$$Q_{HC} = -Q_{RP} = (H_R - H_P)_{T,p} \quad \text{(J)} \tag{2.33}$$

이 된다.

### 3. 발열량

반응열은 열역학 제1법칙을 일정 압력, 온도하의 연소과정에 적용하여 구한 열 출입 양으로 모든 화학반응에서 사용될 수 있다. 그러나 **발열량**(heating value)이라는 것은 연료에 대해서만 정의되는 양이다.

연료의 발열량이란 완전연소 생성물의 온도를 반응물의 초기 온도까지 낮출 때 얻은 총 열로 정의되며 연료의 연소과정은 발열반응이므로 연료의 발열량은 항상 양의 값이 된다. 발열량은 연료 단위 질량당(J/kg$_f$, 고체나 액체 연료) 또는 연료 단위 체적당(J/m$^3$, 기체 연료)의 값으로 보통 표시한다.

대부분의 연료는 수소 성분을 함유하고 있으므로 생성물 중에 물이 존재한다. 이 물은 증기인 기체 상태로 존재할 수도 있고 액체 상태로 존재할 수도 있다. 물의 상태에 따라 발열량 값이 달라지므로 **고위발열량**(higher heating value, $q_{HHV}$)과 **저위발열량**(lower heating value, $q_{LHV}$)으로 구분한다. 고위발열량은 물이 액체 상태로 존재하는 것을 기준으로 하므로 저위발열량 보다 물의 응축열만큼 큰 값이 된다.

$$q_{HHV} - q_{LHV} = h_{fg}(water) \times \text{연료 1kg당 생성된 물의 양 (J/kg)} \qquad (2.34)$$

고위발열량은 **총발열량**(gross heating value)으로 저위발열량은 **순발열량**(net heating value)으로 부르기도 한다. 표 2.2는 25℃에서 중요 연료의 발열량을 보여주고 있다.

[표 2.2] 중요 연료의 발열량(25°C)

| 물질 | 분자식 | 상태 | $q_{LHV}$(kJ/kg) | $q_{HHV}$(kJ/kg) |
|---|---|---|---|---|
| methane | $CH_4$ | gas | 50,012 | 55,499 |
| ethane | $C_2H_6$ | gas | 44,521 | 48,638 |
| propane | $C_3H_8$ | liquid | 46,351 | 50,343 |
| n-butane | $C_4H_{10}$ | liquid | 45,342 | 49,128 |
| n-heptane | $C_7H_{12}$ | liquid | 44,555 | 48,069 |
| n-octane | $C_8H_{18}$ | liquid | 44,422 | 47,890 |

## 2.5 가스터빈 사이클

지금까지 열역학에 대한 중요 내용을 간단히 복습해 보았다. 이제 배운 내용을 가스터빈엔진에 적용하여 보자. 분사 추진 기관인 터보제트는 흡입구, 압축기, 연소기, 터빈, 노즐로 구성된다. 물론 산업용으로 사용되는 터보축 엔진은 흡입구와 노즐 부분을 제외시키면 된다. 따라서 본 장에서는 그림 2.8과 같은 터보제트 엔진을 모델로 하여 가스터빈의 구성장치에서 과정이 각기 어떻게 진행되는지, 또 그 과정에서 관계식은 어떻게 전개되는지에 대해서 자세히 살펴볼 것이다.

실제 가스터빈엔진에서의 과정은 4장과 5장에서 자세하게 다룰 예정이므로 본 장에서는 가스터빈을 이상화한 **공기표준 가스터빈 사이클**(air standard gas turbine cycle)에 대해서 살펴보고 이 사이클이 실제 사이클과의 어떻게 다른지 알아보도록 한다.

공기표준 사이클이란 이상화된 사이클로서 다음과 같은 가정을 만족하는 사이클이다.

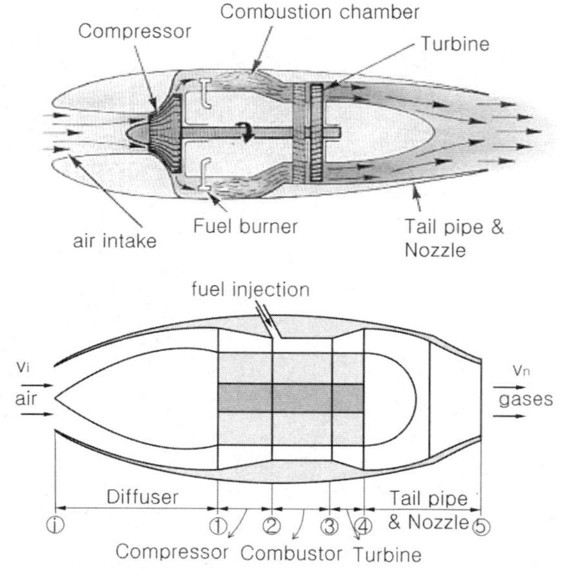


[그림 2.8] 터보제트 엔진

- 작동유체는 공기이고, 공기는 이상기체로 취급하며, 비열은 일정하다.
- 연소과정은 고온 열원으로부터의 열 공급, 배기과정은 저온 열원으로의 열 방출로 근사화 한다.
- 사이클 내의 모든 과정은 내부적으로 가역적이며, 운동에너지와 퍼텐셜에너지는 무시한다.

위의 첫 번째와 두 번째 가정은 연료의 질량 비율이 공기에 비해 상대적으로 작고, 연소가스의 최대 성분이 질소로서 공기와 비슷하기 때문에 공기만을 작동유체로 고려한 것이다. 세 번째 가정에서 운동에너지와 퍼텐셜에너지를 무시한 것은 어마어마한 속도변화나 위치변화가 일어나지 않는 한 내부에너지의 변화 값에 비해 매우 작은 값이기 때문이다. 공기표준 사이클에서의 열 공급과 열 방출은 등온 하에서 일어나는 것이 아니라 유한한 온도차에서 일어나는 것으로 생각한다. 따라서 공기표준 사이클은 카르노 사이클 보다는 실제에 조금 더 가깝게 만든 것으로 내부적으로만 가역적인 사이클이 된다.

## 1. 공기표준 터보제트 사이클

그림 2.8을 보면 공기가 엔진으로 유입되면서 과정이 시작된다. i-1은 흡입 확산 과정이다. 이 과정은 기관으로 들어오는 공기를 확산시킴으로서 공기의 운동에너지를 압력으로 변환하여 가능한 한 높은 압력으로 압축기로 들어가게 하기위한 과정으로 **램 과정**(ram process)이라 하기도 한다. 흡입 확산과정이 일어나는 흡입구를 다른 말로 **디퓨저**(diffuser)라 부를 수도 있다. 디퓨저란 감속 장치인데 운동에너지가 압력에너지로 변환되므로 일부 압축과정을 수행하는 것이 된다.

흡입구에서의 이상적인 과정은 가역단열 과정이며, 일 출입이 없다. 보통 공기표준 사이클에서 운동에너지는 무시하지만 디퓨저 자체가 감속장치이므로 입구의 운동에너지를 고려해 주면, 이 과정에서의 에너지보존 식 및 기타 적용되는 관계식은

$$h_i + \frac{1}{2}\mathrm{v}_i{}^2 = h_1, \quad p_i v_i{}^\gamma = p_1 v_1{}^\gamma, \quad s_i = s_1$$

(2.35)

가 된다.

다음으로 압축기에서의 과정 1-2에서 이상적인 과정은 역시 가역단열 압축 과정이고 운동에너지의 변화는 무시할 수 있다. 따라서

$$h_1 = h_2 + w_c, \quad p_1 v_1{}^\gamma = p_2 v_2{}^\gamma, \; s_1 = s_2 \tag{2.36}$$

이 성립한다. 압축기에서의 단위 질량 당 일은

$$w_C = h_1 - h_2 = c_p(T_1 - T_2) \text{ (J)} \tag{2.37}$$

이 되며, 축일 관계식을 사용하여 구할 수도 있다. 즉

$$w_C = -\int_1^2 v\,dp = -\frac{\gamma}{\gamma-1}(p_2v_2 - p_1v_1) = -\frac{\gamma R}{\gamma-1}(T_2 - T_1)$$

이다. 그리고 압축기에서 입출구 압력의 비인 $p_2/p_1$를 **압력비**(pressure ratio) $r_p$라 한다.

연소기에서의 과정 2-3은 열교환기에서의 열 공급과정으로 온도차는 인정하지만

내부적으로는 가역적이므로 정압 과정이다. 물론 연소기에서의 일 출입은 없다.

$$q_H + h_2 = h_3, \quad p_2 = p_3 \tag{2.38}$$

따라서 공급해야 할 단위 질량 당 열량은

$$q_H = h_3 - h_2 = c_p(T_3 - T_2) \text{ (J)} \tag{2.39}$$

가 된다.

다음으로 터빈에서의 과정 3-4에서 이상적인 과정은 역시 가역단열 팽창 과정이고 운동에너지의 변화는 역시 무시할 수 있다.

$$h_3 = h_4 + w_T, \quad p_3 v_3{}^{\gamma} = p_4 v_4{}^{\gamma}, \; s_3 = s_4 \tag{2.40}$$

터빈에서 단위 질량 당 발생된 일은

$$w_T = h_3 - h_4 = c_p(T_3 - T_4) \text{ (J)} \tag{2.41}$$

이 되며, 축일 관계식을 사용하면

$$w_C = -\int_3^4 v\,dp = -\frac{\gamma}{\gamma-1}(p_4 v_4 - p_3 v_3) = -\frac{\gamma R}{\gamma-1}(T_4 - T_3)$$

가 된다. 터보제트 엔진에서는 터빈일로 추력을 얻는 것이 아니기 때문에 터빈 발생일은 모두 압축기를 구동하는 데만 사용된다($w_T = |w_C|$). 그러나 실제 항공기에서는 발전기를 돌리는 데에도 사용하고 있다.

대부분의 팽창은 노즐에서 일어나며 가속된 공기로부터 추력을 얻게 된다. 노즐에서의 과정 4-5는 가역단열 과정이고 일 출입이 없으나 가속장치이므로 노즐 출구의 운동에너지는 고려해준다.

$$h_4 = h_5 + \frac{1}{2}\mathrm{v}_5{}^2, \quad p_4 v_4{}^{\gamma} = p_5 v_5{}^{\gamma}, \quad s_4 = s_5 \tag{2.42}$$

마지막으로 5-i 과정은 엔진 내에서 일어나는 과정은 아니지만 분사된 공기가 주위에서 열을 잃고 i 상태로 된다고 가정할 수 있다. 따라서 정압 열 방출 과정으로 생각할 수 있다.

$$q_L + h_5 = h_i \tag{2.43}$$

따라서 방출된 단위 질량 당 열량은

$$q_L = h_i - h_5 = c_p(T_i - T_5) \text{ (J)} \tag{2.44}$$

가 된다. 이상과 같은 과정을 T-s 선도에 그리면 그림 2.9와 같다.

노즐 출구의 속도는 $\mathrm{v_n} = \mathrm{v_5} = \sqrt{2(\mathrm{h_4} - \mathrm{h_5})}$ 이므로 터보제트 엔진으로부터 얻은 추진력 $F_p$은

$$F_p = \dot{m}_a(\mathrm{v_n} - \mathrm{v_i}) \text{ (N)} \tag{2.45}$$

가 된다. 여기서 $\dot{m}_a$은 공기의 질량유량(kg/s)이다. 한편 터보제트 엔진의 열효율은 비용이 들어간 열량 $q_H$를 이용하여 분사에너지 $\mathrm{v_n^2}/2 - \mathrm{v_i}^2/2$를 얻은 것이므로 열

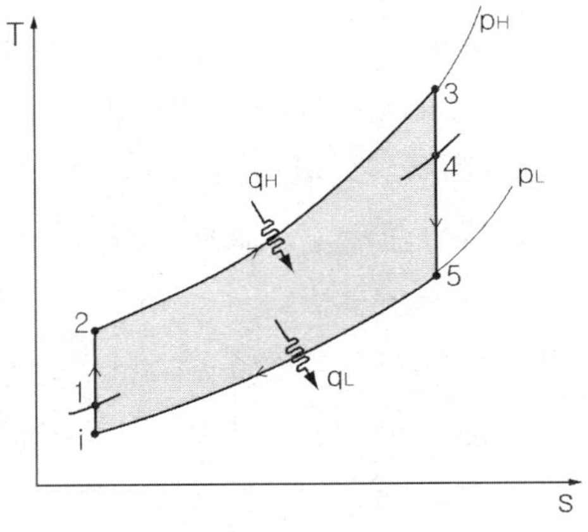


[그림 2.9] 공기표준 터보제트 사이클

효율의 정의에 따라서

$$\eta_{jet} = \frac{\mathrm{v_n}^2/2 - \mathrm{v_i}^2/2}{q_H} \tag{2.46}$$

이 된다.

지금까지 운동에너지는 흡입구 입구와 노즐 출구에서만 고려했다. 만일 모든 과정에서 운동에너지를 고려한다면 어떻게 될까? 이 때는 **전엔탈피**(total enthalpy 또는 stagnation enthalpy)를 도입하면 간결해진다. 특히 항공기용 분사 추진기관을 해석하는 경우 유용하게 사용될 수 있다. 전엔탈피는 이상적인 흡입구내의 유동처럼 유체가 가역 단열적으로 정지할 때 존재하는 단위 질량당의 에너지로 정의할 수 있다. 따라서 그 정의는

$$h_t = h + \mathrm{v}^2/2 \quad (\mathrm{J}) \tag{2.47}$$

이 되며, 전엔탈피를 사용하면 에너지보존 식은

$$q + h_{ti} = h_{to} + w \tag{2.48}$$

이 된다. 전엔탈피에 해당하는 압력과 온도를 각각 **전압력**(total pressure or stagnation pressure, $p_t$), **전온도**(total temperature or stagnation temperature, $T_t$)라 한다. 전엔탈피, 전압력, 전온도도 열역학적 성질이며, 엔탈피, 정압, 온도와 구별하기 위해 하첨자 t를 사용한다. 전압력과 정압과의 관계는 비압축성 유동이라면 $p_t = p + \rho \mathrm{v}^2/2$이다. 물론 운동에너지를 무시하는 경우는 전압력, 전온도, 전엔탈피가 곧 압력, 온도, 엔탈피가 된다. 3장 유체역학 복습에서 보다 자세하게 다룰 것이다.

한편 축 동력 발생용인 터보축 엔진이라면 노즐에서의 과정을 고려하지 않아도 되므로 이 때에는 5점을 4점으로 생각하면 된다. 따라서 가역단열 압축과정(i-1, 1-2), 정압 열 공급과정(2-3), 가역단열 팽창과정(3-4) 및 정압 열 방출과정(4-i)으로 사이클이 완성된다. 한편 흡입구에서의 과정을 무시하고 곧바로 압축기에서 가역단열 압축과정으로 들어간다고 보는 사이클을 **공기표준 브레이톤 사이클**(Air Standard Brayton cycle)이라 하는데, 브레이톤 사이클은 가스터빈 관련 사이클 중 가장 기본적이고 간단한 사이클이다.

[예제 2.5] 압축초기의 상태는 103kPa, 26°C이다. 열공급량은 1200kJ이고 압력비는 8이다. 공기표준 브레이톤 사이클로 운전될 경우 최대 온도와 압력, 순일

및 열효율을 구하라. 공기 데이터는 표 2.1을 참조하라.

**풀이** (핵심) 이상기체 $pv = RT$, 가역단열 $pv^{\gamma} = C$

1점 상태: $p_1 = 103\text{kPa}$,

$T_1 = 273.15+26 = 299.15\text{K}$

$$v_1 = \frac{RT_1}{p_1} = \frac{0.287 \times 299.15}{103} = 0.8336 \text{ m}^3/\text{kg}$$

2점 상태: $p_2 = p_1 r_p = 103 \times 8 = 824 \text{ kPa}$(최대압력)

$$T_2 = T_1 \left( \frac{p_2}{p_1} \right)^{(\gamma-1)/\gamma} = 299.15 \times 8^{0.4/1.4} = 541.9 \text{ K}$$

$$v_2 = \frac{RT_2}{p_2} = \frac{0.287 \times 541.9}{824} = 0.189 \text{ m}^3/\text{kg}$$

3점 상태: $p_3 = p_2 = 824 \text{ kPa}$

$$T_3 = T_2 + \frac{q_H}{c_p} = 541.9 + \frac{1200}{1.005} = 1735.9\text{K}(\text{최대온도})$$

$$v_3 = R\,T_3 / p_3 = 0.287 \times 1735.9 / 824 = 0.605\text{kPa}$$

4점 상태: $p_4 = p_1 = 103\text{kPa}$

$$T_4 = T_3 \left( \frac{p_4}{p_3} \right)^{(\gamma-1)/\gamma} = 1735.9 \times (1/8)^{0.4/1.4} = 958.3 \text{ K}$$

$$v_4 = R\,T_4 / p_4 = 0.287 \times 958.3 / 103 = 2.67 \text{ m}^3/\text{kg}$$

터빈일과 압축기일은 각각

$$w_T = c_p(T_3 - T_4) = 1.005\ (1735.9 - 958.3) = 781.5 \text{ kJ/kg}$$

$$w_C = c_p(T_1 - T_2) = 1.005\ (299.15 - 541.9) = -244.0 \text{ kJ/kg}$$

순일은 $w_{net} = w_T - |w_C| = 781.5 - 244 = 537.5 \text{ kJ/kg}$

열효율은 $\eta_B = 537.5 / 1200 = 0.448$ 또는

$$\eta_B = 1 - \frac{1}{r_p^{(\gamma-1)/\gamma}} = 1 - \frac{1}{8^{0.4/1.4}} = 0.448$$

[예제 2.6] 비행기가 800km/hr의 속도로 날고 있다. 외부 공기의 압력과 온도는 각각 45kPa, -25°C이다. 비행기는 터보제트 엔진으로 추력을 얻고 있다. 사이클 상의 최대 압력과 최대 온도는 1350kPa(압력비 30에 해당), 1100°C이다. 공

기 질량유량이 95kg/sec일 때 최대 추력과 열효율을 구하라.

**풀이** (핵심) 최대 추력을 얻기 위해서는 모든 과정이 이상적으로 작동해야 한다.

그림 2.8과 2.9 참조.

$$p_i = 45\ \text{kPa},\quad T_i = -25 + 273.15 = 248.15\text{K}$$

$$p_2 = 1350\,\text{kPa} = p_3\,,\quad T_3 = 1100 + 273.15 = 1363.15\ \text{K}$$

터보제트 엔진 입구에서의 공기 속도는

$$\text{v}_\text{i} = \frac{800 \times 1000}{3600} = 222.2\text{m/s}$$

흡입구 출구의 속도를 무시하면 $h_i + \text{v}_\text{i}^2/2 = h_1$ 로부터 온도는

$$T_1 = T_i + \frac{\text{v}_\text{i}^2}{2c_p} = 248.15 + \frac{222.2^2}{2 \times 1.005 \times 1000} = 272.72\text{K}(-0.43^\circ\text{C})$$

압력은 등엔트로피 과정이므로

$$p_1 = p_i \left(\frac{T_1}{T_i}\right)^{\gamma/(\gamma-1)} = 45\left(\frac{272.72}{248.15}\right)^{1.4/0.4} = 62.62\text{kPa}$$

2점의 온도는 역시 등엔트로피 과정이므로

$$T_2 = T_1 \left(\frac{p_2}{p_1}\right)^{(\gamma-1)/\gamma} = 272.72\left(\frac{1350}{62.62}\right)^{0.4/1.4} = 655.8\text{K}$$

압축기에서의 일은

$$w_C = c_p(T_2 - T_1) = 1.005\,(655.8 - 272.72) = 385.0\ \text{kJ/kg}$$

공급된 열은

$$q_H = h_3 - h_2 = c_p(T_3 - T_2) = 1.005\,(1363.15 - 655.8) = 710.9\text{kJ/kg}$$

터빈은 압축기에서의 소요 일을 공급해줘야 하므로

$$w_T = w_C = 385\text{kJ/kg}$$

따라서 $w_T = c_p(T_3 - T_4)$의 관계식으로부터 4점의 온도는

$$T_4 = T_3 - \frac{w_T}{c_p} = 1363.15 - \frac{385}{1.005} = 980.1\text{K}$$

4점의 압력은 등엔트로피 과정이므로

$$p_4 = p_3 \left(\frac{T_4}{T_3}\right)^{\gamma/(\gamma-1)} = 1350\left(\frac{980.1}{1363.15}\right)^{1.4/0.4} = 425.5\ \text{kPa}$$

노즐 출구 5점의 온도는 역시 등엔트로피 과정이므로

$$T_5 = T_4\left(\frac{p_5}{p_4}\right)^{(\gamma-1)/\gamma} = 980.1\left(\frac{45}{425.5}\right)^{0.4/1.4} = 515.8\mathrm{K}$$

노즐 입구의 속도를 무시하면 노즐에서의 에너지보존 식은

$$h_4 = h_5 + \frac{\mathrm{v}_5^2}{2}$$

따라서 노즐 출구의 속도는

$$\mathrm{v_n} = \mathrm{v_5} = \sqrt{2c_p(T_4 - T_5)} = \sqrt{2\times 1.005\times(980.1-515.8)\times 1000} = 966.05\ \mathrm{m/s}$$

그러므로 추력은

$$F_P = \dot{m}(\mathrm{v_n} - \mathrm{v_i}) = 95\,(966.05 - 222.2) = 70665.75\ \mathrm{N}$$

열효율은 $\eta_{jet} = \dfrac{(966.05^2 - 222.2^2)/2}{710.9\times 1000} = 0.62\ (62\%)$

## 2. 실제 가스터빈 사이클

실제 가스터빈 사이클이 이상적인 공기표준 터보제트 사이클이나 공기표준 브레이튼 사이클과 다른 점 중 중요한 것을 열거하면 다음과 같다.

- 흡입구, 압축기, 터빈, 노즐에서 마찰과 열손실이 존재한다.
- 연소과정(열 공급과정)이 일정압력 하에서 이루어지지 않는다.
- 작동유체의 성분이 일정하지 않다.
- 비열 값이 일정하지 않다.

모든 가스터빈 구성장치에서 마찰과 열손실이 존재하지만 실제 사이클 해석에서 고려해주는 것은 주로 마찰에 의한 손실이다. 실제로 터빈과 압축기를 비롯한 모든 구성장치에서의 과정은 워낙 빨리 진행되므로 주위와의 열전달을 대부분 무시할 수 있다. 그리고 실제로도 압축기에서 필요한 동력이나 터빈의 출력에 비해 열손실 값은 매우 작다. 한편 에너지 해석에서 연소과정이 일정압력 하에서 이루어진다고 계산해도 큰 오차는 발생하지 않는다.

따라서 흡입구, 압축기, 터빈, 노즐에서의 손실은 각 장치의 효율을 정의함으로서 보정할 수 있다. 이와 같은 장치의 효율은 이상적인 가역단열 과정의 엔탈피 차이와 실제 과정의 엔탈피 차이와의 비교로서 이루어진다. 가역단열 과정은 등엔트로피 과정이고 등엔트로피 과정과의 비교로부터 정의되므로 이러한 종류의 효율을 등엔트로피 효율이라 부른다.

다음으로 작동유체의 성분이 일정하지 않다는 세 번째 차이점을 생각해보자. 이것은 연소기부터 연료가 작동유체의 성분 중에 포함되기 때문이지만, 공기의 양에 비해 연료의 양이 매우 적으므로 공연비나 연공비를 사용하여 단순화시킬 수 있다.

마지막으로 고려해야 할 점은 비열에 대한 것이다. 압축일, 열 공급량, 터빈일 등을 계산하기 위해서는 정압비열 값을 알아야 한다. 사실 가스터빈 내에서 공기의 온도변화는 1000K 이상이므로 비열이 일정하다고 생각하는 것은 무리이다. 따라서 실제의 경우 비열의 변화를 반드시 고려해주어야 한다. 이에 대한 자세한 내용들은

4장에서 다루게 될 것이다.

## 연습문제

**2.1** 시속 100km로 달리고 있는 승용차의 운동에너지는 얼마인가(승용차의 질량은 1톤임)? 라면을 끓이기 위해 1kg의 물을 0°C에서 100°C까지 올리는데 필요한 에너지(내부에너지) 값과 비교하라. 물의 비열은 4.2kJ/kg°C이다.

**2.2** 미국과 캐나다에 걸쳐있는 나이아가라 폭포의 높이는 대략 50m이다. 폭포 하단에서 물이 떨어지는 속도는 대략 얼마인가?

**2.3** 유체 내의 압력은 수심에 비례하여 커지므로 $dp/dz = -\rho g$의 관계가 있다. 이 식을 대기에도 적용할 수 있으나 대기의 밀도는 고도에 따라 달라진다. 일반적으로 대기의 압력과 밀도는 $p/\rho = p_o/\rho_o$의 상관관계를 갖는다. 이 관계식을 이용하여 에베레스트 산 정상에서의 대기압을 구하라. 기준인 $p_o$, $\rho_o$는 해수면에서의 값으로 각각 101.3kPa, 1.2kg/m$^3$이다. 에베레스트 산의 높이는 8848m이다.

**2.4** 어떤 시간동안에 시스템으로 들어온 질량이 100kg이고 나간 질량이 40kg이다. 이 시간동안 저장된 질량은 얼마인가? 이 과정이 5분 동안 진행된 것이라면 들어오는 질량유량과 나가는 질량유량 및 시스템의 질량 변화율을 각각 구하라.

**2.5** 공기 터빈이 있다. 공기는 900°C, 1MPa의 상태로 터빈으로 들어오며 팽창한 후 100kPa의 압력으로 나간다. 터빈 내에서의 압력-체적관계는 $pv^{1.35} = C$이

다. 출구 공기의 온도와 공기 단위 질량 당 터빈이 한 일과 손실 일을 구하라.
(hint: 터빈 내에서 과정이 가역 단열적으로 진행된다면($pv^{1.4} = C$), 최대의 일)

**2.6** 공기압축기가 있다. 공기는 100kPa, 20°C의 상태로 들어가서 직경이 1cm인 배출구를 통해 토출된다. 토출된 공기의 속도는 7m/sec이며, 토출 압력은 350kPa이다. 압축기에 공급된 동력은 얼마인가? 압축기 입구의 공기 속도는 매우 작다고 생각한다. (hint: $h_1 = h_2 + v_2^2/2 + w$, $\dot{W} = \dot{m}\, w$, 질량유량 $\dot{m} = \rho v A$, A는 단면적)

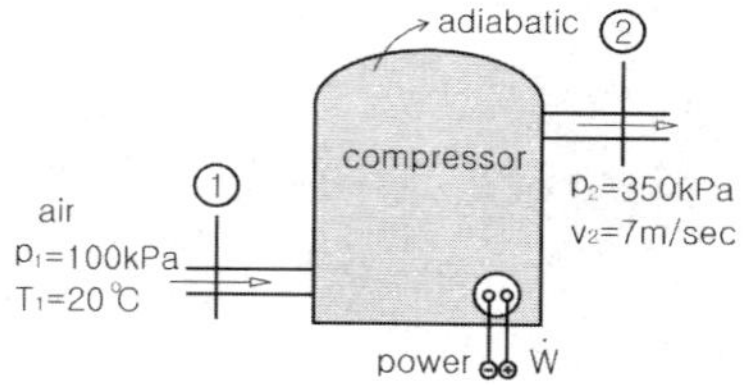


**2.7** 100kPa, 20°C의 공기가 디퓨저를 통과하면서 단열 압축되어 500kPa이 된다. 디퓨저 입구의 공기 속도가 200m/sec라면, 디퓨저 출구의 공기 속도는 얼마인가?

**2.8** 옥탄(octane)의 이론적 공연비를 구하라.

**2.9** 이상적인 터보축 가스터빈(브레이튼 사이클)으로 100kPa, 26°C의 공기가 들어온다. 압력비는 6이며, 공기 1kg 당 780kJ의 열이 공급된다. 최대 온도, 터빈 일, 압축기 소요 일 및 열효율을 구하라.

**2.10** 900km/hr로 날고 있는 비행기가 있으며, 비행 고도에서의 공기 압력과 온도는 45.2kPa, -25.8°C이다. 이 비행기는 추진 기관으로 터보제트 엔진을 장착하고 있다. 터보제트는 이상적으로 작동되고 있으며, 사이클 상의 최대온도는 1120°C이고 압축과정의 압력비는 30이다. 터보제트의 추력이 68700N이라면 기관으로 흡입되는 공기의 질량유량과 열효율을 구하라.

# 제3장

# 유체역학

본 장에서는 가스터빈을 이해하고 분석하는데 필요한 유체역학 관련 사항을 공부해보자. 압축기나 터빈과 같은 유체기계(또는 터보기계, turbo-machine)는 유체에 에너지를 공급하거나 유체로부터 에너지를 추출하는 장치이다. 유체기계에서의 에너지 전달은 하나 이상의 깃 열(blade rows)의 운동에 의해서 수행된다. 또한 흡입구나 노즐에서는 감속 또는 가속에 의한 운동에너지의 차가 압력이나 분사력(또는 추력)으로 나타난다.

그러므로 이 장에서는 가스터빈엔진의 구성장치인 흡입구, 압축기, 터빈, 노즐 등을 해석하는데 필요한 유체 유동의 개념과 기본방정식 및 노즐과 충격파에 대한 내용을 간단히 살펴보도록 하자.

## 3.1 기본 개념

### 1. 마하수

공기와 같은 기체의 유동에서 모든 정보의 전달은 음속으로 이루어진다. 소리의 속도인 **음속**(sound speed) $c$는 다음과 같이 정의된다.

$$c = \sqrt{\left(\frac{\partial p}{\partial \rho}\right)_s} \quad \text{(m/s)} \tag{3.1}$$

공기는 이상기체로 취급할 수 있고 가역단열 과정일 때 $p v^{\gamma} = C$가 만족되므로 $\partial p / \partial \rho = \gamma p v$이고, 따라서 $c = \sqrt{\gamma p v}$이다. 결국

$$c = \sqrt{\gamma R T} \quad \text{(m/s)} \tag{3.2}$$

가 된다.

**마하수**(Mach number)는 음속에 대한 속도의 비로 정의되며($M = u/c$, 이제부터 $u$는 내부에너지가 아니라 속도를 나타냄)로 기체 유동에서 매우 중요한 변수로 사용된다.

$$M = u \,/\, \sqrt{\gamma R T} \tag{3.3}$$

일반적으로 공기와 같은 기체 유동에서 마하수가 0.3 미만이라면 **비압축성유동**(incompressible flow, 밀도 일정, 압축성 효과 무시)으로 해석할 수 있으며, 마하수가 0.3 이상이면 **압축성유동**(compressible flow)으로 해석해야 한다.

한편 유동의 영역은 마하수를 사용하여 구분할 수 있다. $M<1$일 때 **아음속**(subsonic) 유동, $M=1$일 때 **음속**(sonic) 유동, $M>1$일 때 **초음속**(supersonic) 유동으로 나누게 된다.

## 2. 정체상태

2장 5절에서 가스터빈 사이클에 관련된 해석에서 운동에너지를 포함하는 경우, **전엔탈피**(total enthalpy)를 사용하면 관계식이 간결해진다는 것을 알 수 있었다. 전엔탈피의 의미를 한번 고찰해보자.

그림 3.1과 같이 잘 단열되어 있는 흡입구(디퓨저)를 고려하자. 관련된 어떤 외부 일도 없고 위치에너지를 무시할 수 있으므로 에너지보존 식은

$$h_1 + \frac{u_1^2}{2} = h_2 + \frac{u_2^2}{2} \quad \text{또는} \quad h_{t1} = h_{t2} \ \text{(J)} \tag{3.4}$$

가 된다. 즉 유체의 전엔탈피가 일정하다. 만일 속도의 변화가 생긴다면 엔탈피(정확하게 말하면 **정엔탈피**(static enthalpy)임)의 **변화**를 수반하게 된다. 다시 말해서 흡입구에서처럼 속도가 감소하는 경우에는 엔탈피의 증가가, 노즐에서처럼 속도가 증가하는 경우에는 엔탈피의 감소가 각각 초래된다는 것이다.

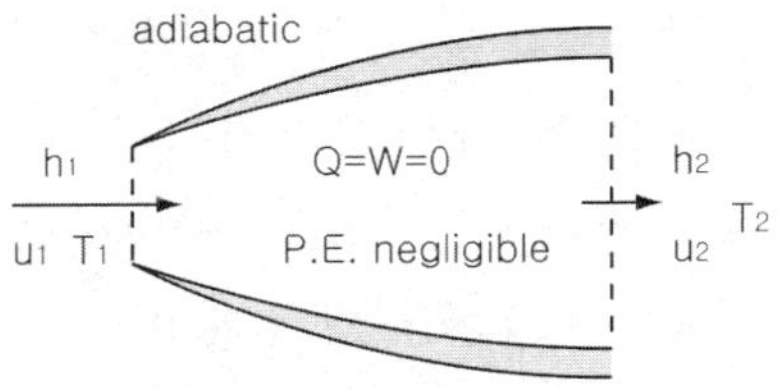

[그림 3.1] 단열된 흡입구

만약 유체가 완전히 정지될 때 상태 2에서의 속도는 0이 되므로 식 (3.4)는 다음과 같이 된다.

$$h_1 + \frac{u_1^2}{2} = h_2 = h_{t2} \text{ (J)} \tag{3.5}$$

결국 전엔탈피는 임의의 유체가 단열과정을 통해서 완전히 정지될 때의 (정)엔탈피를 나타내며, 이것이 전엔탈피의 물리적 의미이다. 따라서 전엔탈피를 **정체엔탈피**(stagnation enthalpy)라 부르기도 한다.

일반적으로 유체가 정지될 때의 성질을 **정체성질**(stagnation property)이라 하며, 정체상태에서의 온도, 압력, 밀도는 정체온도(또는 전온도), 정체압력(또는 전압력), 정체밀도(또는 전밀도)로 각기 불리고 있다.

**전온도**(total temperature)는 정체상태의 온도로서 전엔탈피에 대응하는 온도이다. 공기와 같은 이상기체의 경우 엔탈피는 정압비열과 온도와의 곱으로 표시할 수 있기 때문에 $h_t = h + u^2/2$ 식으로부터 전온도 $T_t$와 온도 $T$와의 관계는 다음과 같이 표시된다.

$$T_t = T + \frac{u^2}{2\,c_p} \text{ (K)} \tag{3.6}$$

만일 유동 중인 유체의 온도를 온도계로 측정한다면 사실 전온도를 측정한 것이 되며, 우리가 온도로 부르는 정적인 온도는 위의 식으로부터 거꾸로 구하게 된다.

압력(정확하게는 **정압**(static pressure)임)과 **전압력**(total pressure) 또는 밀도와 **전밀도**(total density) 사이의 관계는 전온도처럼 단열적이라는 가정만으로는 구할 방법이 없다. 그림 3.2는 가역단열 과정에서의 정체상태와 단열과정에서의 정체상태의 차이점을 보여주고 있으며, 조건에 따라서 단열과정의 압력은 얼마든지 달라질 수 있다는 사실을 단적으로 보여주고 있다. 첨자 s는 가역단열 과정을 나타내고 a는 실제 단열과정을 나타낸다. 따라서 전압력 $p_t$와 전밀도 $\rho_t$는 가역단열 과정(등 엔트로피 과정)으로 정지된다고 가정하여 그 관계를 구하게 되며, 다음과 같은 식으로 나타낼 수 있다.

$$\frac{p_t}{p} = \left(\frac{T_t}{T}\right)^{\gamma/(\gamma-1)} \quad \text{또는} \quad \frac{\rho_t}{\rho} = \left(\frac{T_t}{T}\right)^{1/(\gamma-1)} \tag{3.7}$$

전온도는 단열이든 가역단열이든 그 관계식은 사실 같기 때문에, 앞으로 정체상태는 가역 단열적으로 정지한 유체의 성질로 통일하여 사용한다. 그리고 식 (3.7)은 정적인 성질과 정체성질 사이뿐만 아니라 정체성질 사이에서도 당연히 성립한다.

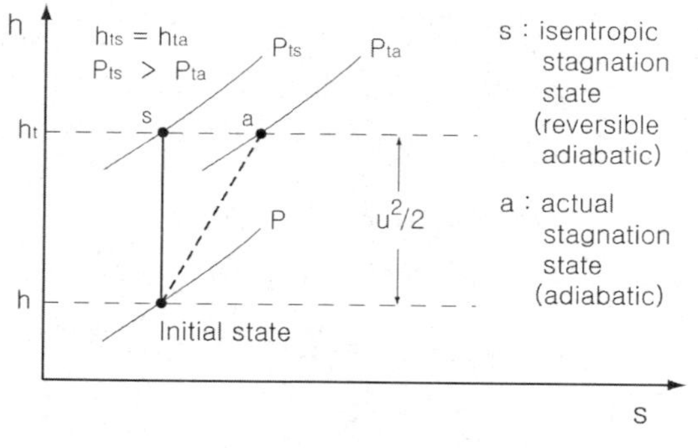


[그림 3.2] 가역단열 정체상태와 단열 정체상태

**[예제 3.1]** 비행기가 5000m 상공에서 250m/s의 속도로 날고 있다. 공기의 압력과 온도는 55kPa, -23°C이다. 공기는 압축기로 유입되기 전에 흡입구에서 감속된다. 감속과정을 가역 단열적이라 할 때, 압축기 입구에서의 전온도와 전압력을 구하라. 공기에 대한 데이터는 표 2.1을 참조한다.

**풀이** (핵심) 흡입구에서 감속되며 압축기 입구 상태는 정체상태임.

흡입구 입구 상태를 o라하고 압축기 입구 상태를 1로 한다.

$$T_{t1} = T_o + u_o^2/2c_p = 250.15 + 250^2/(2 \times 1005) = 281.24\text{K}$$

$$p_{t1} = p_o\,(T_{t1}/T_o)^{\gamma/(\gamma-1)} = 55\,(281.24/250.15)^{1.4/0.4} = 82.88\text{kPa}$$

## 3.2 기본 방정식

### 1. 연속방정식

유체역학에서의 **연속방정식**(continuity equation)은 열역학에서 우리가 이미 다루었던 질량보존 법칙을 나타내는 식이다. 진공도가 아주 큰 경우를 제외하면 유체는 연속체로 생각할 수 있으며, 연속체 원리에 대한 수학적 관계식이 바로 연속방정식이다.

정상유동(steady flow)이라면 유동 중 어떤 위치에서건 질량유량이 같아야 한다. 즉

$$\dot{m}_1 = \dot{m}_2 \ \text{(kg/s)} \tag{3.8}$$

체적유량($\dot{V}$, m³/s)으로 표시하면 $\rho_1 \dot{V}_1 = \rho_2 \dot{V}_2$가 되고, 유동 단면적을 $A$라면

$$\rho_1 A_1 u_1 = \rho_2 A_2 u_2 \ \text{(kg/s)} \tag{3.9}$$

가 성립한다. $u$는 내부에너지가 아니라 속도를 나타낸다는 사실을 명심하자.

### 2. 운동량 보존법칙

운동량에는 **선운동량**(line momentum)과 **각운동량**(angular momentum)이 있다. 선운동량 보존법칙은 유동하는 유체에 **외력**(external force)이 작용하지 않으면 선운동량은 보존된다는 것이고, 각운동량 보존법칙은 **토크**(torque)가 작용하지 않는 한 각운동량은 보존된다는 것이다. 역으로 말하면 유동 중인 유체의 운동량의 변화가 힘이

나 토크로 나타날 수 있다는 것이다.

따라서 힘과 선운동량 변화율과의 관계를 성분별로 표시하면

$$\Sigma F_x = \dot{m}(u_{2x} - u_{1x})$$
$$\Sigma F_y = \dot{m}(u_{2y} - u_{1y}) \text{ (N)} \qquad (3.10)$$
$$\Sigma F_z = \dot{m}(u_{2z} - u_{1z})$$

이 되며, $\Sigma F$는 각 방향별 외력의 총합이다.

[예제 3.2] 다음 그림과 같은 제트(jet)에 대해서 힘-운동량 관계식을 유도하라.

**풀이** (핵심) 벡터양이므로 방향에 주의

유체에 작용하는 외력은 압력에 의한 힘과 베인(vane)으로부터의 힘이 있다.

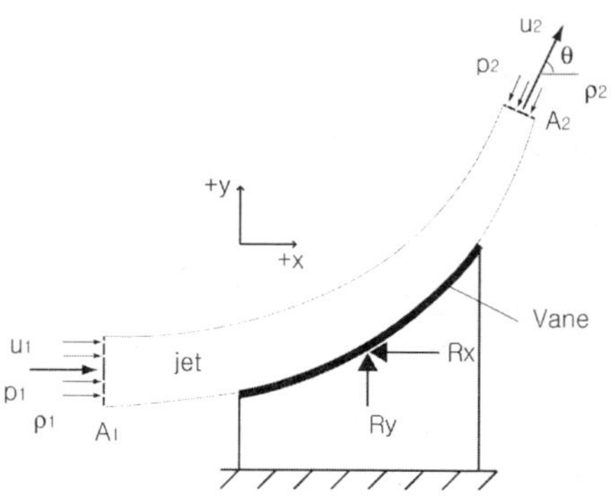


$$\Sigma F_x = -R_x + p_1A_1 - p_2A_2\cos\theta = \dot{m}(u_2\cos\theta - u_1)$$

$$\Sigma F_y = R_y - p_2A_2\sin\theta = \dot{m}(u_2\sin\theta - 0)$$

만일 수치를 대입하여 반력 $R_x$, $R_y$를 구한 값이 (+)라면 원래 잡은 방향이 맞는 것이고, (-)라면 반대방향이 된다.

토크와 각운동량과의 관계를 구하기 위해서 그림 3.3과 같은 유동을 고려하자. 유체 입자는 A에서 B로 운동하면서 동시에 반경 $r_1$에서 $r_2$로 움직이고 있다. 유체에 가해진 z-방향 토크의 총합은 유체의 z-방향 각운동량의 변화와 같으므로

$$\Sigma T = \dot{m}(r_2 u_{2\theta} - r_1 u_{1\theta}) \text{ (N·m)} \qquad (3.11)$$

이 성립한다. 식에서 $u_\theta$는 유체 입자의 접선방향의 속도(회전 속도)를 나타낸다. 만일 유체가 각속도 $\omega$로 회전하는 기계 내에서 운동하고 있다면, 기계의 동력은

$$\Sigma T\omega = \dot{m}\,\omega(r_2 u_{2\theta} - r_1 u_{1\theta}) = \dot{m}(U_2 u_{2\theta} - U_1 u_{1\theta})\ \text{(N·m/s)} \tag{3.12}$$

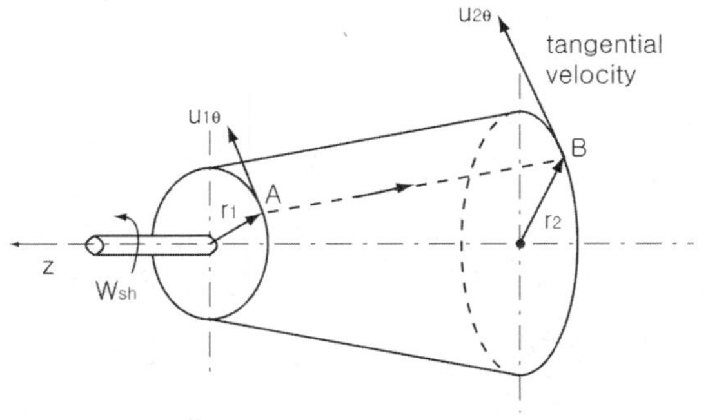


[그림 3.3] 각운동량 보존법칙의 유도

로 계산된다. 이 식에서 U 는 기계의 회전속도이다. 터빈인 경우 유체로부터 토크를 받으므로 위 식의 값은 음(-)이 되고, 압축기의 경우 유체가 토크를 받으므로 양(+)이 된다. 그러므로 터빈 출력과 압축기 소요동력은 각각

$$\dot{W}_T = \dot{m}(U_1 u_{1\theta} - U_2 u_{2\theta})\ \text{(W)} \tag{3.13}$$

$$\dot{W}_C = \dot{m}(U_2 u_{2\theta} - U_1 u_{1\theta})\ \text{(W)} \tag{3.14}$$

로 나타낼 수 있다.

## 3. 베르누이 방정식

사실 가스터빈에서는 압축성유동으로 취급하기 때문에 베르누이 방정식을 적용하지는 않는다. 기본적으로 베르누이 방정식은 온도가 일정하게 유지되는 비압축성 유동에 대한 에너지보존 식이기 때문이다.

유동 중에 임의의 두 지점 사이에서 베르누이 방정식은

$$\frac{p_1}{\rho g} + \frac{{u_1}^2}{2g} + z_1 = \frac{p_2}{\rho g} + \frac{{u_2}^2}{2g} + z_2 + L_{loss}\ \text{(m)} \tag{3.15}$$

가 된다. 이 식에서 $L_{loss}$는 손실수두를 나타낸다. 한편 위 식으로부터 비압축성유동의 전압력은 다음의 식과 같이 유도되며, 피토관에서 측정되는 압력이 곧 전압력이다.

$$p_t = p + \rho u^2 / 2 \ \text{(Pa)} \tag{3.16}$$

## 3.3 노즐

노즐은 팽창 가속장치로서 특히 항공기용 가스터빈엔진에서 추력을 얻는데 필수적인 요소이다. 노즐의 단면적 형상은 속도변화에 밀접한 연관이 있으며, 노즐 출구의 주위 압력인 **배압**(back pressure)은 출구 속도 및 유량, 노즐 내의 압력분포에 큰 영향을 끼친다. 이와 같은 내용을 자세히 살펴보자.

### 1. 노즐 단면적과 유동 속도

정상유동에서 연속방정식은 $\rho A u = C$이고 $\rho$, $A$, $u$가 서로 독립이므로 미분하면 다음의 식을 얻을 수 있다.

$$\frac{d\rho}{\rho} + \frac{dA}{A} + \frac{du}{u} = 0 \tag{3.17}$$

한편 노즐에서의 과정이 가역 단열적이라면 에너지보존 식은 $h + u^2/2 = C$가 되고 미분하면 $dh + u\,du = 0$이 된다. 또한 $Tds = 0 = dh - vdp$가 만족되므로 $dh = vdp$이다. 따라서 에너지보존 식은 다음과 같이 표현된다.

$$\frac{dp}{\rho} + u\,du = 0 \tag{3.18}$$

식 (3.17)과 (3.18)을 연결하여 정리하면 다음의 식을 얻는다.

$$\frac{dA}{A} = \frac{dp}{\rho}\left(\frac{1}{u^2} - \frac{d\rho}{dp}\right) \tag{3.19}$$

한편 음속 관계식 (3.1)을 변형하면 $(\partial\rho/\partial p)_s = 1/c^2$이 되는데, 이 식을 식 (3.19)에 대입하고 정리하면 다음과 같은 관계식을 얻게 된다.

$$\frac{dA}{A} = \frac{dp}{\rho u^2}(1 - M^2) = \frac{du}{u}(1 - M^2) \tag{3.20}$$

이 식으로부터 다음의 관계를 유추할 수 있다.

- 아음속 유동 M < 1 , dA/du < 0
- 음속 유동 M = 1 , dA/du = 0
- 초음속 유동 M > 1 , dA/du > 0

노즐에서 du는 양의 값이다. 따라서 아음속에서는 노즐의 단면적이 수축되어야 속도 증가가 생기며, 초음속에서는 단면적이 확대되어야 속도 증가가 생긴다는 것을 의미하고 있다. 또한 아음속 유동의 수축 노즐에서 얻을 수 있는 최대 속도는 음속이라는 사실도 나타내고 있다. 노즐로 들어오는 입구 속도가 아음속인 경우, 초음속으로 가속시키기 위해서는 아음속에서 시작하여 음속을 지나 초음속으로 단계적으로 가속시켜야 하므로 수축했다가 확대되는 노즐 형태가 필요하다는 사실 또한 확인할 수 있다.

## 2. 수축 노즐

수축 노즐은 그림 3.4에 나타나 있는 것처럼 단면적이 감소하는 노즐이다. 우선 입구의 단면적은 충분히 커서 입구에서의 속도는 무시할 수 있으며, 입구 압력은 일정하게 유지된다고 가정한다. 노즐의 최소 단면적 부분은 목(throat)이라 하며, 출구 측 분출 영역의 압력은 배압이라 하는데 $p_d$로 표시하자.

배압이 달라지면 노즐내의 제트의 압력변화가 달라진다. 압력이 달라진다는 것은 속도와 유량이 달라진다는 것을 의미한다. 그림 3.4의 오른쪽 그림은 배압의 변화가 제트의 압력에 끼치는 영향을 단적으로 보여주고 있다. 그림에서 보는바와 같이 배압이 특정한 압력 $P_c$까지 낮아질 때까지는 노즐을 따라 제트의 압력이 감소하며, 출구인 목에서 최소가 되는 동시에 배압과 같아지게 된다($p_{th} = p_d$). 그러나 배압이 $P_c$보다 낮은 $P_3$, $P_4$의 경우라도 목에서의 압력은 더 이상 낮아지지 않는다. 즉 $P_c$이하의 배압은 아무리 낮더라도 노즐 내의 제트 압력분포에 전혀 영향을 끼치지 않으며, 결국 노즐 출구의 속도와 유량에 영향을 주지 못한다는 것을 보여주고 있다. 물론 배출 영역에서 추가로 압력강하가 일어나지만 노즐의 분사력에 영향을 주는 것은 아니다. 수축 노즐에서 최대 효과 즉 최대속도를 얻을 수 있는 배압 $p_c$를 **임계압력**이라 하며, 이 때 목에서의 속도는 음속에 도달하고, 노즐은 **질식**(choked)되었다고 표현한다.

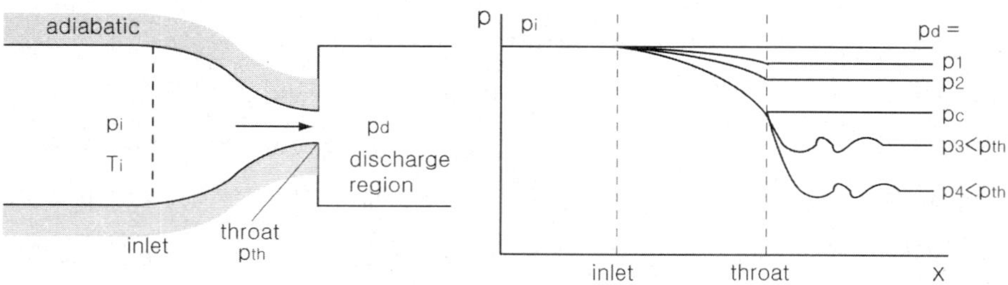


[그림 3.4] 수축 노즐과 배압의 변화에 따른 제트의 압력변화

비열이 일정한 이상기체의 가역단열 팽창유동에서 질식 상태인 노즐의 목부 온도 $T_c$와 압력 $p_c$는 다음 식으로 계산될 수 있다.

$$\frac{T_c}{T_i} = \frac{2}{\gamma + 1} \tag{3.21}$$

$$\frac{p_c}{p_i} = \left(\frac{2}{\gamma + 1}\right)^{\gamma/(\gamma - 1)} \tag{3.22}$$

만일 노즐입구의 속도를 무시하지 않는 경우에는 전엔탈피, 전온도 및 전압력을 사용해서 나타낼 수 있으며, 식 (3.21)과 (3.22)에서의 입구 온도와 입구 압력을 전온도 $T_{ti}$와 전압력 $p_{ti}$로 표시하면 된다. 따라서 임계온도와 임계압력은 각각 다음과 같이 표현된다.

$$T_c = T_{ti}\left(\frac{2}{\gamma+1}\right) \tag{3.23}$$

$$p_c = p_{ti}\left(\frac{2}{\gamma+1}\right)^{\gamma/(\gamma-1)} \tag{3.24}$$

[예제 3.3] 이상기체가 수축 노즐에서 가역 단열적으로 팽창하고 있다. 노즐 입구의 압력과 온도는 1050kPa, 445K이고 속도는 무시한다. 배출영역의 배압은 560kPa이다. 노즐 목에서의 압력, 온도, 속도를 구하라. 관련 데이터는 표 2.1을 참조하라.

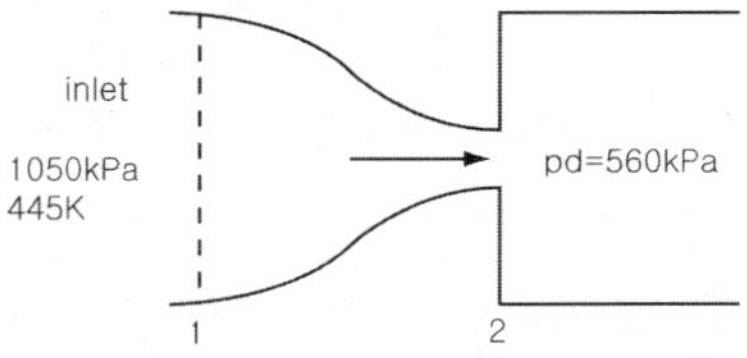


(1) 이산화탄소의 경우 (2) 질소의 경우

**풀이** (핵심) 배압과 임계압력의 대소 관계

조건 : $p_1 = 1050\text{kPa},\ T_1 = 445\text{K},\ u_1 = 0,\ p_d = 560\text{kPa}$

(1) $CO_2$

$c_p = 0.833\text{kJ/kg.K},\ R = 0.1889\text{kJ/kg.K},\ \gamma = 1.292$

임계압력 $p_c = 1050(2/2.292)^{1.292/0.292} = 574.5\text{kPa}$

$p_d < p_c$이므로 질식 상태임!

$p_2 = p_c = 574.5\ \text{kPa}$

$T_2 = T_c = 445(2/2.292) = 388.3\ \text{K}$

$u_2 = c = \sqrt{\gamma RT} = \sqrt{1.292 \times 188.9 \times 388.3} = 307.8\ \text{m/s}$

(2) $N_2$

$c_p = 1.308\text{kJ/kg.K},\ R = 0.2968\text{kJ/kg.K},\ \gamma = 1.408$

임계압력 $p_c = 1050(2/2.408)^{1.408/0.408} = 553.3\text{kPa}$

$p_d > p_c$이므로 질식 상태 아님!

$p_2 = p_d = 560\text{kPa}$

$T_2 = T_1(p_2/p_1)^{(\gamma-1)/\gamma} = 445(560/1050)^{0.408/1.408} = 370.9\,\text{K}$

$u_2 = \sqrt{2c_p(T_1 - T_2)} = \sqrt{2 \times 1308(445 - 370.9)} = 440.3\text{m/s}$

## 3. 수축-확대 노즐

수축 노즐에서 얻을 수 있는 최대속도는 주어진 상태에서의 음속이다. 따라서 기체를 초음속으로 가속시키기 위해서는 노즐에서 확대 영역이 있어야 한다. 수축-확대 노즐의 배압이 제트의 압력에 끼치는 영향을 그림 3.5에서 보여주고 있다.

수축-확대 노즐에서 목 속도가 음속에 도달하지 못한다면 확대 영역은 단순한 디퓨저로 작동하여 압력이 오히려 상승하고 속도가 감소하기 때문에 출구의 속도는 절대로 음속에 도달하지 못한다. 오른쪽 그림에서 압력 $p_5$의 분포에 해당한다.

배압이 감소하여 임계압력 $p_c$가 되면 목 속도가 음속에 도달하나 확대영역은 압력 $p_5$의 경우와 마찬가지로 디퓨저가 되므로 속도는 감소하여 결국 아음속으로 나가게 된다. 배압이 임계압력보다 충분히 낮은 $p_k$의 경우는 확대영역에서도 압력이 계속 감소하기 때문에 속도는 계속 증가하여 초음속 상태로 노즐을 나가게 된다. 배압이 $p_c$와 $p_k$ 사이에 있는 경우에는 확대영역에서 압력이 감소하고 속도가 증가하여 초음속이 되는 초기 구간이 존재하나, 어떤 순간에 불연속적으로 압력이 급격히 증가한 후 계속해서 압력이 증가하여 아음속인 상태로 노즐을 나가게 된다. 이처럼 압력과 속도가 불연속적으로 급격하게 변하는 가상적인 면을 **충격파**(shock wave)라 한다. 노즐에서 발생하는 충격파면은 유동방향에 수직이므로 **수직 충격파**(normal shock)라 하며, 이 수직 충격파를 지나면서 속도는 초음속에서 아음속으로 변하고 엔트로피는 증가하는 비가역 유동이 된다.

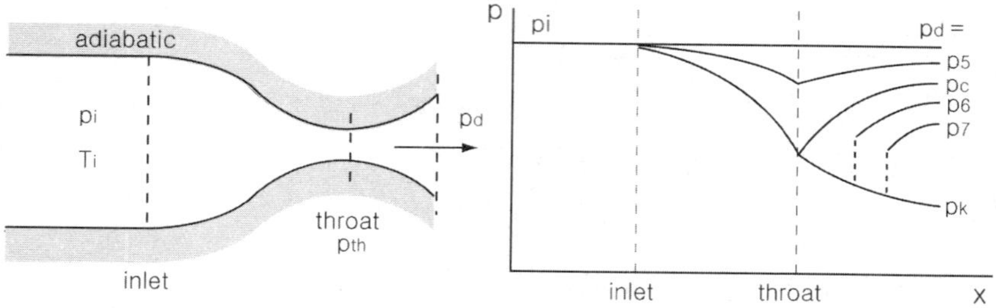


[그림 3.5] 수축-확대 노즐과 배압의 변화에 따른 제트의 압력 변화

### 4. 노즐의 유량 관계식과 최대 유량 조건

이제 노즐에서의 질량유량 관계식을 유도해보자. 우선 그림 3.6에 나타낸 바와 같이 입구의 전온도와 전압력이 $T_t$, $p_t$ 인 노즐을 고려하자. 하첨자 th는 목에서의 값을 나타내며 정체성질은 아니다.

이상기체의 가역단열 정상유동 조건에서 노즐을 통과하는 질량유량은 일정하며, 노즐의 임의 위치에서의 속도 $u$는 에너지보존 식으로부터 다음과 같이 표시된다.

$$u = \sqrt{2c_p T_t (1 - T/T_t)} \tag{3.25}$$

이 식에 등엔트로피 온도-압력 관계식과 $c_p = \gamma R/(\gamma - 1)$ 및 마하수 관계식 등을 대입하여 정리하면 최종적으로 다음과 같은 식을 얻을 수 있다.

$$u = M\sqrt{\frac{\gamma R T_t}{1 + \frac{\gamma - 1}{2}M^2}} \tag{3.26}$$

따라서 질량유량은 $\dot{m} = \rho u A$로 구할 수 있다. 그러나 밀도 $\rho$는 전밀도가 아니기 때문에 온도를 먼저 구해야 한다. 실제 유동에서 전압력과 전온도는 측정이 용이하지만 온도는 측정이 어렵기 때문에, 측정이 용이한 전압력과 전온도를 포함하는 식으로 위의 식을 변형하는 것이 사용하기 편리하다. 밀도-전밀도 관계식, 마하수 관계식 등을 대입하여 정리하면, 최종적으로 다음과 같은 질량유량 계산식을 유도할 수 있다.

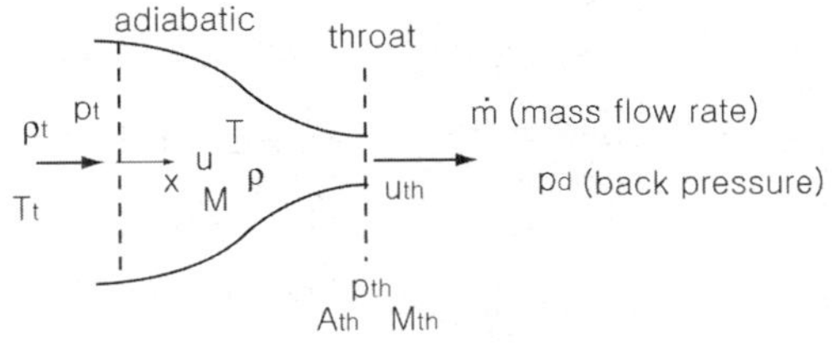


[그림 3.6] 노즐에서의 질량유량

$$\frac{\dot{m}}{A} = p_t M \sqrt{\frac{\gamma}{R T_t}} \left( \frac{1}{1 + \frac{\gamma - 1}{2} M^2} \right)^{\frac{\gamma+1}{2(\gamma-1)}}$$

(3.27)

위의 식은 입구의 전온도와 전압력 및 임의 위치에서의 마하수만을 포함하므로 사용하기 편리하다. 사실 식 (3.27)은 노즐의 형상이라든가 또는 아음속인지 초음속인지 구별을 하지 않고 유도된 일반적인 식이다. 따라서 초음속으로 가속시키는 수축-확대 노즐의 확대부분이나 흡입구와 같은 디퓨저에도 적용할 수 있다. 다만 사용 시 주의할 점은 노즐 목 부분에서의 속도는 항상 $M_{th} \le 1$이어야 한다는 것이다. 그러므로 초음속으로 비행하는 항공기의 흡입구에 적용할 때는 흡입구(목 부분에 해당)에서의 속도가 음속 이하인 경우에만 적용한다.

식 (3.27)을 목부의 조건으로 변형하여 정리하면 다음과 같은 식이 된다.

$$\frac{\dot{m}\sqrt{T_t}}{A_{th}\, p_t} = M_{th} \sqrt{\frac{\gamma}{R}} \left( \frac{1}{1 + \frac{\gamma - 1}{2} M_{th}^2} \right)^{\frac{\gamma+1}{2(\gamma-1)}} \qquad (3.28)$$

위 식에서 왼쪽 항은 **유량함수**(mass flow parameter)라고 부르는 양이다.

노즐에서 최대 유량 조건은 바로 최대 속도 조건 또는 최대 분사력 조건이 된다. 앞에서 배압의 변화에 따른 제트의 압력변화를 살펴보았는데 실제 배압은 비행기가 날고 있는 주변 공기의 압력을 말하는 것으로 엄밀하게 말해서 노즐 출구의 압력과는 다르다.

그러므로 주어진 주변 환경에서 노즐의 최대 유량 조건은 노즐 출구 압력이 주변 공기압력 즉 배압이 되는 것이다. 이래야만 노즐 입구의 전엔탈피를 완전히 이용한 것이 된다. 노즐 출구의 압력이 배압보다 높다면 제트는 노즐을 떠난 상태에서 추가로 팽창을 하게 되므로 이것은 손실이 된다. 결국 일정한 전엔탈피로 작동하는 수축-확대 노즐을 어느 고도에서 완전 팽창하도록 설계해 놓으면 더 높은 고도에서는 출구압력이 배압보다 커지게 되며, 낮은 고도에서는 오히려 출구압력이 배압보다 작아지게 된다.

노즐의 종류에 상관없이 목에서 음속으로 작동하게 되면 노즐은 **완전노즐**(complete nozzle)로 작동된다고 하며, 이 때의 유량을 **질식유량**(choked flow rate)이라 한다. 수축노즐인 경우 질식 상태로 운전되는 것이 바로 최대 유량 조건이며, 수축-확대 노즐인 경우는 필요조건이 된다. 질식유량은 식 (3.27)이나 식 (3.28)에서 마하수를 1로 놓으면 된다. 즉 최대 유량 식은 다음과 같다.

$$\dot{m}_{\max} = p_t A_{th} \sqrt{\frac{\gamma}{R T_t}} \left(\frac{2}{\gamma + 1}\right)^{\frac{\gamma+1}{2(\gamma-1)}} \tag{3.29}$$

## 5. 노즐 효율

대부분의 노즐은 단열적이라 할 수는 있으나 가역적이지는 않다. 따라서 노즐 효율 $\eta_n$은 가역단열 과정으로부터 얻은 출구 운동에너지에 대한 실제 얻은 출구 운동에너지의 비로 정의된다. 노즐 입구를 i 노즐 출구를 o로 표시하고 등엔트로피 과정 후의 출구 상태를 os로 표시하면 에너지보존 식은

$$h_{ti} = h_o + \frac{1}{2}u_o^2 = h_{os} + \frac{1}{2}u_{os}^2$$

이 되므로, 노즐 효율은 다음과 같이 표시된다.

$$\eta_n = \frac{u_o^2/2}{u_{os}^2/2} = \frac{h_{ti} - h_o}{h_{ti} - h_{os}} \tag{3.30}$$

[예제 3.4] 산소가 수축-확대 노즐로 655kPa, 335K, 150m/s(1점)의 상태로 들어오며, 질량유량은 9kg/s이다. 노즐에서의 과정이 단열적이기는 하나 수축부에서는 가역적으로 확대부에서는 비가역적으로 진행된다. 노즐 출구(3점)의 압력과 온도는 138kPa, 222K이다.

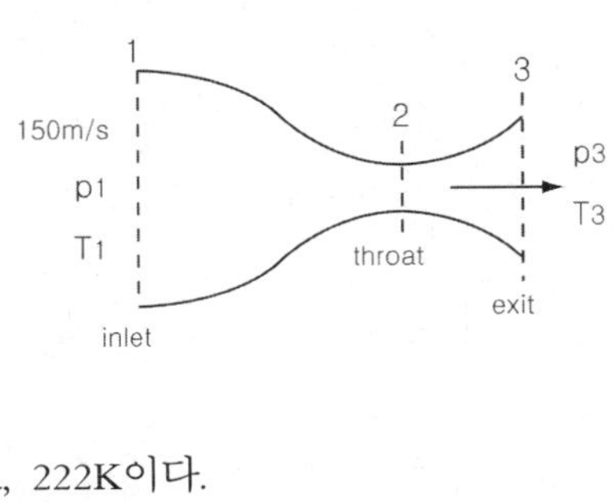


(1) 출구 마하수를 구하라.

(2) 1점과 3점의 일반상태(static state)와 정체상태를 T-s 선도 상에 표시하라.

(3) 1-3 과정에서 전압력의 변화를 구하라.

(4) 1-3 과정의 엔트로피 변화를 구하라.

(5) 노즐 목부에서의 온도를 구하라.

(6) 노즐 효율을 구하라.

**풀이** (핵심) 전엔탈피, 전온도, 전압력의 개념

산소의 성질(표 2.1): $R = 0.2598\text{kJ/kg}\cdot\text{K}$, $c_p = 0.913\text{kJ/kg}\cdot\text{K}$, $\gamma = 1.398$

(1) $h_t = h_1 + {u_1}^2/2 = h_3 + {u_3}^2/2$ 에서

$$u_3 = \sqrt{2c_p(T_1 - T_3) + {u_1}^2} = \sqrt{2\times 913(335-222)+150^2} = 478.4\text{ m/s}$$

$$c_3 = \sqrt{\gamma R T} = \sqrt{1.398\times 259.8\times 222} = 284\text{ m/s}$$

$$M_3 = 478.4/284 = 1.68$$

(2) 노즐 출구속도가 초음속이므로 목에서의 속도는 음속이다.

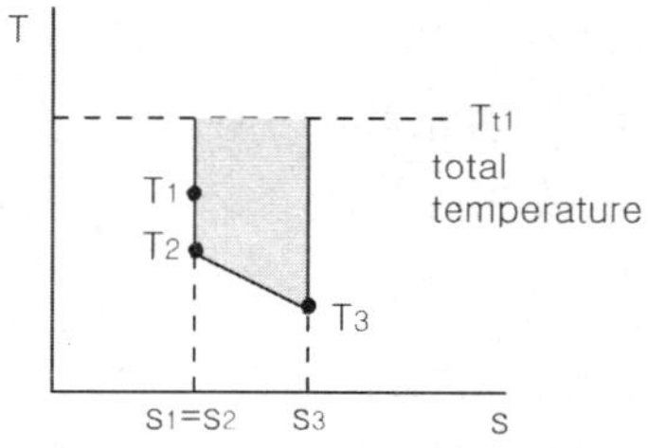


따라서 $u_3 > u_2 > u_1$이다.

온도는 $T = T_t - u^2/2c_p$이고 전온도는 동일하므로 $T_1 > T_2 > T_3$이다. 한편 1-2과정은 등엔트로피 과정이고 2-3과정은 비가역과정이므로 $s_1 = s_2 < s_3$이다.

(3)

$$T_t = constant = T_1 + {u_1}^2/2c_p$$
$$= 335 + 150^2/(2\times 913) = 347.3\text{K}$$

$$p_{t1} = p_1\left(\frac{T_{t1}}{T_1}\right)^{\gamma/(\gamma-1)} = 655\left(\frac{347.3}{335}\right)^{1.398/0.398} = 743.4\text{kPa}$$

$$p_{t3} = p_3\left(\frac{T_{t3}}{T_3}\right)^{\gamma/(\gamma-1)} = 138\left(\frac{347.3}{222}\right)^{1.398/0.398} = 664.6\text{kPa}$$

$$\Delta p_t = p_{t3} - p_{t1} = -78.8\text{kPa}$$

(4) $\Delta s_t = s_{t3} - s_{t1} = c_p \ln\dfrac{T_{t3}}{T_{t1}} - R\ln\dfrac{p_{t3}}{p_{t1}} = -259.8\ln\dfrac{664.6}{743.4} = 29.1\text{ J/kg}\cdot\text{K}$

(5) $T_2 = T_{t1}\left(\dfrac{2}{\gamma+1}\right) = \dfrac{347.3\times 2}{2.398} = 289.7\,\text{K}$

(6) $T_{3s} = T_{t1}\left(\dfrac{p_3}{p_{t1}}\right)^{(\gamma-1)/\gamma} = 347.3\left(\dfrac{138}{743.4}\right)^{0.398/1.398} = 215\ \text{K}$

$u_{3s} = \sqrt{2c_p(T_{t1} - T_{3s})} = \sqrt{2\times 913(347.2 - 215)} = 491.5\ \text{m/s}$

$\eta_n = \dfrac{478.4^2/2}{491.5^2/2} = 0.95$

## 3.4 충격파

유동 중에 성질이 급격하게 변하는 비가역적인 불연속면인 충격파는 초음속 유동장에서 생긴다. 초음속 유동은 하류의 압력이 감소하여 어느 순간에 충격파가 생성되어 아음속 유동으로 변하거나 또는 유동을 방해하는 물체를 넣음으로서 그 물체 주위에 충격파가 생성되어 하류에서 아음속 유동으로 바뀌게 된다. 충격파의 두께는 보통 $10^{-4}$mm 수준이며, 매우 얇은 두께 내에서 과정이 진행되기 때문에 내부의 과정은 단열적이라 할 수 있다. 따라서 충격파 전후의 전온도는 일정하지만 감속으로 인하여 전압력은 크게 증가한다.

수직 충격파나 경사 충격파를 통과하면서 발생되는 성질의 변화를 파악하는 일은 초음속 항공기의 노즐이나 흡입구를 설계하는데 있어서 매우 중요하다.

### 1. 수직 충격파

**수직 충격파**(normal shock wave)는 유동 방향에 수직으로 형성되는 불연속면을 말한다. 그림 3.7에서 보는바와 같이 단열된 일차원 정상유동 중에 형성된 수직 충격파를 생각하자. 충격파 하류의 성질(상태 2)들은 충격파 상류의 성질(상태 1)들로 표시할 수 있으며, 그와 같은 관계식을 유도하는데 필요한 방정식들을 나열하면 다음과 같다.

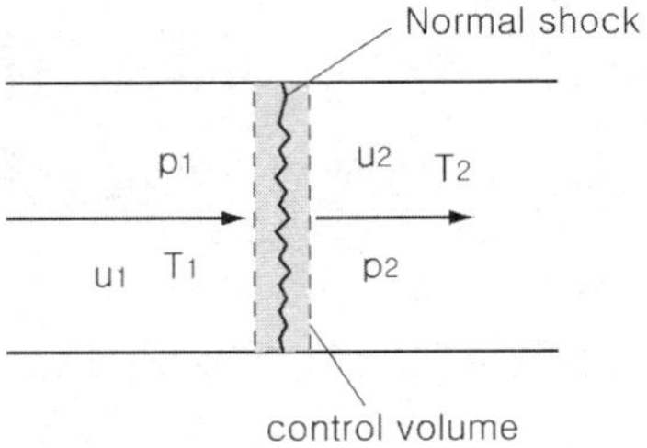

[그림 3.7] 수직 충격파

- 연속방정식, $\dot{m}/A = constant = \rho_1 \dot{V}_1 = \rho_2 \dot{V}_2$
- 에너지보존 식, $h_{t1} = h_{t2}$ , $c_p T_1 + {u_1}^2/2 = c_p T_2 + {u_2}^2/2$
- 운동량보존 식, $\Sigma F/A = p_1 - p_2 = \dot{m}(u_2 - u_1)/A$, $A$ = 유동 단면적

자세한 유도과정은 생략하기로 하고 결과 식을 나열하면 다음과 같다.

$$ {M_2}^2 = \frac{(\gamma - 1){M_1}^2 + 2}{2\gamma {M_1}^2 - (\gamma - 1)} \tag{3.31} $$

$$ \frac{T_t}{T} = 1 + \left(\frac{\gamma - 1}{2}\right) M^2, \qquad \frac{p_t}{p} = \left[1 + \left(\frac{\gamma - 1}{2}\right) M^2\right]^{\gamma/(\gamma - 1)} $$

(3.32)

$$ \frac{p_{t2}}{p_{t1}} = \left[\frac{(\gamma + 1) {M_1}^2}{2 + (\gamma - 1) {M_1}^2}\right]^{\gamma/(\gamma - 1)} \left[\left(\frac{2\gamma}{\gamma + 1}\right) {M_1}^2 - \left(\frac{\gamma - 1}{\gamma + 1}\right)\right]^{1/(1-\gamma)} $$

(3.33)

$$ \frac{T_2}{T_1} = \left[\frac{2}{(\gamma + 1) {M_1}^2} + \left(\frac{\gamma - 1}{\gamma + 1}\right)\right] \left[\left(\frac{2\gamma}{\gamma + 1}\right) {M_1}^2 - \left(\frac{\gamma - 1}{\gamma + 1}\right)\right] $$

(3.34)

$$ \frac{p_2}{p_1} = 1 + \left(\frac{2\gamma}{\gamma + 1}\right)({M_1}^2 - 1) \tag{3.35} $$

위 식들의 유도는 어렵지 않으며, 앞 절의 노즐 관련 사항을 포함하여 각자 갖고 있는 유체역학 교재의 압축성유동 편을 보면 자세하게 나와 있을 것이다.

[예제 3.5] 공기가 350K, 137.8kPa, 750m/s의 상태로 수직 충격파를 통과한다. 비열은 일정하다고 가정하고, 다음을 구하라.

(1) 충격파 입구에서의 전압력, 전온도 및 마하수를 각각 구하라.

(2) 충격파 하류에서의 전압력, 전온도, 압력, 온도, 속도 및 마하수를 각각 구하라.

(3) 충격파 전후의 엔트로피 변화를 구하라.

(4) 충격파 전후의 정체상태와 일반상태를 T-s 선도 상에 표시하라.

**풀이** (핵심) $h_{t1} = h_{t2}$ , $T_{t1} = T_{t2}$

공기의 성질: $R = 0.287\text{kJ/kg.K}$, $c_p = 1.005\text{kJ/kg.K}$, $\gamma = 1.4$

(1) $c_1 = \sqrt{\gamma R T_1} = \sqrt{1.4 \times 287 \times 350} = 375\text{m/s}$

$M_1 = u_1 / c_1 = 750 / 375 = 2$

$$T_{t1} = T_1\left[1 + \left(\frac{\gamma - 1}{2}\right) M_1{}^2\right] = 630 \text{ K},\ p_{t1} = p_1\left(\frac{T_{t1}}{T_1}\right)^{\gamma/(\gamma-1)} = 1078 \text{ kPa}$$

(2) 식 (3.33)으로부터 $p_{t2} / p_{t1} = 0.7209$

$p_{t2} = 0.7209\, p_{t1} = 777.1\text{kPa}$ , $T_{t2} = T_{t1} = 630\text{K}$

식 (3.34)로부터 $T_2 / T_1 = 1.6875$, $T_2 = 590.6 \text{ K}$

식 (3.35)으로부터 $p_2 / p_1 = 4.5$, $p_2 = 620.1\text{kPa}$

식 (3.16)으로부터 $M_2 = 0.57735$,

$u_2 = M_2\, c_2 = 0.57785 \sqrt{1.4 \times 287 \times 590.6} = 281.5\text{m/s}$

(3) $s_2 - s_1 = c_p \ln\dfrac{T_2}{T_1} - R\ln\dfrac{p_2}{p_1} = 1.005 \ln 1.6875 - 0.287 \ln 4.5 = 0.0941 \text{ kJ/kg.K}$

(4)

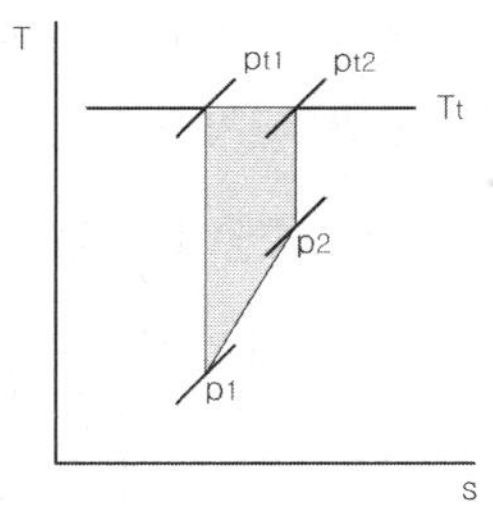


## 2. 경사 충격파

수직 충격파는 충격파 중에서 특별한 예에 속한다. 단면적이 일정한 관내 초음속 유동과 같은 예를 제외하고는 수직 충격파는 생기지 않는다. 따라서 일반적인 충격파는 그림 3.8에서 보는바와 같이 유동 방향에 어떤 각도만큼 기울어진 방향으로 생성되며, 이러한 충격파를 **경사 충격파**(oblique shock wave)라 한다.

그림에서 나타낸 바와 같이 유동은 충격파 면에 대해서 각도 $\theta$만큼 기울어져서 들어오고 있으며, 입구 속도와 마하수를 각각 $u_1$, $M_1$이라 하자. 충격파를 통과한 후류의 속도는 $u_2(u_2 < u_1)$이고, 방향은 수평면에 대해서 $\delta$만큼 비스듬한 방향으로 생각한다.

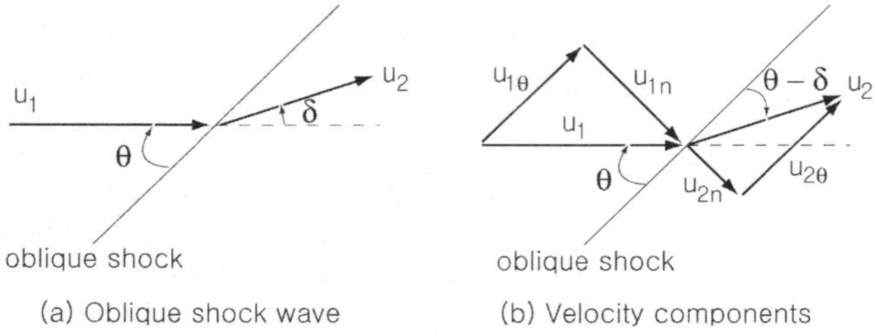


[그림 3.8] 경사 충격파

그림 3.8(b)는 입출구의 유동 속도를 충격파 면에 수직인 성분과 수평인 성분으로 분해한 것을 보여주고 있다. 수평방향의 속도성분은 충격파를 통과하면서 변화해야 할 하등의 이유가 없으므로 같다고 볼 수 있다. 즉 $u_{1\theta} = u_{2\theta}$이다. 수직방향의 속도는 수직 충격파를 통과하는 유동과 똑같이 취급할 수 있으므로 수직방향의 속도는 초음속인 $u_{1n}$에서 아음속인 $u_{2n}$으로 변해야 한다는 것을 알 수 있다. 따라서 앞에서 유도한 식 (3.31), (3.33), (3.34), (3.35)에 나타나 있는 우변의 마하수 $M_1$을 수직성분인 $M_{1n}$으로 바꾸면 그대로 적용할 수 있다. 물론 식 (3.31)에서 계산되는 마하수는 $M_2$가 아니라 $M_{2n}$임을 명심하자. 그리고 $M_{1n}$, $M_{1\theta}$는 다음 식으로 구할 수 있다.

$$M_{1n} = M_1 \sin\theta, \quad M_{1\theta} = M_1 \cos\theta \tag{3.36}$$

수평방향 속도성분은 경사 충격파를 통과하면서 변하지 않지만 온도는 변하기 때문에 충격파 후류의 수평방향 속도성분에 대한 마하수는 다음과 같은 관계가 있다.

$$M_{2\theta}\sqrt{T_2} = M_{1\theta}\sqrt{T_1}, \quad M_{2\theta} = M_{1\theta}\sqrt{T_1 / T_2} \tag{3.37}$$

그리고 경사 충격파를 통과한 후류의 마하수 $M_2$는 다음과 같이 계산될 수 있다.

$$M_2 = \sqrt{(M_{1n})^2 + (M_{2\theta})^2} \tag{3.38}$$

결국 수직 충격파와 경사 충격파의 기본 관계식은 식 (3.31), (3.33), (3.34), (3.35)로 동일하다. 따라서 각 성질의 비를 미리 계산해 놓은 표가 있으면 편리할 것이다. 표 3.1은 수직 충격파의 각 성질의 비를 공기($\gamma = 1.4$) 기준으로 나타낸 것이다.

**[예제 3.6]** 공기가 마하수 3.0으로 경사 충격파($\theta = 27.8^o$)로 들어온다. 충격파 전후의 정압비, 전압비, 온도비를 구하고 후류의 마하수와 경사각 $\delta$를 구하라.

**풀이** (핵심) 표 3.1 이용

$$M_{1\theta} = 3.0\cos 27.8^o = 2.6537,\ M_{1n} = 3\sin 27.8^o = 1.399 \cong 1.4$$

표 3.1에서

$$M_{2n} = 0.73971,\ p_2/p_1 = 2.12,\ T_2/T_1 = 1.2547,\ p_{t2}/p_{t1} = 0.95819$$

$$M_{2\theta} = 2.6537\sqrt{(1/1.2547)} = 2.3691$$

$$M_2 = \sqrt{0.73971^2 + 2.3691^2} = 2.482$$

[표 3.1] 수직 충격파에서의 각 성질의 비(공기, $\gamma$=1.4 기준)

| $M_1$ | $M_2$ | $p_2/p_1$ | $T_2/T_1$ | $p_{t2}/p_{t1}$ |
|---|---|---|---|---|
| 3.0 | 0.47519 | 10.3333 | 2.6790 | 0.32834 |
| 2.9 | 0.48138 | 9.6490 | 2.5632 | 0.35753 |
| 2.8 | 0.48817 | 8.9800 | 2.4512 | 0.38946 |
| 2.7 | 0.49563 | 8.3383 | 2.3429 | 0.42359 |
| 2.6 | 0.50387 | 7.7200 | 2.2383 | 0.46012 |
| 2.5 | 0.51299 | 7.1250 | 2.1375 | 0.49901 |
| 2.4 | 0.52312 | 6.5533 | 2.0403 | 0.54014 |
| 2.3 | 0.53441 | 6.0050 | 1.9468 | 0.58329 |
| 2.3 | 0.54706 | 5.4800 | 1.8569 | 0.62814 |
| 2.1 | 0.56128 | 4.9783 | 1.7705 | 0.67420 |
| 2.0 | 0.57735 | 4.5000 | 1.6875 | 0.72089 |
| 1.9 | 0.59562 | 4.0450 | 1.6079 | 0.76736 |
| 1.8 | 0.61650 | 3.6133 | 1.5316 | 0.81268 |
| 1.7 | 0.64054 | 3.2050 | 1.4583 | 0.85572 |
| 1.6 | 0.66844 | 2.8200 | 1.3880 | 0.89520 |
| 1.5 | 0.70109 | 2.4583 | 1.3202 | 0.92979 |
| 1.4 | 0.73971 | 2.1200 | 1.2547 | 0.95819 |
| 1.3 | 0.78596 | 1.8050 | 1.1909 | 0.97937 |
| 1.2 | 0.84217 | 1.5133 | 1.1280 | 0.99280 |
| 1.1 | 0.91177 | 1.2450 | 1.0649 | 0.99893 |
| 1.0 | 1.0 | 1.0 | 1.0 | 1.0 |

$$\tan(\theta - \delta) = M_{2n} / M_{2\theta} = 0.73971 / 2.3691 = 0.3122$$

그러므로 $\delta = 27.8 - 17.3 = 10.5^o$

경사 충격파의 한 예로 초음속 유동 중인 비행체 주위에 생성되는 경우를 생각해 보자. 초음속으로 움직이는 비행체는 그 비행체의 첨단 부분에서 경사 충격파가 생성된다. 그림 3.9의 왼쪽 그림은 첨예각이 $2\delta$인 원뿔형 비행체가 마하수 $M_1$으로 날고 있을 때 생성된 경사 충격파를 근사적으로 보여주고 있다. 충격파를 지난 유동도 일반 유동과 마찬가지로 비행체 면에 평행인 방향으로 흐르게 된다. 즉 충격파 하류 유동의 경사각이 물체의 경사각 $\delta$와 같다는 것이다. 결국 이것은 물체의 첨예각과 이동 속도 즉 마하수를 알면 거꾸로 충격파의 경사각 $\theta$를 구할 수 있다는 것을 의미한다. 예를 들어 예제 3.6의 결과로부터 첨예각이 21°($2\delta$)인 물체가 마하수 3으로 날고 있다면 생성되는 경사 충격파의 경사각은 27.8°($\theta$)라는 것이다.

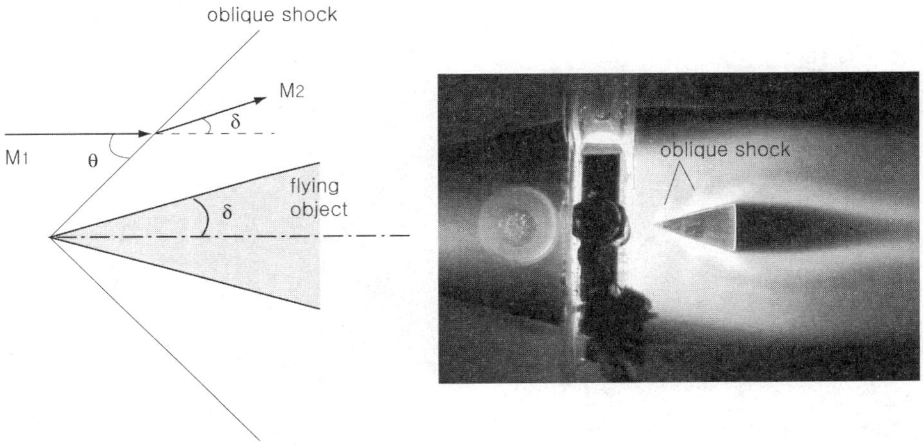


[그림 3.9] 초음속으로 유동하는 물체 주위에 생성되는 경사 충격파

## 연습문제

**3.1** 옆의 그림과 같은 베인(vane)에 작용하는 수평력과 수직력을 각각 구하라. 유체는 물(밀도 1000kg/$m^3$)이며, 제트 속도는 15m/s로 일정하다.

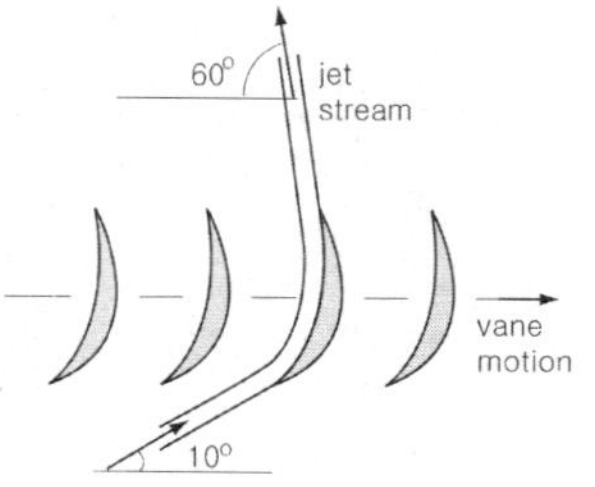


**3.2** 이산화탄소가 유량 45kg/s로 관내를 흐르고 있다. 관의 내경은 20cm이고 이산화탄소의 압력과 온도는 482kPa, 388K이다. 다음을 구하라.

(1) 전온도 (2) 전압력 (3) 음속과 마하수

**3.3** 식 (3.21)과 (3.22)를 유도하라.

(hint: $h_i = h + u^2/2$, $c_p = \gamma R/(\gamma - 1)$, $c^2 = \gamma RT$, $M = u/c$ )

**3.4** 공기가 수축 노즐에서 가역 단열적으로 팽창하고 있다. 노즐 입구의 압력과 온도는 1050kPa, 445K이고 속도는 무시한다. 배출영역의 배압은 560kPa이다. 노즐 목에서의 압력, 온도, 속도를 구하라.

**3.5** 공기가 수축-확대 노즐로 600kPa, 320K, 175m/s(1점)의 상태로 들어오며, 질량유량은 10kg/s이다. 노즐에서의 과정이 단열적이기는 하나 수축부에서는 가역적으로 확대부에서는 비가역적으로 진행된다. 노즐 출구(3점)의 압력과 온도는 120kPa, 210K이다.

(1) 출구 마하수를 구하라.
(2) 1점과 3점의 일반상태(static state)와 정체상태를 T-s 선도 상에 표시하라.
(3) 1-3 과정에서 전압력의 변화를 구하라.
(4) 1-3 과정의 엔트로피 변화를 구하라.

(5) 노즐 목부에서의 온도를 구하라.

(6) 노즐 효율을 구하라.

**3.6** 산소가 어떤 유로를 따라서 흐르고 있다. 유로 입구 산소의 상태는 138kPa, 5°C이고 속도는 90m/s이다. 출구에서의 압력은 70kPa이고 속도는 330m/s이다. 산소는 유로를 지나면서 단위 질량당 230kJ의 열을 받고 있다($q = -230$ kJ/kg).

(1) T-s 선도 상에 입구와 출구의 정체상태와 일반상태를 표시하라.

(2) 입·출구 사이에서 전온도와 전압력의 차이를 각각 구하라.

**3.7** 수직 충격파 상류의 공기의 속도는 590m/s이고 압력은 8.12kPa, 온도는 217K이다. 충격파 상류의 전압력과 마하수를 구하고, 하류 측의 전압력과 압력, 전온도와 온도, 속도, 마하수를 각각 구하라.

**3.8** 식 (3.31)을 유도하라.

**3.9** 공기가 마하수 2.0으로 33.4°($\theta$) 기울어진 경사 충격파로 입사된다. 경사 충격파 하류의 마하수를 구하고, 충격파 전후의 전압력비와 압력비, 온도비 및 하류의 경사각 $\delta$를 구하라.

**3.10** 첨예각($2\delta$)이 21°인 원뿔형 비행체가 마하수 2로 날고 있다. 이 물체에 의해 생성되는 경사 충격파의 경사각 $\theta$를 구하라. <hint: $\theta$를 가정하여 $\delta = 10.5^o$인지 시행착오법 사용>

# 제4장

# 동력 발생용 가스터빈

가스터빈엔진은 연료의 화학에너지를 이용하여 기계적인 축동력이나 분사 추력을 얻는 기관이다. 4장에서는 산업용을 포함한 **동력 발생용 가스터빈**에 대한 내용을 다루게 되며, 5장에서는 항공기에 사용되는 **분사 추진용 가스터빈**에 대한 내용을 다루게 된다.

동력 발생용은 터보축(turbo-shaft) 가스터빈엔진이라 불리며 헬리콥터의 추진기관, 차량과 선박의 동력기관 및 발전 시스템으로 많이 사용되고 있다.

본 장에서는 우선 기본이 되는 터보축 가스터빈엔진 사이클을 자세히 분석하고, 성능 향상을 위해서 재생기, 수증기 분사기, 내부 냉각기, 재열기 등을 추가로 장착한 가스터빈 사이클에 대해서도 살펴볼 것이다. 아울러 발전 시스템으로 사용되는 가스터빈에 대한 내용과 터보축 가스터빈의 기타 응용분야에 대해서도 간단하게 알아볼 것이다.

## 4.1 기본 터보축 가스터빈

### 1. 공기표준 사이클

그림 4.1과 같은 헬리콥터용 터보축 가스터빈엔진을 고려하자. 그림에서 보는 것

처럼 터빈은 압축기 구동용(앞으로 '압축기용 터빈'으로 부르기로 함)과 동력 발생용(앞으로 '동력터빈'으로 부르기로 함)으로 구분하였다. 공기표준 가스터빈 사이클의 각 과정을 다시 한번 상기해 보자.

- 1-2과정 : 가역단열 압축과정($s_1 = s_2$)
- 2-3과정 : 정압 열 공급 과정(공급된 열량, $q_H$)
- 3-4과정 : 가역단열 팽창과정($s_3 = s_4$)
- 4-5과정 : 가역단열 팽창과정($s_4 = s_5$)

이상과 같은 과정을 T-s 선도와 p-v 선도 상에 표시하면 그림 4.2와 같다. 각 과정에 대해서 에너지보존 식을 적용하면, 다음과 같이 비열과 전온도로 표시된 성능 관계식을 얻게 된다.

$$w_C = |w_{12}| = h_{t2} - h_{t1} = c_p(T_{t2} - T_{t1}) \text{ (J/kg)} \quad (4.1)$$

$$q_H = q_{23} = h_{t3} - h_{t2} = c_p(T_{t3} - T_{t2}) \text{(J/kg)} \quad (4.2)$$

$$w_T = w_{35} = h_{t3} - h_{t5} = c_p(T_{t3} - T_{t5}) \text{(J/kg)} \quad (4.3)$$

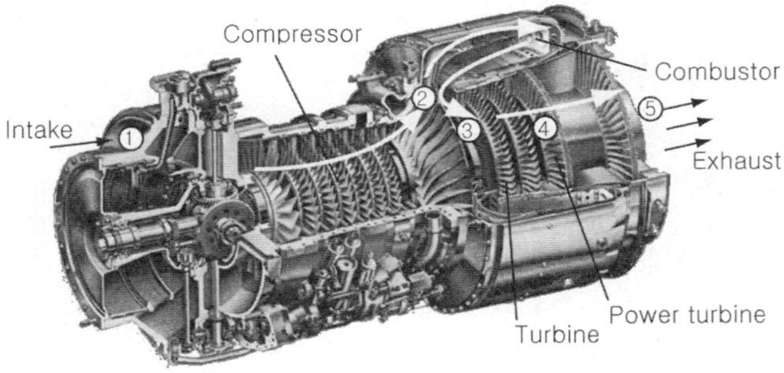


(a) Turboshaft gasturbine engine(model: T55)

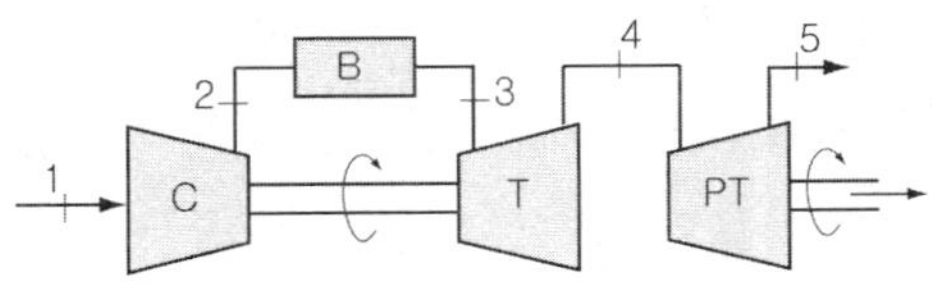


(b) Schematic diagram

[그림 4.1] 터보축 가스터빈 엔진

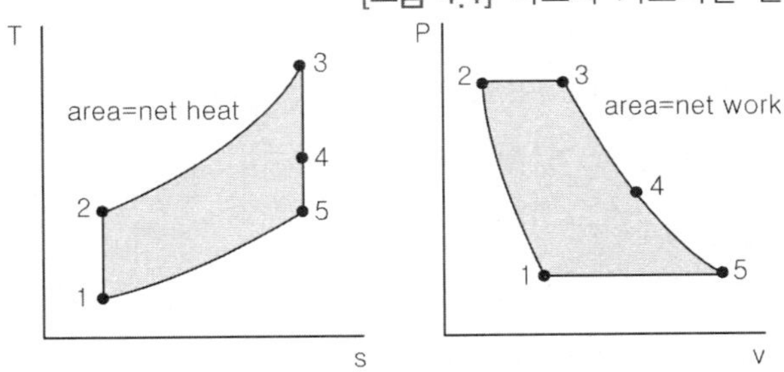


[그림 4.2] 공기표준 사이클의 T-s 선도와 P-v 선도

$$w_{net} = w_T - w_C = c_p(T_{t3} + T_{t1} - T_{t2} - T_{t5}) \text{ (J/kg)} \tag{4.4}$$

$$\eta_{th} = \frac{w_{net}}{q_H} = 1 - \frac{T_{t5} - T_{t1}}{T_{t3} - T_{t2}} \tag{4.5}$$

위 식에서 $w_{\neq t}$는 순일(net work, 알짜일이라 하기도 함)이라 부르는 양이다. 그리고 1-2과정과, 3-5과정에서 다음관계가 성립한다.

$$\left(\frac{p_{t2}}{p_{t1}}\right)^{(\gamma-1)/\gamma} = \frac{T_{t2}}{T_{t1}} = \left(\frac{p_{t3}}{p_{t5}}\right)^{(\gamma-1)/\gamma} = \frac{T_{t3}}{T_{t5}} \tag{4.6}$$

여기서 $p_{t2}/p_{t1}$는 전압력비 $r_p$이므로, 열효율 식 (4.5)는 다음과 같이 압력비의 함수로 변형될 수 있다.

$$\eta_{th} = 1 - \frac{1}{r_p^{(\gamma-1)/\gamma}} \tag{4.7}$$

이제 각기 동일한 압축기 입구온도와 터빈 입구온도에 대해서($T_{t1}$, $T_{t3}$가 주어짐) 최대 출력을 주는 최적 압력비를 구해보자. 식 (4.4)를 식 (4.7)의 관계를 사용하여 변형시키면,

$$w_{net} = c_p\left[T_{t3} + T_{t1} - T_{t2} - \left(\frac{T_{t3}}{T_{t2}}\right)T_{t1}\right]$$

이 되고, $T_{t1}$, $T_{t3}$가 주어져 있다면 이 식은 $T_{t2}$만의 함수이다. 결국 최대출력 조건은 $T_{t2}$에 대한 도함수가 0이 되는 것이므로, $dw_{net}/dT_{t2} = 0$ 으로부터

$$T_{t2} = \sqrt{T_{t1}\,T_{t3}} \tag{4.8}$$

이 된다. 따라서 최대 출력을 주는 압력비는

$$r_{p,opt} = \frac{p_{t2}}{p_{t1}} = \left(\frac{T_{t2}}{T_{t1}}\right)^{\gamma/(\gamma-1)} = \left(\frac{T_{t3}}{T_{t1}}\right)^{\gamma/2(\gamma-1)} \tag{4.9}$$

가 된다.

압축기 입구온도는 주변 공기온도로 생각할 수 있고 큰 변화는 없기 때문에 결국 식 (4.9)에서의 변수는 터빈 입구온도인 $T_{t3}$이다. 따라서 터빈 입구온도를 크게 하면 할수록 최대출력을 주는 압력비는 점점 커지고 압력비가 커지면 효율은 상승한다. 이런 경향은 실제 가스터빈에서도 그대로 적용된다. 그러나 터빈 입구온도를 무한정 올릴 수는 없다. 터빈 재질에 관련된 문제이기 때문이다. 지금까지 제반 기술력의 발달로 터빈 입구온도는 꾸준히 상승되어 왔으며 현재 최대로 1700K 정도

까지 가능하다.

[예제 4.1] 공기표준 가스터빈 사이클을 고려하자. 압축기 입구온도는 288K이고, 터빈 입구온도는 1400K이다. 공기의 비열은 일정하며, 운동에너지는 무시한다. 공기의 질량유량은 0.45kg/s이다.

(1) 최대 출력을 주는 압력비를 구하라.

(2) 최대 출력 압력비에서의 압축기 일, 터빈 일, 공급 열량 및 열효율을 각각 구하라.

(3) 이 기관의 순출력(net power)을 구하라.

풀이 (핵심) 그림 4.1(b) 참조, 운동에너지를 무시하면 전온도=온도, 전압력=압력

공기의 $c_p = 1.005\,\text{kJ/kg}\cdot\text{K},\ \gamma = 1.4$

(1) $T_2 = \sqrt{288 \times 1400} = 635\text{K}\ ,\quad \dfrac{p_2}{p_1} = \left(\dfrac{1400}{288}\right)^{1.4/0.8} = 15.8$

(2) $w_C = c_p(T_2 - T_1) = 1.005(635 - 288) = 348.7\text{kJ/kg}$

$$T_5 = \frac{T_3\,T_1}{T_2} = T_2 = 635\text{K}$$

$$w_T = c_p(T_3 - T_5) = 1.005(1400 - 635) = 768.8\text{kJ/kg}$$

$$q_H = 1.005(1400 - 635) = 768.8\text{kJ/kg}$$

$$\eta_{th} = \frac{768.8 - 348.7}{768.8} = 0.546$$

(3) $\dot{W}_{net} = \dot{m}\,w_{net} = 0.45(768.8 - 348.7) = 189\text{kW}$

## 2. 실제 사이클

공기표준 사이클과 실제 사이클의 차이점은 이미 2장 5절에서 간단히 살펴본 바 있다. 여기서는 그 차이점이 실제로 어떻게 처리되는 지에 대해서 알아보고, 실제 가스터빈엔진의 성능변수에 대해서도 살펴보기로 하자.

### (1) 비열

가스터빈에서 온도 변화는 수백도 이상이므로 비열이 일정하다고 가정하는 것은

무리이다. 한 예로 300K에서 공기의 정압비열은 1.005kJ/kg·K이며, 1000K에서는 1.14kJ/kg·K이다. 그 오차가 13.4% 정도이기 때문에 결코 무시할 수 있는 수치는 아니다. 따라서 비열의 변화는 반드시 고려해주어야 한다. 특히 가스터빈에서의 모든 기본적인 성능이 $c_p \Delta T$로 표시되기 때문에 정압비열은 매우 중요한 성질이다.

공기와 연소가스의 비열은 온도에 따라서 계속 변화하기 때문에 비열을 온도의 함수로 표현하고 적분하여 계산한다면 가장 정확한 엔탈피 값을 구할 수 있다. 여러 가지 공연비에 대해서 공기와 연소가스의 열역학적 성질들이 표로 만들어져 있기 때문에 그 표를 사용하여 구할 수도 있다.

그러나 가스터빈 각 구성요소에서의 운전 온도범위는 사용되는 엔진에 따라 큰 차이를 보이지 않는다. 예를 들어 연소 후의 온도가 사이클 상 최대 온도가 되는데, 이 온도는 보통 1000K 내외이다. 다시 말해서 어떤 가스터빈의 최대 온도는 500K 이고, 또 다른 가스터빈에서는 1500K이며, 또 다른 가스터빈에서는 2500K인 식은 아니라는 것이다. 더욱이 압축기 입구온도는 대기온도이므로 큰 차이가 없다고 생각할 수 있다. 따라서 압축과정에서의 정압비열을 어떤 평균값으로 가정하고, 연소 및 팽창과정에서의 정압비열을 또 다른 평균값으로 가정하여 사용하는 방법은 편리할 뿐만 아니라 꽤 정확한 결과를 준다. 공기가 작동유체인 가스터빈 해석에서 일반적으로 사용되는 정압비열과 비열비는 다음과 같다.

- $c_{pa} = 1.005$kJ/kg.K, $\gamma_a = 1.40$ 압축과정
- $c_{pg} = 1.147$kJ/kg.K, $\gamma_g = 1.33$ 연소과정과 팽창과정

앞으로 별다른 가정이나 언급이 없는 경우에는 위의 값을 그대로 사용한다.

(2) 연료

연소기에서 연료가 공급되면 질량유량이 커지므로 연료의 **연공비**(fuel/air ratio, $kg_f/kg_a$) $f$를 사용하여 보정한다. 따라서 연소 후의 질량유량은 다음과 같이 표현된다.

$$\dot{m}_a + \dot{m}_f = \dot{m}_a (1 + f) \tag{4.10}$$

그러나 가스터빈에서 실제 공급되는 공기량은 이론 공기량의 2~4배 정도가 되므로 연공비는 0.01~0.02 정도이다. 연공비가 작기 때문에 후기연소가 있는 분사추진용 가스터빈이 아니라면 연료의 양은 무시하고 계산하는 경우가 보통이다.

(3) 구성 장치의 효율

공기표준 사이클을 기본으로 할 때 각 구성 장치에서 고려해주는 손실은 마찰에 의한 것이다. 실제로 가스터빈 구성장치에서의 워낙 빨리 진행되므로 주위와의 열전달은 무시할 수 있다.

따라서 흡입구, 압축기, 연소기, 터빈, 노즐에서의 마찰 손실은 각 장치의 효율을 정의함으로서 보정할 수 있다. 이와 같은 장치의 효율은 일반적으로 가역단열 과정의 전엔탈피 차이와 실제 과정의 전엔탈피 차이와의 비교로 이루어진다. 가역단열 과정은 등엔트로피 과정이고 등엔트로피 과정과의 비교로부터 정의되므로 이런 종류의 효율은 등엔트로피 효율이라 부른다.

a. 공기흡입구

그림 4.3은 공기흡입구의 형상과 흡입구에서의 상태변화를 나타낸 T-s 선도를 각각 보여주고 있다. 일반적으로 공기흡입구는 감속장치이므로 디퓨저라 하기도 한다. 전온도와 전압력이 $T_{t0}$, $p_{t0}$인 공기(온도, 압력, 속도는 각각 $T_0$, $p_0$, $u_0$임)가 흡입구로 들어간다. 흡입구에서의 과정은 단열적으로 이루어진다고 생각할 수 있으므로, 전온도의 변화는 없으나($T_{t1} = T_{t0}$), 마찰손실이 있으므로 $p_{t1} < p_{t0}$이다. 등엔트로피 과정의 최종 상태를 하첨자 s를 사용하여 표시하면, 공기흡입구 효율 $\eta_D$는 다음과 같이 표현된다.

$$\eta_D = \frac{h_{t1s} - h_0}{h_{t1} - h_0} = \frac{T_{t1s} - T_0}{T_{t1} - T_0} \tag{4.11}$$

일반적으로 흡입구 효율은 주어지기 때문에 흡입구 출구 상태는 다음과 같은 순서로 구할 수 있다.

$$T_{t1} = T_{t0} = T_0 + u_0^2/(2\,c_{pa}) = T_0[\,1 + (\gamma_a - 1)M_0^2/2]$$

$$T_{t1s} = T_0 + \eta_D (T_{t1} - T_0)$$

$$\frac{p_{t1}}{p_0} = \left(\frac{T_{t1s}}{T_0}\right)^{\gamma_a/(\gamma_a - 1)}$$

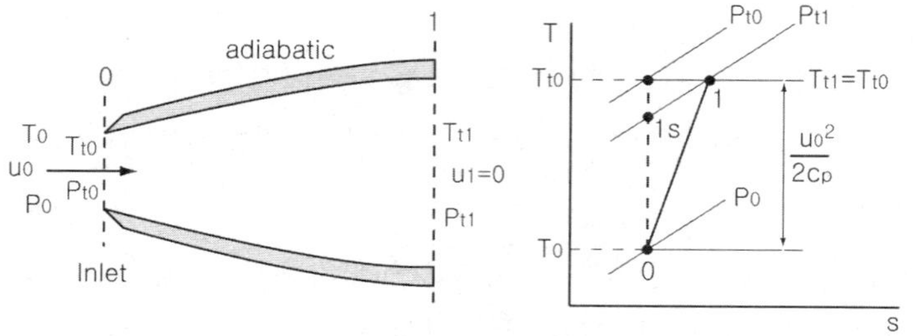


[그림 4.3] 공기흡입구와 흡입구에서의 상태변화 T-s 선도

위의 마지막 식인 등엔트로피 과정의 온도-압력 관계식은 입구의 정적성질과 출구의 정체성질로 표현되어 있지만, 이 식은 등엔트로피 과정 입출구의 정체성질 사이 또는 정적성질 사이에서도 당연히 성립한다.

공기흡입구의 효율을 도입한 목적은 압축기 입구의 전압력 $p_{t1}$을 구하는데 있기 때문에, 더 간단한 효율인 **램 효율**(ram efficiency) $\eta_r$이나 **회복계수**(recovery ratio) $\eta_R$을 다음과 같이 정의하여 사용하기도 한다.

$$\eta_r = \frac{p_{t1} - p_0}{p_{t0} - p_0} \tag{4.12}$$

$$\eta_R = p_{t1} / p_{t0} \tag{4.13}$$

논리적으로 보면 공기흡입구 효율인 $\eta_D$가 효율로서는 훨씬 타당한 것처럼 보이는데, 실제로는 가장 간단한 효율인 회복계수 $\eta_R$이 많이 사용된다. 일반적으로 회복계수는 엔진의 종류에 따라서 실험적으로 주어지는 값이다.

사실 산업용 터보축의 경우에는 공기흡입구의 효율은 사용할 필요가 없으며, 단지 일관성을 유지하기 위해서 여기서 설명한 것이다. 주변 정지상태의 대기를 흡입하여 압축시키게 되므로 $T_{t1} = T_0$이고 $p_{t1} = p_0$이기 때문이다.

b. 압축기

$T_{t1}$, $p_{t1}$의 상태인 공기가 압축기로 들어가서 $T_{t2}$, $p_{t2}$의 상태가 되어 나오는 변화를 그림 4.4에서 보여주고 있다. 따라서 **압축기 효율** $\eta_C$는 실제 과정의 소요 일에 대한 가역단열 과정의 소요 일의 비로 다음과 같이 표시된다.

$$\eta_C = \frac{h_{t2s} - h_{t1}}{h_{t2} - h_{t1}} = \frac{T_{t2s} - T_{t1}}{T_{t2} - T_{t1}} \tag{4.14}$$

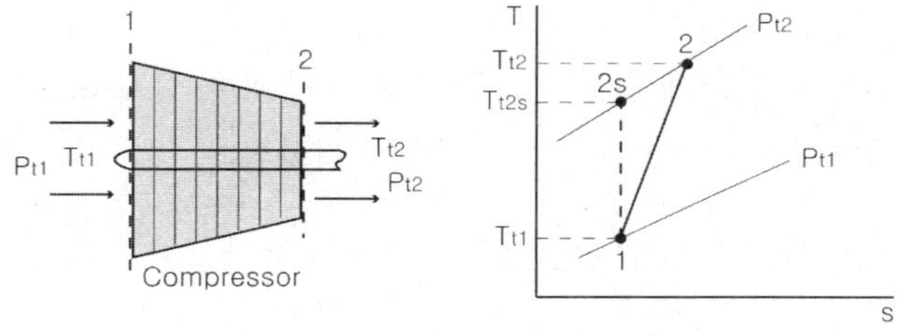


[그림 4.4] 압축기와 압축기에서의 상태변화 T-s 선도

일반적으로 압력비 $r_p(=p_{t2} / p_{t1})$는 설계의 기본조건이기 때문에 압축기 출구의 전온도는 다음의 순서로 구하게 된다.

$$T_{t2s} = T_{t1} \cdot r_p^{(\gamma_a - 1)/\gamma_a}$$

$$T_{t2} = T_{t1} + (T_{t2s} - T_{t1})/\eta_C$$

c. 연소기

연소기에서의 상태변화를 그림 4.5에서 보여주고 있으며, 연소기에서의 성능은 **전압력 손실률** $\pi_B$와 **연소 효율** $\eta_B$로 나타낼 수 있다. 전압력 손실률은 연소기 입출구의 전압력 비를 말하는 것으로 다음과 같이 정의된다.

$$\pi_B = p_{t3} / p_{t2} \tag{4.15}$$

실제로 연소기에서의 압력손실은 작은 값이기 때문에 아예 압력손실이 없다고 계산해도 무방하다($\pi_B = 1$).

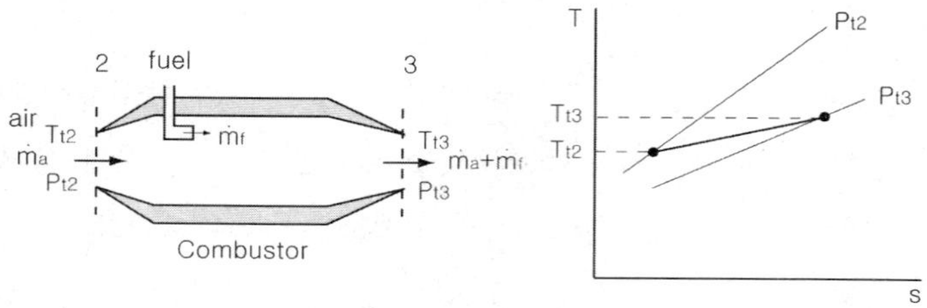


[그림 4.5] 연소기와 연소기에서의 상태변화 T-s 선도

연소효율은 연료가 연소과정에서 방출한 열량 중에서 실제로 공기에 얼마나 공급되었는지를 나타내는 값으로서 다음과 같이 정의된다.

$$\eta_B = \frac{\dot{m}_a c_{pg}(T_{t3} - T_{t2})}{\dot{m}_f \cdot q_{LHV}} = \frac{c_{pg}(T_{t3} - T_{t2})}{f \cdot q_{LHV}} \tag{4.16}$$

위 식에서 $f$는 연공비이고, $q_{LHV}$는 연료의 저위발열량이다.

d. 터빈

터빈의 효율은 압축기 효율과 마찬가지로 가역단열적 일에 대한 실제 일의 비로 나타낼 수 있다. 다만 터빈 출구의 상태를 정체상태로 하느냐, 정적상태로 하느냐에 따라 두 가지 효율이 존재한다.

터빈 출구에 연소기나 재생기 또는 노즐이나 다른 터빈과 같은 장치가 장착되어 있다면 터빈 출구의 전온도, 전압력은 다음 기기의 입구 정체성질로 그대로 이용될 수 있으므로 정체성질로 효율을 정의하는 것이 의미가 있다. 따라서 이와 같은 경우의 효율을 **터빈 전효율**(total-to-total efficiency)이라 하며 다음과 같이 정의할 수 있다(그림 4.6 (a) 참조).

$$\eta_{T_T} = \frac{T_{t3} - T_{t4}}{T_{t3} - T_{t4s}} \tag{4.17}$$

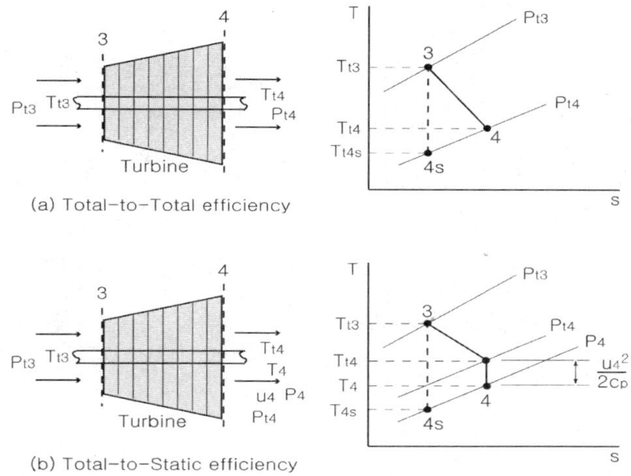


[그림 4.6] 터빈과 터빈에서의 상태변화 T-s 선도

한편 터빈 출구에 어떤 장치도 장착되지 않아서 터빈을 통과한 배기가스가 그대로 주변 대기로 방출된다면, 배기가스의 운동에너지는 활용이 안 되기 때문에 전압력은 의미가 없어진다. 따라서 이런 경우에는 **터빈 정효율**(total-to static efficiency)을 사용하게 되며, 그 정의는 다음의 식과 같다(그림 4.6(b) 참조). 그러나 운동에너지에 의한 온도 차이는 배기속도가 100m/s라도 4.4K에 불과하므로 $p_4 \approx p_{t4}$, $T_4 \approx T_{t4}$, $T_{4s} \approx T_{t4s}$라 생각해도 무방하다.

$$\eta_{T_S} = \frac{T_{t3} - T_{t4}}{T_{t3} - T_{4s}} \tag{4.18}$$

터빈 전효율과 정효율을 비교해보면 분자는 같으나 분모는 정효율이 크므로 터빈 정효율이 터빈 전효율 보다 항상 작은 값이나 그 차이는 매우 작다.

3점의 상태와 터빈 효율 및 터빈 출구압력이 주어졌을 때 터빈 출구온도는 다음의 순서로 구하게 된다.

$$T_{t4s} = T_{t3} \cdot (p_{t4} / p_{t3})^{(\gamma_g - 1)/\gamma_g} \text{ (전효율의 경우)}$$

$$T_{4s} = T_{t3} \cdot (p_4 / p_{t3})^{(\gamma_g - 1)/\gamma_g} \text{ (정효율의 경우, } p_4 = p_{atm})$$

$$T_{t4} = T_{t3} - \eta_{T_T}(T_{t3} - T_{t4s}) \text{ 또는}$$

$$T_{t4} = T_{t3} - \eta_{T_S}(T_{t3} - T_{4s}),\ T_4 = T_{t4} - u_4^2 / (2\ c_{pg})$$

e. 노즐

노즐은 연소가스를 팽창시켜 가속하는 장치이며, 공기흡입구와 마찬가지로 노즐에서의 과정도 단열과정으로 취급할 수 있다. 따라서 전온도는 일정하지만 마찰에 의해서 전압력은 다소 떨어지며, 노즐 출구의 압력은 주변 대기압으로 생각할 수 있다($p_5 = p_{atm}$). 그림 4.7은 노즐과 노즐에서의 상태변화를 보여주고 있다. 그림에서 보는 바와 같이 노즐에서는 전압력 $p_{t4}$에서 압력 $p_5$로 팽창하면서 배기가스가 가속되므로, 노즐 효율은 가역단열 과정과의 비교로서 다음과 같이 정의된다(주: 터보축 가스터빈에서는 노즐을 사용하지 않음).

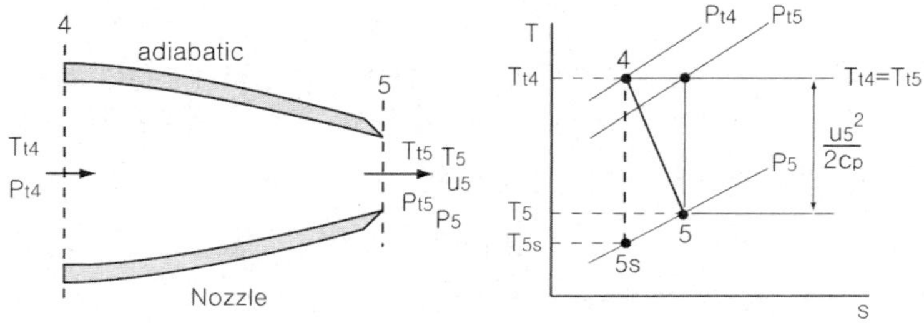


[그림 4.7] 노즐과 노즐에서의 상태변화 T-s 선도

$$\eta_N = \frac{h_{t4} - h_5}{h_{t4} - h_{5s}} = \frac{T_{t4} - T_5}{T_{t4} - T_{5s}} \tag{4.19}$$

노즐 효율과 배기압력 $p_5$가 주어진다면 노즐 출구 상태는 다음과 같은 순서로 구한다.

$$T_{5s} = T_{t4} \cdot (p_5 / p_{t4})^{(\gamma_g - 1)/\gamma_g}$$
$$T_5 = T_{t4} - \eta_N (T_{t4} - T_{5s})$$
$$u_5 = \sqrt{2\, c_{pg} (T_{t5} - T_5)}, \quad T_{t5} = T_{t4}$$

한편 $u_{5s} = \sqrt{2\, c_{pg} (T_{t4} - T_{5s})}$ 이므로 노즐 효율은 가역단열 과정에서의 출구 운동에너지와 단열과정의 출구 운동에너지의 비로서 표시할 수도 있다.

$$\eta_N = \frac{u_5^2 / 2}{u_{5s}^2 / 2} \tag{4.20}$$

[예제 4.2] 터보축 가스터빈엔진의 작동 상황이 다음과 같다. 각 상태점의 전온도와 전압력, 공기 단위 질량 당 순일 및 열효율을 각각 구하라.

주변 공기: $p_0$=101.3kPa, $T_0$=293K

압축기: 전압력비 12, 효율 0.9

연소기: 회복계수 0.98, 최대 전온도 1100K

터빈: 정효율 0.88, 출구 속도 50m/s

풀이 (핵심) 압축기 입구 상태=주변 대기 상태, 터빈 출구 압력=대기 압력

압축기: 정체상태의 대기를 흡입하므로 $T_{t1} = T_0 = 293\text{K}$, $p_{t1} = p_0 = 101.3\text{kPa}$

$p_{t2} = p_{t1} \cdot r_p = 101.3 \times 12 = 1215.6\text{kPa}$

$T_{t2s} = T_{t1} \cdot r_p^{(\gamma_a - 1)/\gamma_a} = 293 \times 12^{(1.4-1)/1.4} = 595.9\text{K}$

$T_{t2} = T_{t1} + (T_{t2s} - T_{t1})/\eta_C = 293 + (595.9 - 293)/0.9 = 629.6\text{K}$

연소기: $T_{t3} = 1100\text{K}$, $p_{t3} = p_{t2} \cdot \eta_R = 1215.6 \times 0.98 = 1191.3\text{kPa}$

터빈: 연소가스가 대기로 방출됨. $p_4 = p_0 = 101.3\text{kPa}$

$T_{4s} = T_{t3} \cdot (p_4/p_{t3})^{(\gamma_g - 1)/\gamma_g} = 1100 \times (101.3/1191.3)^{(1.33-1)/1.33} = 596.8\text{K}$

$T_{t4} = T_{t3} - \eta_{T_S}(T_{t3} - T_{4s}) = 1100 - 0.88 \times (1100 - 596.8) = 657.2\text{K}$

$T_4 = T_{t4} - u_4^2/(2c_{pg}) = 657.2 - 50^2/(2 \times 1147) = 656.1\text{K}$

순일: $w_{net} = w_T - w_C = c_{pg}(T_{t3} - T_{t4}) - c_{pa}(T_{t2} - T_{t1}) = 169.6\text{kJ/kg}$

열효율: $\eta_{th} = w_{net}/q_H = 169.6/[1.147(1100 - 629.6)] = 0.314$

(4) 성능 변수

앞에서 언급된 성능 변수 외에 명확성이나 편의를 위해서 새로운 성능변수를 정의하여 사용하기도 한다.

터빈의 순출력은 다음의 식으로 구할 수 있다.

$$\dot{W}_{net} = (\dot{m}_a + \dot{m}_f)c_{pg}(T_{t3} - T_{t4}) - \dot{m}_a c_{pa}(T_{t2} - T_{t1})$$

출력 표시의 일종으로 **비출력**(specific power) $\dot{w}_{net}$ 을 정의하여 사용하기도 하는데, 비출력이란 공기 질량유량 1kg/s에 대응하는 순출력을 말한다. 따라서 다음과 같이 표현된다.

$$\dot{w}_{net} = (1+f)c_{pg}(T_{t3} - T_{t4}) - c_{pa}(T_{t2} - T_{t1}) \tag{4.21}$$

비출력의 단위는 정확하게 kW(air 1kg/s base)이지만 줄여서 skW라고 표시하기로 하자.

그리고 열효율을 구할 때, 열 공급량은 실제 공기가 얻은 열보다는 연료의 저위발열량과 연료유량을 기준으로 하여 다음과 같이 정의하여 사용하는 것이 보통이다.

$$\eta_{th} = \frac{\dot{W}_{net}}{\dot{m}_f \cdot q_{LHV}} = \frac{\dot{w}_{net}}{f \cdot q_{LHV}} \tag{4.22}$$

만일 연소기 효율을 안다면 연료의 질량유량은 식 (4.16)으로부터 구할 수 있다. 연소기 효율을 주지 않고 연소기에서의 열 손실률을 주기도 하는데, 열 손실률이 15%라는 것은 연소기 효율이 85%라는 것과 같다.

한편 단위 순출력 당 연료소비율은 경제적 관점에서 중요한데, **비연료소비율** *SFC*(specific fuel consumption)를 정의하여 사용한다. 비연료소비율이란 1kWh의 순출력량을 얻기 위한 연료 질량유량으로 다음과 같이 표현된다.

$$SFC = \frac{3600 \cdot \dot{m}_f}{\dot{W}_{net}} = \frac{3600}{\eta_{th} \cdot q_{LHV}} \quad (\mathrm{kg_f/kWh}) \tag{4.23}$$

한편 **열률** *HR*(heat rate)도 사용하는데, **열률**이란 1kWh의 순 출력량을 얻기 위한 열 공급율의 비로 정의된다.

$$HR = \frac{3600 \cdot (\dot{m}_f \ q_{LHV})}{\dot{W}_{net}} = \frac{3600}{\eta_{th}} \quad (\mathrm{kJ/kWh}) \tag{4.24}$$

[예제 4.3] 액체 n-octane을 사용하는 터보축 가스터빈엔진의 열효율이 32%이며, 연공

비는 0.02이다. 연료는 25°C로 공급되고 있다. 비출력, 비연료소비율 및 열률을 구하라.

**풀이** (핵심) 액체 n-octane의 25°C 저위발열량은 44,422kJ/$kg_f$(표 2.2 참조)

1$kg_a$/s의 공기 질량유량에 대한 연료 질량유량은 0.02$kg_f$/s

비출력: $\dot{w}_{net} = \eta_{th} \cdot f \cdot q_{LHV} = 0.32 \times 0.02 \times 44422 = 284.3\mathrm{skW}$

비연료소비율: $SFC = 3600/(0.32 \times 44422) = 0.253\mathrm{kg_f/kWh}$

열률: $HR = 3600/0.32 = 11250\mathrm{kJ/kWh}$

## 3. 가스터빈엔진의 설계점

표 4.1은 기본 사이클을 적용한 가스터빈엔진의 사양을 보여주고 있다. 상당히 넓은 범위의 압력비가 사용된다는 것을 알 수 있으며, 최근으로 올수록 큰 압력비가 사용되고 있다는 것도 알 수 있다. 압력비가 커지면 열효율도 커진다. 그리고 표 4.1에 나타나 있는 가스터빈 모델은 거의 대부분 원래 항공기용이었던 가스터빈엔진을 개조한 것이다. 예를 들어 GE 사의 LM6000 모델은 항공기용이었던 CF6-80C2 터보팬 엔진을 선박용 또는 발전용으로 개조한 것이며, P&W 사의 FT8 모델은 항공기용 JT8D 터보팬 엔진을 개조한 것이다.

동력 발생용 가스터빈 설계 시 일반적으로 사용되는 ISO Standard 대기조건은 건구온도 15°C, 상대습도 60%(습구온도 7.2°C에 해당), 압력 101.3kPa이다. 물론 실제 가스터빈이 이런 대기조건 하에서만 운전되는 것은 아니지만 설계의 기본 조건으로 받아들여지고 있다. 건구온도의 변화가 성능에 큰 영향을 끼치는 것으로 알려져 있으며, 기준 온도 이상으로 운전될 때는 온도가 증가할수록 비출력이 감소하고 열률이 증가하는 나쁜 영향을 초래한다. 물론 기준 온도 이하에서는 비출력이 증가하고 열률은 감소한다.

가스터빈을 설계할 때 고려할 요인은 비출력, 열효율, 비연료소비율, 압축기와 터빈의 단(stage) 수, 배기가스 온도, 신뢰성, 제작비용, 운전비용 등이다. 일반적으로 설계점은 출력이 최대가 되는 압력비 또는 그 값에 가까운 범위 안에 있는 압력비로 잡는 것이 보통이다. 출력이 주어진 경우 공기 질량유량은 비출력에 반비례하는 관계가 있다. 즉 비출력이 최대가 되면 공기 질량유량이 최소가 되므로 이 때 장치의 크기는 최소가 된다.

그림 4.8은 비출력 대 열효율의 관계를 4개의 터빈입구 온도에 대해서 각각 개략적으로 보여주고 있다. 예를 들어 터빈입구 온도가 1200K인 경우를 보자. 최대 비출력을 주는 압력비는 9.5이다. 만일 9.5보다 큰 압력비를 사용하면 열효율은 더 커진다. 압축비가 커진다는 것은 압축기와 터빈의 단이 한 개 또는 그 이상 추가되어야 하는 것을 의미하기 때문에 이것은 제작비용의 증가와 직결된다. 그러나 열효율 증가에 기인해서 비연료소비율은 작아지며 운전비용은 덜 들어갈 것이다. 이처럼 설계에는 많은 복합 요인이 작용한다. 표 4.1에 나타나 있는 실제 모델 별 압력비는 최대 출력을 주는 압력비이거나 그 값에 근접한 압력비일 것이다.

[표 4.1] 기본 사이클을 적용한 가스터빈 사양

| 제작사 모델 | 연도 | 정상출력 | 열률(HR) | 압력비 | 유량 | 터빈입구 온도 | 배기온도 |
|---|---|---|---|---|---|---|---|
| ABB Power Generation | | | | | | | |
| GT 35 | 1968 | 23,105 hp | 7,790[a] | 12 | 202 lb/s | - | 376 °C |
| GT 8C | 1994 | 52,800 kW | - | 15.7 | 395 lb/s | - | 517 °C |
| GT 10 | 1981 | 34,220 hp | 7,180[a] | 14 | 173 lb/s | - | 534 °C |
| Allison Gas Turbine | | | | | | | |
| 501-KC5 | 1983 | 5,278 hp | 9,005[a] | 9.4 | 34 lb/s | - | 1075 F |
| 570-K | 1979 | 6,540 hp | 8,600[a] | 12.1 | 42 lb/s | - | 1045 F |
| Garret Auxiliary Power | | | | | | | |
| IM 831-800 | 1972 | 505 kW | 16,400[b] | 11 | 7.9 lb/s | 1765 F | 930 F |
| GE Marine & Industrial | | | | | | | |
| LM1600-PA | 1989 | 13,425 kW | 9,560[b] | 22.3 | 100 lb/s | 1369 F* | 909 F |
| LM2500-PE | 1973 | 21,925 kW | 9,600[b] | 18.9 | 153 lb/s | 1490 F* | 985 F |
| LM5000-PC | 1984 | 33,750 kW | 9,265[b] | 24.8 | 265 lb/s | 1281 F* | 816 F |
| LM6000-PA | 1992 | 40,400 kW | 8,680[b] | 29.8 | 275 lb/s | 1555 F* | 890 F |
| GE Power Generation | | | | | | | |
| M3142(J) | 1952 | 14,600 hp | 9,530[a] | 7.1 | 115 lb/s | - | 979 F |
| PG6541(B) | 1978 | 38,340 kW | 10,880[b] | 11.8 | 302 lb/s | 2020 F | 1002 F |
| PG6541(B) | 1987 | 26,300 kW | 11,990[b] | 10.5 | 270 lb/s | 1765 F | 909 F |
| LM6000 | 1992 | 39,970 kW | 8,790[b] | 30 | 271 lb/s | 2270 F | 982 F |
| Pratt & Whitney Canada | | | | | | | |
| STL-T76 | 1975 | 1,440 hp | 11,960[a] | 7.7 | 13 lb/s | 1793 F | 1067 F |
| FT8 | 1990 | 25,420 kW | 8,950[b] | 20.3 | 188 lb/s | - | 830 F |
| Solar Turbine | | | | | | | |
| Saturn | 1960 | 1,340 hp | 10,933[a] | 6.4 | 14 lb/s | - | 891 F |
| Centaur | 1970 | 4,700 hp | 9,100[a] | 10.2 | 42 lb/s | - | 844 F |
| Turbo Power | | | | | | | |
| FT8 | 1990 | 25,420 kW | 8,950[b] | 20.3 | 188 lb/s | 2120 F | 830 F |

주) [a] Btu/shp-hr(shp, 1lb/s 기준 hp) [b] Btu/kWh * 출력터빈 입구온도

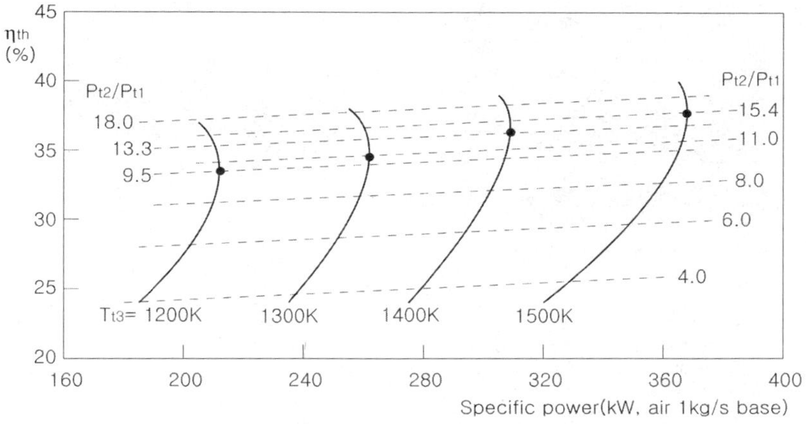


[그림 4.8] 터빈입구 온도와 압력비 변화에 대한 비출력, 열효율의 변화

## 4. 개조형 가스터빈과 고유형 가스터빈

앞에서 밝힌 바와 같이 표 4.1에 나타나 있는 모델들은 거의 개조형이다. 개조형 가스터빈엔진은 원래 항공기용으로 제작된 것이기 때문에 기본적으로 안전도와 신뢰도가 뛰어나며, 개조에 필요한 부분만 설계 변경하면 되기 때문에 개발비용이 고유형 엔진에 비해서 1/10 수준인 것으로 알려져 있다. 그러나 개조형이기 때문에 그 크기와 용량에 있어서 제약을 받게 되므로 50,000kW 이하로 응용이 제한되어 있으며, 유지비도 더 들어가는 것으로 알려져 있다.

개조형은 언뜻 생각하면 원래 모델에서 흡입구 형상을 좀 고치고, 동력터빈을 추가하고, 노즐을 없애고 적당한 배기닥트(디퓨저)를 설치하면 될 것 같지만 실제로 그렇게 간단한 일은 아니다. 자세한 개조 사항은 본 교재의 범위를 벗어나기 때문에 언급하지는 않지만 개조가 쉬운 일은 아니라는 사실만은 알기 바란다. 그림 4.9는 CF6-80C2 터보팬 엔진과 개조된 LM6000 모델의 형상과 사양을 보여주고 있다.

고유형은 특정한 목적으로 설계/제작될 수 있기 때문에 충분한 안전율을 고려하여 견고하게 만들 수 있고 신뢰도를 높일 수 있다. 또한 크기와 용량에 제한을 받지 않기 때문에 최대 200,000kW까지는 제작이 가능하다고 알려져 있으나, 아직까지 이렇게 큰 용량의 엔진은 제작된 적이 없다.

CF6-80C2 Turbofan(General Electric)
Max diameter: 2.7 m
Length: 4.3 m
Weight: 9.480 lb
Stages:
fan/LPC/HPC=1/4/14, HPT/LPT=2/5
Pressure ratio: 27.1~31.8
Bypass ratio: 5~5.31
SFC: 0.307~0.334 lb/shp-hr
Max power(sea level): 52,500~63.500 lb.
Applications: A300, B747, B767, MD-11

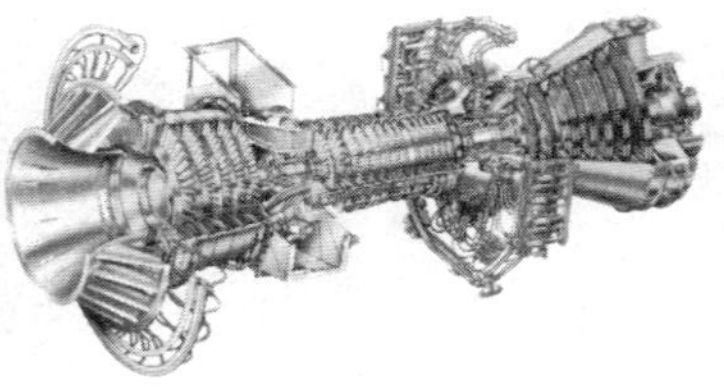

LM6000(General Electric)
Max diameter: 2.5 m
Length: 7.3 m
Weight: 18.010 lb
Stages:
LPC/HPC=5/14, HPT/LPT=2/5
Pressure ratio: 29
SFC: 0.329 lb/shp-hr
HR: 6.06 Btu/shp-hr
Output: 47.2MW
Applications: ship engine, electricity generation

[그림 4.9] CF6-80C2 터보팬 엔진과 LM6000 엔진 사양 비교

한편 동력 발생용 가스터빈 엔진은 개조형이든 고유형이든 **고정축 엔진**과 **분리축 엔진**으로 구분할 수 있다. 고정축 엔진이란 압축기를 구동하는 축과 실동력 전달축이 하나로 연결된 것을 말하며, 분리축 엔진이란 압축기를 구동하는 축과 실동력 전달축이 각각 분리되어 있는 것을 말한다. 압축기, 연소기 및 압축기 구동용 터빈을 **가스발생기**(gas generator)라 하는데, 분리축 엔진에서는 가스발생기의 압축기 구동용 축과 동력터빈의 축이 분리되어 있다(그림 4.10 참조).

발전용 가스터빈의 경우 발전기가 압축기 전방에 위치한 경우가 많이 있어서 외견상 고정축 엔진 같지만 사실 축이 이중으로 되어있는 분리축 엔진이다. 외축 안에 또 다른 축이 있어서 외축은 압축기 구동용 터빈과 연결되어 압축기를 구동하고, 내축은 동력터빈과 연결되어 발전기를 구동한다.

최근에 생산되는 동력 발생용 가스터빈은 거의 대부분 분리축 엔진이다. 고정축 엔진은 설계점을 벗어난 영역에서 운전되는 경우, 압축기 효율과 터빈 효율의 동시 저하로 인하여 성능이 많이 떨어진다. 그러나 분리축 엔진의 경우에는 최고 효율을 주는 작동점을 따라 설계될 수 있기 때문에 부분 부하 운전 시에도 성능이 많이 저하되지는 않는다. 또한 동력터빈이 가스발생기와는 독립적으로 회전속도를 변화시킬 수 있기 때문에, 부하에 따라 토크나 출력의 조정도 가능하다.

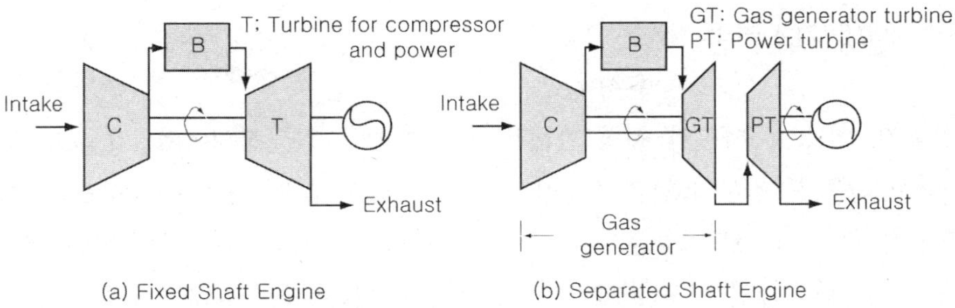


[그림 4.10] 고정축 엔진과 분리축 엔진

## 4.2 재생 가스터빈

압축기, 연소기, 터빈이 동력 발생용 가스터빈의 기본 장치이며, 이것만으로도 요구되는 동력을 충분히 얻을 수 있다. 그러나 조금이라도 성능향상을 도모한다면 바람직한 것이 되므로 열효율이나 출력을 증진시키기 위한 여러 가지 방안들이 나와 있으며, 이에 대한 연구가 활발하게 진행되고 있다. 앞으로 다루게 되는 가스터빈은 성능향상을 위해 다양한 부가 장치를 장착하고 있다.

첫 번째로 가스터빈에 **재생기**(regenerator)를 부착한 가스터빈을 검토해보자. 재생기는 열교환기의 일종이다. 이상적인 가스터빈 사이클에서 최대 출력을 주는 압력비로 운전되면 압축기 출구의 온도와 배기되는 가스의 온도가 같다(그림 4.2, $T_{t2} = T_{t5}$). 그러나 실제 사이클일 때는 배기 가스온도가 압축기 출구온도에 비해 상당히 높다. 따라서 배기가스 열을 이용하여 연소기로 들어가는 공기의 온도를 높인다면 연소기에서의 공급해야하는 열량을 줄일 수 있으므로 비연료소비율이 작아지고 열효율 상승을 상당히 도모할 수 있다. 특히 출력 범위가 큰 차량용 엔진에 적용하는 경우에는 재생기를 부착하는 것이 일반적이다.

### 1. 재생 가스터빈 사이클

재생기를 부착한 가스터빈의 구성도를 그림 4.11에 나타내었다. 재생기는 압축기와 연소기 사이에 설치되며, 배기가스의 열을 이용하여 연소기로 들어가는 공기의 온도를 높이고 있다. 이 사이클을 **재생 가스터빈 사이클**(regenerative gas turbine cycle)이라 하며, 재생 사이클의 T-s 선도는 그림 4.12에서 보여주고 있다.

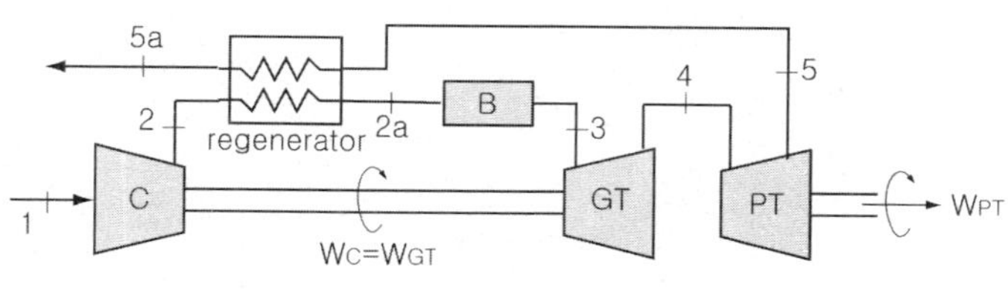


[그림 4.11] 재생 가스터빈 구성도

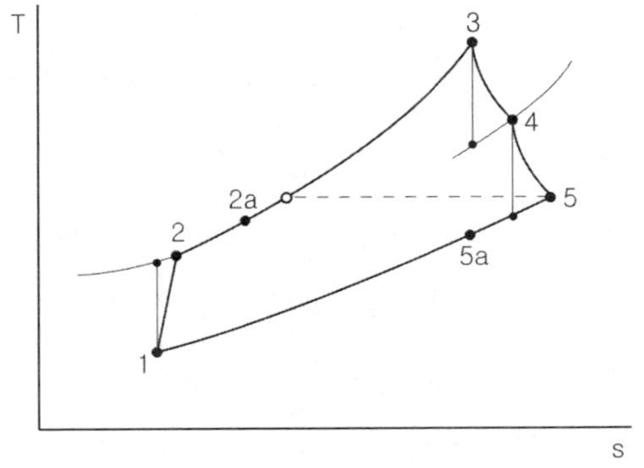


[그림 4.12] 재생 가스터빈 사이클

재생기에서의 에너지보존 식은 다음과 같다.

$$\Sigma h_{ti} = \Sigma h,\ h_{t2} + h_{t4} = h_{t2a} + h_{t5a} \tag{4.25}$$

재생기에서 완전한 열교환이 이루어진다면 2a점의 엔탈피는 5점의 엔탈피 값과 같을 것이나 실제로는 2a점에 머무르고 있다. 따라서 **재생기 효율**(regenerator effectiveness) $\phi_{reg}$를 정의할 수 있는데, 재생기도 열교환기이므로 일반적인 열교환기 효율의 정의와 같다. 즉 최대 열전달 양에 대한 실제 열전달 양의 비로 정의된다. 식으로 표현하면

$$\phi_{reg} = \frac{h_{t2a} - h_{t2}}{h_{t5} - h_{t2}} = \frac{T_{t2a} - T_{t2}}{T_{t5} - T_{t2}} \tag{4.26}$$

이 된다.

재생기가 있는 실제 가스터빈에서는 압력손실이 있으므로 재생기 효율뿐만 아니라 압력강하와 누설(leakage)이 열교환기의 성능을 나타내는 중요 인자가 된다.

[예제 4.4] 압축기 입구온도는 288K이고 압축기의 효율은 87%이다. 터빈입구 전온도는 1400K이고 각 터빈의 전효율은 89%로 동일하다. $p_{t1} = p_{t5} = p_{t5a} = 100\,\text{kPa}$이고 $p_{t2} = p_{t2a} = p_{t3} = 405\,\text{kPa}$이다(압력손실 없음). 연료의 양을 무시할 때, 공기 질량유량 1kg/s에 대한 출력, 열공급율 및 열효율을 각각 구하라. 만일 효율이 75%인 재생기가 부착되었을 때 성능변수들을 다시 구하고 결과를 비교하라.

**풀이** (핵심) 그림 4.12 참조, 단위 질량당의 값을 기준함.

1) 가스터빈

압축기: $T_{t1} = 288\text{K}, \ p_{t1} = 100\text{kPa}$

$$p_{t2} = 405\text{kPa}, \ T_{t2s} = T_{t1}(p_{t2}/p_{t1})^{(\gamma_a - 1)/\gamma_a} = 429.5\text{K}$$

$$T_{t2} = T_{t1} + (T_{t2s} - T_{t1})/\eta_C = 288 + (429.5 - 288)/0.87 = 450.6\text{K}$$

$$w_C = h_{t2} - h_{t1} = c_{pa}(T_{t2} - T_{t1}) = 1.005(450.6 - 288) = 163.4\text{kJ/kg}$$

가스발생기 터빈: $T_{t3} = 1400\text{K}, \ p_{t3} = 405\text{kPa}$

$$w_{GT} = w_C = 163.4 \text{ kJ/kg} = c_{pg}(T_{t3} - T_{t4}), \ T_{t4} = 1400 - 163.4/1.147 = 1257.5\text{K}$$

$$w_{GTs} = w_{GT}/\eta_{GT} = 183.6\text{kJ/kg} = c_{pg}(T_{t3} - T_{t4s}), \ T_{t4s} = 1239.9\text{K}$$

$$p_{t4} = p_{t3}(T_{t4s}/T_{t3})^{\gamma_g/(\gamma_g - 1)} = 405(1239.9/1400)^{1.33/0.33} = 248.3\text{kPa}$$

동력 터빈: $p_{t5} = 100\text{kPa}$

$$T_{t5s} = T_{t4}(p_{t5}/p_{t4})^{(\gamma_g - 1)/\gamma_g} = 1257.5(100/248.3)^{0.33/1.33} = 1003.5\text{K}$$

$$T_{t5} = T_{t4} - \eta_{PT}(T_{t4} - T_{t5s}) = 1257.5 - 0.89(1257.5 - 1003.5) = 1031.4\text{K}$$

$$w_{PT} = c_{pg}(T_{t4} - T_{t5}) = 1.147(1257.5 - 1031.4) = 259.3\text{kJ/kg}$$

성능변수:

$$\dot{w}_{net} = \dot{m}_a w_{PT} = 259.3\text{kW}$$

$$\dot{q}_H = \dot{m}_a c_{pg}(T_{t3} - T_{t2}) = 1 \times 1.147(1400 - 450.6) = 1089.0 \text{ kW}$$

$$\eta_{th} = \dot{w}_{net}/\dot{q}_H = 259.3/1089 = 0.238$$

2) 재생 가스터빈

$$\phi_{reg} = 0.75 = \frac{T_{t2a} - T_{t2}}{T_{t5} - T_{t2}} \quad \rightarrow \quad T_{t2a} = 886.2\text{K}$$

$$\dot{q}_H = \dot{m}_a c_{pg}(T_{t3} - T_{t2a}) = 1.147(1400 - 886.2) = 589.3\text{kW}$$

$\eta_{th} = 259.3/589.3 = 0.44 \ \rightarrow$ (0.44-0.238)/0.238=0.849, 84.9% 효율 상승!

*** 재생기 하나 설치함으로서 획기적으로 열효율 상승을 도모할 수 있다.

## 2. 재생기

재생기에는 두 가지 종류가 있다. 하나는 일반 열교환기와 같은 형태로서 열 **회**

**수기**(recuperator)라 하고 다른 하나는 **회전 격자망 재생기**(rotating matrix regenerator)라 하는데 서로 장단점을 갖고 있다.

열 회수기로는 주로 **쉘-튜브**(shell-tube) 형태가 사용되고 있으며, 최근에는 평판-핀의 형태도 사용되고 있다. 그림 4.13은 전형적인 쉘-튜브 형태의 열 회수기를 보여주고 있다. 일반적으로 배기가스는 쉘 측으로 흐르고 압축공기는 튜브 측으로 흐르면서 열교환을 한다. 열 회수기는 장착하기 쉽고 누출 문제가 없으나 회전 그물망 회수기에 비해 상대적으로 온도차가 작기 때문에 효율이 작고 따라서 크기가 커져야 한다는 단점이 있다.

회전 격자망 재생기에는 **디스크 형**(disk type)과 **드럼 형**(drum type)이 있으며, 개략적인 형태를 그림 4.14에 나타내었다. 일반적으로 디스크 형은 주름진 얇은 **띠**(strip)와 편평한 띠를 중심축을 중심으로 교대로 겹겹이 감아 놓은 디스크가 회전하면서 열교환을 한다. 공기나 배기가스는 주름진 띠와 편평한 띠가 만든 공간으로 통과하게 된다. 그림에서 보듯이 디스크는 회전하면서 고온부와 저온부를 교대로 통과하게 되는데, 디스크의 조밀한 격자망은 고온부를 회전할 때 통과하는 고온의 배기가스로부터 열을 흡수하고, 이 흡수한 열을 저온부로 회전할 때 공기로 방출하는 역할을 한다. 드럼형도 작동방식은 대동소이한데 다만 격자망을 통과하는 가스의 방향이 반경방향이라는 것이다. 격자망을 구성하는 띠의 재료로는 열팽창이 적고, 비열은 크며, 열전도도는 작은 것이 좋은데 이러한 조건을 두루 만족하는 복합재료가 주로 사용되고 있다. 디스크나 드럼의 회전속도는 대략 20~30rpm이다.

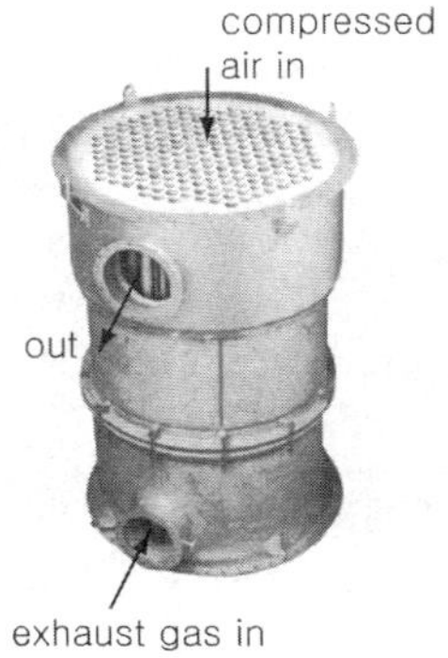

[그림 4.13] 쉘-튜브 열 회수기

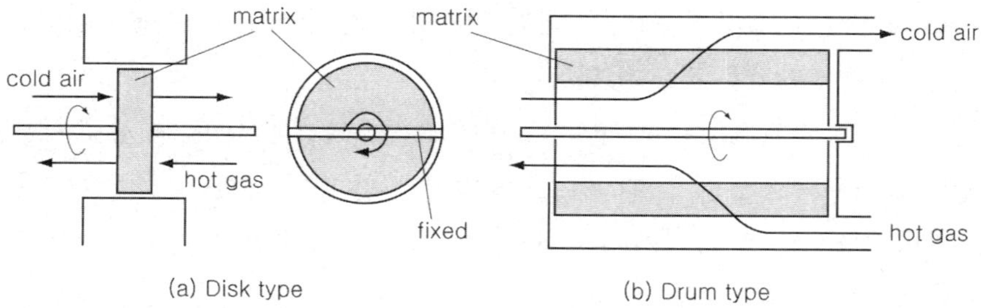


[그림 4.14] 회전 격자망 재생기의 종류

회전 격자망 재생기는 격자망 자체가 열교환에 관계하므로 평균 열전달 온도차가 커서 재생기 효율이 열 회수기보다는 높은 편이나, 고온기체와 저온기체 유동부 사이의 밀봉문제와 누설의 문제를 갖고 있다. 디스크나 드럼이 고온부와 저온부를 교대로 통과하면서 수축과 팽창이 계속해서 일어나므로 열팽창의 문제가 밀봉문제에 직접적으로 연관된다. 또한 두 유동 부분 기체의 압력차가 꽤 있고 격자망에 갇힌 기체 때문에 고압의 저온부에서 저압의 고온부로 누설이 주로 발생한다. 보통 누설 양은 압축공기의 2~4% 정도인 것으로 알려져 있다.

[표 4.2] 재생 가스터빈엔진 사양

| | General Motors | Chrysler | Ford | Rover |
|---|---|---|---|---|
| 모델 | GT 305 | A 831 | 705 | 2S/140 |
| 출력, bhp | 225 | 130 | 600 | 150 |
| 압축기 형태 | radial type | radial | radial | radial |
| 압력비 | 3.5 | 4.1 | 4.0 | 3.92 |
| 효율(%) | 78 | 80 | 80 | 79 |
| 터빈 형태 | axial type | axial | axial | axial |
| 입구온도(F) | 1597 | 1707 | 1748 | 1538 |
| 효율(%) | 84 | 87 | 88 | 86 |
| 재생기 형태 | drum matrix | twin rotating disk | recuperator | recuperator |
| 효율($\phi_{reg}$) | 86 | 90 | 80 | 78 |

주) 위에 예시된 가스터빈엔진은 트럭, 밴 또는 속도 경주용 시범 차량에 적용되었음.

사실 가스터빈에 재생기를 설치한다면 가격이나 크기, 무게가 커지고 설치문제 및 유지보수문제 등이 추가로 발생하지만 앞의 예제 4.4에서 보는바와 같이 열효율의 증가가 상당하기 때문에 그러한 단점을 충분히 상쇄시킬 수 있다.

표 4.2는 재생기를 가진 가스터빈엔진의 사양을 보여주고 있다. 사양은 시범 차량용으로 개발된 가스터빈엔진에 대해서 나타나 있는데 실제 아직까지 상용화된 가스터빈 차량은 없다. 표 4.2에서 출력단위를 bhp로 나타내고 있는데, 이것은 **제동마력**(brake horse power)이라 하는 것이다. 제동마력(또는 동력)이란 동력터빈에서 발생된 동력 중에서 마찰 등에 의해 손실된 동력을 제외하고 실제 유효하게 전달된 동력을 말하며, 동력터빈에서 생산된 동력에 대한 제동동력의 비를 **기계적 효율**(mechanical efficiency, $\eta_m$)이라 한다. 그림 4.15는 크라이슬러사에서 1963년에 개발된 세단용 가스터빈엔진을 보여주고 있다. 디스크 형 재생기가 좌우에 한 개씩 2개가 장착되어 있으며, 엔진 크기에 비해서 재생기의 크기가 상당히 크다는 것을 알 수 있다.

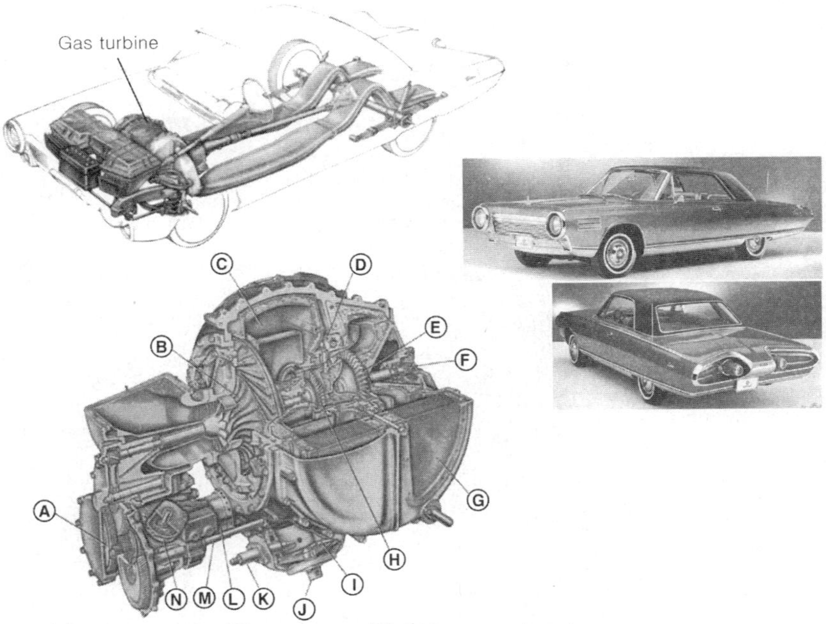


(A) accessory drive (B) compressor (C) right regenerator rotor
(D) variable nozzle unit (E) power turbine (F) reduction gear
(G) left regenerator rotor (H) gas generator turbine (I) burner
(J) fuel nozzle (K) igniter (L) starter-generator
(M) regenerator drive shaft (N) ignition unit

[그림 4.15] 재생 가스터빈엔진을 장착한 세단(Chrysler, 1963년)

[예제 4.5] 압축기 입구온도는 288K이고 압축기의 효율은 87%이다. 터빈입구 전온도는 1400K이고 각 터빈의 전효율은 89%로 동일하다. 격자망 재생기로 들어가는 압축기 측 공기의 2%가 누설되어 배기가스와 함께 배출된다. 이 때 누설된 공기로 어떤 에너지도 전달되지 않는다. 즉 누설된 공기는 온도변화 없이 5a점의 압력으로 변한다는 것이다. $p_{t1} = p_{t5} = p_{t5a} = 100$ kPa이고 $p_{t2} = p_{t2a} = p_{t3} = 405\,\text{kPa}$이다(압력손실 없음). 연료의 양을 무시할 때, 공기 질량유량 1kg/s에 대한 출력, 열공급율 및 열효율을 각각 구하라. 재생기 효율은 85%이다.

**풀이** (핵심) 그림 4.12 참조, 단위 질량당의 값을 기준함.

예제 4.4에서와 같은 결과: $T_{t2} = 450.6\text{K},\ w_C = 163.4\text{kJ/kg}$

가스발생기 터빈: $p_{t3} = 405\text{kPa},\ T_{t3} = 1400\text{K}$

재생기에서 2%의 질량유량이 누설되므로 0.98kg으로 압축기 소요일을 해야함.

$$\text{즉, } 1 \times w_C = 0.98 \times w_{GT},\ w_{GT} = w_C/0.98 = 163.4/0.98 = 166.7\text{kJ/kg}$$

$$w_{GT} = c_{pg}(T_{t3} - T_{t4}),\ T_{t4} = 1400 - 166.7/1.147 = 1254.7\text{K}$$

$$w_{GTs} = w_{GT}/\eta_{GT} = 166.7/0.89 = 187.3\text{kJ/kg}$$

$$w_{GTs} = c_{pg}(T_{t3} - T_{t4s}),\ T_{t4s} = 1400 - 187.3/1.147 = 1236.7\text{K}$$

$$p_{t4} = p_{t3}(T_{t4s}/T_{t3})^{\gamma_g/(\gamma_g - 1)} = 405(1236.7/1400)^{1.33/0.33} = 245.7\text{kPa}$$

출력 터빈: $p_{t5} = 100\text{kPa}$

$$T_{t5s} = T_{t4}(p_{t5}/p_{t4})^{(\gamma_g - 1)/\gamma_g} = 1254.7(100/245.7)^{0.33/1.33} = 1003.9\text{K}$$

$$T_{t5} = T_{t4} - \eta_{PT}(T_{t4} - T_{t5s}) = 1254.7 - 0.89(1254.7 - 1003.9) = 1031.5\text{K}$$

$$w_{PT} = c_{pg}(T_{t4} - T_{t5}) = 1.147(1254.7 - 1031.5) = 256.0\text{kJ/kg}$$

재생기:

$$\phi_{reg} = 0.85 = \frac{T_{t2a} - T_{t2}}{T_{t5} - T_{t2}} \rightarrow T_{t2a} = 944.4\text{K}$$

성능변수:

$$\dot{w}_{net} = \dot{m}_a w_{PT} = 256.0\text{kW}$$

$$\dot{q}_H = \dot{m}_a c_{pg}(T_{t3} - T_{t2a}) = 1.147(1400 - 944.4) = 522.6\text{kW}$$

$$\eta_{th} = 256 / 522.6 = 0.490$$

예제 4.4(누설 양이 없으므로 열 회수기를 사용했다고 가정할 수 있음)와 예제 4.5(회전 격자망 재생기 사용)의 결과를 비교해 보자. 열 회수기를 사용하는 경우 비출력은 259.3kW로 격자망 재생기의 256kW보다 크다. 이것은 바로 누설된 공기량 때문이다. 그러나 열 회수기의 효율이 작기 때문에 열효율은 44%로 격자망 재생기 경우의 49%보다 작다. 열효율이 크다는 것은 비연료소비량이 작아진다는 것을 의미하므로 누설 양을 고려한 출력을 기준으로 한다면 회전 격자망 재생기를 사용하는 경우가 성능 면에서 볼 때 훨씬 유리하다. 일반적으로 누설되는 양이 커질수록 출력과 효율이 감소하기 때문에 회전 격자망 재생기에서 가능한 한 누설 양을 줄이는 방안과 기술에 대한 연구가 많이 진행되고 있다.

재생 가스터빈 사이클을 사용하면 항상 열효율이 증대되는가? 그렇지는 않다. 주어진 조건에 따라 달라진다고 해야 맞는 것이 된다. 예를 들어 압축기 입구온도와 압축기 효율, 터빈 입구온도와 터빈 효율이 주어진 경우 압력비에 따라 열효율 증가 정도가 다르며, 어떤 압력비 이상이 되면 오히려 기본 사이클을 사용한 경우보다 열효율이 감소하게 된다. 이런 사실을 그림 4.16에서 개략적으로 보여주고 있다. 그림은 예제 4.4와 4.5에 준한 계산을 한 결과를 보여주고 있는데, 터빈 입구온도 1400K에서 압력비가 대략 20이상이 되면 재생 사이클의 열효율이 기본 사이클보다 작아지기 시작한다는 것을 알 수 있다.

압축비가 커지면 압축기 출구온도가 상승하고 압축기 소요일이 증대된다. 따라서 압축기 일에 대응하는 가스발생기 터빈일이 커져야 하는데 터빈 입구온도는 일정하기 때문에 가스발생기 터빈출구의 온도가 떨어지고, 결국 동력터빈의 최종 배기가스온도도 떨어지게 된다. 결론적으로 재생기 입구 온도차인 $T_{t5} - T_{t2}$가 작아지므로 압축공기의 열 흡수량이 적어지고, 열효율의 향상을 기대할 수 없는 단계에 이르게 된다. 물론 터빈 입구온도를 증가시키면 열효율이 작아지기 시작하는 임계 압력비가 커지기는 하지만 반드시 열효율이 감소하기 시작하는 압력비가 존재한다는 사실을 알아둘 필요가 있다. 사실 터빈 입구온도는 일반적으로 설계 기본 조건으로서 실현 가능한 최고 온도로 놓고 실제 설계하기 때문에 1400K 정도면 현재 거의 최고 수준에 있는 것으로 평가할 수 있다.

이와 같은 결과는 높은 압력비를 사용하는 가스터빈엔진의 경우에는 재생기를 사용할 필요가 없다는 것을 단적으로 보여주고 있으며, 표 4.2의 재생기 사용 가스터빈의 압력비가 4 내외인 것으로부터 확인할 수 있다. 또한 앞에서 언급한 것처럼 재생기의 크기가 엔진 자체의 크기에 비해서 상당히 크기 때문에 부피나 중량, 가격 등을 재생 가스터빈엔진을 설계할 때 반드시 고려해야 한다.

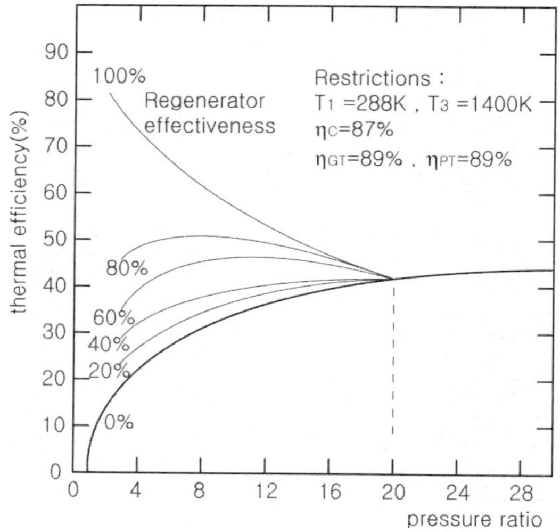


[그림 4.16] 압력비에 따른 재생기 효율과 열효율과의 관계

## 4.3 기타 가스터빈

재생 가스터빈 이외에도 출력이나 열효율을 증진시키기 위한 방안들이 있는데 여기서 간단히 살펴보기로 하자.

### 1. 수증기 분사 가스터빈

**수증기 분사 가스터빈**의 구성도를 그림 4.17에서 보여주고 있다. 그림에서 보듯이 열교환기나 열 회수 보일러에서 만들어진 고압의 수증기를 연소기에서 연료와 함께 분사시킨다. 고압 수증기의 일부를 가스발생기 터빈과 동력터빈 사이에서 분사시키는 것도 가능하다.

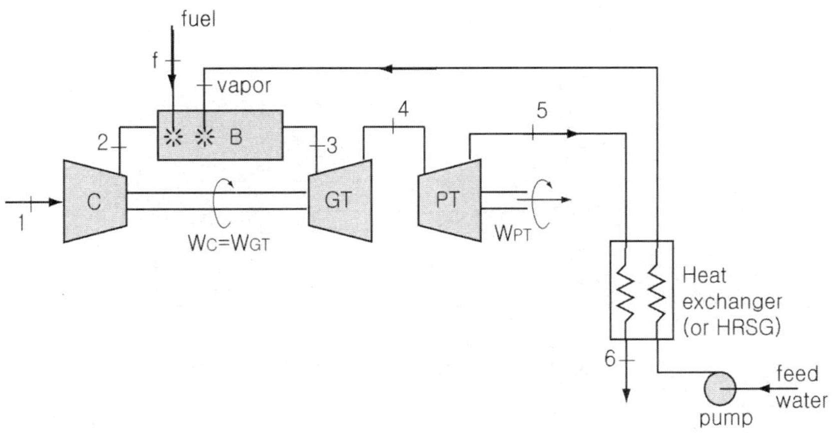


[그림 4.17] 수증기 분사 가스터빈 구성도

**수증기 분사 가스터빈**은 본래 연소가스 성분의 하나인 $NO_x$를 감소시키기 위한 방안으로 1980년대 중반부터 사용하기 시작하였는데, 수증기의 비열이 공기보다 크고 분사된 수증기 때문에 열률이 감소하므로 기본 가스터빈에 비해서 출력과 열효율이 증대된다. 또한 열 회수 보일러를 사용하는 경우에는 복합 발전 시스템으로 변형이 가능하다는 장점도 있다.

그러나 아주 깨끗하게 정수된 물을 계속 공급해야하고 열 회수 보일러 설비가 추가로 필요하며, 컨트롤이 잘못되어 압축된 물이 연소기로 들어가게 되면 부분적 또는 완전히 화염이 꺼지는 단점을 갖고 있다. 한편 분사되는 수증기량은 일반적으로 압축기 출구 공기량의 2~3% 정도로 알려져 있다.

### 2. 증발-재생 가스터빈

수증기 분사 가스터빈에서 힌트를 얻어 출력과 열효율을 증대시키는 방안으로 고안된 것이 바로 **증발-재생 가스터빈**이며 그림 4.18에서 그 구성도를 보여주고 있다.

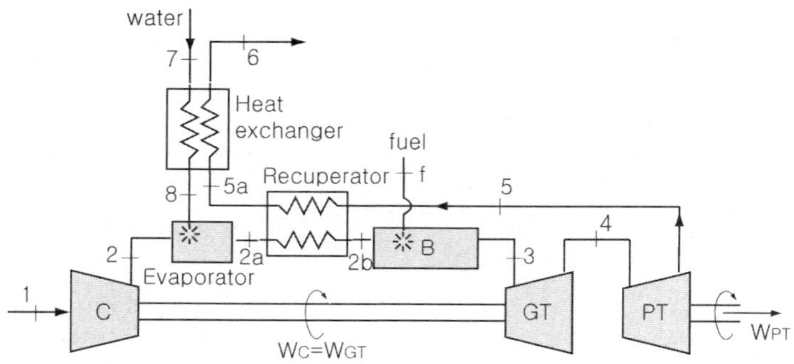


[그림 4.18] 증발-재생 가스터빈 구성도

배기가스 열로 데워진 물을 증발기에서 압축공기에 분사한다. 압축공기로부터 열을 얻어 물은 증발되고 압축공기의 온도는 떨어진다. 수증기와 혼합된 공기는 재생기를 통과한 후 연소기로 들어가게 된다. 수증기의 비열이 공기보다 크고 분사된 수증기 때문에 열률이 감소하므로 기본 가스터빈에 비해서 출력과 열효율이 역시 증대된다. 분사되는 물의 최대 양은 증발기 출구의 공기가 포화상태(상대습도 100%)가 되는 양으로 제한된다. 그 이상으로 물이 분사되면 공기 중에 액적이 생기기 때문이다.

### 3. 내부 냉각 가스터빈

그림 4.19의 T-s 선도는 이상적일 때 동일한 압력비에서 압축기 입구온도에 대한 입·출구 온도차의 크기를 비교해서 보여주고 있다. 입·출구 온도차는 곧 압축기 일인데 입구온도가 작을수록 작아진다는 것을 알 수 있다. 압축기 일이 작아지면 보다 높은 온도의 상태로 동력터빈으로 들어갈 수 있으므로 출력이 증대한다. 물론 압축기 입구온도가 떨어지면 연소기 입구 온도도 떨어지게 되므로 연소기에서 공급해야 할 열이 커져 연료소비량이 커진다고 할 수 있지만, 비연료소비율의 관점에서 보면 출력이 커지기 때문에 비슷한 수준이 된다.

또한 실제적 관점으로 볼 때도 하나의 압축기를 사용하여 전체 압력비를 소화하는 것 보다 두 개를 사용하여 압력비를 나누어 압축시킨다면 각 압축기의 효율이 좋아지므로 압축기 총 소요 동력은 줄어들게 된다.

따라서 저압 측과 고압 측으로 구분할 수 있는 압축기 두 개와 공기나 물로 냉각하는 내부 냉각기를 사용하여 압축기 소요 동력을 줄여 출력 향상을 도모하는 가스터빈이 **내부 냉각 가스터빈**이며, 그 구성도와 사이클의 T-s 선도가 그림 4.20에 나타나 있다. 그림에서 보듯이 1차 압축기를 통과한 공기는 곧바로 2차 압축기로 들어가는 것이 아니라 내부 냉각기에서 열을 방출하고 1차 압축기로 유입되는 공기와 비슷한 온도(이상적이면 같은 온도가 됨)로 냉각된 후 2차 압축기로 들어가게 된다. 만일 1차 압축기를 통과한 공기를 냉각시키지 않는다면, 즉 비체적이 감소하지 않는다면, 2차 압축기 부분의 소요 동력을 줄일 수 없으므로 효과가 반감되며, 아예 효과가 없을 수도 있다.

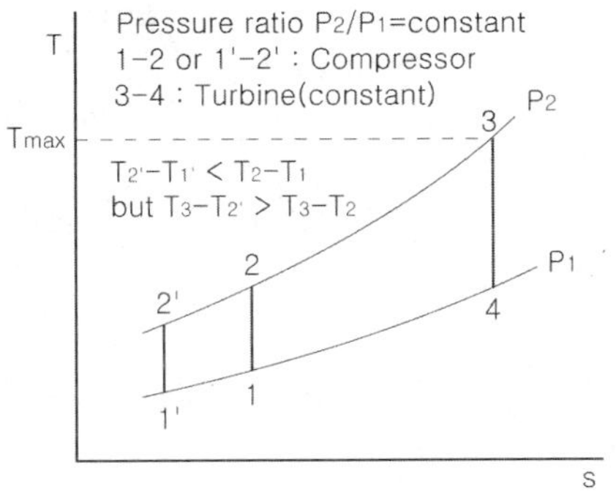


[그림 4.19] 동일 압력비에서 압축기 입구온도에 대한 압축기 일의 크기

1차와 2차 압축기 사이의 중간 압력은 압력손실이 없고 2차 압축기 입구온도가 1차 압축기 입구온도와 같다고 가정하면 다음과 같이 기하평균 값으로 나타낼 수 있다.

$$p_{ti} = \sqrt{p_{t1}\, p_{t2}} \tag{4.27}$$

실제 내부 냉각 가스터빈에서는 내부 냉각기가 추가되는 비용과 장착의 어려움 때문에 일반적으로 한 개의 내부 냉각기만 고려하여 설계되고 있다. 실제로 내부 냉각기를 추가하면 압축기 소요 동력은 줄어들고 출력의 증가를 유도할 수 있으나, 열효율은 일반적으로 줄어든다. 이것은 내부 냉각 가스터빈이 출력 증가가 목적이라는 것을 나타낸다.

[예제 4.6] 내부 냉각기가 이상적으로 작동하는 내부 냉각 가스터빈의 운전 조건이 다음과 같다.

주변 공기: $p_0 = 101.3\text{kPa}$, $T_0 = 293\text{K}$

압축기: 총 전압력비 12, 효율 0.9(1차, 2차 동일)

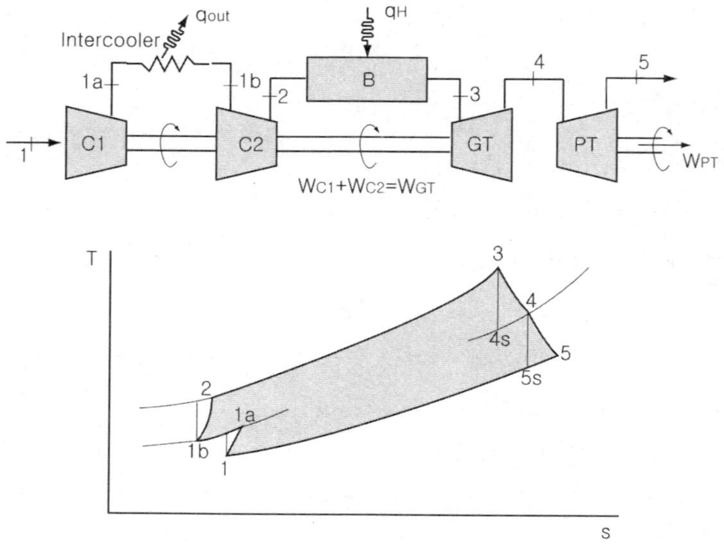


[그림 4.20] 내부 냉각 가스터빈 구성도와 사이클 T-s 선도

연소기: 회복계수 0.98, 최대 전온도 1100K

터빈: 가스발생기 터빈 전효율 0.88, 동력터빈 정효율 0.88, 출구 속도 50m/s

중간 압력, 압축기 총 소요동력, 출력, 열효율을 각각 구하고 내부 냉각기가 없는 기본 사이클의 결과와 비교하라. 연료의 양은 무시하며, 공기 질량 유량은 1kg/s이다.

**풀이** (핵심) 단위 질량당 기준, 그림 4.20의 T-s 선도 참조

압축기: 정체상태의 대기를 흡입하므로 $T_{t1} = T_0 = 293\text{K}$, $p_{t1} = p_0 = 101.3\text{kPa}$

$p_{t2} = p_{t1} \cdot r_p = 101.3 \times 12 = 1215.6\text{kPa}$

이상적이므로 중간 압력 $p_{t1a} = p_{t1b} = \sqrt{p_{t1}\, p_{t2}} = 350.9\text{kPa}$, $T_{t1b} = T_{t1} = 293\text{K}$

$$T_{t1as} = T_{t1} \cdot (p_{t1a}/p_{t1})^{(\gamma_a - 1)/\gamma_a} = 293 \times (350.9/101.3)^{0.4/1.4} = 417.9\text{K}$$

$$T_{t1a} = T_{t1} + (T_{t1as} - T_{t1})/\eta_C = 293 + (417.9 - 293)/0.9 = 431.8\text{K}$$

$$T_{t2s} = T_{t1b} \cdot (p_{t2}/p_{t1b})^{(\gamma_a - 1)/\gamma_a} = 293 \times (1215.6/350.9)^{0.4/1.4} = 417.9\text{K}$$

$$T_{t2} = T_{t1b} + (T_{t2s} - T_{t1b})/\eta_C = 293 + (417.9 - 293)/0.9 = 431.8\text{K}$$

$$w_C = c_{pa}(T_{t1a} - T_{t1}) + (T_{t2} - T_{t1b}) = 1.005(431.8 - 293) \times 2 = 279\text{kJ/kg}$$

연소기: $T_{t3} = 1100\text{K}$, $p_{t3} = p_{t2} \cdot \eta_R = 1215.6 \times 0.98 = 1191.3\text{kPa}$

$$q_H = c_{pg}(T_{t3} - T_{t2}) = 1.147(1100 - 431.8) = 766.4\text{kJ/kg}$$

가스발생기 터빈: 전효율을 고려함.

$$w_C = w_{GT} = c_{pg}(T_{t3} - T_{t4}),\ \ T_{t4} = T_{t3} - w_C/c_{pg} = 1100 - 279/1.147 = 856.8\text{K}$$

$$T_{t4s} = T_{t3} - (T_{t3} - T_{t4})/\eta_{GT} = 1100 - (1100 - 856.8)/0.88 = 823.6\text{K}$$

$$p_{t4} = p_{t3}(T_{t4s}/T_{t3})^{\gamma_g/(\gamma_g - 1)} = 1191.3(823.6/1100)^{1.33/(1.33-1)} = 371.1\text{kPa}$$

동력터빈: 정효율을 고려함, $p_5 = p_0 = 101.3\text{kPa}$

$$T_{5s} = T_{t4} \cdot (p_5/p_{t4})^{(\gamma_g - 1)/\gamma_g} = 856.8 \times (101.3/371.1)^{0.33/1.33} = 620.8\text{K}$$

$$T_{t5} = T_{t4} - \eta_{PT}(T_{t4} - T_{5s}) = 856.8 - 0.88 \times (856.8 - 620.8) = 649.1\text{K}$$

$$T_5 = T_{t5} - u_5^2/(2c_{pg}) = 649.1 - 50^2/(2 \times 1147) = 648.0\text{K}$$

$$w_{PT} = c_{pg}(T_{t4} - T_{t5}) = 1.147(856.8 - 649.1) = 238.2\text{kJ/kg}$$

성능변수:

$$\dot{w}_{net} = \dot{w}_{PT} = 238.2\,\text{kW}$$

$$\dot{q}_H = 766.4\text{kW}$$

$$\eta_{th} = 238.2/766.4 = 0.31$$

본 예제의 결과(이상적 내부 냉각기)와 내부 냉각기가 없는 기본 가스터빈 사이클 결과 및 내부 냉각기에서 압축공기의 온도강하가 각각 20K, 60K, 100K일 때의 결과를 아래 표에 비교하였다. 기본 가스터빈은 그림 4.20에서 내부냉각기만 없다고 계산한 결과이므로($T_{t1b} = T_{t1a}$), 예제 4.2의 결과와 다소 차이가 있다.

| | 기본 가스터빈 | 내부 냉각 가스터빈 | | | |
|---|---|---|---|---|---|
| | | 20K 냉각 | 60K 냉각 | 100K 냉각 | 138.7K 냉각 (이상적일 때) |
| $\dot{w}_C$(kW) | 344.9 | 335.4 | 316.3 | 297.3 | 279.0 |
| $\dot{w}_{net}$(kW) | 171.9 | 181.6 | 200.8 | 219.9 | 238.2 |
| $\dot{q}_H$(kW) | 532.0 | 565.9 | 633.5 | 701.1 | 766.4 |
| $\eta_{th}$ | 0.323 | 0.319 | 0.317 | 0.314 | 0.310 |

내부 냉각기에서의 냉각효과가 커질수록 압축기 소요동력은 감소하고 출력은 증가하나 열공급율도 증가하므로 열효율은 오히려 감소한다는 사실을 알 수 있다.

## 4. 재열 가스터빈

이론적으로 내부냉각 가스터빈 사이클이 압축기 일을 줄여 성능향상을 도모한 것이라면, **재열 가스터빈**은 압축기 구동터빈을 나온 공기를 다시 가열하여 동력터빈에서 팽창력을 높여 출력향상을 도모하는 엔진이다. 가스발생기 터빈은 똑같이 작동된다. 재열 가스터빈의 구성도와 그 사이클의 T-s 선도를 그림 4.21에 나타내었다.

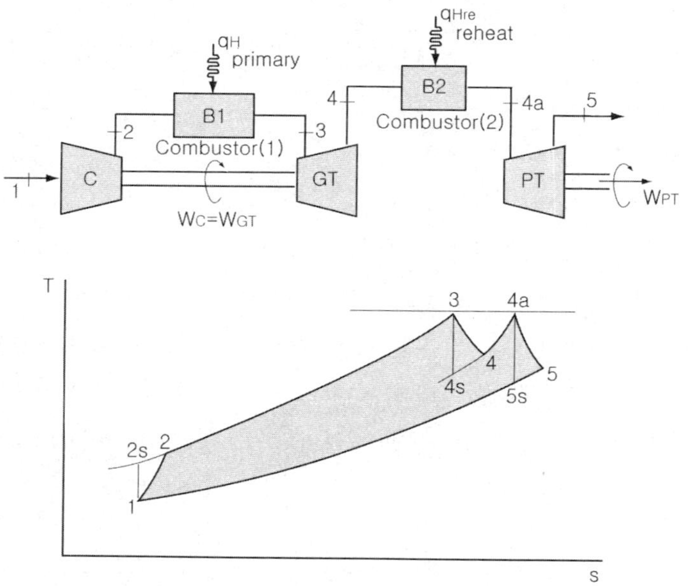


[그림 4.21] 재열 가스터빈 구성도와 사이클 T-s 선도

내부냉각 가스터빈과 마찬가지로 재열 가스터빈의 최적 재열 압력은 터빈 입·출구 압력의 기하평균으로 나타낼 수 있다.

$$p_{ti} = \sqrt{p_{t3}\, p_{t5}} \tag{4.28}$$

한편 재열기에서는 최대 설계온도(가스발생기 터빈입구 온도)까지 재 가열되는 것으로 가정하여 설계하는 것이 일반적이다.

실제의 재열 가스터빈에서 출력은 증가하지만 재열에 필요한 열을 추가로 공급해야 하기 때문에 열효율은 동일한 조건의 기본 가스터빈의 경우보다 줄어든다. 결국 재열 가스터빈도 내부 냉각 가스터빈과 같이 출력 향상이 목적이다.

[예제 4.7] 공기만 작동유체로 생각하는 재열 가스터빈이 다음 조건으로 운전된다.

주변 공기: $p_0 = 101.3\text{kPa}$, $T_0 = 293\text{K}$

압축기: 총 전압력비 12, 효율 0.9

연소기: 회복계수 0.98, 최대 전온도 1100K, 재열 연소기: 회복계수 1

터빈: 가스발생기 터빈 전효율 0.88, 동력터빈 정효율 0.88, 출구 속도 50m/s

재열 압력, 압축기 소요동력, 출력, 열공급율, 열효율을 각각 구하고 재열을 하지 않는 기본 사이클과 비교하라. 공기 질량유량은 1kg/s이며, 재열 연소기에서 다시 최대 온도까지 가열된다.

**풀이** (핵심) 단위 질량당 기준, 그림 4.21 T-s 선도 참조

연소기까지의 계산은 예제 4.2와 같으므로

$T_{t1} = 293\text{K}$, $p_{t2} = 1215.6\text{kPa}$, $T_{t2} = 629.6\text{K}$, $T_{t3} = 1100\text{K}$, $p_{t3} = 1191.3\text{kPa}$

$$w_C = c_{pa}(T_{t2} - T_{t1}) = 1.005(629.6 - 293) = 338.3\text{kJ/kg}$$

$$q_{H1} = c_{pg}(T_{t3} - T_{t2}) = 1.147(1100 - 629.6) = 539.5\text{kJ/kg}$$

가스발생기 터빈: 전효율을 고려함.

$$w_C = w_{GT} = c_{pg}(T_{t3} - T_{t4}),\quad T_{t4} = T_{t3} - w_C/c_{pg} = 1100 - 338.3/1.147 = 805.1\text{K}$$

$$T_{t4s} = T_{t3} - (T_{t3} - T_{t4})/\eta_{GT} = 1100 - (1100 - 805.1)/0.88 = 764.9\text{K}$$

따라서 재열 압력은

$$p_{t4} = p_{t3}(T_{t4s}/T_{t3})^{\gamma_g/(\gamma_g - 1)} = 1191.3(764.9/1100)^{1.33/(1.33-1)} = 275.5\text{kPa}$$

재열기: $T_{t4a} = 1100\text{K}$, $p_{t4a} = 275.5\text{kPa}$

$$q_{H2} = c_{pg}(T_{t4a} - T_{t4}) = 1.147(1100 - 805.1) = 338.3\text{kJ/kg}$$

동력터빈: $T_5 = 293\text{K}$, $p_5 = 101.3\text{kPa}$, 정효율을 고려함.

$$T_{5s} = T_{t4a} \cdot (p_5/p_{t4a})^{(\gamma_g - 1)/\gamma_g} = 1100 \times (101.3/275.5)^{0.33/1.33} = 858.2\text{K}$$

$$T_{t5} = T_{t4a} - \eta_{PT}(T_{t4a} - T_{5s}) = 1100 - 0.88 \times (1100 - 858.2) = 887.2\text{K}$$

$$T_5 = T_{t5} - u_5^2/(2c_{pg}) = 887.2 - 50^2/(2 \times 1147) = 886.1\text{K}$$

$$w_{PT} = c_{pg}(T_{t4a} - T_{t5}) = 1.147(1100 - 887.2) = 244.1\text{kJ/kg}$$

성능변수:

$$\dot{w}_{net} = \dot{w}_{PT} = 244.1\text{kW}$$

$$\dot{q}_H = \dot{q}_{H1} + \dot{q}_{H2} = 539.5 + 338.3 = 877.8\text{kW}$$

$$\eta_{th} = 244.1/877.8 = 0.278$$

위의 결과를 기본 가스터빈과 비교하면 아래 표와 같다.

| | $\dot{w}_C$ (kW) | $\dot{w}_{net}$(kW) | $\dot{q}_H$ (kW) | $\eta_{th}$(%) |
|---|---|---|---|---|
| 기본, 예제 4.2 | 338.3 | 169.6 | 539.5 | 0.314 |
| 내부냉각, 예제 4.6 | 279 | 238.2 | 766.4 | 0.310 |
| 재열 | 338.3 | 244.1 | 877.8 | 0.278 |

재열 가스터빈의 경우 출력은 증가하지만 재열 때문에 열공급율이 크게 증가하여 열효율은 감소하게 된다. 재열 가스터빈도 동력터빈에서의 출력 향상을 도모하는 엔진이지 열효율 상승을 도모하는 것은 아니라는 것을 역시 알 수 있다.

*** 최적 재열 압력 $p_{t4} = p_{t4a} \approx \sqrt{p_{t3}\,p_5} = 350.9\text{kPa}$, 최적 재열 압력과 예제에서 압축기 일=가스발생기 터빈 일의 관계로부터 구한 재열 압력이 다르다. 실제로 최적 압력으로 설계된 가스터빈도 작동조건에 따라 최적 압력으로 운전되지 못하는 경우가 흔하다. 물론 이 문제에서 최적 압력으로 계산하기 위해서는 문제의 조건 중 하나를 무시해야 한다. 예를 들어 가스발생기 터빈의 효율을 모른다면 가능하다. 결국 최적 재열 압력과 같은 조건은 설계 조건이므로 에너지보존과 같은 법칙을 초월해서 적용할 수는 없다는 점 명심하자.

## 5. 내부냉각-재열-재생 가스터빈

내부 냉각 가스터빈과 재열 가스터빈은 열효율의 향상을 도모할 수 없기 때문에 출력 증대와 동시에 열효율을 증진시키려면 재생기를 사용해야 한다. 따라서 이를 위해서 고안된 것이 **내부 냉각-재생 가스터빈**과 **재열-재생 가스터빈**이다. 물론 세 가지 장치를 모두 설치하면 이론적으로 더 바람직할 것으로 예상할 수 있는데, 이를 **내부 냉각-재열-재생 가스터빈**이라 하며, 간단히 IRR 가스터빈(intercooling reheat regenerative gas turbine)이라 하기도 한다. IRR 가스터빈은 구조가 너무 복잡하므로 실제 사용되는 경우는 매우 드물다. 표 4.2에서 Ford사의 705 엔진이 IRR이다. 일반적인 IRR 가스터빈의 구성도와 T-s 선도를 그림 4.22에 나타내었다.

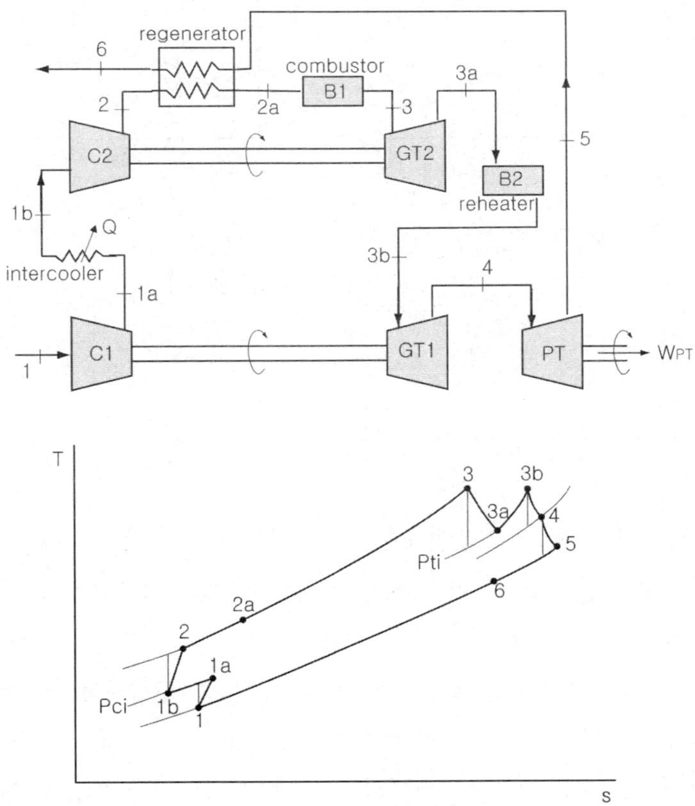


[그림 4.22] IRR 가스터빈 구성도와 사이클 T-s 선도

IRR 가스터빈과 기본 가스터빈과의 기본적인 성능비교를 그림 4.23에 개략적으로 나타내었다. 그림을 보면 이론적으로 IRR 가스터빈은 압력비가 증가할수록 출력이 계속해서 커지며, 기본 가스터빈은 최대 값을 나타낸 후 약간 감소하는 경향을 보여주고 있다. 한편 열효율은 압력비가 증가하면 IRR 가스터빈에서는 증가-감소의 경향을 보이나 그 감소율이 아주 미미하며, 기본 사이클에서는 계속해서 증가한다는 사실을 알 수 있다.

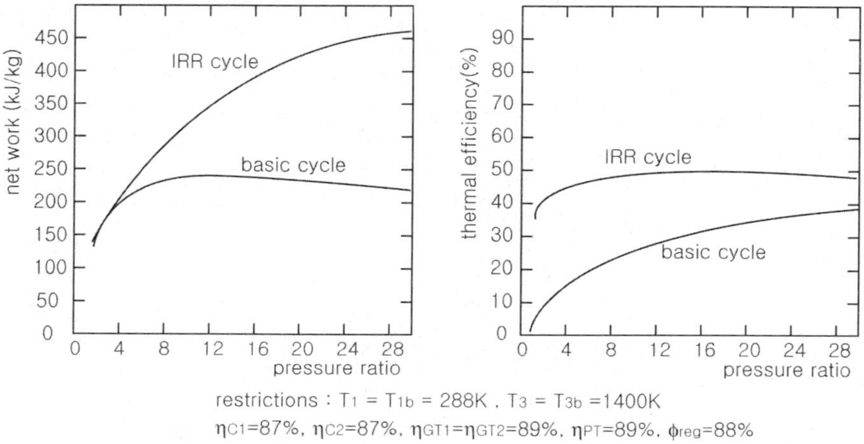


[그림 4.23] 압력비에 따른 IRR 가스터빈과 기본 가스터빈의 성능 비교

## 4.4 가스터빈 발전 시스템

가스터빈은 기동이 빠르고 경량이면서 고출력이며, 냉각수가 필요 없고 윤활유의 소요량이 극히 작기 때문에 그 동안 해상 발전용, 원격지발전용 또는 비상 발전용으로 꾸준히 사용되어 왔다.

요즈음에 와서는 단기(single engine)로 최대 10만kW까지는 제작이 가능하므로 5~6기를 조합하여 설치하면 20~30만 kW급의 독립된 발전소를 충분히 만들 수 있어서 지역 전력공급용 발전 시스템으로의 사용이 가능하다. 그리고 발전과 동시에 배기가스 열을 이용하여 온수를 만들어 지역난방을 하거나 공정용 수증기를 생산하는 **열병합**(cogeneration) 발전용으로도 사용되고 있다. 또한 발전과 동시에 배기가스 열을 이용하여 수증기를 만들고 이 수증기로 증기터빈을 돌려 이중으로 발전하는 시스템으로의 사용도 급증하고 있다. 이중 발전 시스템이란 두 가지 이상의 사이클을 조합하여 동력을 얻는 것으로 **복합 사이클**(combined cycle) 발전 시스템이라 하며, 발전용으로는 가스터빈과 증기터빈을 조합한 복합 사이클이 유일하게 사용되고 있다. 평택, 일산, 분당, 서인천, 신인천, 보령, 한림, 안양, 부곡 등지에 있는 가스터빈 발전소는 모두 복합 사이클 발전소이다. 그림 4.24는 우리나라의 보령을 포함한 복합 사이클 발전소 전경들을 보여주고 있다. 보령 발전소는 미국의 GE와 한전의 협약에 의해 세워졌으며, 8대의 GT24 가스터빈(ABB가 공급)과 4대의 증기터빈을 갖추고 2000년부터 완전 가동되고 있다.

복합 사이클 발전은 다음과 같은 이점을 갖고 있다.

- 전력생산 설비의 규모가 작아진다.
- 열률이 작아 열효율이 크다.
- 발전량의 일부를 가스터빈에 담당하기 때문에 증기터빈의 크기가 줄어들어 사용하는 냉각수량을 줄일 수 있다.
- 전력생산설비를 단계적으로 건설할 수 있다. 즉 가스터빈을 설치하여 전기를 생산하면서 추후 증기터빈을 설치하는 것이 가능하다.
- 복합 사이클이라도 가스터빈만 운전시킬 수 있어 부하변동에 대처하기 용이하다.

근래에 사용되고 있는 중간 규모 이상의 복합 사이클 발전소의 열효율은 50%를 상회하고 있다. 그림 4.25는 복합 사이클 발전소의 구성을 개략적으로 보여주고 있다. HRSG(heat recovery steam generator)는 열 회수 보일러의 약자이다. 그림에서 디퓨저는 배기닥트라 하기도 하는데, 배기가스를 충분히 감속시켜 HRSG에서의 열교환이 원활히 일어나도록 하는 목적을 갖고 있으며, 완만하게 확대되는 구조로 되어 있다.

2,000MW, Poryong, Korea
(8 GT24 gas turbines & 4 steam turbines)

2,027MW, Wang Noi, Thailand

2,500MW, Black Point, Hong Kong

2,200MW, El Dorado, AZ, USA

750MW,Bethlehem, NY, USA

2,800MW, Chiba, Japan

[그림 4.24] 복합 사이클 발전소 전경

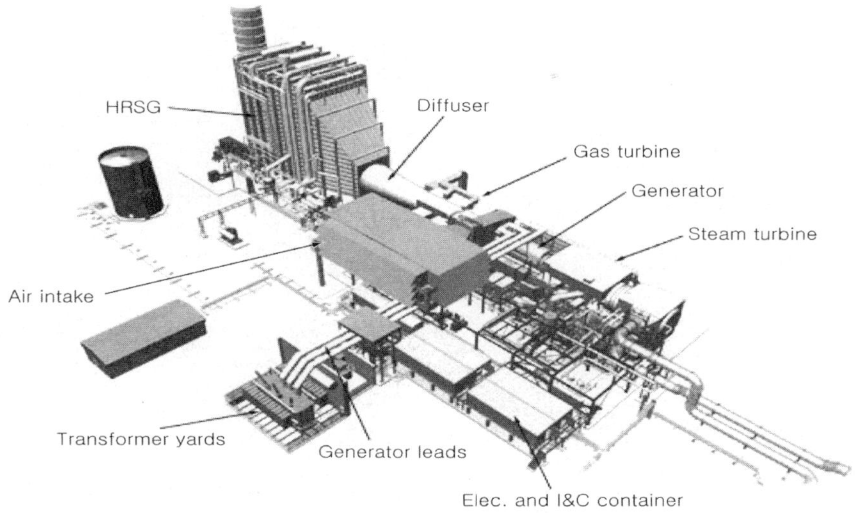


[그림 4.25] 복합 사이클 발전소의 구성

복합 사이클 발전 방식은 세 가지로 세분할 수 있는데 그것을 그림 4.26에서 보여주고 있다. 방식 (a)는 가장 전형적인 것으로 추가 연소 없이 배기가스 열만으로 증기를 만든다. 방식 (b)는 고온의 증기를 만들어 증기터빈의 출력을 증가시키기 위해서 동력터빈 출구 부분에 연소장치를 추가로 장착한 것으로 이 때 HRSG로 들어가는 연소가스의 온도는 700~1100K 정도가 된다. 방식 (c)는 연소기를 나온 연소가스가 가스발생기 터빈으로 들어가기 전에 증기를 먼저 만드는 방식인데, 고온고압의 과열증기는 만들 수는 있으나, HRSG에서 누출의 위험이 있고 동력터빈으로 들어가는 연소가스의 온도가 낮아지기 때문에 거의 사용되지 않고 있다. 그리고 어떤 형태의 복합 사이클 발전이라도 결국 배기가스 열을 이용하여 수증기를 만들고 증기터빈을 돌려 추가로 전력을 얻어내는 것이므로 1대 당 증기터빈의 발전량은 가스터빈의 발전량 보다 일반적으로 작다.

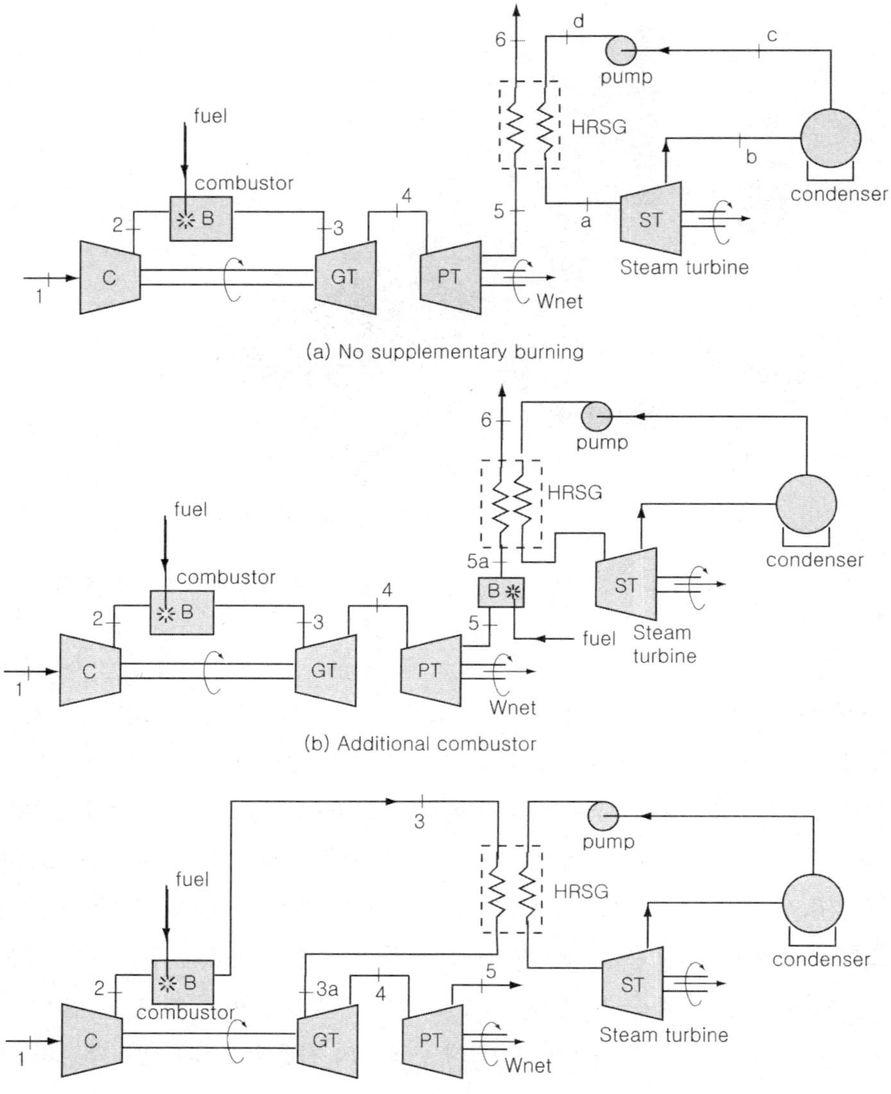


(a) No supplementary burning

(b) Additional combustor

(c) HRSG between GT and PT

[그림 4.26] 세 가지 형태의 복합 사이클 발전

복합 사이클 시스템을 설계할 때 가장 중요한 점은 HRSG에서 배기가스의 열을 최적으로 이용하도록 하는 것이다. 결국 배기가스의 온도와 증기온도 사이의 관계가 중요하다. 그림 4.27은 하나의 증기터빈이 사용되는 경우, 방식 (a)를 기준으로 했을 때, HRSG에서의 온도변화를 나타낸 것이다. 배기가스는 열을 방출하면서 5점에서 6점으로 온도가 떨어지고 물은 방출된 열을 흡수하여 과냉액-포화증기-과열증기로 단계적으로 상태가 변한다. 포화상태의 증기 온도와 배기가스 온도와의 차이가 가장 작은 지점을 **핀치 포인트**(pinch point)라 한다. 전형적인 핀치 포인트의 온도차는 15~30°C 정도이다. 핀치 포인트에서의 온도차가 작아질수록 배기가스로부터 물로 전달되는 열량이 많아지나 HRSG의 크기가 커져야 한다. 따라서 핀치 포인트와 HRSG의 크기 사이의 최적 값을 찾아야 한다.

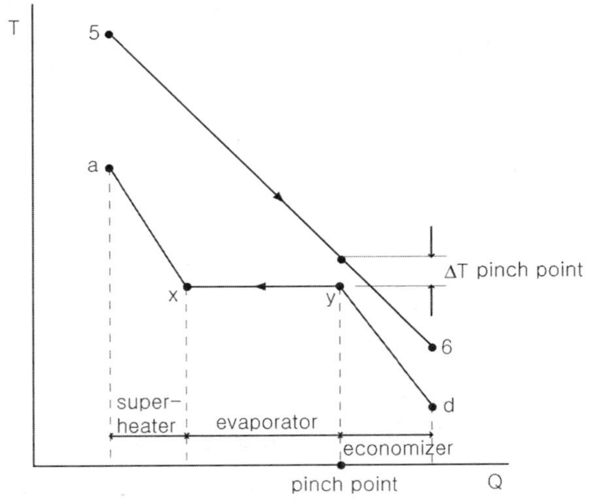


[그림 4.27] 열 회수 보일러에서의 전형적인 온도 상관관계

[예제 4.8] 그림 4.26(a)와 같은 복합 발전 시스템을 고려하자. 관련 데이터는 다음과 같으며, HRSG에서의 배기가스 비열은 $c_{pa}$를 사용한다.

가스터빈: 주변 공기 $T_{t1} = 288\text{K}$, $p_{t1} = 100\text{kPa}$

$p_{t1} = p_{t5} = p_{t6}$, $\eta_C = 0.87$, $p_{t2} = p_{t3} = 1200\text{kPa}$, $T_{t3} = 1400\text{K}$

$\eta_{GT} = 0.89$(전효율), $\eta_{PT} = 0.89$(전효율, 출구 운동에너지 무시), $T_{t6} = 450K$

증기터빈: $T_a = 500°\text{C}$, $\eta_{ST} = 0.9$, $p_a = p_d = 6\,\text{MPa}$

$\eta_P = 0.85$, $p_b = 6\text{kPa}$, $p_c = 6\text{kPa}$(포화액)

공기의 질량유량이 1kg/s일 때 다음을 구하라.

(1) 증기 플랜트가 없을 때 가스터빈의 열효율과 열률

(2) 복합 사이클의 열률

(3) 복합 사이클의 열효율

(4) 총 출력에 대한 가스터빈 출력의 비

(5) 핀치 포인트 온도차

(6) 증기터빈 출구의 건도

**풀이** (핵심) 공기 단위 질량 당 기준

(1) 가스터빈의 성능

압축기: $T_{t1}=288\text{K},\ p_{t1}=100\text{kPa},\ p_{t2}=1215.6\text{kPa}$

$T_{t2s}=T_{t1}(p_{t2}/p_{t1})^{(\gamma_a-1)/\gamma_a}=288\times 12^{(1.4-1)/1.4}=585.8\text{K}$

$T_{t2}=T_{t1}+(T_{t2s}-T_{t1})/\eta_C=288+(585.8-288)/0.87=630.3\text{K}$

$w_C=c_{pa}(T_{t2}-T_{t1})=1.005(630.3-288)=344\text{kJ/kg}$

연소기: $T_{t3}=1400\text{K},\ p_{t3}=p_{t2}=1200\text{kPa}$

$q_H=c_{pg}(T_{t3}-T_{t2})=1.148(1400-630.3)=883.6\text{kJ/kg}$

가스발생기 터빈:

$w_C=w_{GT}=c_{pg}(T_{t3}-T_{t4}),\ \ T_{t4}=T_{t3}-w_C/c_{pg}=1400-344/1.147=1100.1\text{K}$

$T_{t4s}=T_{t3}-(T_{t3}-T_{t4})/\eta_{GT}=1400-(1400-1100.1)/0.89=1063\text{K}$

$p_{t4}=p_{t3}(T_{t4s}/T_{t3})^{\gamma_g/(\gamma_g-1)}=1200(1063/1400)^{1.33/(1.33-1)}=395.6\text{kPa}$

동력터빈: 전효율을 고려함, $p_{t5}=100\text{kPa}$

$T_{t5s}=T_{t4}\cdot(p_{t5}/p_{t4})^{(\gamma_g-1)/\gamma_g}=1100.1\times(100/395.6)^{0.33/1.33}=782.1\text{K}$

$T_{t5}=T_{t4}-\eta_{PT}(T_{t4}-T_{t5s})=1100.1-0.89\times(1100.1-782.1)=817.1\text{K}$

$w_{PT}=c_{pg}(T_{t4}-T_{t5})=1.147(1100.1-817.1)=324.6\text{kJ/kg}$

성능변수: $\dot{w}_{net}=\dot{w}_{PT}=324.6\text{kW},\ \dot{q}_H=883.6\text{kW}$

열효율 $\eta_{th}=324.6/883.6=0.367$

열률 $HR=3600/\eta_{th}=3600/0.367=9809.3\text{kJ/kWh}$

(2) 증기 관련 성질은 각자의 열역학 교재를 참조한다.

응축기 출구는 6kPa의 포화액이므로 포화수증기 표로부터

$T_c=36.16°\text{C},\ h_c=151.53\text{kJ/kg},\ v_c=0.0010064\text{m3/kg}$

$w_P\cong v_c(p_d-p_c)/\eta_P=0.0010064(6000-6)/0.85=7.1\text{kJ/kg}$

$h_d=h_c+w_P=158.63\text{kJ/kg}$

HRSG 출구는 $p_a=6\text{MPa},\ T_a=500°\text{C}$로 과열증기 상태임.

과열증기 표로부터 $h_a=3422.2\text{kJ/kg},\ s_a=6.8803\text{kJ/kg}\cdot\text{K}$

HRSG에서의 에너지보존 식 $\dot{m}_a c_{pa}(T_{t5}-T_{t6})=\dot{m}_w(h_a-h_d)$

$$\dot{m}_w = \frac{1.005(817.1 - 450)}{3422.2 - 158.63} = 0.113\text{kg/s}$$

$p_b = 6\text{kPa}(s_f = 0.5168,\ s_g = 8.3375),\ s_{bs} = s_a = 6.8803\text{kJ/kg}\cdot\text{K}$

$$x_{bs} = \frac{s_{bs} - s_f}{s_g - s_f} = \frac{6.8803 - 0.5168}{8.3375 - 0.5168} = 0.814,\ h_{bs} = 2118\text{kJ/kg}$$

$w_T = \eta_{ST}(h_a - h_{bs}) = 0.9(3422.2 - 2118) = 1173.8\text{kJ/kg}$

$\dot{W}_T = 0.113 \times 1173.8 = 132.6\text{kW}$

증기사이클의 순출력, $\dot{W}_{ST} = \dot{W}_T - \dot{W}_P = 132.6 - 0.113 \times 7.1 = 131.8$ kW

총 출력, $\dot{W}_{total} = \dot{W}_{ST} + \dot{W}_{PT} = 131.8 + 324.6 = 456.4\text{kW}$

복합 사이클 열률,

$$HR = 3600\dot{q}_H / \dot{W}_{total} = 3600 \times 883.6 / 456.4 = 6969.7\text{kJ/kWh}$$

(3) 복합 사이클 열효율, $\eta_{total} = \dot{W}_{total} / \dot{q}_H = 456.4 / 883.6 = 0.516$

(4) $\dot{W}_{PT} / \dot{W}_{total} = 324.6 / 456.4 = 0.71$

(5) 그림 4.27로부터 $\dot{m}_a c_{pa}(T_{t5} - T_{pp}) = \dot{m}_w(h_a - h_y)$

6MPa에서의 포화온도와 포화액 엔탈피, 275.64oC, 1213.4kJ/kg

$$T_{pp} = T_{t5} - \dot{m}_w(h_a - h_y)/(\dot{m}_a c_{pa})$$
$$= 817.1 - 0.113(3422.2 - 1213.4)/(1 \times 1.005) = 568.7\text{K}$$

핀치 포인트 온도차, $\Delta T_{pp} = 568.7 - (275.64 + 273.15) = 19.9\text{K}(^\circ\text{C})$

(6) $h_b = h_a - w_T = 3422.2 - 1173.8 = 2248.4$

6kPa에서 $h_f = 150.2\text{kJ/kg}$ , $h_g = 2566.8\text{kJ/kg}$

$$x_b = \frac{h_b - h_f}{h_g - h_f} = \frac{2248.4 - 150.2}{2566.4 - 150.2} = 0.868$$

위의 예에서 보듯이 복합 사이클은 폐기되는 열을 이용하여 추가 동력을 얻게 되므로 열률이 9809.3에서 6969.7kJ/kWh로 감소하고 열효율은 36.7%에서 51.6%로 크게 증가함을 알 수 있다.

증기터빈의 출력은 생산된 증기량에 비례한다. 따라서 증기터빈 1대 당 출력을 증대시키는 방안은 두 가지가 있을 수 있다. 우선 추가 연소를 해서 HRSG 입구의 배기가스 온도를 높여서 증기 발생량을 증가시키는 방법과 추가 연소 없이 가스터빈 두 대의 배기가스 열을 이용하여 증기 발생량을 증가시키는 방법이 그것이다.

위의 예를 기준으로 할 때 추가연소를 통하여 배기가스의 온도를 1000K까지 높일 수 있다면, 증기량은 0.169kg/s로 늘어나고 증기 사이클의 순출력은 197.1kW까지 증가하게 된다. 그러나 열공급율도 늘어나므로 복합 사이클의 열효율은 44.7%로 줄어들고 열률은 8053.7kJ/kWh로 늘어나게 되어 큰 이점은 없는 것으로 보인다. 그러나 추가 연소를 하는 복합 사이클은 매우 중요한 장점 하나를 가지고 있다. 다름 아니라 HRSG로 들어가는 연소가스의 온도를 조절할 수 있다는 것이다. HRSG 입구 배기가스의 온도를 조절하면 증기 사이클 플랜트의 성능을 어느 정도 조절할 수 있으며, 발전소 운용의 폭을 넓혀준다. 일반 복합 사이클인 경우 HRSG로 들어가는 배기가스 온도는 가스터빈 압축기로 들어가는 공기온도에 전적으로 의존하기 때문에 조절의 폭이 거의 없거나 매우 작다고 할 수 있다.

다음으로 추가 연소 없이 가스터빈 두 대의 배기가스 열을 사용하여 증기를 생산한다면 증기 발생량이 똑같이 두 배가 되고 따라서 증기 사이클의 순출력은 예제 4.8을 기준으로 할 때 263.6kW로 늘어나게 된다. 물론 복합 사이클의 열효율이나 열률은 변하지 않는다. 사실 이론적으로 볼 때 두 대의 가스터빈 당 한대의 증기터빈을 조합시키는 방법은 이점이 없어 보인다. 그러나 시스템이 커지면 구성 장치의 효율이 좋아지는 것이 일반적이다. 따라서 전체적으로 보면 열효율이 커지고 열률은 줄어들게 된다. 앞의 그림 4.24에서 일본 Chiba의 복합 사이클 발전소는 가스터빈과 증기터빈이 1:1로 조합되어 있으나, 우리나라의 보령 발전소는 가스터빈 8대 당 증기터빈 4대이므로 2:1의 비율로 조합되어 있고, 대만 Hsinta의 복합 사이클 발전소는 무려 15대 당 5대로 조합비율이 3:1이다. 어떤 조합 비율로 할 것이냐는 출력, 열률, 크기, 경제성 등을 종합하여 결정되어야 할 것이다. 그림 4.28은 San Joaquin(미국 캘리포니아)에 있는 발전 플랜트 개략도, 복합 사이클 발전소 전경 및 사용되고 있는 Simens-Westinghouse사 모델 501FDs 가스터빈을 보여주고 있다. 이 발전소는 미국 캘리포니아 주의 HDPP(High Desert Power Project)의 일환으로 건설되었으며, 3대의 가스터빈과 1대의 증기터빈이 설치되어 있고 열병합도 겸할 수 있다. 그리고 그림에서 보듯이 입구에 증발냉각기(evaporative cooler)가 설치되어 있어서 압축기 입구의 공기온도를 조절하고 있다. 입구 공기온도가 설계점보다 커지면 질량유량이 감소하여 출력이 저하되고 열률이 커지기 때문에 입구공기 냉각시스템(inlet air cooling system)을 갖춘 가스터빈이 요즈음에 와서 많이 사용되고 있다. 한편 그림 4.29는 우리나라의 보령 복합 사이클 발전소에 설치된 독일 Alstom사의 GT24

가스터빈 모델 형상과 상세한 사양을 보여주고 있다.

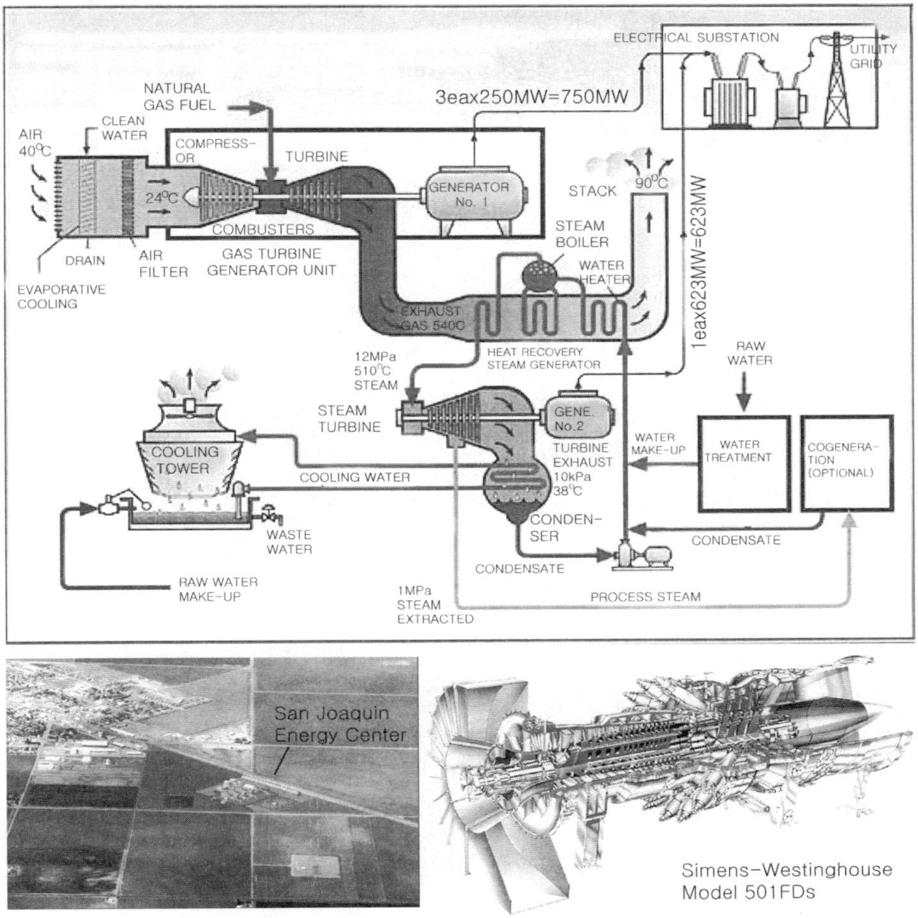


[그림 4.28] San Joaquin 복합 사이클 발전소(열병합 포함)

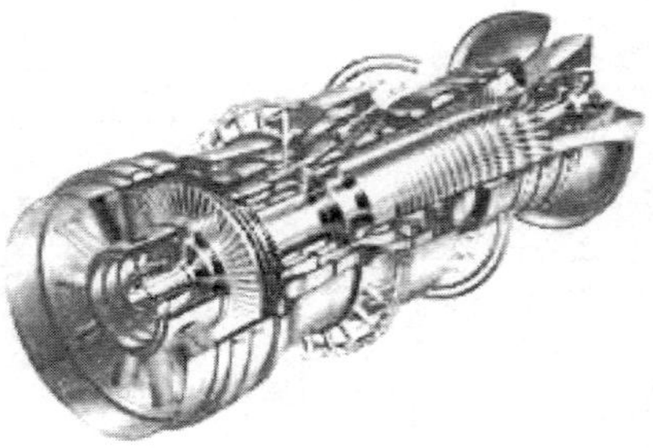

Fuel : natural gas
Frequency : 60Hz
Gross electric output : 188.2MW
Gross electrical efficiency : 36.9%
Gross heat rate : 9765kJ/kWh
Turbine speed : 3600rpm
Compressor pressure ratio : 32
Exhaust gas flow : 449kg/s
Exhaust gas temperature : 881K
$NO_x$ emmission(corr. to 15% $O_2$ dry) : < 25vppm

**[그림 4.29]** 가스터빈 GT24 형상 및 상세 사양

한편 가스터빈의 사양이 주어진 경우 증기 사이클의 작동조건과 핀치 포인트의 온도차가 복합 사이클의 전반적인 성능에 매우 큰 영향을 끼친다. 예를 들어 핀치 포인트 온도차를 고정하고 HRSG에서의 증기 압력을 낮추면 열률은 감소하고 HRSG를 나가는 배기가스의 온도를 낮출 수 있어 효율적으로 배기가스 열을 이용하게 되나, 증기의 질량유량이 증가해야 하므로 증기 플랜트의 규모가 커져야 하는 단점이 있다. 결국 성능에 영향을 끼치는 요인들은 서로 복합적으로 작용하므로 최적의 설계점을 찾는 것이 매우 중요하다는 사실을 알 수 있다. 표 4.3은 복합 발전 시스템에 사용되고 있는 가스터빈의 사양을 보여주고 있다.

[표 4.3] 복합 발전 시스템에 사용되는 가스터빈 사양

| 제작사 모델 | 연도 | 총출력 (kW) | 열률 (Btu/kWh) | 열 효율 | 가스터빈 출력(kW) | 증기터빈 출력(kW) | 가스터빈 (기수-모델) |
|---|---|---|---|---|---|---|---|
| ABB Power Generation | | | | | | | |
| GT 13E2 | 1993 | 164,300 | 9,558 | - | 164,300 | - | - |
| KA 13E2-4 | 1993 | 978,700 | 6,305 | 54.1 | 637,200 | 341,500 | 4-GT13E2 |
| GE Power Generation | | | | | | | |
| LM6000 | 1992 | 39,970 | 8,790 | - | 39,970 | - | - |
| S-260 | 1992 | 109,100 | 6,790 | 50.3 | 79,000 | 32,000 | 2-LM6000 |
| Siemens KWU | | | | | | | |
| V64.6 | 1990 | 60,500 | 9,705 | - | 60,500 | - | - |
| GUD 1.64.3 | 1990 | 88,200 | 6,640 | 51.5 | 59,000 | 31,000 | 1-V64.3 |
| V94.3 | 1993 | 219,000 | 9,450 | - | 219,000 | - | - |
| GUD 2.94.3 | 1994 | 649,000 | 6,320 | 54.0 | 426,000 | 236,000 | 2-V94.3 |
| Turbo Power | | | | | | | |
| FT8 | 1990 | 25,420 | 8,950 | - | 25,420 | - | - |
| FT8 | 1990 | 32,280 | 7,010 | 48.7 | 24,700 | 7,580 | 1-FT8 |
| Westinghouse | | | | | | | |
| 251B12 | 1982 | 49,100 | 10,450 | - | 49,100 | - | - |
| PACE70 | 1982 | 69,700 | 7,200 | 49.5 | 47,400 | 24,050 | 1-251B12 |
| 501F | 1989 | 161,300 | 9,450 | - | 161,300 | - | - |
| PACE220 | 1989 | 236,000 | 6,350 | 53.7 | 155,500 | 85,500 | 1-501F |

[예제 4.9] 그림 4.26(b)와 같은 복합 사이클을 고려하자. 추가 연소과정에 의해서 5a 점의 온도는 1040K이다. 총 출력, 복합 사이클 열효율과 열률, 핀치 포인트 온도차 등을 구하라. 다른 조건은 예제 4.8과 동일하다.

**풀이** (핵심) 공기 단위 질량 당 기준, 가스터빈 성능은 동일함.

가스터빈 성능:

$\dot{w}_{PT} = 324.6\text{kW}$, $\dot{q}_H = 883.6\text{kW}$, $\eta_{th} = 0.367$, $HR = 9809.3\text{kJ/kWh}$

HRSG:

$$T_{t5a} = 1040\text{K}$$

$$\dot{m}_w = \frac{\dot{m}_a c_{pa}(T_{t5a} - T_{t6})}{h_a - h_d} = \frac{1.005(1040 - 450)}{3422.2 - 158.63} = 0.182 \text{ kg/s}$$

증기터빈:

상태는 똑같고 증기의 질량유량만 변한 것임.

$$w_T = 1173.8\text{kJ/kg}$$

$$\dot{W}_T = 0.182 \times 1173.8 = 213.6\text{kW}$$

$$\dot{W}_{ST} = \dot{W}_T - \dot{W}_P = 213.6 - 0.182 \times 7.1 = 212.3\text{kW}$$

총 출력, $\dot{W}_{total} = \dot{W}_{ST} + \dot{W}_{PT} = 324.6 + 212.3 = 536.9\text{kW}$

$$\dot{q}_H = 883.6 + \dot{m}_a c_{pa}(T_{t5a} - T_{t5}) = 883.6 + 1.005(1040 - 817.1) = 1107.6\text{kW}$$

복합 사이클 열률,

$$HR = 3600\dot{q}_H / \dot{W}_{total} = 3600 \times 1107.6 / 536.9 = 7426.6\text{kJ/kWh}$$

복합 사이클 효율, $\eta_{total} = 536.9/1107.6 = 0.485$

가스터빈 출력 비율, 324.6/536.9 = 0.6

핀치 포인트:

$$\dot{m}_a c_{pa}(T_{t5a} - T_{pp}) = \dot{m}_w(h_a - h_y)$$

$$T_{pp} = 1040 - 0.182(3422.2 - 1213.4)/1.005 = 640.0\text{K}$$

핀치 포인트 온도차, $\Delta T_{pp} = 640 - (275.64 + 273.15) = 91.2\text{K}(^\circ\text{C})$

예제 4.8과 4.9의 결과를 비교해보면 다음과 같은 사실을 알 수 있다.

- 추가 연소의 경우 증기 플랜트의 출력이 증가한다.
- 배기가스의 최종 출구온도가 같을 때 추가 연소의 경우 핀치 포인트에서의 온도차가 커진다.
- 추가 연소의 경우 열률은 커진다.
- 추가 연소의 핀치 온도차를 줄인다면 배기가스 최종 출구온도가 낮아지며, 증기 플랜트의 출력을 더욱 증대시킬 수 있다.

보통의 증기터빈 시스템과 복합 사이클 발전 시스템은 근본적인 차이점을 가지고 있다. 증기터빈 시스템은 보일러에 공급되는 물의 온도가 높아질수록 열효율이 증가하나, 복합 사이클 시스템일 경우는 오히려 공급수의 온도를 낮출수록 전 열효율이 증가하게 된다. 또한 복합 사이클 발전 시스템일 경우는 증기압력이 높아진다고 해서 반드시 열효율이 증가하는(또는 열률이 감소하는) 것은 아니라는 사실이다. 증기압력이 높아지면 증기 사이클의 열효율은 상승하지만 HRSG에서 배기가스로부터의 열전달율이 감소하기 때문이다.

일반적으로 소형인 증기터빈은 1단(one stage)으로 팽창하지만, 용량이 커지면 2단(고압 측 터빈, 저압 측 터빈) 또는 3단에 걸쳐서 팽창을 하게 된다. 복합 사이클 발전 플랜트에서 다단인 증기터빈을 사용한다면 HRSG에서의 열 공급과 추기 방식 등이 복잡해진다.

## 4.5 밀폐형 가스터빈

일반 가스터빈은 연소가스가 작동유체이다. 그러나 **밀폐형 가스터빈**(closed gas turbine cycle)은 연소가스로부터 의해 열을 공급받기는 하지만 가스터빈 내를 순환하는 작동유체는 아니다. 다시 말해서 열을 공급하는 매질과 열을 흡수하여 동력을 발생시키는 사이클 시스템이 완전히 분리되어 있다는 것이다. 만일 작동유체로 공기를 사용한다면 공기만이 작동유체인 공기표준 사이클로 운전되는 것이다. 밀폐형 가스터빈은 다음과 같은 장점을 가지고 있다.

- 다양한 작동유체를 사용할 수 있다. 공기, 이산화탄소, 헬륨, 질소, 수소 등.
- 다양한 연료를 사용할 수 있다. 석탄, 오일, 천연가스, 태양열, 우라늄 등.
- 높은 압력의 운전이 가능하다. 압력이 높으면 순환하는 유체의 비체적이 작아져 열전달성능이 커지고 가스터빈의 크기를 작게 할 수 있다.
- 작동유체의 압력을 조절할 수 있기 때문에 부분 부하로 운전시키기가 용이하다.
- 작동유체가 연소가스에 의해 오염되지 않는다.
- 가스터빈의 열 방출과정을 유용하게 이용할 수 있다. 지역난방에 이용하거나 또는 이유체(binary) 사이클의 열원으로 사용할 수도 있다.

유럽(특히 독일과 스위스)에서는 예전부터 밀폐형 가스터빈의 장점에 대해서 큰 관심을 갖고 그 응용에 적지 않은 노력을 기울여오고 있으나, 전반적으로 볼 때 밀폐형 가스터빈 사이클이 크게 주목받고 있는 것은 아니다. 그러나 여러 가지 장점을 두루 갖고 있기 때문에 앞으로 이 사이클의 적용이 늘어날 것으로 예상된다.

## 4.6 터보축 가스터빈의 응용

터보축 가스터빈엔진이 시험용 차량이나 발전용으로 사용되고 있음을 앞 절에서 살펴보았다. 이 절에서는 다른 응용 분야에 대해서 간단히 알아보도록 한다.

터보축 가스터빈은 엔진 무게 당 출력이 크고 기동이 빠르기 때문에 무엇보다도 헬리콥터 엔진으로 독점적으로 사용되고 있다. 그림 4.30은 헬리콥터 엔진으로 사용되고 있는 가스터빈 모델과 축마력(shaft horse power, shp) 및 적용 예를 각각 보여주고 있다. 모두 분리축 엔진이며 동력전달축이 가스터빈 앞쪽으로 나와 있다. 엔진 A250은 Allison사의 제품으로 소형 헬리콥터에 주로 사용되고 있으며, 육군의 500MD, OH-58 및 민간용 헬리콥터인 Bell 206B에 적용되고 있다. Rolls Royce사의 GEM42는 출력이 1,120shp이며, 해군용 Super Lynx 헬리콥터에 적용되고 있다. 한편 GE사의 T700 모델은 1,800shp로 육군의 UH-60, AH-64 헬리콥터에 사용되고 있다. 그림 4.30에 나타나 있는 터보축 가스터빈 엔진은 모두 우리나라에서 조립 생산되고 있다.

터보축 엔진이 무게 당 출력이 크고, 시동이 짧다는 장점은 선박의 추진기관으로도 사용할 수 있다. 그러나 값이 싼 연료를 사용할 수 있는 증기터빈이나 디젤엔진에 비해서 운전비용이 많이 들어가기 때문에 상선 분야보다는 군용 함정용으로 그 응용이 확대되고 있다.

페리(ferry)와 같은 선박은 일정한 순항속도로 주로 항해하기 때문에 단시간 동안 급진할 필요가 있을 때에는 고출력엔진용으로 가스터빈을 사용하고, 순항할 때는 저출력엔진용으로 증기터빈이나 디젤엔진을 사용하는 혼용방식을 적용하기도 한다. 이와 같은 혼용방식은 하이드로포일(hydrofoil)에도 적용된다.

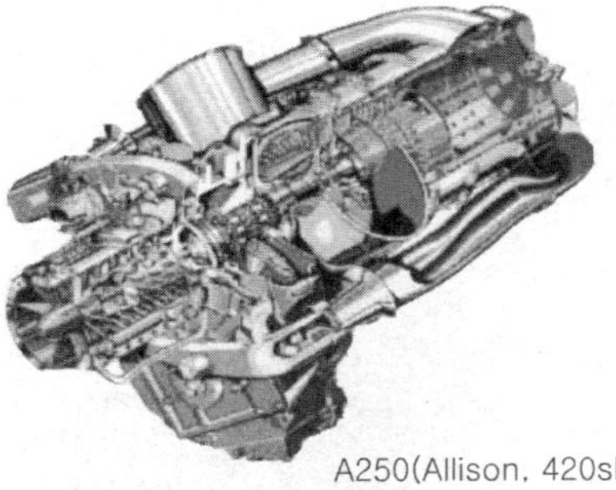

A250(Allison, 420shp)

500MD(Army)

GEM42(Rolls Royce, 1,120shp)

SUPER LYNX(Navy)

T700(GE, 1,800shp)

UH-60 Black Hawk(Army)

[그림 4.30] 헬리콥터에 사용되는 터보축 가스터빈엔진과 적용 예

그림 4.31은 함정 추진용으로 사용되고 있는 GE사의 LM2500 가스터빈엔진(26,820shp)을 보여주고 있으며, 그림 4.32는 공기부양선(hovercraft) SRN6와 사용되고 있는 Rolls Royce사의 GNOME/H1200 가스터빈엔진을 보여주고 있다. 공기부양선 터보축 엔진은 보통 한 쌍이나 두 쌍으로 설치된다.

[그림 4.31] 함정에 사용되는 터보축 가스터빈엔진

GNOME/H1200(Rolls Royce, 1,200bhp)
RPM : 27,000 compressor, 21,000 power turbine
Combustion chamber : 16 burners
GT : 2 stage axial PT : 1 stage axial
Layout : Twin spool turboshaft Oil : OX38

Hovercraft SRN6

[그림 4.32] 공기부양선에 사용되는 터보축 가스터빈엔진

분리축 가스터빈엔진의 토크 특성(저 rpm에서 토크 증가)과 경량은 자동차 분야로의 적용도 가능하나 연료소비율이 크다는 단점이 있다. 따라서 연료소비율을 개선하기 위해서 재생 사이클을 사용하는 가스터빈엔진은 아직까지도 자동차 쪽 응용분야에는 실용화되지 않았지만 탱크 동력용으로는 사용되고 있다. 그림 4.33은 미국과 한국육군의 주력 탱크인 M1A1 Abrams에 사용되고 있는 AGT1500 터보축 재생 가스터빈엔진을 보여주고 있다. Textron Lycoming사 제품으로 3000rpm에서 1500shp를 내며, 비연료소비율은 45lb/shp-hr이고 재생기로는 열 회수기 형태를 사용한다.

AGT 1500(Textron Lycoming, 1,500shp at 3000rpm)

M1A1 Abrams tanks

[그림 4.33] M1A1 탱크에 사용되는 터보축 재생 가스터빈엔진

터보축 가스터빈엔진의 마지막 응용분야는 오일이나 가스의 수송용 동력기관으로 사용하는 것이다. 장거리에 걸쳐있는 송유관이나 송가스관에서는 압력강하가 매우 크다. 따라서 중간 중간에 펌핑장을 설치하여 승압하여 수송하고 있다. 펌핑 동력원으로 가스터빈엔진을 사용하면 원격조정으로 운전할 수 있기 때문에 격리된 장소에서도 장기간 운전이 가능하다. 송유관의 승압은 4.5~ 7MPa 정도로 이루어지며, 송가스관에서는 3.5~7MPa 정도이다. 그림 4.34는 Cooper Rolls사의 Coberra 6000 가스터빈엔진으로 펌핑장의 수송 동력원으로 사용되고 있다. 출력은 38,500shp 정도이고, 그림에서 보듯이 동력 축에 펌프나 압축기가 설치된다.

이상과 같이 터보축 가스터빈엔진은 헬리콥터, 함정, 페리, 공기부양선 및 탱크의 추진기관으로 사용되고 있으며, 산업용으로는 발전용으로의 사용이 급증하고 있고 오일이나 천연가스의 수송 동력원으로도 많이 사용되고 있다. 앞으로 가스터빈엔진에 대한 기술이 더욱 발전한다면 조만간에 가스터빈 기관차, 버스, 트럭 및 자동차도 실용화될 수 있을 것이다.

[그림 4.34] 오일이나 가스의 수송용 동력기관으로 사용되는 터보축 가스터빈엔진

## 연습문제

**4.1** 공기표준 기본 터보축 가스터빈 사이클을 고려하자. 압축기 입구온도와 압력은 295K, 101.3kPa이고, 터빈 입구온도는 1350K이다. 공기의 비열은 일정하며, 운동에너지는 무시한다. 압력비가 10이라 할 때 단위 질량당 압축기 소요일, 터빈 일, 순일, 공급 열량 및 열효율을 각각 구하라. 압력비가 8일 때와 12일 때 성능변수를 다시 구하고 결과를 비교하라.

**4.2** 공기표준 기본 터보축 가스터빈 사이클을 고려하자. 압축기 입구압력은 101.3kPa이고, 터빈 입구온도는 1350K이다. 공기의 비열은 일정하며, 운동에너지는 무시한다. 압력비가 10일 때 공기 단위 질량당 압축기 소요일, 터빈일, 순일 및 열효율을 압축기 입구온도 285K와 305K에 대해서 구하고 문제 4.1의 295K의 결과와 비교하라.

**4.3** 실제 터보축 가스터빈 사이클을 고려하자. 압축기 입구 상태는 101.3kPa, 295K이고 압축기 효율은 88%이며 압력비는 10이다. 연소기에서의 압력손실은 무시하며, 터빈 입구온도는 1350K이고, 가스발생기 터빈과 동력터빈의 효율은 90%로 같다. 가스발생기 터빈출구의 전압력과 전온도, 출력과 열공급율 및 열효율을 각각 구하라.

**4.4** 쉘-튜브형 열 회수기를 사용하는 재생 가스터빈이 있다. 압축기 입구온도는 295K이고 압축기의 효율은 88%이다. 터빈 입구온도는 1350K이고 각 터빈의 전효율은 90%로 동일하며, 동력터빈 출구의 운동에너지는 무시한다. 공기의 질량유량은 1kg/s이며, $p_{t1} = p_{t5} = p_{t5a} = 101.3\,\mathrm{kPa}$이고 $p_{t2} = p_{t2a} = p_{t3} = 1013$ kPa이다. 출력, 열공급율, 열효율을 각각 구하라. 열 회수기의 효율은 80%이다.

**4.5** 회전 격자망 재생기를 사용하는 재생 가스터빈이 있다. 재생기 효율은 90%이

며, 격자망 재생기로 들어가는 압축기 측 공기의 3%가 누설되어 배기가스와 함께 배출된다. 이 때 누설된 공기로 어떤 에너지도 전달되지 않는다고 가정한다. 즉 누설된 2점의 공기는 온도변화 없이 5a점의 압력으로 변한다는 것이다. 다른 조건은 문제 4.4와 같다. 출력, 열공급율, 열효율을 구하라.

**4.6** 내부냉각 가스터빈이 다음 조건으로 운전되며, 운동에너지는 무시한다.

$T_{t1} = 295\text{K}$ $\eta_{C1} = 88\%$ $p_{t1} = p_{t5} = 101.3\text{kPa}$

$T_{t1a} = 295\text{K}$ $\eta_{C2} = 88\%$ $p_{t2} = p_{t3} = 1013\text{kPa}$

$T_{t3} = 295\text{K}$ $\eta_{GT} = 90\%$ $p_{t1a} = p_{t1b} = 320.3\text{kPa}$

$\eta_{PT} = 90\%$

최적 중간 압력, 압축기 소요일, 출력, 열효율을 구하고 내부 냉각기가 없는 기본 실제 사이클과 비교하라. 공기의 질량유량은 1kg/s이다.

**4.7** 재열 가스터빈이 다음 조건으로 운전되며, 운동에너지는 무시한다.

$T_{t1} = 295\text{K}$ $\eta_C = 88\%$ $p_{t1} = p_{t5} = 101.3\text{kPa}$

$T_{t3} = 1350\text{K}$ $\eta_{GT} = 90\%$ $p_{t2} = p_{t3} = 1013\text{kPa}$

$T_{t4a} = 1350\text{K}$ $\eta_{PT} = 90\%$

최적 재열 압력, 압축기 소요일, 출력, 열효율을 구하고 재열을 하지 않는 기본 실제 사이클과 비교하라. 압축기 입구 공기 질량유량은 1kg/s이다.

**4.8** 추가 연소가 없는 기본적인 복합 사이클 발전 시스템을 고려하자. 제시된 데이터는 다음과 같다.

가스터빈: $T_{t1} = 295\text{K}$, $\eta_C = 88\%$, $p_{t1} = p_{t5} = 101.3\text{kPa}$

$T_{t1a} = 295\text{K}$, $\eta_{GT} = 90\%$, $p_{t2} = p_{t3} = 1013\text{kPa}$

$T_{t6} = 400\text{K}$, $\eta_{PT} = 90\%$

증기터빈: $T_a = 450°\text{C}$, $\eta_{ST} = 90\%$, $p_a = p_d = 4\text{MPa}$

$\eta_P = 60\%$, $p_b = 10\text{kPa}$, $p_c = 6\text{kPa}$

펌프 입구상태는 포화액이며, 공기의 질량유량이 1kg/s이다. 다음을 구하라.

(1) 증기 시스템 없을 때 가스터빈의 열효율과 열률

(2) 복합 사이클의 열률

(3) 복합 사이클의 열효율
(4) 증기터빈 출구의 건도
(5) 총 출력에 대한 가스터빈 출력의 비
(6) 핀치 포인트 온도차

**4.9** 추가 연소가 있는 복합 발전 사이클을 고려하자. 추가 연소과정에 의해서 5a점의 온도는 1000K이다. 총출력, 복합 사이클 효율, 복합 사이클 열률, 핀치 포인트 온도차 등을 구하라. 다른 조건은 문제 4.8과 동일하다.

**4.10** 문제 4.1에서 4.9까지의 성능변수 결과(비출력, 열률, 열효율)를 표로 정리하고, 수평축을 비출력으로 수직축을 효율로 잡아 그림을 그리고 결과를 비교하라.

# 제5장

# 분사 추진용 가스터빈

역사적으로 볼 때 가스터빈이 최초로 적용된 분야는 항공기용 엔진 쪽이다. 가스터빈을 높은 고도에서 고속으로 비행하는 항공기용 엔진으로 사용하였을 경우는 압축기 입구의 공기 온도가 낮기 때문에 열효율이 향상한다는 점, 소형, 경량으로 고출력을 얻을 수 있다는 점, 그리고 분사 추진이 고속비행에 적합하다는 점 등의 유리한 점이 많아 가스터빈이 최초로 보급된 것이다. 따라서 **분사 추진용 가스터빈**은 항공기용으로 독점적으로 사용되고 있으며 공기 흡입구, 압축기, 연소기, 터빈 외에 노즐이 장착되어 있다. 결국 터빈의 축 동력 외에 터빈에서 나온 가스를 노즐에서 재팽창, 가속시켜 그 분사력을 주로 이용하게 된다. 따라서 분사 추진용 가스터빈에서 터빈은 압축기를 구동하는 데에 주로 사용되지만, 프로펠러가 달려있는 엔진인 경우는 그것을 구동하는 데에도 쓰인다. 분사 추진용 가스터빈에는 **터보제트**(turbo-jet), **터보팬**(turbo-fan) 및 **터보프롭**(turbo-prop) 등 세 가지가 있는데, 본 장에서 자세하게 알아보도록 하자. 추진용 가스터빈이라도 가스발생기 부분은 동력 발생용 가스터빈과 동일하기 때문에 4장에서 다뤘던 관계식 대부분을 그대로 적용할 수 있다. 한편 분사 추진용 가스터빈 엔진에서는 흡입구와 노즐의 역할이 매우 중요한데, 이에 대한 기본적인 내용도 4장 1절 '(3)구성장치의 효율' 편에서 일관성을 유지하기 위해 이미 다루었기 때문에 그것에 대한 관계식도 그대로 사용하면 된다.

## 5.1 엔진 추력과 열효율

이미 4장에서 여러 가지 가스터빈 성능 변수들에 대해서 알아보았는데, 여기서는 엔진의 추력에 관련된 엔진 성능 변수들을 추가로 알아보도록 하자.

그림 5.1과 같이 어떤 추진 물체 주위의 정상유동 검사체적을 고려하자. 추진 물체로 들어오는 공기 질량유량과 연료 질량유량을 $\dot{m}_a$, $\dot{m}_f$라 하고 추진 물체를 나가는 질량유량을 $\dot{m}_e$라 하면, 추진 물체에서의 질량보존 식은

$$\dot{m}_a + \dot{m}_f = \dot{m}_e \text{ (kg/s)} \tag{5.1}$$

이 된다. 한편 추진 물체 주위 검사체적에서의 질량보존 식은

$$\dot{m}_a + \rho u(A - A_i) + \dot{m}_f = \dot{m}_e + \rho u(A - A_e) + \dot{m}_s \tag{5.2}$$

가 되는데, 이 식에서 $\dot{m}_s$는 측면으로 빠져나가는 질량유량이다.

식 (5.1)에서 연료 질량유량에 대한 값을 식 (5.2)에 대입하고 정리하면 측면 질량유량은 다음과 같이 표시된다.

$$\dot{m}_s = \rho u(A_e - A_i) \tag{5.3}$$

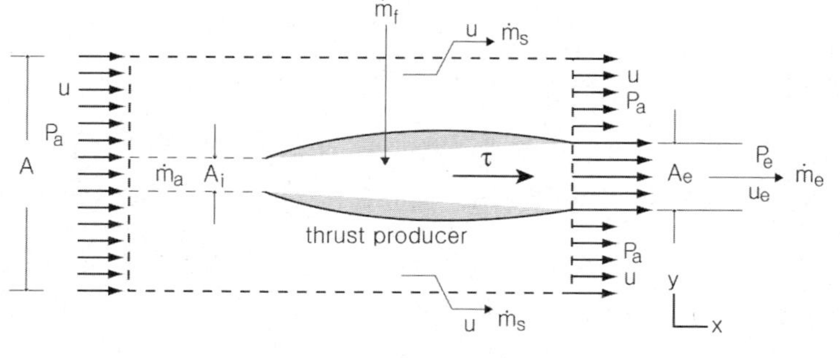


[그림 5.1] 추진 물체 주위의 정상유동 검사체적

이제 운동량 보존법칙을 적용해보자. $x$ 방향(유체의 유동방향)에서의 외력의 총합과 운동량 변화율과의 관계를 적용하면 된다. 추진 물체에서 발생한 추력(thrust)을 $\tau$(N)라 하면

$$\begin{aligned}\Sigma F_x &= \tau + p_a A - p_a(A - A_e) - p_e A_e = \tau + A_e(p_a - p_e) \quad (\mathrm{N}) \\ &= \dot{m}_e u_e + \rho u(A - A_e)u + \dot{m}_s u - \dot{m}_a u - \rho u(A - A_i)u\end{aligned}$$

(5.4)

가 되고, 식 (5.4)에 식 (5.3)의 결과를 대입하고 정리하면, 추력은 다음과 같이 표시된다.

$$\begin{aligned}\tau &= (p_e - p_a)A_e + \dot{m}_e u_e - \dot{m}_a u \quad (\mathrm{N}) \\ &= (p_e - p_a)A_e + \dot{m}_a[(1 + f)u_e - u]\end{aligned}$$

(5.5)

위 식에서 f는 연공비(F/A)를 나타낸다. 한편 공기 질량유량 1kg/s 당 발생한 추력을 비추력(specific thrust)이라 하며, 다음과 같이 정의한다.

$$I = \frac{\tau}{\dot{m}_a} \quad (\mathrm{N/(1kg/s)}) \tag{5.6}$$

추진 물체의 **추진효율**(propulsion efficiency) $\eta_P$는 분사된 제트의 추진동력에 대한 실제 얻은 추진동력의 비로 정의되며 다음과 같이 표시된다.

$$\eta_P = \frac{\tau \cdot u}{\dot{m}_a[(1 + f)u_e^2/2 - u^2/2]} \tag{5.7}$$

만일 식 (5.7)에서 압력 항과 연료량을 무시하면(f=0), 위 식은 다음과 같이 단순화된다.

$$\eta_P = \frac{u(u_e - u)}{u_e^2/2 - u^2/2} = \frac{2u/u_e}{1 + u/u_e} \tag{5.8}$$

위 식만 놓고 보면 $u = u_e$일 때 추진효율이 최대 값인 1이 되나 사실 이 경우는 추력이 0이기 때문에 의미가 없다.

마지막으로 추진 물체의 **열효율**은 연료량을 고려하는 경우, 추진 물체에 공급된 열공급율에 대한 분사제트의 추진 에너지율로 다음과 같이 정의된다.

$$\eta_{th} = \frac{\dot{m}_a[(1+f)u_e^2/2 - u^2/2]}{\dot{m}_f \cdot q_{LHV}} \tag{5.9}$$

마지막으로 고도와 공기온도 사이의 관계를 살펴보자. 고도가 높아지면 공기의 온도가 떨어지는데, 대략 11km까지는 1000m당 6.5℃씩 떨어지고, 이후 20km까지는 일정하게 유지되다가 고도가 20km보다 높아지면 온도는 오히려 증가하게 된다. 한편 고도에 따른 대기압은 1000m당의 차이는 작아지지만 계속해서 줄어든다. 이와 같은 상관관계를 표 5.1에서 보여주고 있다.

[표 5.1] 고도에 따른 공기온도 및 대기압

| 고도(m) | 공기온도(K) | 대기압(kPa) |
|---|---|---|
| 0 | 288.150 | 101.325 |
| 500 | 284.900 | 95.461 |
| 1000 | 281.650 | 89.875 |
| 1500 | 278.400 | 84.556 |
| 2000 | 275.150 | 79.495 |
| 2500 | 271.900 | 74.683 |
| 3000 | 268.650 | 70.109 |
| 3500 | 265.400 | 65.764 |
| 4000 | 262.150 | 61.640 |
| 4500 | 258.900 | 57.728 |
| 5000 | 255.650 | 54.020 |
| 5500 | 252.400 | 50.507 |
| 6000 | 249.150 | 47.181 |
| 6500 | 245.900 | 44.035 |
| 7000 | 242.650 | 41.061 |
| 7500 | 239.400 | 38.251 |
| 8000 | 236.150 | 35.600 |
| 8500 | 232.900 | 33.099 |
| 9000 | 229.650 | 30.742 |
| 9500 | 226.400 | 28.524 |
| 10000 | 223.150 | 26.436 |
| 10500 | 219.900 | 24.474 |
| 11000 | 216.650 | 22.632 |
| 12000 | 216.650 | 19.330 |
| 13000 | 216.650 | 16.510 |
| 14000 | 216.650 | 14.102 |
| 15000 | 216.650 | 12.045 |
| 16000 | 216.650 | 10.287 |
| 17000 | 216.650 | 8.787 |
| 18000 | 216.650 | 7.505 |
| 19000 | 216.650 | 6.410 |

## 5.2 터보제트 엔진

터보제트나 터보팬과 같은 항공기용 가스터빈 엔진에서는 일시적으로 큰 추력이 요구되는 경우가 있으며, 물분사나 후기연소를 통해서 추력 증대를 도모한다. 그러나 이에 대한 내용은 나중에 설명하기로 하고 본 절에서는 기본적인 터보제트 엔진에 대한 내용만을 다루기로 한다.

제너럴 일렉트릭社의 터보제트 엔진 모델 J85의 사진과 기본적인 구성도가 그림 5.2에 나타나 있으며, 4장에서 유도된 관계식을 그대로 적용할 수 있다. 물론 비추력과 열효율은 앞 절에서 유도한 식(5.6)과 식(5.9)를 각각 사용한다.

그림 5.3은 기본 터보제트 엔진의 각 과정을 T-s 선도에 나타낸 것이다. 이미 2장과 4장에서 언급된 것이나 복습을 겸해서 각각의 과정을 간단하게 살펴보자.

우선 0-1과정은 흡입구에서의 과정으로 단열과정으로 생각한다. 흡입구 입구상태($T_0$, $p_0$, $u_0$ or $M_0$)와 흡입구 효율 $\eta_D$는 주어지기 때문에 흡입구 출구상태, 즉 압축기 입구상태는 다음과 같은 순서로 구할 수 있다.

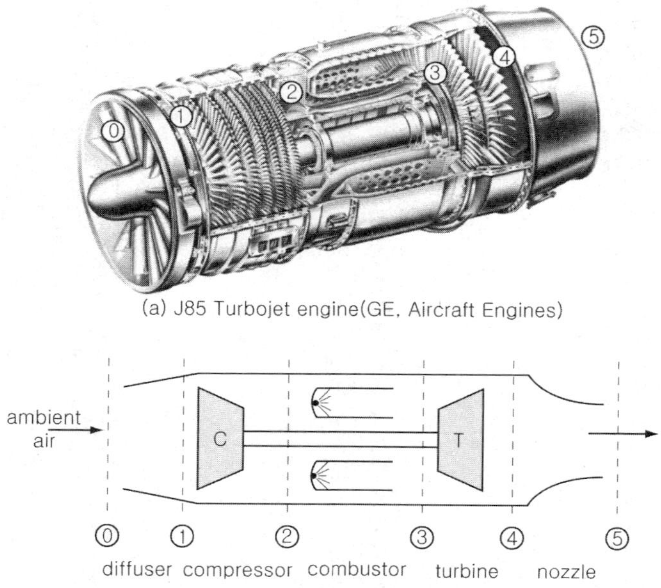


(a) J85 Turbojet engine(GE, Aircraft Engines)

(b) Schematic diagram

[그림 5.2] J85 터보제트 엔진과 구성도

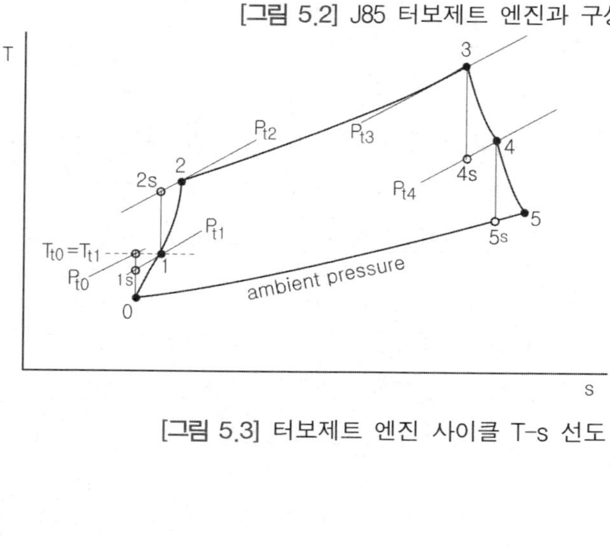


[그림 5.3] 터보제트 엔진 사이클 T-s 선도

$$T_{t1} = T_{t0} = T_0 + u_0^2/(2\,c_{pa}) = T_0[\,1 + (\gamma_a - 1)M_0^2/2]$$

$$T_{t1s} = T_0 + \eta_D\,(T_{t1} - T_0)$$

$$\frac{p_{t1}}{p_0} = \left(\frac{T_{t1s}}{T_0}\right)^{\gamma_a/(\gamma_a - 1)}$$

만일 회복계수 $\eta_R$이 주어진다면 다음의 순서로 출구상태를 결정할 수 있다.

$$\frac{p_{t0}}{p_0} = [\,1 + (\gamma_a - 1)\,M_0^2\,/\,2\,]^{\gamma_a/(\gamma_a - 1)}$$

$$p_{t1} = \eta_R \cdot p_{t0}$$

$$T_{t1} = T_{t0} = T_0 + u_0^2/(2\,c_{pa}) = T_0[\,1 + (\gamma_a - 1)M_0^2/2]$$

다음으로 1-2과정은 압축과정으로 역시 단열과정이며, 압력비 $r_p$와 압축기 효율 $\eta_C$ 가 주어진다면, 다음과 같은 순서로 압축기 출구상태, 즉 연소기 입구상태를 결정하게 된다.

$$p_{t2} = r_p \cdot p_{t1}$$

$$T_{t2s} = T_{t1} \cdot r_p^{(\gamma_a - 1)/\gamma_a}$$

$$T_{t2} = T_{t1} + (T_{t2s} - T_{t1})/\eta_C$$

한편 공기 1kg 당 압축기 소요일은 다음과 같다.

$$w_C = c_{pa}\,(T_{t2} - T_{t1})\text{(kJ/kg)}$$

과정 2-3은 연소과정으로 전압력 손실률 $\pi_B$와 연소 효율 $\eta_B$로부터 출구상태를 구할 수 있다. 물론 연소기 출구 전온도 $T_{t3}$는 사이클 상의 최고온도로서 설계조건으로 주어지는 것이 일반적이다.

$$\pi_B = p_{t3}\,/\,p_{t2}$$

$$\eta_B = \frac{\dot{m}_a c_{pg}(T_{t3} - T_{t2})}{\dot{m}_f \cdot q_{LHV}} = \frac{c_{pg}(T_{t3} - T_{t2})}{f \cdot q_{LHV}}$$

다음으로 3-4과정은 터빈에서의 팽창과정으로 단열과정이며, 터빈 일은 압축기 소요일과 같아야 하고, 터빈 출구에 노즐이 장착되어 있으므로 터빈 전효율 $\eta_{T_T}$을 사용하여 출구상태를 결정할 수 있다.

$$w_T = w_C = (1+f)c_{pg}(T_{t3} - T_{t4}) \text{ (kJ/kg)}$$

$$\eta_{T_T} = \frac{T_{t3} - T_{t4}}{T_{t3} - T_{t4s}}$$

$$\frac{p_{t4}}{p_{t3}} = \left(\frac{T_{t4s}}{T_{t3}}\right)^{\gamma_g/(\gamma_g - 1)}$$

마지막으로 4-5과정은 노즐에서의 팽창과정으로 역시 단열과정으로 생각한다. 노즐 효율 $\eta_N$과 배기압 $p_5$가 주어진다면 노즐 출구 상태는 다음과 같은 순서로 구한다.

$$T_{5s} = T_{t4} \cdot (p_5 / p_{t4})^{(\gamma_g - 1)/\gamma_g}$$

$$\eta_N = \frac{h_{t4} - h_5}{h_{t4} - h_{5s}} = \frac{T_{t4} - T_5}{T_{t4} - T_{5s}}$$

$$T_5 = T_{t4} - \eta_N (T_{t4} - T_{5s})$$

한편 출구에서의 배기가스 속도는 $T_{t5} = T_{t4}$이므로

$$u_5 = \sqrt{2\, c_{pg}\, (T_{t5} - T_5)}$$

가 된다.

성능변수로서 터보제트 엔진의 추력은 식 (5.5)를 사용하면

$$\tau = (p_5 - p_0)A_5 + \dot{m}_a[(1+f)u_5 - u_0] \text{ (N)}$$

이 된다. 만일 $p_5 \approx p_0$일 경우에는 단순화시킬 수 있으며, 이때 추력과 비추력은 각각 다음과 같이 나타낼 수 있다.

$$\tau = \dot{m}_a[(1+f)u_5 - u_0] \text{ (N)}$$

$$I = \tau/\dot{m}_a = (1+f)u_5 - u_0 \text{ (N/(1kg/s))}$$

또한 연공비는 매우 작은 값이므로 아예 무시하고 사용하기도 한다. 즉

$$I = u_5 - u_0 \ \ (\mathrm{N/(1kg/s)})$$

한편 열효율은 식 (5.9)를 사용하여 다음과 같이 나타낼 수 있다.

$$\eta_{th} = \frac{[(1+f)u_5^2/2 - u_0^2/2]}{f \cdot q_{LHV}}$$

추진용 가스터빈에서는 출력당이 아닌 추력당 연료소비율을 비연료소비율로 정의하여 사용하며, 약어로 **TSFC**(thrust-specific fuel consumption)라 한다. 따라서 TSFC는 다음과 같이 나타낼 수 있다.

$$TSFC = \dot{m}_f \cdot 3600/\tau \ \ (\mathrm{kg_f/N \cdot hr}) \tag{5.10}$$

위 식에서 3600을 곱한 것은 시간(hour)당 단위로 나타내기 위한 것이다.

[예제 5.1] 터보제트 엔진이 다음과 같은 조건으로 운전되고 있다.

| | | | |
|---|---|---|---|
| 고도와 비행속도 | | | 11,000m, 마하 0.85 |
| 압축기로 유입되는 공기유량 | | | 1kg/s |
| 압축기의 전압력비 | | | 12 |
| 효율: 흡입구 | 100% | 압축기 | 87% |
| 터빈 전효율 | 89% | 노즐 | 100% |
| 터빈입구 전온도 | 1400K | | |

연료의 양은 무시하고 압력손실은 없다. 즉 압축기 출구에서부터 터빈 입구까지의 전압력은 일정하다.

(1) 수축 노즐일 때 열공급량과 추력을 구하라. 노즐 출구압력은 미지수이다.

(2) 수축-확대 노즐일 때 추력 및 열효율을 구하라. 노즐에서 대기압까지 팽창한다.

**풀이** (핵심) 흡입구와 노즐 효율 100% → 가역단열과정

비열 데이터 : $c_{pa} = 1.005\mathrm{kJ/kg}$, $\gamma_a = 1.4$, $c_{pg} = 1.147\mathrm{kJ/kg}$, $\gamma_g = 1.33$

디퓨저 : 표 5.1로부터 $p_0 = 22.632\mathrm{kPa}$, $T_0 = 216.65\,\mathrm{K}$

$$T_{t1} = T_{t0} = T_0[1+(\gamma_a - 1)M_0^2/\,2] = 216.65(1+0.4\times 0.85^2/\,2) = 248\text{K}$$

$$T_{t1s} = T_{t1} = 248\text{K}$$

$$p_{t1} = p_0(T_{t1s}/\,T_0)^{\gamma_a/(\gamma_a-1)} = 22.632(248/216.5)^{1.4/0.4} = 36.3\text{kPa}$$

압축기 : $p_{t2} = p_{t1}\cdot r_p = 36.3\times 12 = 435.6\text{kPa}$

$$T_{t2s} = T_{t1}(p_{t2}/\,p_{t1})^{(\gamma_a-1)/\gamma_a} = 248\times 12^{0.4/1.4} = 504.4\text{K}$$

$$T_{t2} = T_{t1} + (T_{t2s} - T_{t1})/\eta_C = 248 + (504.4-248)/0.87 = 542.7\text{K}$$

$$w_C = c_{pa}(T_{t2} - T_{t1}) = 1.005(542.7-248) = 296.2\text{kJ/kga}$$

연소기 : $p_{t3} = p_{t2} = 435.6\text{kPa},\ \ T_{t3} = 1400\text{K}$

터빈 : $w_T = w_C = 296.2 = c_{pg}(T_{t3} - T_{t4}) \ \rightarrow\ T_{t4} = 1141.8\text{K}$

$$T_{t4s} = T_{t3} - (T_{t3} - T_{t4})/\eta_{T_T} = 1400-(1400-1141.8)/0.89 = 1109.9\text{K}$$

$$p_{t4} = p_{t3}(T_{t4s}/\,T_{t3})^{\gamma_g/(\gamma_g-1)} = 435.6(1109.9/1400)^{1.33/0.33} = 170.9\text{kPa}$$

(1) 수축 노즐인 경우

열공급량, $q_H = c_{pg}(T_{t3} - T_{t2}) = 1.147(1400-542.7) = 983.3\text{kJ/kga}$

노즐효율이 100%(가역단열)이므로, $T_{t5} = T_{t4} = 1141.8\text{K}$이고, 출구는 최대 속도에 도달한다. 최대 속도는 출구조건에서의 음속이다.

질식조건으로부터

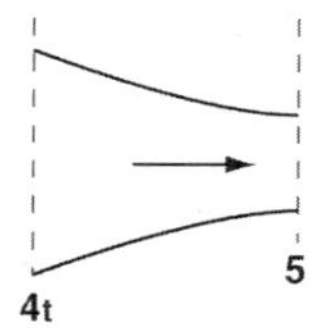


$$T_5 = T_{t4}\cdot 2/(\gamma_g + 1) = 1141.8\times 2/2.33 = 980.1\text{K}(= T_{5s})$$

노즐 출구에서의 속도와 음속,

$$u_5 = \sqrt{2c_{pg}(T_{t5} - T_5)} = \sqrt{2\times 1147(1141.8-980.1)} = 607.7\ \text{m/s}$$

$$c_5 = \sqrt{\gamma_g R T_5} = \sqrt{1.33\times 287\times 980.1} = 611.6\text{m/s}$$

출구 속도와 음속이 같지 않으므로 온도를 낮추면서 시행착오법으로 계산하면,

$T_5 = 979\text{K}$에서 $u_5 = 611.1\text{am/s},\ c_5 = 611.3\text{m/s},\ u_5 \approx c_5$

가역단열이므로 $T_{t5s} = T_{t5} \ \rightarrow\ p_{t5} = p_{t4} = 170.9\text{kPa}$

$$p_5 = p_{t5}(T_5/\,T_{t5})^{\gamma_g/(\gamma_g-1)} = 170.9(979/1141.8)^{1.33/0.33} = 91.9\text{kPa}$$

추력을 계산하기에 앞서 노즐 출구 단면적을 우선 구해야 한다.

$\dot{m}_a = 1 = \rho_5 u_5 A_5 = p_5 u_5 A_5/(RT_5)$로부터

$$A_5 = 0.287\times 979/(611.1\times 91.9) = 0.005\text{m}^2$$

$$\tau = (p_5 - p_0)A_5 + \dot{m}_a(u_5 - u_0) = (91.9 - 22.632)0.005 \times 1000 + (611.1 - 250.8)$$
$$= 706.6\,\text{N}$$

(2) 수축-확대 노즐

노즐 출구압력은 22.632kPa, $T_{t5} = T_{t5s} = T_{t4} = 1141.8\text{K}$

$$T_{5s} = T_{t4}(p_5/p_{t4})^{(\gamma_g - 1)/\gamma_g} = 1141.8(22.632/170.9)^{0.33/1.33} = 691\text{K}$$

$T_5 = T_{5s} = 691\text{K}$(가역단열)

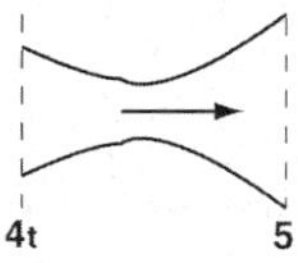


$$u_5 = \sqrt{2c_{pg}(T_{t5} - T_5)}$$
$$= \sqrt{2 \times 1147(1141.8 - 691)} = 1016.9\text{m/s}$$

$c_5 = \sqrt{\gamma_g R T_5} = \sqrt{1.33 \times 287 \times 691} = 513.6\text{m/s}$, $M_5 = 1016.9/513.6 = 1.98$

추력, $\tau = \dot{m}_a(u_5 - u_0) = 1016.9 - 250.8 = 766.1\text{N}$

열효율, $\eta_{th} = (u_5^2/2 - u_0^2/2)/q_H = (1016.9^2/2 - 250.8^2/2)/(983.3 \times 1000) = 0.493$

[예제 5.2] 연료로 액체상태의 n-Octane을 사용하고(298K로 공급됨), 연공비가 0.03인 경우, 추력, 비연료소비율 및 열효율을 구하라. 다른 조건은 예제 5.1 (2)와 같다.

풀이 (핵심) $f = 0.03$, $q_{LHV} = 44{,}422\text{kJ/kg}_f$

디퓨저 : $p_0 = 22.632\text{kPa}$, $T_0 = 216.65\text{K}$

$T_{t1} = T_{t0} = 248\text{K}$, $T_{t1s} = T_{t1} = 248\text{K}$, $p_{t1} = 36.3\text{kPa}$

압축기 : $p_{t2} = 435.6\text{kPa}$, $T_{t2s} = 504.4\text{K}$, $T_{t2} = 542.7\text{K}$, $w_C = 296.2\text{kJ/kga}$

연소기 : $p_{t3} = p_{t2} = 435.6\text{kPa}$, $T_{t3} = 1400\text{K}$

터빈 : $w_T = w_C = 296.2 = (1+f)c_{pg}(T_{t3} - T_{t4}) \rightarrow T_{t4} = 1149.3\text{K}$

$$T_{t4s} = T_{t3} - (T_{t3} - T_{t4})/\eta_{T_T} = 1400 - (1400 - 1149.3)/0.89 = 1118.3\text{K}$$

$$p_{t4} = p_{t3}(T_{t4s}/T_{t3})^{\gamma_g/(\gamma_g - 1)} = 435.6(1118.3/1400)^{1.33/0.33} = 176.1\text{kPa}$$

노즐 : $T_{5s} = T_{t4}(p_5/p_{t4})^{(\gamma_g - 1)/\gamma_g} = 1149.3(22.632/176.1)^{0.33/1.33} = 690.8\text{K}$

$T_5 = T_{5s} = 690.8\text{K}$

$$u_5 = \sqrt{2c_{pg}(T_{t5} - T_5)}$$
$$= \sqrt{2 \times 1147(1149.3 - 690.8)} = 1025.6\text{m/s}$$

$c_5 = \sqrt{\gamma_g R T_5} = \sqrt{1.33 \times 287 \times 690.8} = 513.5\text{m/s}, \; M_5 = 1025.6/513.5 = 2.0$

추력, $\tau = \dot{m}_a[(1+f)u_5 - u_0] = 1.03 \times 1025.6 - 250.8 = 805.6\text{N}$

비연료소비율(공기 1kg/s 기준),

$TSFC = f \cdot 3600 / \tau = 0.03 \times 3600/805.6 = 0.134\text{kg}_f\text{/N.hr}$

열효율, $\eta_{th} = (1.03 \times 1025.6^2/2 - 250.8^2/2)/(0.03 \times 44422 \times 1000) = 0.383$

고도 11,000m 상공을 마하수 0.85로 날고 있는 항공기에 대한 예제를 위에서 다루었다. 고도나 압력비, 효율 및 터빈 입구온도와 같은 인자를 변화시켜가면서 위 예제와 같은 계산을 수행하면 추력, 열효율, 비연료소비율과 같은 성능변수의 변화 경향을 충분히 알 수 있으며, 설계의 기본 자료로서 이용할 수 있다. 이와 같은 일련의 과정을 인자 해석(parametric study)이라 한다.

다음은 인자해석을 통해서 구한 추력의 일반적인 변화 경향을 예시한 것이다(그림 5.4 참조). 물론 하나의 인자를 변화시킬 때 다른 인자는 일정하게 놔두고 얻은 결과이다(노즐은 수축-확대 노즐로 주변 대기압까지 팽창함).

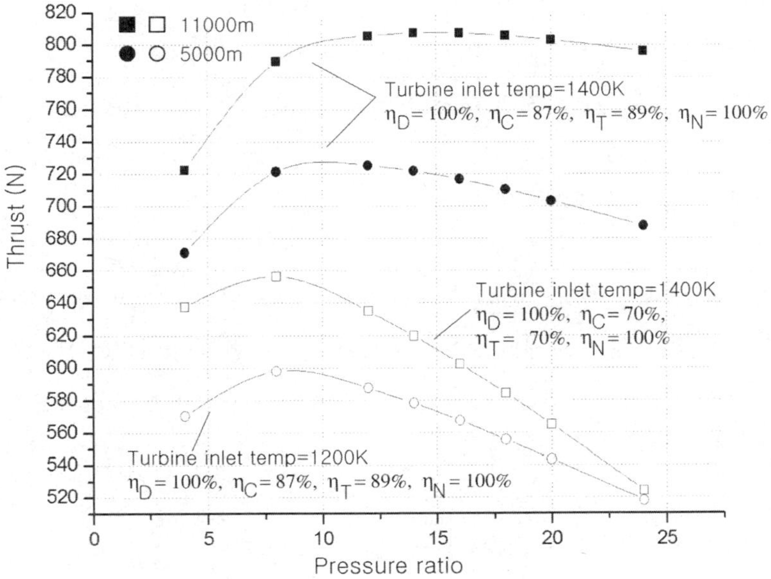


[그림 5.4] 전압력비에 따른 추력의 변화(1kg/s 기준, 비행속도 M=0.85)

① 압력비가 커지면 추력은 증가하다가 최대치를 기록한 후 감소한다. 즉 최대 추력을 주는 압력비가 존재한다.

② 장치의 효율(압축기와 터빈)이 증가하면 추력이 증가하며, 최대 추력을 나타내는 압력비가 커진다(□:8, ■:14 정도임). 장치의 효율은 추력에 매우 큰 영향을 끼친다. 즉 장치 효율의 저하에 따라 추력은 급격하게 작아진다. 예를 들어 장치효율이 70%일 때, 압력비가 최대 추력 압력비인 8보다 큰 경우에 추력은 급격하게 작아진다. 다시 말해서 압력비가 큰 터보제트 엔진을 설계하는 경우, 압축기나 터빈의 효율 증진에 많은 노력을 기울여야 한다는 것이다.

③ 고도가 높아지면 추력이 커진다(●와 ■ 비교). 그러나 이 결과는 동일한 유입 공기량에 대한 것인데 실제 항공기에서 고도가 높아지면 유입되는 공기량이 줄어든다는 사실을 유념해야 한다. 따라서 최대 추력을 주는 압력비는 고도에 비례하여 커지지만 그 차이는 미미하다. 즉 고도 0 가까이에서 날고 있는 비행기나 10km 상공을 날고 있는 비행기나 다른 조건이 동일하다면

최대 추력을 주는 압력비에는 큰 차이가 없다.

④ 비행속도가 커질수록 추력은 작아진다.

⑤ 터빈 입구온도가 커지면 추력이 커지며 최대 추력을 나타내는 압력비 또한 커진다(○:6, ●:10 정도임). 그러므로 터빈 입구온도도 추력에 큰 영향을 끼친다는 것을 알 수 있다.

표 5.2는 터보제트 엔진으로 사용되고 있는 가스터빈의 사양을 제작사별로 보여주고 있다. 표를 보면 터보제트용으로 설계된 가스터빈의 압력비는 비교적 작으며, 비연료소비율은 비교적 크다는 것을 알 수 있다. 비연료소비율이 크다는 것은 에너지효율 면에서 바람직하지 않다.

[표 5.2] 터보제트 엔진에 사용되는 전형적인 가스터빈 사양

| 제작사 모델 | 압축기 단수 | 압력비 (at max rpm) | 최대추력 (해수면) lbf thrust | 비연료소모율 (at max power) lb/lbf.hr | Dry Weight Less Tail pipe lb |
|---|---|---|---|---|---|
| General Electric Co. Aircraft Engines | | | | | |
| J85-GE-17 A,B,CAN40[a] | 8 | 6.9 | 2,850 | 0.99 | 400 |
| J85-GE-21[a] | 9 | 8.3 | 3,670 | 0.98 | 465 |
| CJ610-6, 8 A[a] | 8 | 6.8 | 2,950 | 0.97 | 411 |
| Teledyne CAE | | | | | |
| 304[c] | 1 | 5.5 | 55 | 1.2 | 6 |
| 312-2[b] | 1,1 | 8.1 | 235 | 1.06 | 40 |
| 320-1[c] | 1 | 5.7 | 240 | 1.11 | 45 |
| United Technology, Pratt & Whitney, Government Engine and Space Propulsion | | | | | |
| J52-P-8A, B[a] | 12 | 6.4 | 9,300 | 0.86 | 2,129 |
| J60-P-3, 5, 6[a] | 9 | 11.9 | 3,000 | 0.96 | 5,875 |
| Williams International Corp. | | | | | |
| WR 24-7[b] | 1,1 | 5.4 | 176 | 1.20 | 44 |
| WR 2-6[c] | 1 | 4.2 | 125 | 1.21 | 28 |
| Turbomeca | | | | | |
| Arbizon 3B[b] | 1,1 | 5.85 | 907 | 1.12 | 253 |
| Bristol | | | | | |
| Viper 11[a] | 7 | 4.3 | 2,500 | 1.07 | 625 |
| Viper 531[a] | 8 | 5.2 | 3,120 | 1.0 | 760 |
| Viper 680[a] | 8 | 6.8 | 4,370 | 0.98 | 836 |

주) [a] 축류형 압축기 [b] 축류-원심형 압축기 [c] 원심형 압축기

따라서 터보제트 엔진은 과거 전투기용(F-4, F-5 등)으로 많이 사용되었으나 추진효율이 좋지 않고 비연료소비율이 크기 때문에 요즈음은 고공에서 초음속으로 비행해야 하는 정찰기와 같은 종류의 항공기를 제외하고는 그 사용이 점차 줄어들고 있다.

## 5.3 터보팬 엔진

터보제트 엔진의 추진효율은 고속으로 비행하는 경우를 제외하고는 꽤 낮다. 이것은 추력 증대를 위해서 엔진으로부터 분사되는 배기제트의 속도를 크게 하기 때문이다(거의 음속 또는 초음속). 따라서 추진효율을 증가시키기 위해서는 오히려 노즐 출구속도를 떨어뜨려야 한다. 결국 터빈에서 더 많은 동력을 추출하여 터빈출구의 에너지 상태를 낮춘다면 가능한 일이다.

하나의 방안으로 증대된 동력이 연소와 관계가 없는 추가 공기를 압축하게 하면 된다. 이를 위해서 사용되는 것이 팬이다. 추가로 발생한 동력에 의해 구동되는 팬은 압축기 앞에 보통 설치되며(터빈 뒤 쪽에 설치되는 경우도 있음), 공기를 흡입하여 압축기로는 원래 필요한 공기만을 공급하고 나머지 공기는 별도로 설치된 도관을 거쳐 내보낸다. 이렇게 팬이 설치된 분사 추진용 가스터빈을 터보팬 엔진이라 한다. 그림 5.5는 Pratt & Whitney 社의 JT8D 터보팬 엔진과 전형적인 터보팬의 구성도를 보여주고 있다. 그림에서 nonmixed(비혼합형)라는 것은 도관을 통과하는 공기와 압축기를 통과하는 공기가 배출될 때까지 서로 섞이지 않는다는 것을 의미한다. 혼합형도 있는데 도관이 길어져 노즐에 연결된다면 도관 측 공기와 터빈 출구 공기가 섞여 노즐을 통과하게 된다.

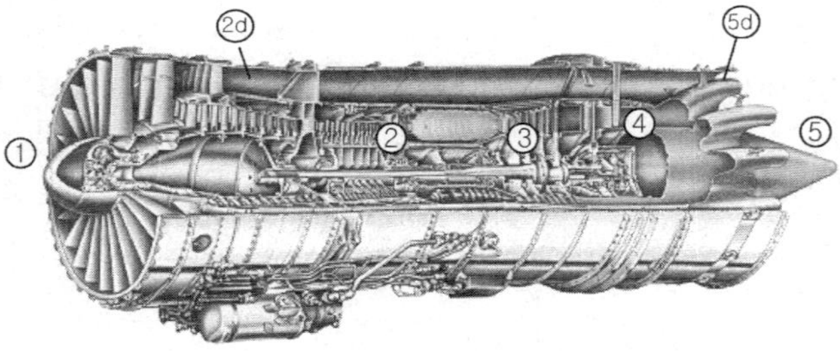


(a) JT8D Turbofan engine(Pratt & Whitney)

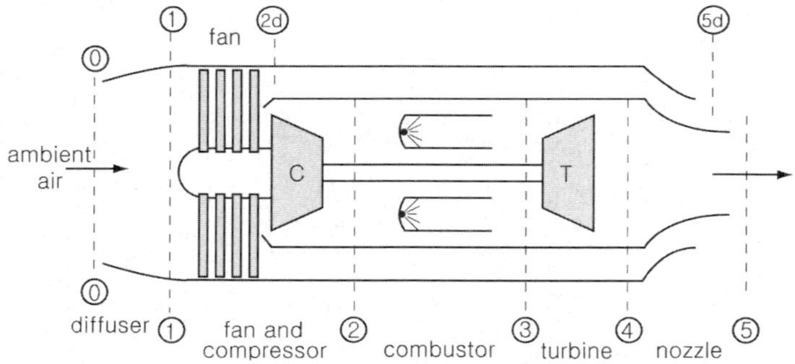


(b) Schematic diagram(nonmixed)

[그림 5.5] 터보팬 엔진과 구성도

그림 5.5의 구성도를 보면 팬과 압축기가 독립적인 것처럼 보이나, 사실 상태점을 명확하게 나타내기 위해서 그렇게 그린 것이고 실제로는 압축기 초기 단(stage) 몇 개를 보다 큰 직경의 단으로 대체한 부분을 팬이라 한다. 그림 5.5(a)에서 확인할 수 있다.

팬에서의 전형적인 압력비는 1~3 정도이다. 바이패스 비율(ByPass Ratio, BPR)은 압축기 측을 통과하는 공기량에 대한 도관 통과 공기량의 비로 정의한다. 즉

$$1 + BPR = \dot{m}_{total} / \dot{m}_a \tag{5.11}$$

로 표시할 수 있다. 식에서 $\dot{m}_{total}$는 총 공기량을 나타내고 $\dot{m}_a$는 가스발생기 부분을 통과하는 공기량이다. 일반적으로 팬 압력비가 높으면 BPR이 작아지며, BPR이 커지면 팬 압력비가 작아진다. 팬 해석은 압축기 해석과 동일하다.

터보팬 엔진을 기존의 터보제트 엔진에 팬을 추가해서 만들면 팬에 의한 추력 증가로 추력의 극대화를 이룰 수가 있으며, 분사속도는 떨어져 추진효율이 좋아지게 된다. 터보팬은 추력 증가에 따른 연료의 추가공급이 필요하지 않으므로 압축기로 들어가는 공기 단위 질량당 추력은 커지고 TSFC는 작아지게 된다. 그러므로 터보팬 엔진은 추진효율의 증대와 추력의 증대를 동시에 도모할 수 있다. 이외에도 터보팬 엔진은 터보제트 엔진에 비해서 유동에 기인한 소음을 크게 감소시킨다. 유동소음은 곧 배기제트의 소음을 말하는데, 배기제트가 주위 공기와 혼합하여 난류를 형성하기 때문에 발생한다. 터보팬 엔진에서는 팬 도관에서 나오는 바이패스 공기가 배기제트와 외부 공기 사이에서 완충 역할을 하기 때문에 유동소음을 크게 감소시킬 수 있다.

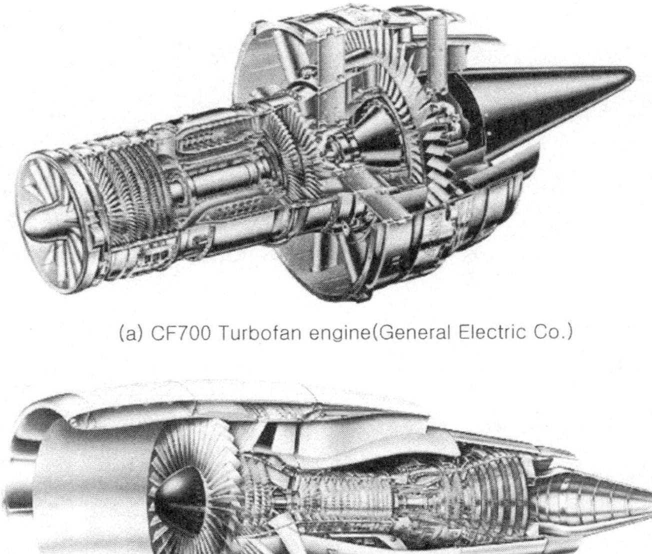

(a) CF700 Turbofan engine(General Electric Co.)

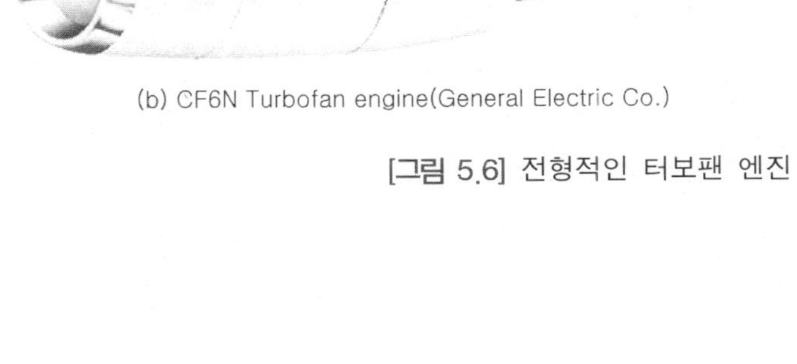

(b) CF6N Turbofan engine(General Electric Co.)

[그림 5.6] 전형적인 터보팬 엔진

그림 5.6은 전형적인 터보팬 엔진 두 개를 보여주고 있다. 모두 제너럴 일렉트릭 社에서 제작된 엔진으로 비혼합형이다. 그림에서 보듯이 CF700은 터빈 깃이 확장된 듯한 형태의 팬을 가지고 있다. 이 형태는 저온저압의 공기가 통과하는 팬 쪽의 깃과 고온고압의 가스가 통과하는 터빈 쪽의 깃 사이를 잘 밀봉해야 한다. CF6N은 높은 BPR을 갖는 터보팬 엔진이다. 도관 측의 출구는 바이패스 공기가 주변공기로 팽창하게 되므로 일종의 노즐이라 할 수 있다.

**[예제 5.3]** 터보팬 기관이 다음과 같은 조건으로 작동되고 있다.

| | |
|---|---|
| 비행고도 및 속도 | 11,000m, M=0.85 |
| 가스발생 부분으로 유입되는 공기량 | 1kg/s |
| 압축기의 전압력비(팬 포함) | 12 |
| 팬 전압력비 | 1.35 |

장치 효율:

| | | | |
|---|---|---|---|
| 흡입구 | 100% | 압축기 | 87% |
| 팬 | 85% | 터빈(전효율) | 89% |
| 메인노즐 | 100% | 팬노즐 | 100% |

터빈입구 전온도: 1400K

압축기출구부터 터빈입구까지 전압력이 일정하며, 연료는 액체 n-Octane이며 298K로 공급된다. 터보팬은 그림 5.4와 같은 비혼합형이다. 메인노즐과 팬노즐에서는 주변 대기압으로 팽창한다. 공급되는 연료의 연공비는 0.03이다.

(1) BPR=2인 경우, 추력, TSFC 및 열효율을 구하라.

(2) BPR=5인 경우, 다시 구하고 결과를 비교하라.

**풀이** (핵심) 압축기 유입 공기량 1kg 기준

가스발생부분 터빈 입구까지의 결과는 예제 5.2의 결과와 동일하다.

흡입구 : $p_0 = 22.632\text{kPa},\ T_0 = 216.65\text{K}$

$T_{t1} = T_{t0} = 248\text{K},\ T_{t1s} = T_{t1} = 248\text{K},\ p_{t1} = 36.3\text{kPa}$

압축기 : $p_{t2} = 435.6\text{kPa},\ T_{t2s} = 504.4\text{K},\ T_{t2} = 542.7\text{K},\ w_C = 296.2\text{kJ/kga}$

연소기 : $p_{t3} = p_{t2} = 435.6\text{kPa}$, $T_{t3} = 1400\text{K}$, $q_H = 0.03 \times 44422 = 1332.7\text{kJ/kga}$

팬과 노즐 : 팬 측 공기 1kg 기준

$$p_{t2d} = 1.35\, p_{t1} = 1.35 \times 36.3 = 49\text{kPa}$$

$$T_{t2ds} = T_{t1}(p_{t2d}/p_{t1})^{(\gamma_a - 1)/\gamma_a} = 248 \times 1.35^{0.4/1.4} = 270.2\text{K}$$

$$T_{t2d} = T_{t1} + (T_{t2ds} - T_{t1})/\eta_F = 248 + (270.2 - 248)/0.85 = 274.1\text{K}$$

$$w_F = c_{pa}(T_{t2d} - T_{t1}) = 1.005(274.1 - 248) = 26.2\text{kJ/kga}$$

$$T_{5ds} = T_{t2d}(p_{5d}/p_{t2d})^{(\gamma_a - 1)/\gamma_a} = 274.1(22.632/49)^{0.4/1.4} = 219.7\text{K}$$

$$T_{5d} = T_{5ds} = 219.7\text{K},\quad T_{t5d} = T_{t2d} = 274.1\text{K}$$

$$u_{5d} = \sqrt{2c_{pa}(T_{t5d} - T_{5d})} = \sqrt{2 \times 1005(274.1 - 219.7)} = 330.7\text{m/s}$$

(1) BPR=2.0에 대한 성능변수

터빈일 :

$$w_T = (1+f)c_{pg}(T_{t3} - T_{t4}) = w_C + BPR \cdot w_F = 296.2 + 2 \times 26.2 = 348.6$$

kJ/kga

주 노즐(가스발생기 측 노즐) :

터빈일로부터 시작하여 예제 5.2의 가스발생부분 터빈에서와 같은 과정을 따르면,

$$T_{t4} = 1400 - 348.6/(1.03 \times 1.147) = 1104.9\text{K}$$

$$T_{t4s} = T_{t3} - (T_{t3} - T_{t4})/\eta_{T_T} = 1400 - (1400 - 1104.9)/0.89 = 1068.4\text{K}$$

$$p_{t4} = p_{t3}(T_{t4s}/T_{t3})^{\gamma_g/(\gamma_g - 1)} = 435.6(1068.4/1400)^{1.33/0.33} = 146.5\text{kPa}$$

$$T_{5s} = T_{t4}(p_5/p_{t4})^{(\gamma_g - 1)/\gamma_g} = 1104.9(22.632/146.5)^{0.33/1.33} = 695.1\text{K}$$

$$T_5 = T_{5s} = 695.1\text{K},\quad T_{t5} = T_{t4} = 1104.9\text{K}$$

$$u_5 = \sqrt{2c_{pg}(T_{t5} - T_5)} = \sqrt{2 \times 1147(1104.9 - 695.1)} = 969.6\text{m/s}$$

$$c_5 = \sqrt{\gamma_g R T_5} = \sqrt{1.33 \times 287 \times 695.1} = 515.1\text{m/s},\quad M_5 = 969.6/515.1 = 1.88$$

추력 :

$$\begin{aligned}\tau &= \dot{m}_a[(1+f)u_5 - u_0] + BPR \cdot \dot{m}_a(u_{5d} - u_0)\\ &= 1.03 \times 969.6 - 250.8 + 2(330.7 - 250.8) = 907.7\text{N}\end{aligned}$$

%추력(주 노즐)=747.9/907.7=0.824(82.4%)

%추력(팬 노즐)=100-82.4=17.6%

비연료소비율(공기 1kg/s 기준),

$TSFC = f \cdot 3600 / \tau = 0.03 \times 3600/907.7 = 0.119 \mathrm{kg_f/N.hr}$

열효율 :

$$\eta_{th} = \frac{\dot{m}_a[(1+f)u_5^2 - u_0^2]/2 + BPR \cdot \dot{m}_a[u_{5d}^2 - u_0^2]/2}{q_H}$$

$$= \frac{1.03 \times 969.6^2/2 - 250.8^2/2 + 2(330.7^2 - 250.8^2)/2}{1332.7 \times 1000} = 0.375$$

(2) BPR=5.0에 대한 성능변수

마찬가지 방법으로 계산하면(자세한 계산 생략),

$w_T = 296.2 + 5 \times 26.2 = 427.2 \mathrm{kJ/kg}$

$T_{t4} = 1038.4\mathrm{K} = T_{t5}$, $T_{t4s} = 993.7\mathrm{K}$, $p_{t4} = 109.4\mathrm{kPa}$

$T_{5s} = 702.4\mathrm{K} = T_5$

$u_5 = \sqrt{2c_{pg}(T_{t5} - T_5)} = \sqrt{2 \times 1147(1038.4 - 702.4)} = 877.9 \mathrm{m/s}$

$c_5 = \sqrt{\gamma_g R T_5} = \sqrt{1.33 \times 287 \times 702.4} = 517.8 \mathrm{m/s}$, $M_5 = 1.7$

추력 : $\tau = 1.03 \times 877.9 - 250.8 + 5(330.7 - 250.8) = 1052.9\mathrm{N}$

%추력(주 노즐)=653.4/1052.9=0.621(62.1%)

%추력(팬 노즐)=100-62.1=37.9%

비연료소비율(공기 1kg/s 기준),

$TSFC = f \cdot 3600 / \tau = 0.03 \times 3600/1052.9 = 0.103 \mathrm{kg_f/N.hr}$

열효율 :

$$\eta_{th} = \frac{\dot{m}_a[(1+f)u_5^2 - u_0^2]/2 + BPR \cdot \dot{m}_a[u_{5d}^2 - u_0^2]/2}{q_H}$$

$$= \frac{1.03 \times 877.9^2/2 - 250.8^2/2 + 5(330.7^2 - 250.8^2)/2}{1332.7 \times 1000} = 0.361$$

*** 압축기 유입 공기량 1kg/s를 기준으로 할 때, 터보제트 엔진과 터보팬 엔진의 성능비교가 아래 표에 나타나 있다(예제 5.2, 5.3 참조). 터보제트에 팬을 추가해 터보팬 엔진을 만든다면 추력 증대와 아울러 비연료소비율을 줄일 수 있다. BPR인 5인 경우 터보제트에 비해 터보팬의 비연료소비율이 23% 정도 줄어든다는 것을 알 수 있다.

| 형태 | BPR | 추력(N) | TSFC<br>(kgf/N·hr) | 메인노즐<br>%추력 | 제트속도(m/s) | |
|---|---|---|---|---|---|---|
| | | | | | 주 노즐 | 팬 노즐 |
| 터보제트 | 0 | 805.6 | 0.134 | 100 | 1025.6 | 0 |
| 터보팬 | 2 | 907.7 | 0.119 | 82.4 | 969.6 | 330.7 |
| 터보팬 | 5 | 1052.9 | 0.103 | 62.1 | 877.9 | 330.7 |

그림 5.7, 5.8 및 5.9는 고도 0에서 압력비에 따른 추력, 비연료소비율 및 열효율을 각각 보여주고 있다. 고도 0(비행속도 0)은 비행기 이륙 시의 조건(또는 정지상태 시험조건)을 나타내는 것으로 생각할 수 있다. 그림에서 보듯이 최대 추력을 주는 압력비가 존재함을 알 수 있으며, 12에서 16사이의 압력비에서 나타난다. 물론 계산조건이 다르면 달라질 수 있다. BPR이 증가하면서 추력은 증가하고, 비연료소비율은 감소한다. BPR=2인 경우 40%, 5인 경우는 100%까지 추력이 증가한다. 비연료소비율은 추력 증가비율만큼 감소하게 된다. 다시 말해서 이륙 시 조건에서 BPR이 1씩 증가할 때마다 추력은 20%씩 증가하고, 비연료소비율은 20%씩 감소한다. 그러나 열효율은 오히려 BPR이 커질수록 작아진다. 그 이유는 배기제트의 평균 속도가 떨어져 배기제트의 운동에너지가 감소하기 때문이다.

고도가 증가하면서 BPR 증가에 따른 추력의 증가 폭과 비연료소비율의 감소 폭은 크게 줄어든다. 그림 5.10은 고도 11,000m에서 마하수 0.85로 순항하고 있는 비행기의 비연료소비율의 변화를 대표적으로 보여주고 있다. 그림에서 보듯이 BPR이 2인 경우는 10% 정도, BPR이 5인 경우는 23% 정도 줄어든다. 이륙 시의 40%, 100%씩 줄어드는 것과는 상당한 차이가 있다. 결론적으로 고도가 높아질수록 BPR에 따른 추력의 증가와 비연료소비율의 감소는 줄어든다는 것이다. 성능분석에 사용된 C++ 프로그램(예시용, BPR=0인 경우에는 터보제트엔진 성능계산도 가능함)을 부록 A에 실어 놓았다.

표 5.3은 터보팬 엔진용으로 사용되고 있는 가스터빈의 사양을 제작사 별로 보여주고 있다. 압력비가 클수록 비연료소비율이 작아지는 것을 알 수 있으며, 압력비가 큰 것일수록 최근에 개발된 가스터빈이라 생각하면 된다.

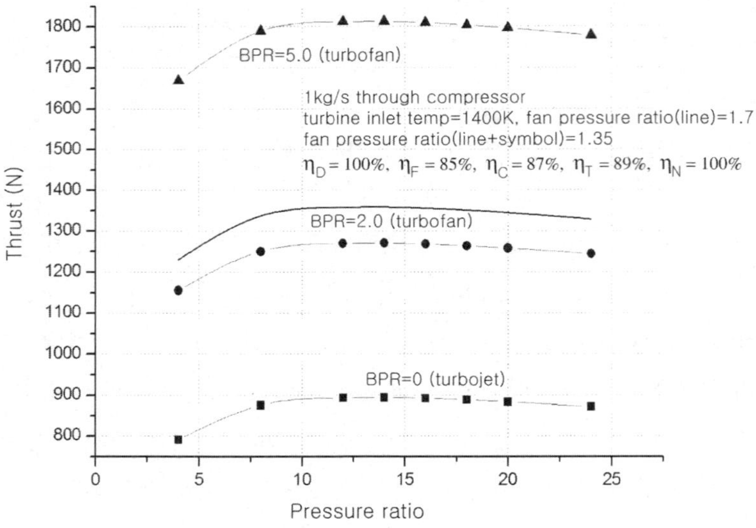


[그림 5.7] 압력비에 따른 추력의 변화(고도 0m, 비행속도 0)

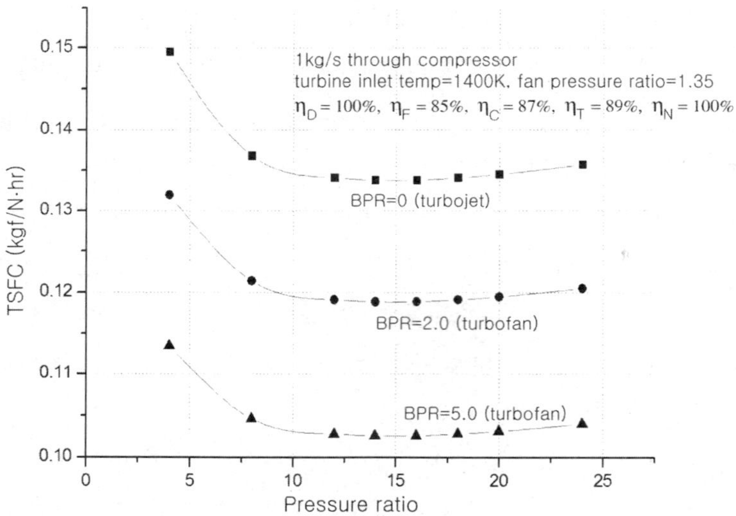


[그림 5.8] 압력비에 따른 TSFC의 변화(고도 0m, 비행속도 0)

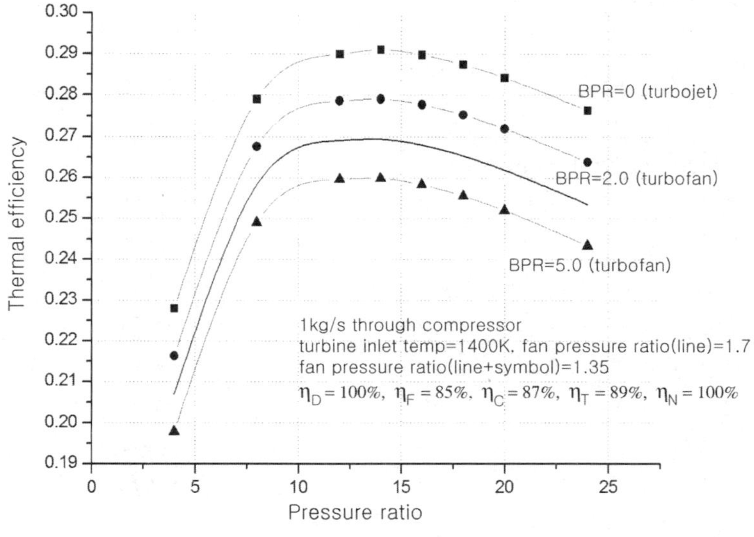


[그림 5.9] 압력비에 따른 열효율의 변화(고도 0m, 비행속도 0)

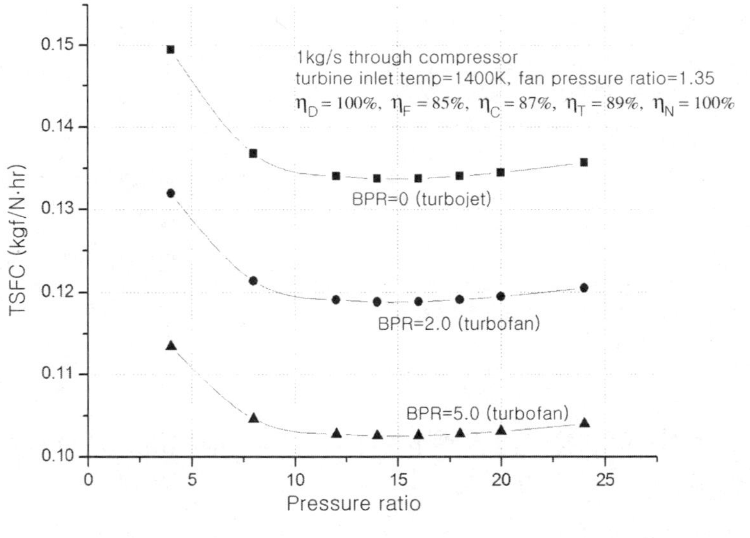


[그림 5.10] 압력비에 따른 TSFC의 변화(고도 11000m, M=0.85)

[표 5.3] 터보팬 엔진에 사용되는 전형적인 가스터빈 사양

| 제작사 모델 | 팬-압축기 단수 | 압력비 (at max rpm) | 최대추력 (해수면) lbf thrust | 비연료소모율 (at max power) lb/lbf·hr |
|---|---|---|---|---|
| Allied Signal Garret Engine Div. | | | | |
| TFE 731-3[a] | 1,4,1 | 14.6 | 3,700 | 0.506 |
| F-109-GA-100[a] | 1,2 | 16.5 | 1,300 | 0.396 |
| General Electric Co. (Aircraft Engines) | | | | |
| CF6-45A2[b] | 4,14 | 26.3 | 46,500 | 0.354 |
| CF6-50C[b] | 4,14 | 29.3 | 51,000 | 0.390 |
| CF6-80A[b] | 4,14 | 27.3 | 48,000 | 0.344 |
| CF6-80C2B6[b] | 5,14 | 31.1 | 60,800 | 0.334 |
| TF34-GE-400A[b] | 1,14 | 21.0 | 9,275 | 0.363 |
| CF700-2D-2[b] | 1,8 | 6.8 | 4,500 | 0.65 |
| General Motors Allison Gas Turbine Division | | | | |
| TF41-A-400, A-2B[b] | 3,2,11 | 21.4 | 15,000 | 0.67 |
| United Technologies Pratt & Whitney | | | | |
| TF30-P-408[b] | 16 | 18.8 | 13,400 | 0.64 |
| TF33-P-3[b] | 15 | 13.0 | 17,000 | 0.52 |
| F117-PW-100[b] | 17 | 30.8 | 41,700 | 0.34 |
| JT8D-9, 9A[b] | 13 | 15.9 | 14,500 | 0.60 |
| JT9D-7[b] | 15 | 22.3 | 45,600 | 0.362 |
| JT9D-7R4H1 | 16 | 26.7 | 56,000 | 0.364 |
| PW4056 | 16 | 30.5 | 56,750 | 0.319 |

주) [a] 축류-원심형 압축기 [b] 축류형 압축기

한편 표 5.4는 B747기와 같은 대형 민간여객기에 사용되고 있는 CF6 계열(BPR이 높음) 터보팬 엔진의 설계조건을 보여주고 있다.

터보팬 엔진은 추력이 크고 비연료소비율이 작기 때문에 대부분의 대형 민간 항공기에서 사용되고 있으며, F-15나 F-16, F-22 및 해리어(Harrier)와 같은 최신예 전투기에도 사용되고 있다. 전투기의 최대 속도는 마하 2~3 정도의 초음속이 요구되는데 나중에 살펴볼 후기연소 과정을 터보팬에 추가하면 추력이 커져 그 정도의

속도를 충분히 얻을 수 있다.

[표 5.4] 높은 BPR을 가진 CF6 계열 터보팬 엔진 설계 조건

| 설계 조건 | CF6-6 | CF6-50A |
|---|---|---|
| Take-off thrust | | |
| ideal nozzle | 40,000lb | 49,000lb |
| real nozzle | 39,000lb | 48,000lb |
| Maximum cruise thrust (35,000ft, Mach 0.85) | | |
| ideal nozzle | 9,125lb | 10,840lb |
| real nozzle | 8,800lb | 10,500lb |
| Cruise-specific fuel consumption : | | |
| ideal nozzle | 0.612 | 0.623 |
| real nozzle | 0.645 | 0.651 |
| Basic engine weight | 7,350lb | 8,100lb |
| Fan diameter | 86.4inch | 86.4inch |
| Compressor stages | | |
| low pressure | 2 | 4 |
| high pressure | 16 | 14 |
| Turbine stages | | |
| low pressure | 5 | 4 |
| high pressure | 2 | 2 |
| Bypass ratio | 6.25 | 4.3 |
| Take-off airflow(lb/s) | | |
| fan | 1,160 | 1,178 |
| core | 183 | 270 |
| Cruise airflow(lb/s) | | |
| fan | 511 | 582 |
| core | 82 | 100 |
| Pressure ratio | | |
| fan | 1.64 | 1.69 |
| overall | 26.6 | 29.9 |

마지막으로 인자 해석을 통해서 얻은 터보팬 엔진에서의 추력 증대 방안이나 기술을 몇 가지 요약하면 다음과 같다.

① 팬의 압력비를 증가시킨다. 이를 위해서 팬의 단수를 증가시키면 되는데, 팬의 단수가 늘어나므로 엔진의 중량이 늘어나게 되어 터빈 출력이 증가해야 한다. 따라서 터빈의 단수도 늘려야 한다.

② 가스발생부분 압축기의 전체 단수(팬 단수 포함)를 증가시킨다. 이를 위해서 압축기 단수를 늘리거나 압축기 회전속도를 증가시킨다.

③ 바이패스 비율 BPR을 증가시킨다. 이것은 팬의 직경을 증가시키면 가능하다(그림 5.11 참조). 팬이 커지므로 도관 크기가 커져야 하며 따라서 전체 엔진 크기도 커진다. 엔진 크기가 커지면 엔진 중량이 늘어나고 지면 과의 틈이 협소해지는데, 이륙 시 문제가 없는지 반드시 검토해야 한다.

④ 터빈 입구온도를 증가시킨다. 터빈 입구온도가 증가하면 터빈 입구 측 깃 설계를 검토해야 하고 필요하면 재설계해야 한다. 또한 추가적인 터빈 냉각이 필요할 수도 있고, 경우에 따라서는 아예 다른 냉각기술이 필요할 수도 있다.

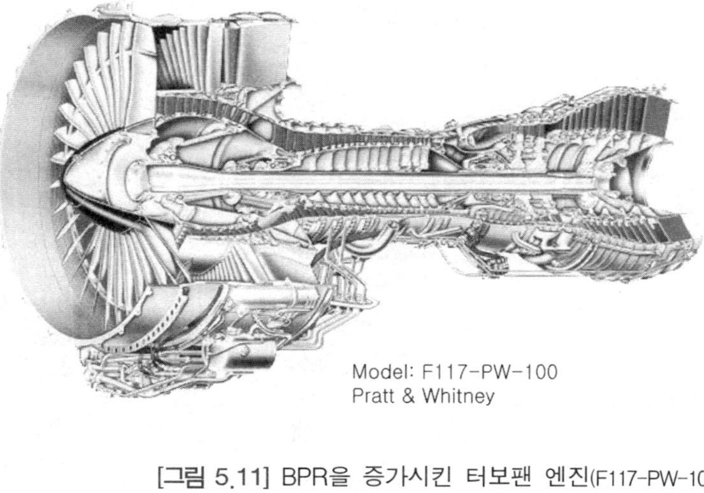


[그림 5.11] BPR을 증가시킨 터보팬 엔진(F117-PW-100)

## 5.4 터보프롭 엔진

분사추진용 가스터빈의 세 번째 응용 분야가 바로 터보프롭 엔진이다. 터보프롭 엔진은 분사 제트에 의해 전적으로 추력을 얻는 터보제트나 터보팬과는 달리 추가 장착된 프로펠러로부터 대부분의 추력을 얻으며(보통 80% 이상) 나머지를 분사 제트에 의해서 얻는다.

터보제트 엔진에 프로펠러와 감속기어 시스템을 엔진 전면부에 설치하고 프로펠러를 구동하기 위한 터빈을 추가하면 터보프롭으로 변형된다. 터보프롭 엔진은 원래 피스톤엔진 항공기에서 제트엔진 항공기로의 이행의 단계에서 양쪽의 장점을 동시에 수용하기 위하여 개발되었으나, 이륙할 때나 아음속 저속 비행 시 비연료소비율이 터보제트이나 터보팬보다 작기 때문에 비행속도보다 항속거리나 이착륙 능력을 중시하는 수송기(C-130 series)나 해상초계기 또는 중형 여객기 같은 중·소형 항공기에 주로 사용되고 있다. 그러나 고속, 장거리를 운항하는 현대의 군용 수송기나 민간 여객기의 경우, 대형 고속화 추세에 맞추어 터보팬 엔진의 장착이 일반화되고 있다.

터보프롭 엔진은 터보제트나 터보팬보다 비연료소비율이 작다고 했는데, 앞 절에서도 밝혔듯이 이런 장점은 비행고도와 비행속도가 증가할수록 사라진다. 프로펠러의 추진효율은 속도가 마하 0.5까지는 거의 일정하다고 볼 수 있으나, 그 이상의 속도가 되면 급격하게 작아진다. 이 사실은 터보프롭 엔진의 사용에는 한계가 있다는 것을 의미한다. 터보프롭 사용의 한계 속도는 현 기술수준으로 볼 때 대략 180m/s(650kmh) 정도이다. 따라서 최근에는 저속에서는 프로펠러가 고속에서는 분사 제트가 추력의 대부분을 담당할 수 있도록 하는 가변형 터보프롭 엔진을 연구하고 있다. 그림 5.12는 Allied Signal 社의 TPE331 터보프롭 엔진과 전형적인 터보프롭 엔진의 구성도를 각각 보여주고 있다.

터보프롭 엔진의 성능은 프로펠러의 축 동력에 제트의 분사 추진력이 포함되므로 보통 추력을 동력으로 환산한 후, 축 동력에 합산한 값인 **대등축동력**(equivalent shaft power, ESP)을 사용한다. 단위로 마력(horse power)을 사용한다면 대등축동력을 **대등축마력**(equivalent shaft horse power, ESHP)이라 하기도 한다. 여기서의 1마력은 대략 746W로 환산한다.

터보프롭 엔진이 정지한 상태에서 운전되는 경우, 축 동력 1 마력당 11.12N의 추력을 발생한다고 알려져 있다(또는 1kW 당 14.9N의 추력 발생). 따라서 고도 0(해수면)에서 정지한 상태의 대등축동력과 대등축마력은 다음과 같이 나타낼 수 있다.

(a) TPE 331 Turboprop engine(Allied Signal, Garret Engine Div.)

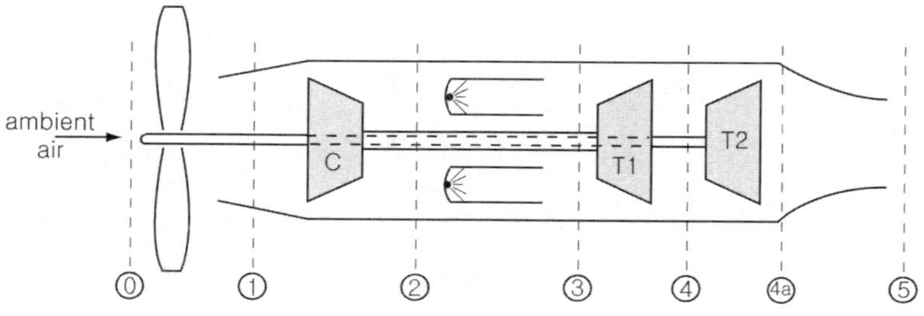


(b) Schematic diagram

[그림 5.12] 터보프롭 엔진과 구성도

$$ESP_S = SHP(kW) + \frac{\tau_{jet}(N)}{14.9}(\text{kW}) \tag{5.12}$$

$$ESHP_S = \frac{SHP(kW)}{0.746} + \frac{\tau_{jet}(N)}{11.12}(\text{hp}) \tag{5.13}$$

위 식에서 SHP는 가스발생기 측 공기량 1kg/s를 기준한 축 동력을 나타낸다. 비행기가 일정 고도에서 속도 $u_0$로 순항하고 있는 경우에는, 축 동력에 분사추진 동력을 더해주면 되는데, 이 때에는 프로펠러 효율도 고려해야 한다.

$$ESP_F = SHP(kW) + \frac{\tau_{jet}(N) \cdot u_0(m/s)}{1000 \cdot \eta_P} \ (\text{kW}) \tag{5.14}$$

$$ESHP_F = \frac{SHP(kW)}{0.746} + \frac{\tau_{jet}(N) \cdot u_0(m/s)}{746 \cdot \eta_P} \ (\text{hp}) \tag{5.15}$$

위 식에서 $\eta_P$는 프로펠러 효율이며, 대략 80% 정도의 값을 갖는다.

대등 **비연료소비율**(equivalent specific fuel consumption, ESFC)은 다음과 같이 정의된다.

$$ESFC = \frac{\dot{m}_f}{ESP}\ (\mathrm{kg_f/kW \cdot s})\ \text{또는}\ ESFC = \frac{\dot{m}_f}{ESHP}\ (\mathrm{kg_f/hp \cdot s}) \tag{5.16}$$

[예제 5.4] 터보프롭 엔진이 다음 조건(이륙 조건)으로 작동되고 있다.

고도 0, 비행속도 0

압축기로 유입되는 공기질량유량 1kg/s

압축기의 전압력비 12.0

효율 :

| | | | |
|---|---|---|---|
| 흡입구 | 100% | 압축기 | 87% |
| 압축기 구동 터빈 | 89% | 프로펠러 구동 터빈 | 89% |
| 노즐 | 100% | | |

터빈입구 전온도 1400K

최종 터빈출구 전압력 172.4kPa

두 개의 터빈은 그림 5.11과 같이 배치되어 있고, 연료는 액체 n-Octane이고 연공비는 0.03이다. 모든 효율은 전효율이며, 압축기 출구에서 1차 터빈입구까지 전압력이 일정하게 유지된다(압력손실 없음). 다음을 구하라.

(1) 프로펠러에 전달되는 축 동력

(2) 분사제트의 추력

(3) ESHP와 ESFC

(4) 터보제트 엔진과 터보팬 엔진(팬압력비=1.35)의 추력, 비연료소비율과 터보프롭의 ESHP, ESFC 값 비교

**풀이** (핵심) 압축기 유입 공기유량 1kg/s 기준, $u_0 = 0\mathrm{m/s}$

비열 데이터 : $c_{pa} = 1.005\mathrm{kJ/kg}$, $\gamma_a = 1.4$, $c_{pg} = 1.147\mathrm{kJ/kg}$, $\gamma_g = 1.33$

흡입구 : 표 5.1로부터 $p_0 = 101.325\ \mathrm{kPa}$, $T_0 = 288.15\ \mathrm{K}$

$T_{t1} = T_{t1s} = T_{t0} = T_0 = 288.15\mathrm{K}$(흡입구 효율 100%)

$p_{t1} = p_0 = 101.325\mathrm{kPa}$

압축기 : $p_{t2} = p_{t1} \cdot r_p = 101.325 \times 12 = 1215.9\text{kPa}$

$T_{t2s} = T_{t1}(p_{t2}/p_{t1})^{(\gamma_a - 1)/\gamma_a} = 288.15 \times 12^{0.4/1.4} = 586.1\text{K}$

$T_{t2} = T_{t1} + (T_{t2s} - T_{t1})/\eta_C = 288.15 + (586.1 - 288.15)/0.87 = 630.6\text{K}$

$w_C = c_{pa}(T_{t2} - T_{t1}) = 1.005(630.6 - 288.15) = 344.2\text{kJ/kga}$

연소기 : $p_{t3} = p_{t2} = 435.6\text{kPa}, \ T_{t3} = 1400\text{K}$

압축기 구동 터빈 : $w_T = w_C = 344.2 = (1+f)c_{pg}(T_{t3} - T_{t4}) \rightarrow T_{t4} = 1108.7\text{K}$

$T_{t4s} = T_{t3} - (T_{t3} - T_{t4})/\eta_{T_T} = 1400 - (1400 - 1108.7)/0.89 = 1072.7\text{K}$

$p_{t4} = p_{t3}(T_{t4s}/T_{t3})^{\gamma_g/(\gamma_g - 1)} = 1215.9(1108.7/1400)^{1.33/0.33} = 474.9\text{kPa}$

(1) 프로펠러 구동 터빈 : $p_{t4a} = 172.4\text{ kPa}$

$T_{t4as} = T_{t4}(p_{t4a}/p_{t4})^{(\gamma_g - 1)/\gamma_g} = 1108.7(172.4/474.9)^{0.33/1.33} = 862.2\text{ K}$

$T_{t4a} = T_{t4} - (T_{t4} - T_{t4as})\eta_{TP} = 1108.7 - (1108.7 - 862.2) \times 0.89 = 889.3\text{K}$

$w_{TP} = (1+f)\, c_{pg}(T_{t4} - T_{t4a}) = 1.03 \times 1.147(1108.7 - 889.3) = 259.2\text{ kJ/kga}$

$\dot{w}_{TP} = 259.2\text{kW}$ 또는 $\dot{w}_{TP} = 259.2/0.746 = 347.5\text{ hp}$

(2) 노즐 : 노즐 출구압력은 101.325kPa, $T_{t5} = T_{t5s} = T_{t4a} = 889.3\text{K}$

$T_{5s} = T_{t4a}(p_5/p_{t4a})^{(\gamma_g - 1)/\gamma_g} = 889.3(101.325/172.4)^{0.33/1.33} = 779.4\text{K}$

$T_5 = T_{5s} = 779.4\text{ K}$(가역단열)

$$u_5 = \sqrt{2c_{pg}(T_{t5} - T_5)} = \sqrt{2 \times 1147(889.3 - 779.4)} = 502.1\text{m/s}$$

$c_5 = \sqrt{\gamma_g R T_5} = \sqrt{1.33 \times 287 \times 779.4} = 545.4\text{m/s}, \ M_5 = 502.1/545.4 = 0.92$

추력, $\tau = \dot{m}_a(1+f)u_5 = 1.03 \times 502.2 = 517.3\text{N}$

(3) $ESHP_S = SHP + \tau/11.12 = 347.5 + 517.3/11.12 = 394\text{ hp}$

$ESFC_S = \dot{m}_f/ESHP = 0.03 \times 3600/394 = 0.274\text{ kg}_f/\text{hr} \cdot \text{hp}$

(4) 그림 5.7 참조

터보제트, $ESHP_S = 893/11.12 = 80.3\text{hp}$

$ESFC_S = 0.03 \times 3600/80.3 = 1.34\text{ kg}_f/\text{hr} \cdot \text{hp}$

터보팬, BPR=2, $ESHP_S = 1269/11.12 = 114.1\text{hp}$

$ESFC_S = 0.03 \times 3600/114.1 = 0.947\text{ kg}_f/\text{hr} \cdot \text{hp}$

터보팬, BPR=5, $ESHP_S = 1811/11.12 = 162.9\text{hp}$

$$ESFC_S = 0.03 \times 3600/162.9 = 0.663\text{kg}_f/\text{hr} \cdot \text{hp}$$

위의 예제는 정지 상태에 있는 터보프롭 엔진의 장점을 잘 보여주고 있다. 정지 상태 추진동력이 크다는 것은 이륙할 때 활주로의 길이가 짧아도 된다는 것을 의미한다. 또한 비연료소비율이 작으므로 저속 운행 시에는 아주 바람직하다.

터보프롭에서 프로펠러와 감속기어장치를 팬과 도관으로 바꾸면 터보팬으로 변형된다. 터보팬과 터보프롭의 작동상의 근본적인 차이점은 터보팬은 비행속도에 관계없이 팬을 통과하는 공기유량을 조절할 수 있으나, 터보프롭에서는 불가능하다. 그리고 터보프롭에서 프로펠러를 통과하는 공기유량은 터보팬을 통과하는 공기유량과는 비교도 안 될 정도로 크다는 점이다. 따라서 터보프롭 엔진을 설계할 때 가장 먼저 직면하는 중요한 문제는 압축기로 유입되는 입구도관을 어떻게 설계하느냐는 문제이다. 입구도관으로 충분한 공기가 유입되지 않는다면 엔진이 정지할 수도 있기 때문이다. 표 5.5는 터보프롭 엔진용으로 사용되고 있는 가스터빈의 사양을 제작사 별로 보여주고 있다. 압축기로는 원심형, 축류-원심형 및 축류형이 모두 사용되고 있으며, 대부분의 압력비는 6~9.5 사이에 있다는 것을 알 수 있다.

[표 5.5] 터보프롭 엔진에 사용되는 전형적인 가스터빈 사양

| 제작사 모델 | 압축기 단수 | 압력비 (at max rpm) | 최대추력 (해수면) SHP | 비연료소모율 (at max power) lb/lbf·hr |
|---|---|---|---|---|
| Allied Signal Garret Engine Div. | | | | |
| TPE331-1[c] | 2 | 8.3 | 665 | 0.571 |
| TPE351-20[c] | 2 | 13.2 | 1,300/2,103 | 0.496 |
| General Electric Co. Aircraft Engines | | | | |
| T58-GE-8F[b] | 10 | 8.2 | 1,350 | 0.60 |
| T64-GE-7A[b] | 14 | 14.1 | 3,936 | 0.47 |
| General Motors Allison Gas Turbine Division | | | | |
| T56-A-14[b] | 14 | 9.6 | 4,591 | 0.54 |
| T56-A-427[b] | 14 | 12.0 | 5,250 | 0.47 |
| T703-A700[c] | 1 | 8.6 | 650 | 0.59 |
| 250-B17C[a] | 6,1 | 7.2 | 420 | 0.66 |
| 250-C28B, C[c] | 1 | 8.4 | 550 | 0.59 |

주) [a] 축류-원심형 압축기 [b] 축류형 압축기 [c] 원심형 압축기

## 5.5 물분사와 후기연소

항공기에서 비행 상태에 따라 일시적으로 큰 추력이 요구되는 경우가 있다. 예를 들어 이륙할 때나 상승할 때 또는 전투기동을 할 때이다. 일반적으로 항공기가 순항할 때는 큰 추력이 요하지 않기 때문에 일시적인 추력 증강을 위해서 큰 추력의 엔진을 사용하는 것은 경제적인 방법이 아니다. 따라서 일시에 큰 추력이 필요한 경우에만 특별한 방법을 사용하여 일시적으로 추력을 증강시키는 것이 일반적인 방법이다.

4장에서 동력을 증대시키는 방안으로 내부 냉각과 재열 방안을 고려하였다. 분사추진 가스터빈에서도 내부 냉각과 재열 방안을 적용하면 추력의 증대를 도모할 수 있는데 물분사(water injection) 방법과 후기연소(after burning) 방법이 바로 그것이다.

후기연소 방법은 터빈을 나온 공기에 연료를 분사하여 재연소를 시키는 방법이다. 연공비가 매우 작기 때문에 추가연소를 위한 공기량은 충분하다고 할 수 있다. 후기연소를 하면 가스의 운동량이 커져 추력의 증대를 가져오는데, 작동조건에 따라 다르지만 최소 40% 이상의 추력 증대를 가져올 수 있다. 터보제트나 터보팬 모두 후기연소기를 장착할 수 있다. 터보팬인 경우 도관에도 후기연소기를 장착할 수 있는데, 도관과 가스발생기 부분 두 곳 모두 후기연소기를 장착한 터보팬 엔진도 있다. 그리고 후기연소기를 장착한 터보팬 엔진은 거의 다 혼합형이다. 왜냐하면 비혼합형인 경우에는 매우 뜨거운 가스유동 사이에 벽이 존재하므로 복잡한 냉각 문제가 발생한다. 또한 후기연소기를 가진 엔진의 노즐 출구 단면적은 다소 커져야 하기 때문에 단면적이 변화될 수 있는 가변식 노즐이 부착된다. 적절하게 설계된 후기연소기와 가변식 노즐은 엔진의 작동에 영향을 주지 않는다. 그림 5.13은 후기연소기를 가진 J79, J85 터보제트 엔진과 F100, F110-129 터보팬 엔진을 보여주고 있다.

후기연소기가 없는 터보제트나 터보팬 엔진에서 추력증대를 위해 사용하는 방법이 물분사 방법이다. 물은 압축기 입구에서 분사될 수도 있고 압축기와 연소기 사이에서도 분사될 수 있다.

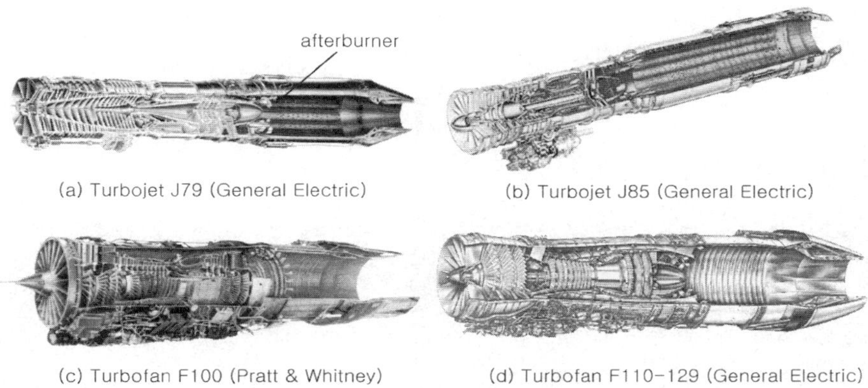


(a) Turbojet J79 (General Electric)　(b) Turbojet J85 (General Electric)

(c) Turbofan F100 (Pratt & Whitney)　(d) Turbofan F110-129 (General Electric)

[그림 5.13] 후기연소기가 장착된 터보제트와 터보팬 엔진

추력을 결정하는 인자 중의 하나가 흡입되는 공기유량이다. 더운 날 비행하거나 또는 비행고도가 높아지면 온도증가나 기압감소에 의하여 공기의 비체적이 증가한다. 비체적이 증가하면 체적유량이 일정하다 해도 질량유량은 감소하게 되므로 추력 및 축 동력이 감소하게 된다. 이런 상황에서 압축기 입구에서 물을 분사하면 공기의 질량유량이 증가하고, 온도는 떨어져 실제 압축기일이 감소하고 추력은 증가하게 된다. 대기온도가 높아질수록 물분사로 인한 추력 증대는 두드러진다. 한편 압축기와 연소기 사이에서 물을 분사하면 연소기로 들어가는 공기의 온도를 낮출 수 있다. 연소기 입구 공기온도가 낮기 때문에 조금 더 많은 연료를 분사하여 연소시켜도 되고 결국 추력이 증가한다. 보통 물분사 방법으로 10~30% 정도의 추력증대 효과를 볼 수 있다.

현재의 대부분의 전투기들은 물분사 방법을 사용하지 않고 후기연소기를 사용하도록 설계하고 있다. 대형폭격기나 급유기들은 대기온도가 4℃ 이하인 경우에는 물분사를 사용하지 않거나, 대기온도가 낮더라도 물분사 장치를 가동할 수 있도록 물탱크 안에 히터를 설치하기도 한다.

이제까지 세 가지 형태의 추진 분사용 가스터빈에 대해서 살펴보았다. 세 가지 형태 모두 장단점을 가지고 있으나 가장 단점이 적은 것이 터보팬이다. 현재 터보팬 엔진은 가장 이상적인 엔진에 가깝다고 볼 수 있으며, 광범위하게 사용되는 항공기용 추진 장치로서 군용 및 민간용의 모든 대형 항공기의 엔진으로 각광받고 있다. 그림 5.14는 터보팬 엔진을 장착하고 있는 항공기와 사용된 터보팬 엔진의 모델을 보여주고 있다.

수송기, C141C Starlifter (1997년)
Pratt & Whitney, TF33-P-7(4개)

수송기, C17 Globemaster II (1993년)
Pratt & Whitney, F117-PW-100(4개)

폭격기, B2 Spirit (1993년)
GE, F-118-GE-100(4개)

폭격기, F117A Nighthawk (1982년)
GE, F404(2개)

근접지원기, A10 Thunderbolt (1976년)
GE, TF34-GE-100(2개)

전투기, F16 Falcon (1979년)
GE, F110-GE-129(1개)

여객기, B727-200 (1967년)
Pratt & Whitney, JT8D-17(3개)

여객기, B747-400 (1993년)
GE, CF6-80C2B5(4개)

**[그림 5.14]** 터보팬 엔진 비행기(연도는 최초 인도 또는 최초 실전배치 연도임)

## 연습문제

**5.1** 저위발열량이 43MJ/$kg_f$인 연료를 사용하며, 연료소비율은 0.18kgf/N·hr(추력 당, 시간 당 의미임)인 터보제트 엔진이 있다. 이 엔진의 추력은 9kN이며, 비행속도는 500m/s이다. 압축기를 통과하는 공기의 유량이 27kg/s일 때 공연비, 추진효율 및 열효율을 각각 구하라.

**5.2** 1350m/s의 속도로 날고 있는 제트기가 있다. 배기제트의 속도는 2700m/s이며, 압축기를 통과하는 공기 유량은 75kg/s이다. 추력, 추진 동력 및 추진효율을 구하라.

**5.3** 터빈 입구온도가 1200K인 경우 예제 5.1을 다시 계산하고 결과를 비교하라. 다른 조건은 동일하다.

**5.4** 터빈 입구온도가 1200K인 경우 예제 5.2를 다시 계산하고 결과를 비교하라. 다른 조건은 동일하다.

**5.5** 터빈 입구온도가 1200K인 경우 예제 5.3을 다시 계산하고 결과를 비교하라. 다른 조건은 동일하다.

**5.6** 팬 압력비가 1.7인 경우 예제 5.3을 다시 계산하고 결과를 비교하라. 다른 조건은 동일하다.

**5.7** 압력비가 10인 경우 예제 5.3을 다시 계산하고 결과를 비교하라. 다른 조건은 동일하다.

**5.8** 터빈 입구온도가 1200K인 경우 예제 5.4를 다시 계산하라. 다른 조건은 동일하다.

**5.9** 터보제트 엔진이 다음과 같은 조건으로 운전되고 있다.

| | |
|---|---|
| 고도와 비행속도 | 8,000m, 마하 0.9 |
| 압축기로 유입되는 공기유량 | 1kg/s |
| 압축기의 전압력비 | 15 |

효율 : 흡입구 100%, 압축기 87%, 터빈 89%, 노즐 100%

| | |
|---|---|
| 터빈입구 전온도 | 1400K |

연료는 액체 n-Octane(298K로 공급됨)이며 연공비는 0.022이다. 연소기에서의 압력 손실은 없다. 즉 압축기 출구에서부터 터빈 입구까지의 전압력은 일정하다. 주변 공기의 압력과 온도는 35.6kPa, 236.15K이다. 노즐은 수축-확대 노즐이며 주변 대기압까지 팽창한다. 추력과 추력 당 비연료소비율을 구하라.

**5.10** 비혼합형 터보팬 엔진이 다음과 같은 조건(이륙 조건)으로 운전되고 있다.

| | |
|---|---|
| 주변공기 온도, 압력 | 288K, 101.3kPa |
| 비행속도(고도 0) | 0 |
| 압축기로 유입되는 공기량 | 225kg/s |
| 압축기의 전압력비(팬 포함) | 13 |
| 팬 전압력비 | 1.6 |
| BPR | 1.4 |
| 터빈입구 전온도 | 1400K |

효율 : 흡입구 100%, 압축기 87%, 팬 85%, 터빈 89%, 노즐 100%, 압축기출구부터 터빈입구까지 전압력이 일정하다. 연료는 액체 n-Octane이며 298K로 공급되고, 연공비는 0.021이다. 주 노즐과 팬 노즐에서는 주변 대기압으로 팽창한다. 추력과 추력 당 비연료소비율을 구하라.

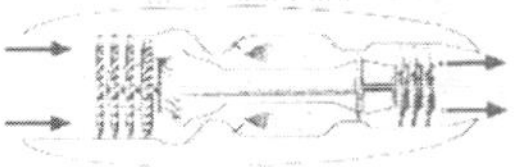

# 제6장

# 흡입구, 노즐 및 연소기

6장부터는 가스터빈 구성장치인 공기 흡입구, 연소기, 압축기, 터빈 및 노즐 설계에 대한 기본적인 내용을 다루게 된다. 사실 구성장치의 설계에는 많은 변수가 있고 복잡하다. 또한 각각의 구성장치의 설계는 하나하나가 한 권의 책으로도 서술될 정도로 방대한 내용을 갖고 있다. 따라서 본 교재에서는 핵심이 되는 내용만을 엄선하여 설계의 기본 가이드라인을 제시하고자 한다.

본 장에서는 흡입구와 노즐 및 연소기에 대한 내용을 다룬다. 사실 세 가지 구성장치가 서로 완전하게 연관되는 것은 아니나, 그 내용의 분량이 다소 적기 때문에 한 장으로 묶게 되었다.

## 6.1 흡입구

가스터빈 흡입구는 전압력 손실을 가능한 한 작게 하면서 충분한 공기를 압축기에 공급하여 요구되는 동력이나 추력을 추출하는 데에 목적이 있다. 흡입구는 글자 그대로 입구만을 의미하는 것이 아니라 입구로부터 팬 또는 압축기 입구까지의 흡입도관도 포함하는 것으로 생각한다. 항공기용 흡입구인 경우에는 지상의 정지상태부터 고속비행에 이르기까지 항상 정해진 공기량을 압축기에 공급해야 하기 때문에 매우 중요하다. 흡입구가 갖추어야 할 일반적인 요건은 다음과 같다.

- 항상 일정하고 연속적인 공기흐름이 유지되어야 한다.
- 흡입공기량이 적절하게 유지되어 압축기 실속 및 터빈온도 상승을 방지해야 한다.
- 유입 공기 통로가 가능한 한 똑바르고 저항이 적어야 한다.
- 압축기로 들어가는 공기흐름에는 난류가 없어야 하며, 압축비를 증가시킬 수 있어야 한다.
- 엔진의 장착 위치에 따라 도관의 길이 및 모양이 적절해야 한다.
- 흡입구에 기인한 항력(drag force)을 가능한 한 작게 하여야 한다.

흡입구는 **아음속 흡입구**(subsonic inlet)와 **초음속 흡입구**(supersonic inlet)로 구분할 수 있다.

## 1. 아음속 흡입구

아음속 흡입구는 아음속으로 비행하는 항공기용 가스터빈이나 산업용 가스터빈의 흡입구를 말한다.

항공기용 아음속 흡입구는 그림 6.1(a)에서 보는 것과 같은 형태가 일반적이다. 아음속 항공기의 속도는 보통 M=0.8~0.9이고, 비행속도에 관계없이 압축이 가능한 최대속도는 M=0.5이기 때문에, 그림에서 보는 것처럼 **확산관**(디퓨저) 형태로 만든다. 한편 산업용과 같이 정지상태에서 운전되는 가스터빈의 흡입구는 보다 많은 양의 공기를 흡입하기 위해서 그림 6.1(b)에서 보는 바와 같이 **종구**(bell-mouth) 모양으로 만들어진다. 이런 형태의 흡입구는 디퓨저보다는 저속 노즐에 가깝다.

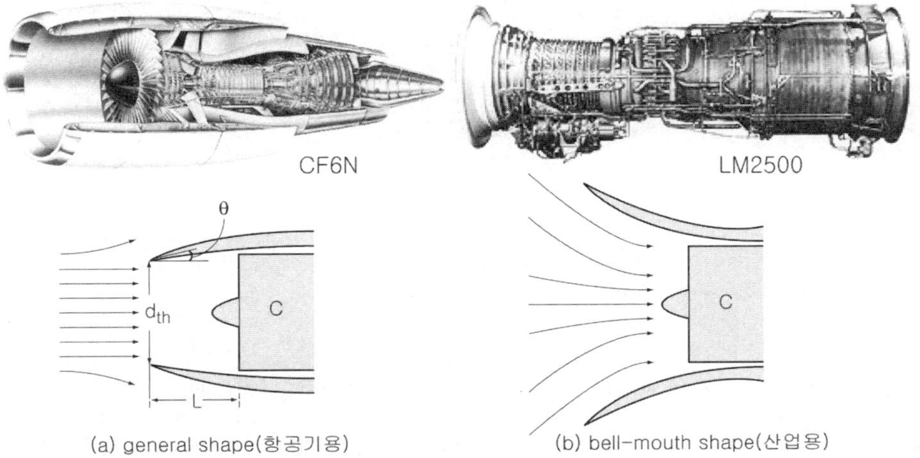


**[그림 6.1]** 아음속 흡입구의 형태

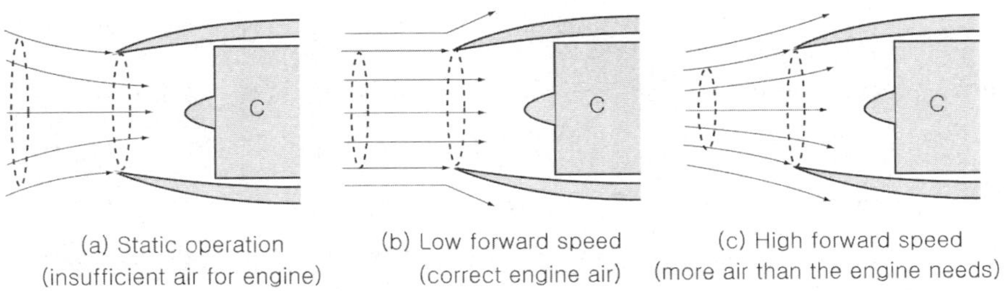


[그림 6.2] 아음속 흡입구 주위 공기의 유동상태

그림 6.2는 항공기용 흡입구에서의 유선형태를 보여주고 있다. 엔진에서 요구되는 유입 공기속도보다 비행속도가 작은 경우(이륙이나 상승 시)에는 그림 (a)에서 보듯이 흡입효과(suction effect)가 나타나서 많은 양의 공기가 가속되면서 흡입구 안으로 유입된다. (b)는 유입 공기속도와 비행속도가 일치하는 경우를 나타내고, (c)는 고 아음속으로 비행할 때의 유선형태를 나타내고 있다. (c)의 경우가 바로 항공기가 순항할 때의 유선형태이다. 순항할 때는 엔진이 많은 공기를 필요로 하지는 않지만 비행속도가 크기 때문에 공기가 확산되어 유입되고, 적절한 수준으로 계속 감속되어 압축기로 들어가게 된다. 이 때 흡입구 안쪽 확산관에서 경계층 박리현상이 일어나지 않도록 잘 설계해야 한다. 그림 6.3은 항공기의 **영각**(또는 받음각, angle of

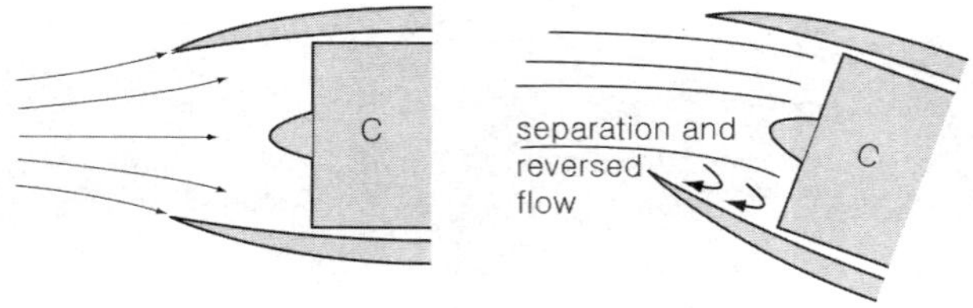


**[그림 6.3]** 영각에 의한 흡입구 유동상태의 변화

attack)이 클 때, 확산관에서 경계층 박리가 일어나 손실이 발생할 수 있다는 것을 보여주고 있다. 따라서 고 영각에서도 경계층 박리가 일어나지 않도록 공기 흡입구의 립(lip)이 아래로 기울어진 항공기도 있다.

그림 6.1(a)에 표시되어 있는 확산각 $2\theta$가 커질수록, 동일한 확산각에서는 종횡비 $L/d_{th}$가 커질수록 경계층 박리 확률이 높아진다. 요즈음에는 확산관 안쪽에 **와류발생기**(vortex generator)을 설치하여 경계층이 박리되는 것을 억제하기도 한다.

아음속 흡입구의 목 직경 $d_{th}$는 최대질량유량 조건에서 구하게 되는데, 최대 질량유량과 최대설계 마하수를 알면 유량함수를 사용하여 구할 수 있다. 압축이 가능한 압축기 입구속도는 대략 M=0.5이고, 이를 위해서는 목에서의 마하수가 0.8을 초과해서는 안 된다 것이 흡입구의 일반적인 설계조건이다. 유량함수 식 (3.28)의 우변 항에 M=0.8을 대입한 값을 $MFP(0.8)$이라 표시하면, 목 직경은 다음과 같이 나타낼 수 있다.

$$d_{th} = \sqrt{\frac{4}{\pi}\left[\frac{\dot{m}_{\max}\sqrt{T_{t0}}}{p_{t0}}\right]\frac{1}{MFP(0.8)}} \tag{6.1}$$

위 식에서 $\dot{m}_{\max}$는 최대질량유량이다.

이미 4장과 5장에서 살펴보았듯이 엔진성능을 해석하는 데 있어서 중요한 것은 바로 압축기 입구 전온도와 전압력이다. 흡입구에서의 과정은 단열과정이므로 압축기 입구 전온도는 관계식 $T_{t1} = T_{t0} = T_0 + u_0^2/(2\,c_{pa})$을 사용하여 쉽게 구할 수 있다. 한편 압축기 입구 전압력 $p_{t1}$은 흡입공기의 전압력 $p_{t0}$에서 흡입구에서의 손실을 빼면 되는데, 사실 전압력 손실을 이론적으로 계산한다는 것은 매우 어렵다. 따라서 공기흡입구 등엔트로피 효율 $\eta_D$, 램 효율 $\eta_r$ 또는 회복계수 $\eta_R$을 정의해서 사용하고 있다(식 (4.11), (4.12) 및 (4.13) 참조). 이 중에서 회복계수가 가장 간단하기 때문에 주로 사용되고 있으며, 실험을 통해서 제시된 데이터나 실험식을 이용하여 그 값을 구하게 된다. 잘 설계된 아음속 흡입구의 회복계수는 보통 0.95~0.97이다.

흡입구에는 입구 입자 분리기가 부착되기도 한다. 항공기가 지상에서 운전될 때는 동전, 나사 등의 다소 큰 물체뿐만 아니라 모래나 흙 같은 작은 입자들이 강력한 흡입력에 의해 흡입구로 빨려 들어갈 수가 있는데, 고속으로 회전하고 있는 팬이나 압축기로 들어가게 되면 엔진에 큰 손상을 입히게 된다. 입구 입자 분리기는 이와 같은 이물질을 공기와 분리시켜 엔진으로 유입되지 않도록 하는 장치이다.

## 2. 초음속 흡입구

초음속 흡입구는 항공기용 가스터빈에서만 사용되며, 아음속 흡입구보다 설계하기가 매우 어렵다. 초음속 흡입구는 아음속 흡입구에서 요구되는 사항을 모두 만족시켜야 하며, 한 가지 조건을 더 만족시켜야 하는데, 그것은 바로 아음속으로 속도를 떨어뜨려 압축기로 공급해야 한다는 것이다. 따라서 흡입구 바깥쪽이나 안쪽에서 경사 충격파나 수직 충격파를 발생시켜 속도를 아음속으로(M=0.4~0.5 정도) 떨어뜨려 에너지 손실을 최소화해야 하며, 항상 초음속으로만 비행하는 것은 아니기 때문에 이륙할 때나 아음속으로 정상 순항할 때에도 흡입구의 역할을 충분히 할 수 있어야 한다.

그림 6.4는 초음속 흡입구의 여러 가지 형태와 작동특성을 보여주고 있다. 최대 비행속도가 마하 1보다 약간 큰 경우는 그림 6.4(a)처럼 흡입구 앞에서 수직 충격파나 곡면 충격파(bow shock wave)를 발생시켜 속도를 떨어뜨리는 것이 보통이며, 이런 형태를 **수직 충격파 압축 흡입구**라 한다(F-4, F-5, F-16 등).

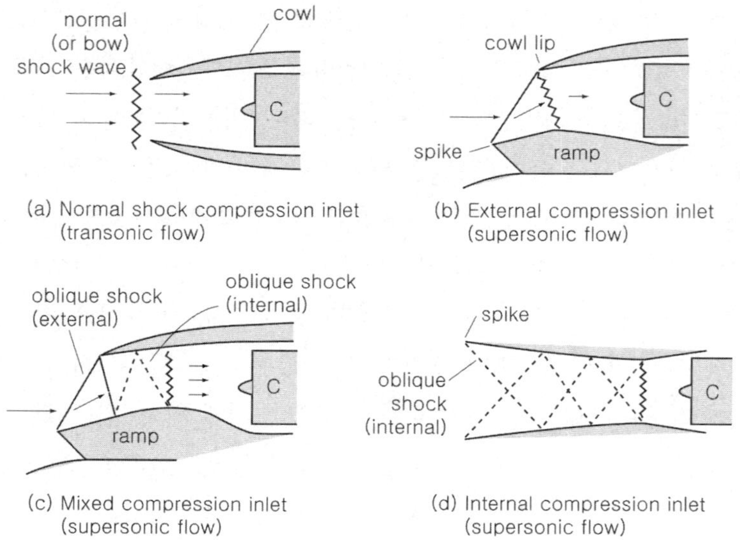


[그림 6.4] 초음속 흡입구의 종류

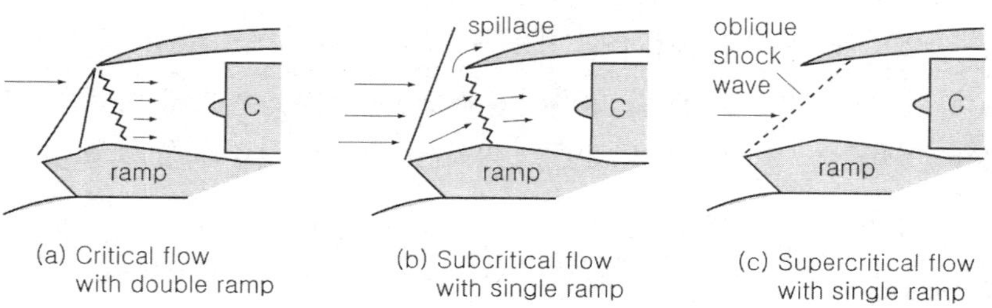


[그림 6.5] 비행속도에 따른 충격파의 형태

이 형태는 아주 간단하고 마하수 1.5 혹은 2.0까지도 어느 정도 안정적으로 공기가 흡입되지만, 마하수 2.0보다 커지면 회복계수가 급격하게 작아진다. 예를 들어 M=3인 경우 회복계수는 0.32에 불과하다.

따라서 마하수가 큰 초음속의 경우는 그림 (b)~(d) 형태의 흡입구를 사용한다. 그림 6.4(b)는 **외부 압축 흡입구**라 하는데 램프 스파이크에 의해서 형성된 경사 충격파로 인해서 낮은 초음속으로 감속되고, 흡입구의 엔진 덮개(cowl)에서 다시 수직 충격파가 발생되어 아음속으로 떨어진다(F-15, F-18 등). 내부 확산관에서는 계속해서 감속되므로 압력이 상승한다. 그림에서는 경사충격파가 하나이지만 마하수가 2 이상인 경우는 램프의 곡면에 굴곡을 만들어 최소한 두 개 이상의 경사 충격파와 수직 충격파로 속도를 떨어뜨린다(그림 6.5(a) 참조). 이론적으로 경사 충격파가 많을수록 정체압력의 전체적인 손실이 작아지나 박리가 일어날 가능성은 커진다. 따라서 정체압력이 회복될 수 있는 장점과 박리현상이 일어날 수 있는 단점을 잘 조화시켜 경사 충격파의 수를 조절해야 한다. 일반적으로 마하 2.0 미만인 경우는 한 개, 2.0 이상인 경우는 여러 개가 발생되도록 설계하고 있다.

그림 6.4(c)는 **혼합 압축 흡입구**라 하는 것으로 경사 충격파가 흡입구 내부에서도 발생되며, 최종적으로 흡입구 내 목부에서 형성된 수직 충격파에 의해서 아음속으로 속도가 떨어진다. 혼합 압축 흡입구는 매우 고속으로 비행하는 SR-71(최대속도 마하 3.3)과 같은 항공기에서만 사용된다. 마지막으로 그림 6.4(d)는 **내부 압축 흡입구**로서, 다소 긴 흡입관 내에서 연속적으로 경사 충격파가 발생되며, 최종 목부에서 수직 충격파가 발생되어 속도를 아음속으로 떨어뜨린다.

흡입구 설계속도(critical flow)로 비행하는 경우는 램프, 스파이크에서 형성된 경사 충격파가 덮개 립과 접촉하게 되며, 덮개 립에서 발생된 수직 충격파가 흡입관 목부에 접촉하게 된다(그림 6.4 (b)와 (c) 및 그림 6.5 (a) 참조). 그러나 설계속도보다 작은 속도(subcritical flow)로 비행하는 경우는 그림 6.5(b)와 같이 경사 충격파는 덮개 립과 접촉하지 못한다. 만일 설계속도보다 큰 속도로 비행하는 경우에는(supercritical flow) 그림 6.5(c)처럼 램프에서 발생한 경사충격파가 덮개 안쪽 면에 접촉하게 된다.

다음 식은 美 군용기 기준(Military specification, MIL-E-5008B)을 적용한 초음속 흡입구의 전형적인 회복계수 관계식을 나타내고 있다.

$$\begin{aligned} \eta_R &= 1 & M_0 &\le 1 \\ &= 1 - 0.075(M_0 - 1)^{1.35} & 1 < M_0 &< 5 \\ &= 800/(M_0^4 + 935) & 5 &< M_0 \end{aligned} \tag{6.2}$$

이미 언급했듯이 초음속 흡입구는 여러 가지 비행조건에서도 효율적으로 작동해야 하기 때문에 가변식 흡입구로 만드는 것이 바람직하다. 이를 위해서 그림 6.6에서처럼 스파이크를 움직여서 조정하거나(높은 마하수: 전진, 낮은 마하수: 후퇴) 덮개 립의 각도를 조절하는 방법을 보통 사용한다.

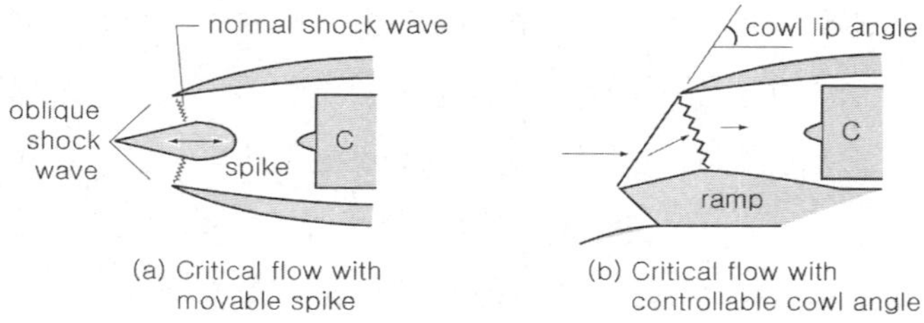


[그림 6.6] 가변 흡입구의 종류

그림 6.7은 실제 초음속 비행기의 흡입구 형태를 보여주고 있다. 터보제트 엔진의 경우는 스파이크 형을, 터보팬 엔진의 경우는 팬이 있으므로 램프 형을 사용하고 있다는 것을 알 수 있다.

최근의 전투기용 흡입구 설계 동향은 과거와는 사뭇 다른데, 중요한 몇 가지를 살펴보면 다음과 같다.

- 마하수 2.0 이상의 고속비행능력이 크게 요구되지 않음
- 고정 흡입구를 사용하여 중량, 개발비용 및 유지비용 절감
- 스텔스 성능이 중요시되면서, 최적의 스텔스 성능을 낼 수 있는 형태로 설계 변경
- 흡입도관은 대부분 S자 형태로 휘어서 엔진 팬 깃에 부딪혀 산란된 레이더 전파가 쉽게 빠져나갈 수 없도록 설계

[그림 6.7] 초음속 항공기의 실제 흡입구 형상

[예제 6.1] 고도 14000m에서 마하 3.0으로 비행하고 있는 항공기의 외부 압축 흡입구를 오른쪽 그림에서 보여주고 있다. 경사 충격파의 경사각 $\theta$는 27.8°이다. 다음 물음에 답하라.

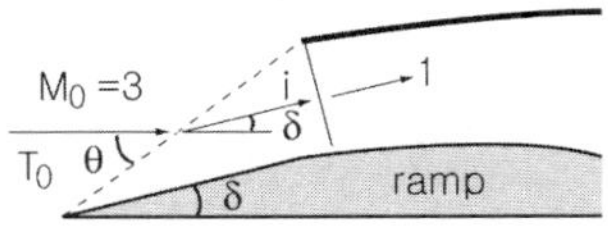


(1) 비행속도와 경사 충격파로 유입되는 공기의 전온도와 전압력을 구하라.

(2) 경사 충격파를 통과한 공기의 마하수, 전압, 정압, 정온도 및 후류 경사각(또는 스파이크 첨예각) $\delta$를 각각 구하라.

(3) 수직 충격파를 통과한 공기의 마하수, 전압, 정압 및 정온도를 각각 구하라.

**풀이** (핵심) 표 3.1과 예제 3.6 참조

공기 데이터 : $c_{pa} = 1.005\text{kJ/kg},\ \gamma_a = 1.4,\ T_0 = 216.65\text{K},\ p_0 = 14.102\text{kPa}$

(1) $u_0 = 3\sqrt{1.4 \times 287 \times 216.65} = 885\text{m}$

$$T_{to} = T_0 + u_0^2/(2c_{pa}) = 216.65 + 885^2/(2 \times 1005) = 606.3\text{K}$$

$$p_{t0} = p_0(T_{t0}/T_0)^{\gamma_a/(\gamma_a-1)} = 14.102(606.3/216.65)^{1.4/0.4} = 517\text{kPa}$$

(2) $M_{\theta 0} = 3.0\cos 27.8^o = 2.6537,\ M_{n0} = 3\sin 27.8^o = 1.399 \cong 1.4$

표 3.1로부터

$$M_{ni} = 0.73971,\ p_i/p_0 = 2.12,\ T_i/T_0 = 1.2547,\ p_{ti}/p_{t0} = 0.95819$$

$$M_{\theta i} = 2.6537\sqrt{(1/1.2547)} = 2.3691$$

$$M_i = \sqrt{0.73971^2 + 2.3691^2} = 2.482$$

$$\tan(\theta - \delta) = M_{ni}/M_{\theta i} = 0.73971/2.3691 = 0.3122$$

따라서 후류 경사각 $\delta = 27.8 - 17.3 = 10.5^o$

$$p_i = 2.12 \times 14.102 = 29.9\,\text{kPa},\ T_i = 1.2547 \times 216.65 = 268.1\,\text{K}$$

$$p_{ti} = 0.95819 \times 517 = 495.4\,\text{kPa}$$

(3) 표 3.1로부터 보간법을 사용하면

$$M_{n1} = 0.515,\ p_1/p_i = 7.02,\ T_1/T_i = 2.12,\ p_{t1}/p_{ti} = 0.506$$

$$M_1 = 0.515 \times 2.482 = 1.28,\ p_1 = 7.02 \times 29.9 = 209.9\text{kPa}$$

$$T_1 = 2.12 \times 268.1 = 568.4\text{K},\ p_{t1} = 0.506 \times 495.4 = 250.7\text{kPa}$$

*** 예제의 결과로부터 수직 충격파 후류의 마하수가 1보다 크므로 흡입구가

정상 작동하는 것이 아니다. 램프의 스파이크를 뒤로 물리거나 덮개 립의 각도를 조절하는 방식으로 경사 충격파의 경사각을 크게 하면 최종 마하수를 낮출 수 있다.

## 6.2 노즐

이미 알고 있는 바와 같이 터보축 가스터빈 엔진에서는 노즐을 사용하지 않는다. 연소가스를 그대로 대기로 방출하므로 손실이 적고 저속으로 배출되도록 확산관을 터빈에 연결하여 사용한다.

노즐은 연소가스를 팽창시켜 고속으로 분사하여 높은 추력을 얻는데 그 목적이 있다. 배기제트의 속도가 커질수록 운동에너지가 커지고 비추력이 커진다. 주어진 엔진에서 최대 추력은 노즐 출구 배기제트의 압력($p_e$)을 주변 대기압(배압, $p_0$)까지 낮추면 얻을 수 있다. 노즐에는 수축노즐과 수축-확대 노즐이 있으며, 노즐 출구 배기제트의 전압력과 대기압의 비인 $p_{te}/p_0$(**노즐 압력비**, nozzle pressure ratio)가 6보다 큰 경우에 수축-확대 노즐이 사용된다.

일반적으로 노즐이 갖추어야 할 요건은 다음과 같다.

- 최소의 전압손실로 배기가스를 충분히 가속시켜야 한다.
- 노즐 출구의 압력을 가능한 한 주변 대기압까지 낮춘다.
- 필요하다면 가변 단면적 노즐을 사용하여 설계조건 뿐만 아니라 탈설계 조건에서도 손실을 최소화해야 한다.
- 필요하다면 가변 단면적 노즐을 사용하여 후기연소가 주 엔진 작동에 영향을 끼치지 않도록 해야 한다.
- 노즐 벽이 과열되지 않도록 해야 한다.
- 필요하다면 역추력(reversed thrust)도 가능해야 한다.
- 배기제트의 소음과 열복사를 줄여야 한다.
- 필요하다면 추력 벡터 제어(thrust vector control)도 가능해야 한다.

**수축 노즐**과 **수축-확대 노즐**에 대한 기본 내용은 이미 3장에서 다루었으며 실제 엔진에 적용한 예들은 6장에서 다루었다. 아음속으로 운항하는 민간 항공기는 대부분 고정된 단면적을 갖고 있는 수축 노즐을 사용하고 있다. 반면에 초음속으로 운항하는 항공기는 노즐의 형상이 수시로 변하는 **가변 수축-확대 노즐**을 보통 사용한다.

일반적인 노즐의 종류는 다음과 같다.

- 고정 단면적을 갖는 수축 노즐
- 고정 단면적을 갖는 수축-확대 노즐
- 단면적이 변하는 수축-확대 노즐
- 플러그(plug) 노즐
- 이차원 노즐

대다수의 항공기용 엔진은 후기연소 장치를 갖고 있기 때문에 노즐 목부의 면적을 변화시킬 수 있는 가변 노즐이 필요하다. 후기연소를 사용하면 추력이 증대되지만 더불어 취급 유량도 많아지기 때문에 보다 큰 노즐이 요구된다. 또한 탈설계 조건으로 비행할 때에 손실을 최소화하기 위해서도 가변 노즐이 사용된다. 예를 들어 초음속 수축-확산 노즐의 경우, 설계조건으로 비행할 때는 출구압력이 대기압과 같으므로 배기제트의 유동은 순조롭지만, 설계 속도보다 높거나(출구압력>대기압), 낮은 속도로 비행할 때는(출구압력<대기압), 후류에서 복잡한 유동상태가 전개되고 경계층 박리 등 손실이 야기되기 때문이다.

그림 6.8(a)는 가변 노즐의 한 방법으로 단면적을 변화시키는 가변 수축-확대 노즐을 개념적으로 보여주고 있다. 또 다른 방법으로 플러그 노즐을 들 수 있는데 그림 6.8(b)에 나타나 있다. 플러그의 좌우 운동으로 단면적을 변화시킬 수 있는데 구조적으로 취약하고 플러그를 냉각시켜야 하는 단점이 있다.

이차원 노즐은 간단히 말해서 수직 방향의 길이보다 수평방향의 길이가 훨씬 긴 형태(또는 그 반대의 형태)의 노즐을 말한다. 보통 직사각형의 형상을 갖는다. 만들기 쉽고 항력이 작아지는 장점은 있으나 무거워지고 아음속에서는 노즐효율이 낮다는 단점이 있다. 그림 6.9는 실제 항공기의 노즐 형태를 보여주고 있다.

요즈음 민간 여객기는 대형화 추세에 있다. 한 예로 에어버스 社의 최신예기인 A380-800은 최대 승객 853명, 최대 이륙 중량 560ton, 최대 순항속도 마하 0.89이다. 이륙할 때도 문제지만 착륙할 때, 그처럼 큰 운동량을 줄여서 기존의 활주로에 안착시키는 문제를 해결해야 한다. 플랩(flap)을 사용하여 감속할 수 있지만 이것만으로는 충분하지 않기 때문에 다른 감속방법을 강구해야 한다. 이 때 사용하는 것이 **역추력 장치**이다. 이 방법은 엔진의 회전속도를 줄이지 않으면서도 배기제트를 전방으로 방향을 전환시켜 발생된 역추력에 의해서 감속된다. 그림 6.10(a)는 작동중인 역추력 장치를 보여주고 있다.

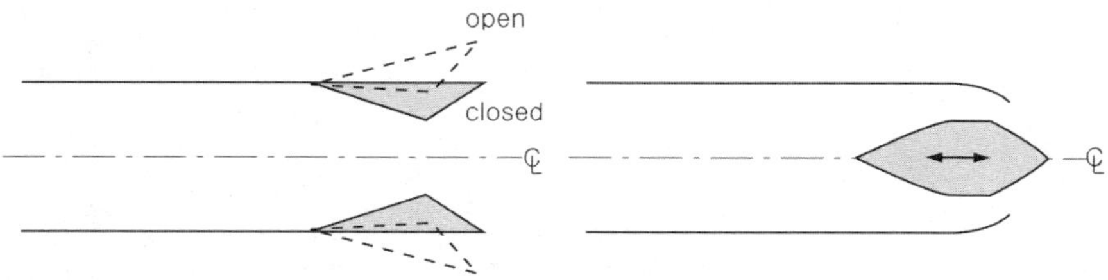


(a) Variable-area converging diverging nozzle (b) Plug nozzle

[그림 6.8] 가변 노즐의 형태

[그림 6.9] 실제 항공기의 노즐 형태

(a) Reversed thrust(open state)

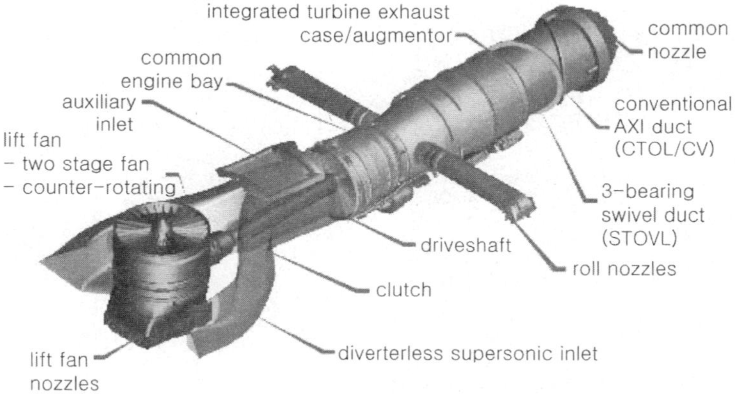


(b) X-35 JSF STOVL engine

[그림 6.10] 역추력 장치와 X-35 STOVL 엔진

마지막으로 **추력 벡터 제어**라는 것은 배기제트의 방향을 바꿔 추력 벡터를 조절하는 것을 말한다. 현재 실용화 된 것은 수직/단거리(STOVL, Short Take Off and Vertical Landing) 이착륙기인 해리어기 정도이다. 최근 록히드 마틴 社에서 개발 중인 차세대 전투기 사업인 X-Plane project에도 적용될 예정이다. 이 전투기는 美 육·해·공군의 공동 활용 전투기로 X-35 JSF(Joint Strike Fighter)라 하기도 하며, 새로운 추력 벡터 제어를 사용하는 엔진을 장착하는 것으로 알려져 있다(그림 6.10(b) 참조).

[예제 6.2] 고도 10000m에서 설계 마하수 0.89로 순항하고 있는 항공기가 있다. 터빈 출구 전온도와 전압력은 각각 1146.3K, 212kPa이다. 노즐은 수축 노즐이며 효율은 100%이다. 배압과 노즐 출구의 압력을 구하라.

**풀이** (핵심) 설계조건=질식조건, 배압과 출구 압력은 다름.

고도 10000m, 표 5.1로부터 대기압(=배압) $p_0 = 26.436\text{kPa}$, $T_0 = 223.15\text{K}$

노즐효율이 100%(가역단열)이므로, $T_{t5} = T_{t4} = 1146.3\text{K}$이고, 출구는 최대 속도에 도달한다. 최대 속도는 출구조건에서의 음속이다.

질식조건으로부터

$$T_5 = T_{t4} \cdot 2/(\gamma_g + 1) = 1146.3 \times 2/2.33 = 984\text{K}$$

노즐 출구에서의 속도와 음속,

$$u_5 = \sqrt{2c_{pg}(T_{t5} - T_5)} = \sqrt{2 \times 1147(1146.6 - 984)} = 610.2\text{m/s}$$

$$c_5 = \sqrt{\gamma_g R T_5} = \sqrt{1.33 \times 287 \times 984} = 612.9\text{m/s}$$

출구 속도와 음속이 같지 않으므로 온도를 낮추면서 시행착오법으로 계산하면,

$T_5 = 983\text{K}$에서 $u_5 = 612.1\text{m/s}$, $c_5 = 612.5\text{m/s}$, $u_5 \approx c_5$

가역단열이므로 $T_{t5s} = T_{t5} \rightarrow p_{t5} = p_{t4} = 212\text{kPa}$

노즐출구 압력, $p_5 = p_{t5}(T_5/T_{t5})^{\gamma_g/(\gamma_g - 1)} = 212(983/1146.3)^{1.33/0.33} = 114.1\text{kPa}$

## 6.3 연소기

가스터빈의 연소기는 다양한 운전 조건(시동, 공전, 가속, 감속 및 최대출력 시)에서 효율적인 연소과정을 수행해야 하며, 항공기에 사용되는 연소기는 고도의 변화에 대해서도 적응성을 가져야 한다. 연소기에 요구되는 일반적인 조건은 다음과 같다.

- 연소기가 차지하는 공간은 적을수록 좋다.
- 연소기에서의 압력손실은 작아야 한다.
- 연공비, 고도, 비행속도 및 출력의 광범위한 변화에 대해서도 원활하고 안정적인 연소과정을 수행해야 한다.
- 항공기용 엔진의 연소기는 순간적인 재점화가 가능해야 한다.

- 터빈 입구에서의 온도분포가 균일하도록 해야 한다.
- 연소효율이 높고 유해 배기가스가 적어야 한다.

이상과 같은 요구조건을 충족시키는 연소기를 설계하는 것은 매우 어려운 일이며, 실제 연소기의 설계가 주로 실험적인 방법으로 이루어지는 이유이기도 하다.

전형적인 연소기의 형태를 그림 6.11에서 보여주고 있다. 그림에서처럼 연소기는 세 영역으로 나눌 수 있다. **확산영역**(diffuser zone)은 압축기와 연소장치 사이의 영역으로 압축기에서 오는 공기속도(150~170m/s 정도)를 떨어뜨리는 목적을 갖고 있다. 속도를 낮추지 않으면 압력손실이 커지기 때문이다. 다음 영역은 **1차 영역**(primary zone)이라 하며, 연료가 분사되고 분사된 연료가 발화되는 곳이다. 연료분사장치는 공전 시에서 최대출력 시까지 연료의 양을 조절할 수 있어야 하며, 분사되는 압력을 조절하여 연료 액적의 크기를 적당하게 만들 수 있어야 한다. 적당한 크기의 액적은 표면적이 증가되어 기화가 촉진되지만 너무 작으면 공기흐름에 편승하지 못해 오히려 기화되지 않고 나갈 수 있으며, 너무 크면 기화에 걸리는 시간이 증가되어 불완전연소를 일으키게 된다. 그리고 확산영역에서 감속된 공기의 속도는 어떤 운전조건에서든지 화염전파속도보다는 작아야 한다. 만일 화염전파속도보다 크다면 연소가 연소실 외부에서 일어날 수도 있기 때문이다. 일차공기는 연료노즐 주위로 직접 유입되는 공기를 말하며 이차공기는 완전연소를 위해 주변 공기구멍으로 유입되는 공기를 말한다. 완전연소를 위한 연공비는 어떤 한계 값을 갖는데 이것을 **상당비**(equivalence ratio)로 표현하면 0.6~2.5 정도이다. 상당비는 다음과 같이 정의되는 변수이다.

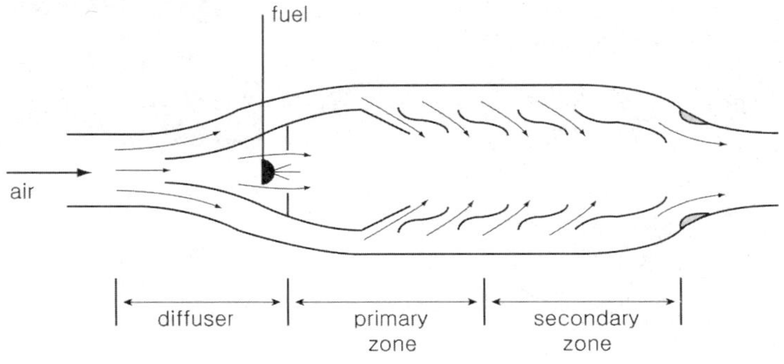


[그림 6.11] 전형적인 가스터빈 연소기 형태

$$\phi = \frac{(F/A)_{actual}}{(F/A)_{stoich}} \tag{6.3}$$

위 식에서 $(F/A)_{stoich}$는 당량비로 혼합된 연공비, 즉 이론적인 연공비이다.

**2차 영역**은 나머지 공기를 유입하여 요구되는 터빈 입구온도를 맞추고 온도분포를 균일하게 만드는 영역이다.

사실 연소기 하나에 사용되는 연료분사노즐의 수와 크기는 보통 고정되어 있다. 즉 공전 시나 최대출력 시나 같은 수와 같은 크기의 노즐이 사용된다는 것이다. 따라서 최대출력 시에 연소효율이 100%라면 출력이 저하될수록 분사압력이 작아져 액적이 커지고 연소효율이 떨어지므로, 일산화탄소 배출량이 커지고, 타지 않고 나오는 탄화수소 양이 많아지게 된다.

연소기의 종류에는 세 가지가 있다. 그림 6.12는 **통형 연소기**(can type combustor)를 보여주고 있다. 연소기는 압축기 주위에 여러 개가 나란히 독립적으로 붙어있는데, 원심형 압축기를 사용하는 가스터빈에 적합하다. 각 연소기가 독립적이므로 연료분사장치도 별도로 있으며, 고장이 난 연소기만을 교체할 수 있는 장점을 갖고 있다. 이러한 형태는 초기 항공기용으로 많이 사용되었다.

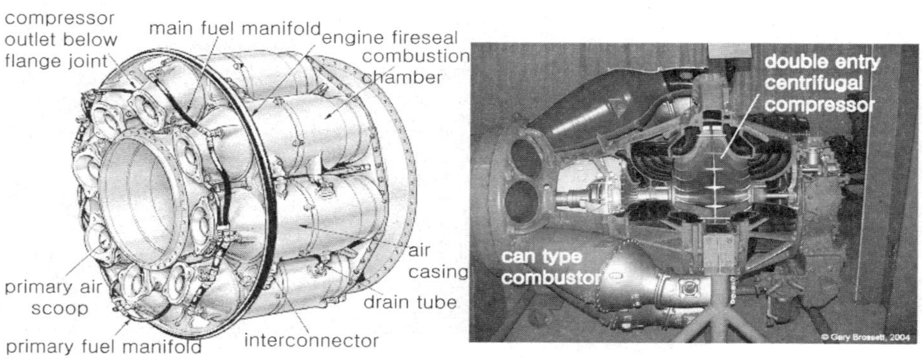


(a) Can type combustor

(b) JT6 gas turbine(Pratt & Whitney)

[그림 6.12] 통형 연소기 형태

그림 6.13(a)는 **환상형 연소기**(annular type combustor)를 보여주고 있다. 이것은 하나의 도관 형태로 된 연소장치로서 주로 소형 터빈에 사용되고 있다. 이런 형태는 축류형 압축기를 사용하는 기관에서 더욱 효과적인 것으로 알려져 있다. 환상형 연소기는 압축기와 터빈 사이의 공간을 최대로 사용할 수 있고 압력손실이 작으며 기관의 직경을 최소로 할 수 있는 장점이 있으나, 연료와 공기의 혼합 상태가 균일하지 않고 연소기 출구의 가스의 온도분포도 균일하지 않다는 단점을 가지고 있다. 또한 연소과정이 전체 연소실 안에서 동시에 이루어져야 하므로, 시동 시 엔진으로 공급되는 공기량이 많아야 하기 때문에 이를 충족시킬 수 있는 큰 시동장치가 필요하고, 고장이 나면 연소기 전체를 교체해야 하는 단점을 갖고 있다.

그림 6.13(b)는 통형과 환상형의 장점을 갖춘 **통-환상형 연소기**(can-annular type combustor)를 보여주고 있다. 이 연소기는 **캐눌러**(cannular) 연소기로 부르기도 하며, 환상형 케이스 주위에 통형 연소기를 여러 개 배치한 것이다. 통형 연소기와 비슷해 보이지만, 통형 연소기에서는 통 하나하나에 독립적으로 공기가 공급되지만, 이 형태에서는 하나의 환상형 케이싱에서 모든 통으로 공기가 공급된다. 이 형태의 연소기는 구조가 견고하고 균일한 온도분포를 유지할 수 있기 때문에 대형 항공기 엔진용으로 많이 사용되고 있다.

최근에는 공전 시에 사용되는 연료분사노즐 외에 최대출력 시에 사용되는 노즐 그룹을 추가로 설치하여 어떤 경우에도 최적의 액적을 만들어 연소 성능을 높이는 방안이 연구되고 있다.

산업용 가스터빈의 경우 연소장치가 차지하는 공간의 제약은 크지 않기 때문에 연소는 소용돌이를 발생시키는 장치를 통과한 뒤 터빈으로 공급되는 하나 또는 두 개의 큰 원통형 연소실에서 이루어진다.

다음의 표 6.1은 제트엔진에 사용되는 연료의 중요한 물성 값들을 보여주고 있다.

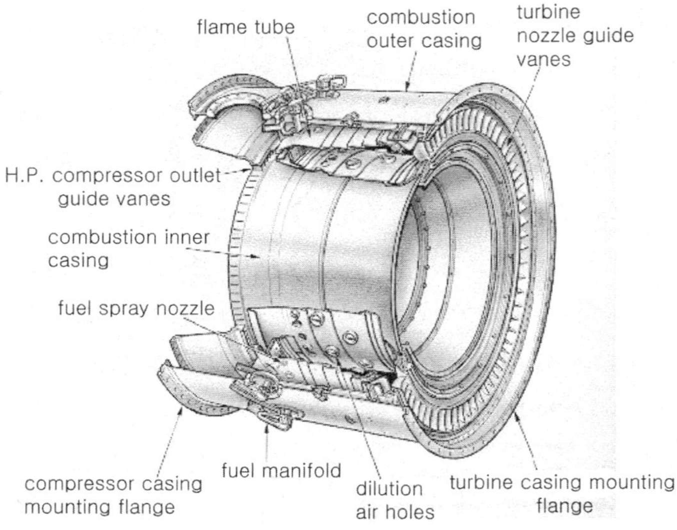


(a) Annular type combustor

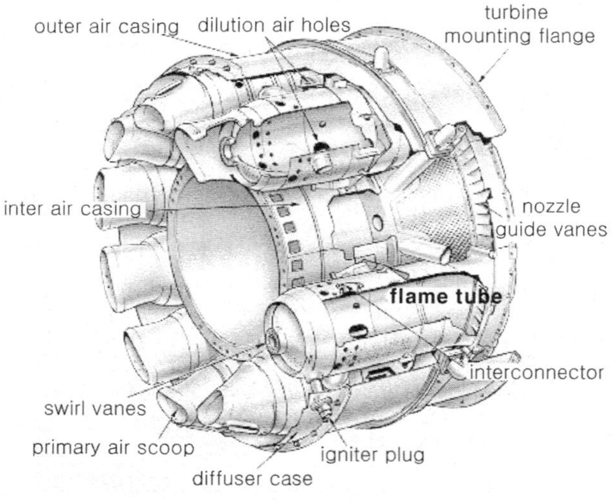


(b) Can-annular type combustor

[그림 6.13] 환상형 연소기와 통-환상형 연소기 형태

[표 6.1] 제트 연료의 중요 물성 값

| Property | JP-4[1] | JP-5 | JP-8 (Jet A-1) |
|---|---|---|---|
| Vapor pressure(atm@38°C)) | 10.18 | 10.003 | 10.007 |
| Initial boiling point(°C) | 60 | 182 | 169 |
| End point(°C) | 246 | 260 | 265 |
| Flash point(°C) | -25 | 65 | 52 |
| Aromatic content(% vol) | 12 | 16 | 16 |
| Olefinic content(% vol) | 1 | 1 | 1 |
| Saturates content(% vol) | 87 | 83 | 83 |
| Net heat of combustion(cal/g) | 10,388 | 10,277 | 10,333 |
| Specific gravity | 0.758 | 0.818 | 0.710 |
| U.S yearly consumption($10^9$gal) | 1 | 1 | 12 |

[1] JP 계열의 연료는 보통 16% 수소+84%의 탄소(질량비)로 구성되어 있음.

## 연습문제

**6.1** 경사 충격파의 경사각이 41.8°인 경우 예제 6.1을 다시 구하라. 다른 조건은 동일하다.

**6.2** 마하수가 2인 경우 예제 6.1을 다시 구하라. 다른 조건은 동일하다.

**6.3** 발전용이나 특히 헬리콥터용과 같은 터보축 엔진의 흡입구는 이물질의 유입을 특히 방지해야 한다. 이물질 방지장치로 어떤 것이 있는지 조사하라.

**6.4** 발전용 엔진의 터빈 출구에는 보통 소음방지용 장치(사일렌서)가 부착되어 있다. 소음방지용 장치가 어떤 원리로 작동되는지 조사하라.

**6.5** 가스터빈 연소기에서 발생할 수 있는 문제점과 그 해결책을 조사하라.

# 제7장

# 압축기

가스터빈에서 요구되는 충분한 양의 공기를 효율적으로 압축시키는 것은 필수적이며, 이를 위해 압축기가 사용된다. 압축기에는 **원심형**(centrifugal type), **축류형**(axial type) 및 **축류-원심형**(axial-centrifugal type)이 있다. 40~50년대에는 나날이 향상되는 기술을 바탕으로 원심압축기를 사용하는 가스터빈이 주류를 이루었으나, 현재 압축기로는 항공기용을 포함해서 주로 축류형이 사용되고 있다. 그러나 원심압축기는 엔진의 축 방향 길이가 짧고, 여러 가지 장점을 갖고 있기 때문에 여전히 사용되고 있다.

압축기와 다음 장에서 다루게 될 터빈은 **터보기계**(turbo-machine)의 일종이며, 설계를 위해서는 열역학적 관계식과 운동학적 관계식을 잘 연계시켜야 한다. 따라서 터보기계에 관한 기본적인 내용을 우선 알아보고, 각종 압축기에 관한 중요한 사항을 살펴보도록 하자.

## 7.1 터보기계의 성능

터보기계란 **깃**(blade)이나 날개의 운동에 의하여 주위를 흐르는 유체로부터 에너지를 얻거나, 유체로 에너지를 전달하는 장치를 말한다. 에너지를 유체로 전달하면 압축기이고, 유체로부터 에너지를 얻으면 터빈이 된다. 이 밖에도 풍차, 팬, 프로펠러 등도 터보기계이다.

보통 유동의 마하수가 0.3 이하이면 공기도 비압축성 유체로 취급할 수 있다. 비압축성 유체나 비압축성 유동이란 밀도가 일정한 유체 또는 그 유동을 말한다. 그러나 압축기나 터빈 내의 유동의 마하수는 대부분 0.3보다 크기 때문에 비압축성으로 취급할 수 없다.

이미 알고 있는 바와 같이 성능해석에서 중요한 것은 입구상태가 주어졌을 때 각 장치의 출구상태를 결정하는 것이며, 다음으로 관련된 인자의 변화에 따라서 성능이 어떻게 달라지는 지를 파악하는 데에 있다.

일반적으로 터보기계의 성능 특성은 무차원 변수를 사용하여 나타낸다. 터보기계의 성능에 관계된 변수가 많기 때문에 무차원 변수를 사용하면 변수의 수를 줄일 수 있을 뿐만 아니라, 그 특성을 매우 효과적으로 나타낼 수 있다. 하나의 예로 압축성 유동에서 터보기계 출구 쪽의 전압력은 다음과 같은 상태량의 함수로 나타낼 수 있다.

$$p_{t2} = f\,(D,\ N,\ \dot{m},\ p_{t1},\ T_{t1},\ T_{t2}, \rho_{t1}, \rho_{t2}, \mu) \tag{7.1}$$

위 식에서 D는 장치의 특성길이(예: 임펠러 직경)이며, N은 회전속도(rpm 또는 rad/s), $\mu$는 점성계수(Pa·s)를 각각 나타낸다. 밀도는 $\rho = p/RT$이므로 식 (7.1)에서 밀도를 소거하고 표현하면

$$p_{t2} = f(p_{t1},\ RT_{t1},\ RT_{t2}, \dot{m},\ N,\ D,\ \mu) \tag{7.2}$$

가 된다.

기본 차원인 길이(L), 질량(M) 및 시간(T)을 사용하는 차원해석을 위의 식에 적용하면, 다음과 같이 무차원 변수로 표현되는 식을 얻을 수 있다.

$$\frac{p_{t2}}{p_{t1}} = f\left(\frac{RT_{t2}}{RT_{t1}},\ \frac{\dot{m}\sqrt{RT_{t1}}}{p_{t1}\,D^2},\ \frac{ND}{\sqrt{RT_{t1}}},\ Re\right) \tag{7.3}$$

위 식의 우변 항에서 두 번째 무차원 변수는 유량함수(식 (3.28) 참조)를 나타낸다

고 할 수 있으며, 세 번째 무차원 변수는 일종의 마하수를 나타내는 인자로 생각할 수 있다(임펠러 속도는 ND에 비례하고, 음속은 $\sqrt{RT}$에 비례함). 네 번째 인자는 레이놀즈수(Reynolds number, $\rho(ND)D/\mu$)이다. 대부분의 경우 터보기계에서의 레이놀즈수는 매우 크기 때문에 정상적인 작동영역에서는 레이놀즈수의 영향이 무시될 수 있다. 그러나 밀도의 변화가 심하게 일어나서 레이놀즈수가 크게 증가하거나 감소하는 경우에는 레이놀즈수의 변화를 반드시 고려해주어야 한다.

식 (7.3)에서 R과 D는 상수이고, Re수를 무시한다면, 식 (7.3)은 다음과 같이 간략하게 나타낼 수도 있다.

$$\frac{p_{t2}}{p_{t1}} = f\left(\frac{T_{t2}}{T_{t1}}, \frac{\dot{m}\sqrt{T_{t1}}}{p_{t1}}, \frac{N}{\sqrt{T_{t1}}}\right) \tag{7.4}$$

위의 식 우변의 둘째와 셋째 항은 더 이상 무차원 변수가 아님에 주의하라.

그림 7.1은 전형적인 원심압축기 임펠러(impeller, 원판(disc)에 깃이 붙어있는 형태)와 속도삼각형을 보여주고 있다. 앞으로 반경방향은 r, 축방향은 z, 원주방향은 x로 표기하기로 하자. 임펠러 깃 입구와 출구에서 유동의 절대속도(absolute velocity, 정지좌표계에서의 유체속도) u는 깃 방향의 상대속도(relative velocity, 회전좌표계에서의 유체속도) W와 깃의 회전속도 U의 성분으로 분해할 수 있다. 다시 말해서 공기의 절대속도(실제속도)는 상대속도와 회전속도를 더함으로서 구할 수 있다. 즉 절대속도는

$$u = W + U \tag{7.5}$$

가 된다. 임펠러 깃의 캠버 라인(camber line)의 접선과 입.출구 원호의 접선방향이 이루는 각을 각기 깃 입구각, 깃 출구각(inlet/exit blade angle)이라 하며, 기호로 $\beta$를 사용한다. 한편 $\beta$은 상대속도 유동각(angle of relative velocity vector)으로서 상대속도 벡터와 원호의 접선방향이 이루는 각을 말한다(유동 형태에 따라서 각의 정의는 달라질 수 있음). 임펠러의 종류는 깃의 출구각 $\beta_2$의 크기에 따라 후방형(backward facing type, $\beta_2$<90°), 반경류형(radial flow type, $\beta_2$=90°) 및 전방형(forward facing type, $\beta_2$>90°)으로 구분한다(그림 7.2 참조). 후방형의 깃 형태는 회전방향과 반대로 굽어있으며, 전방형 깃은 회전방향으로 굽어있다. 반경류형은 직선형이라 하기도 하며, 전방형과 후방형의 중간형태로 가공도 간단하고 가장 많이 사용된다.

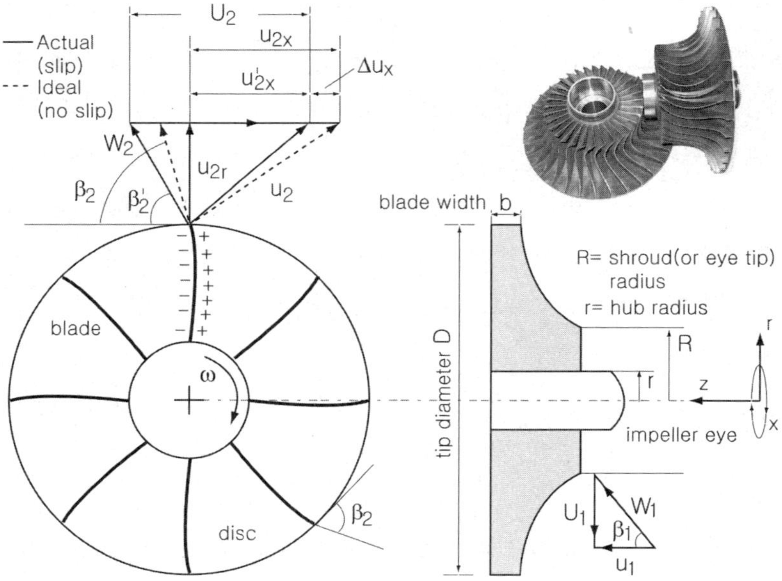


[그림 7.1] 원심압축기의 임펠러 형상과 속도삼각형

한편 그림 7.1에서 보는 것처럼 임펠러 깃의 회전방향 전면부에서는 양의 압력이 작용하고, 후면부에서는 음의 압력이 작용한다. 따라서 깃 끝에서 압력이 큰 쪽에서 작은 쪽으로 유동이 미끄러지는 **슬립**(slip)현상이 일어난다. 결국 절대속도의 접선방향 성분 값인 $u_{2x}$가 $u'_{2x}$로 줄어들고, 깃 출구각과 상대속도 유동각이 다르게 된다($\beta \neq \beta'$). 물론 슬립이 없는 이상적인 유동의 경우에는 $\beta = \beta'$이다. 이런 현상의 효과를 나타내는 인자로 슬립계수(slip factor, $\sigma$)를 정의하여 사용한다.

$$\sigma = u'_{2x} / u_{2x} \tag{7.6}$$

반경류형 깃을 사용하는 원심압축기의 경우($\beta_2 = 90^o$), 잘 맞는 것으로 알려진 Stanitz의 슬립계수 식은 다음과 같다.

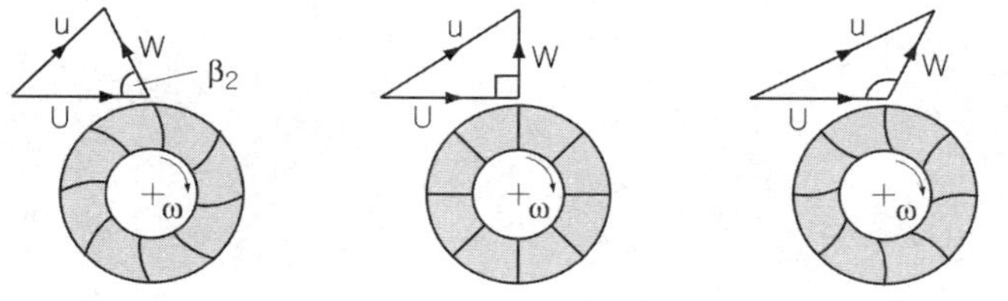

(a) Backward facing (b) Radial flow (c) Forward facing

[그림 7.2] 임펠러 깃의 종류

$$\sigma = 1 - 0.63\pi / n \cong 1 - 2/n \text{(n은 깃의 수)} \quad (7.7)$$

그러므로 공기 단위 질량당의 임펠러 일(운동학적 일, 압축기 소요일이 아님에 주의할 것) $w$는 슬립계수와 식 (3.14)를 이용하면 다음과 같이 표현된다.

$$w = \sigma U_2 u_{2x} - U_1 u_{1x} \text{ (J/kg)} \quad (7.8)$$

그림 7.1에서 보는 것처럼 입구 유동이 축방향이고($u_{1x} = 0$), 반경류형 깃을 사용한다면(그림 7.2(b), $u_{2x} = U_2$), 식 (7.8)은 다음과 같이 간단하게 된다.

$$w = \sigma U_2^2 \text{ (J/kg)} \quad (7.9)$$

그러나 식 (7.8)이나 (7.9)가 슬립계수를 고려하였다 하더라도 엄밀하게 말해서 실제의 임펠러 일을 나타내는 것은 아니다. 다시 말해서 임펠러 입·출구 사이의 전엔탈피 차이가 아니라는 것이다. 왜냐하면 마찰이 없는 이상적인 경우에도 압력차에 기인한 슬립은 일어나기 때문이다. 따라서 **동력계수**(power input factor, $\psi$)라는 것을 곱해야만 실제 임펠러 일이 된다. 원심압축기 동력계수의 전형적인 값은 1.035~1.04 정도이다. 동력계수가 커지면 임펠러에서의 압력비가 증가하지만, 압축기 효율은 작아진다. 그리고 압축기 효율이 작으면 최종 압력비는 작아진다. 결국 동력계수와 압축기 효율은 역비례 관계를 나타내므로 동력계수를 1로 가정하는 것이 오히려 최선의 선택이 되기도 한다.

## 7.2 원심압축기

### 1. 개요

그림 7.3은 원심압축기를 사용하는 실험용 소형 가스터빈과 원심압축기의 구성도를 보여주고 있다. 원심압축기는 **입구 유도 베인**(inlet guide vane), **임펠러, 베인 없는 공간**(vaneless space, 임펠러 팁(tip)과 디퓨저 사이의 틈), **디퓨저, 볼류트**(또는 **콜렉터**, volute or collector)로 구성되어 있다.

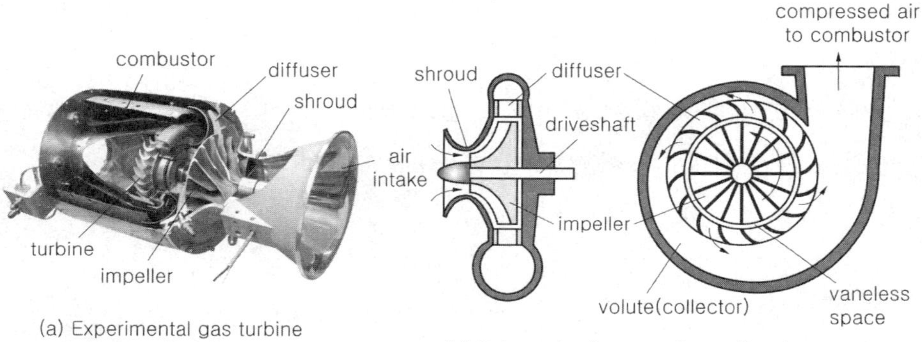

(a) Experimental gas turbine with centrifugal compressor
(b) Schematic diagram of centrifugal compressor

[그림 7.3] 원심압축기를 사용하는 소형 가스터빈과 원심압축기 구성도

공기는 고속으로 회전하는 임펠러에 의해 가속되며, 임펠러 깃 사이의 유동면적이 하류로 갈수록 커지는 형태이기 때문에 압력도 상승한다. 임펠러 출구의 공기속도는 초음속일수도 있기 때문에 그대로 디퓨저를 통과하면 디퓨저 표면과 연결된 충격파가 발생하여 압력손실이 커지게 된다. 따라서 베인 없는 공간에서 자유와류에 의해 우선 아음속으로 감속시킨 후, 디퓨저를 통과하게 한다. 디퓨저에서는 감속에 의해서 압력이 상승하고, 볼류트 또는 콜렉터에서 압축된 공기를 모아 연소기로 보낸다. 원심압축기의 장점은 다음과 같다.

- 압축기 자체가 하나의 **단**(stage)이 되므로 단의 압력비가 높다.
- 제작이 상대적으로 간단하다.

- 임펠러에 이물질이 어느 정도 달라붙어 있어도 성능이 하락하지 않는다.
- 주어진 압력비에 대해서 압축기의 길이가 짧다.
- 반경방향으로 송출되므로 내부냉각기와 같은 열교환기의 설치가 용이하다.
- 주어진 회전속도에서 실속이 일어나지 않는 정상운전 범위가 넓다.

임펠러를 경금속 합금으로 제작하는 경우 원심압축기의 압력비는 보통 4 정도이며, 티타늄을 포함하는 합금으로 제작하는 경우 압력비는 7~8 정도이다. 8보다 큰 압축비가 요구되는 경우에는 그림 7.4(b)와 같이 2단(two stage)으로 만들면 된다. 그림 7.4(a)는 원심압축기와 연소기의 전형적인 연결 구조를 보여주고 있으며, 표 7.1은 원심압축기를 사용하는 가스터빈 모델의 압축 단수와 압력비를 각 제작사 별로 보여주고 있다. 표를 보면 2단 이상의 원심압축기는 사용하지 않는다는 사실을 알 수 있다.

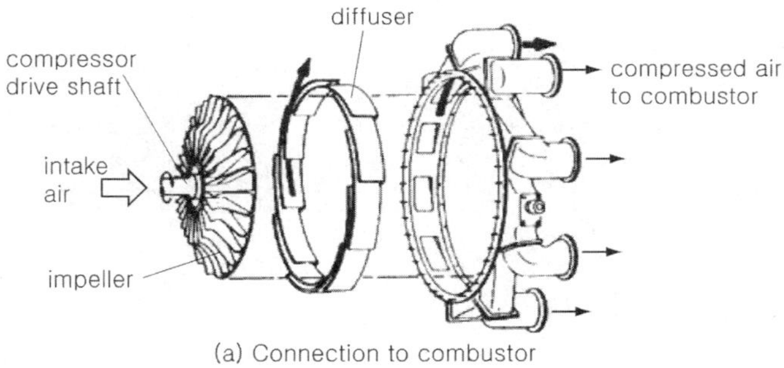


(a) Connection to combustor

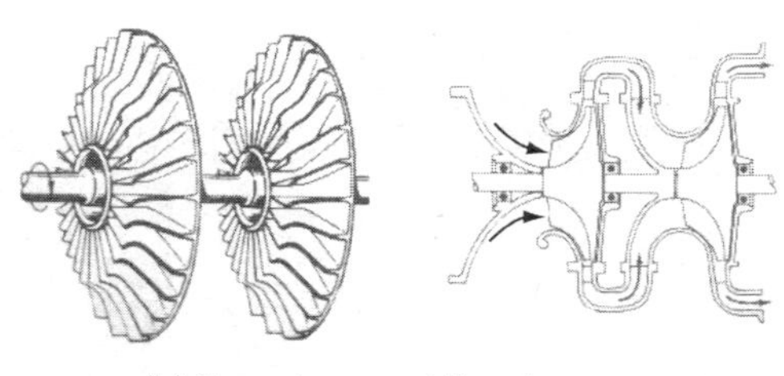

(b) Two-stage centrifugal compressor

[그림 7.4] 연소기와의 연결 형태 및 이단 원심압축기

[표 7.1] 원심압축기를 적용한 가스터빈 모델의 압축기 단수와 압력비

| 제작사 | 모델 | 압축기 단수 | 압력비 (at max.rpm) |
|---|---|---|---|
| Allied-Signal Garrett Engine Div. | T76G10, 12, 420, 421 | 2 | 8.5 |
| | TPE331-8/9 | 2 | 10.3 |
| | TPE351-20 | 2 | 13.2 |
| GE Allison Gas Turbine Div. | T703-A700 | 1 | 8.6 |
| | 250-C30M | 1 | 8.6 |
| Teledyne CAE | T69-T-25A | 1 | 3.9 |
| | 304 | 1 | 5.5 |
| | 312-1 | 1 | 5.7 |
| Williams International Corp. | WR2-6 | 1 | 4.2 |
| Pratt & Whitney Canada Inc. | PW119, 119A | 2 | 11.8 |
| | PW123 | 2 | 14.4 |

## 2. 기본 관계식

압축기 입구 상태를 1, 임펠러 출구 상태를 2, 디퓨저 출구 상태를 3으로 각각 표시하자. 흡입구(0점)로부터 압축기 입구까지의 과정은 단열과정으로 전엔탈피가 일정하다. 즉

$$h_{t0} = h_{t1}$$

이다. 임펠러에서는 일을 공급받기 때문에 전압력과 전엔탈피가 증가하지만, 디퓨저에서는 일의 전달이 없고 단열과정이므로 전엔탈피는 역시 일정하다.

$$h_{t2} = h_{t3}$$

이와 같은 과정의 h-s 선도를 그림 7.5에서 보여주고 있다.

슬립이 없는 경우 임펠러 일은 전엔탈피와 식 (7.8)을 사용하면

$$w = h_{t2} - h_{t1} = U_2 u_{2x} - U_1 u_{1x} \tag{7.10}$$

으로 표시된다. 전엔탈피를 엔탈피와 운동에너지로 표시하고 정리하면

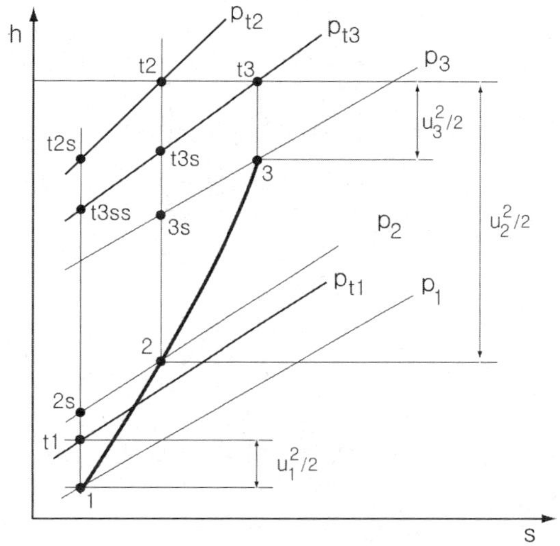


[그림 7.5] 압축기 과정에 대한 h-s 선도

$$I = h_1 + u_1^2/2 - U_1 u_{1x} = h_2 + u_2^2/2 - U_2 u_{2x} \tag{7.11}$$

이 되고, 인자 I를 상대속도 $W$를 사용하여 다시 정리하면 다음과 같이 된다.

$$\begin{aligned} I &= h + u^2/2 - U u_x = h + (u_r^2 + u_x^2)/2 - U u_x \\ &= h + (W^2 - W_x^2 + u_x^2)/2 - U u_x \\ &= h + [W^2 - (U - u_x)^2 + u_x^2]/2 - U u_x \\ &= h + W^2/2 - U^2/2 \\ &= h_{rel} - U^2/2 \end{aligned} \tag{7.12}$$

이 식에서 $h_{rel}$은 상대속도에 기초한 전엔탈피이다. 따라서 임펠러 입·출구의 엔탈피 차이를 구하면

$$h_2 - h_1 = (U_2^2 - U_1^2)/2 - (W_2^2 - W_1^2)/2 \tag{7.13}$$

이 된다. 이 식으로부터 임펠러 전후의 엔탈피 상승에 기여하는 것은 전적으로 공기의 회전속도 운동에너지 차이임을 알 수 있다.

그림 7.1에서처럼 입구 유동이 축방향이고($u_{1x} = 0$), 동력계수를 고려하면,

$$h_{t2} - h_{t1} = \psi \sigma U_2^2, \quad T_{t2} - T_{t1} = \psi \sigma U_2^2 / c_p$$

이고, 디퓨저에서 $T_{t3} = T_{t2}(h_{t3} = h_{t2})$이므로 최종적으로 다음의 식을 얻는다.

$$T_{t3} - T_{t1} = \psi \sigma U_2^2 / c_p \tag{7.14}$$

한편 **압축기 전효율**[1)]은 그림 7.5로부터

$$\eta_C = (T_{t3ss} - T_{t1}) / (T_{t3} - T_{t1}) \tag{7.15}$$

가 되는데, 3s점이 아닌 3ss점이 사용됨에 유의하라. 압력비와의 관계식을 구하기 위해 압축기 효율 식을 다음과 같이 변형하자.

$$\eta_C = \frac{T_{t1}(T_{t3ss}/T_{t1} - 1)}{T_{t3} - T_{t1}} \tag{7.16}$$

식 (7.14)와 (7.16)을 이용하면 압력비는 다음과 같이 나타낼 수 있다.

$$\begin{aligned} p_{t3}/p_{t1} &= (T_{t3ss}/T_{t1})^{\gamma/(\gamma-1)} \\ &= [1 + \eta_C (T_{t3} - T_{t1})/T_{t1}]^{\gamma/(\gamma-1)} \\ &= [1 + \eta_C \, \psi \sigma U_2^2 / (c_p T_{t1})]^{\gamma/(\gamma-1)} \end{aligned} \tag{7.17}$$

압력비에 대한 식 (7.17)은 여러 가지 중요한 내용을 함축하고 있다. 슬립계수가 클수록 압력비가 커지기 때문에 슬립계수가 커지도록 설계해야 한다는 것을 우선 지적할 수 있다. 슬립계수를 크게 하기 위해서는 임펠러 깃의 수를 증가시키면 되는데, 깃이 많아지면 깃의 두께 때문에 입구의 유동 단면적이 줄어들게 된다. 단면적이 줄어들면 동일한 유량을 얻기 위해서는 입구 속도를 증가시켜야 하고, 결국 마찰손실이 커지게 된다. 따라서 슬립계수의 적정한 수준은 0.9 정도이며, 보통 19~21개의 깃을 갖도록 임펠러를 설계한다. 임펠러 팁의 속도를 증가시키는 것은 압력비의 증가를 초래하지만, 임펠러 재질을 반드시 고려해야 한다. 원심력에 기인한 응력은 팁 속도의 제곱에 비례하기 때문에, 경금속 합금으로 임펠러를 제작하는 경우, 팁 속도의 한계치는 460m/s 정도이다. 이것은 압력비 4:1에 대응하는 값이다.

1) 임펠러의 전효율은 $\eta_I = (h_{t2s} - h_{t1})/(h_{t2} - h_{t1})$임.

압축기 입구 전온도를 기준으로 하는 음속은 $c_{t1} = \sqrt{\gamma R T_{t1}}$ 이고, 정압비열은 $c_p = \gamma R / (\gamma - 1)$로 표시되므로, 이것을 식 (7.17)에 대입하면, 압력비에 대한 식은 다음과 같이 변형된다.

$$p_{t3} / p_{t1} = [1 + \eta_C \ \psi \sigma (\gamma - 1) U_2^2 / c_{t1}^2]^{\gamma / (\gamma - 1)} \tag{7.18}$$

마지막으로 압축기 효율식인 (7.16)을 입출구의 전압력비와 전온도비의 함수로 간단하게 변형시킬 수 있으며, 이 식도 유용하게 사용된다.

$$\eta_C = \frac{(p_{t3}/p_{t1})^{(\gamma - 1)/\gamma} - 1}{T_{t3}/T_{t1} - 1} \tag{7.19}$$

## 3. 입구와 디퓨저에서의 고려 사항

압축기에서 압축과정을 효율적으로 수행하기 위해서는 유입 공기의 마하수가 0.5 이내이어야 한다. 이는 절대속도를 기준으로 한 마하수이다. 그러나 절대 마하수가 같다고 해도 실제로 슈라우드에서 임펠러로 유입되는 공기의 상대속도는 깃의 입구각과 회전속도에 따라 달라진다. 그림 7.6(a)는 임펠러 아이(eye)가 커서 회전속도가 크고 절대속도가 작은 경우와 아이가 작아 회전속도는 작지만 절대속도가 큰 경우를 대표적으로 보여주고 있다. 두 경우 모두 다 상대속도가 가장 크다. 따라서 터보기계에서는 상대속도를 기준으로 성능을 제시하는 경우가 많다. 해수면 조건의 공기(101.3kPa, 288K)가 축 방향으로 유입되는 경우, 슈라우드 반경 R에서의 깃 입구각(또는 상대속도 유동각) $\beta_1$과 입구 상대속도를 기준한 마하수($M_1$)를 변화시켜 가면서 유량을 계산해 본 결과, $M_1$에 상관없이 대략 입구각 60°에서 최대유량을 나타낸다. 다시 말해서 최대유량 조건을 만족하는 입구각은 $M_{1rel}$의 변화에 거의 영향을 받지 않는다는 것이다. 그러나 충격파가 발생해서는 안 되므로 $M_{1rel}$는 0.8을 한계 값으로 설정한다. 즉 입구 속도 제한조건은

$$M_{1rel} \ < \ 0.8 \tag{7.20}$$

이 된다.

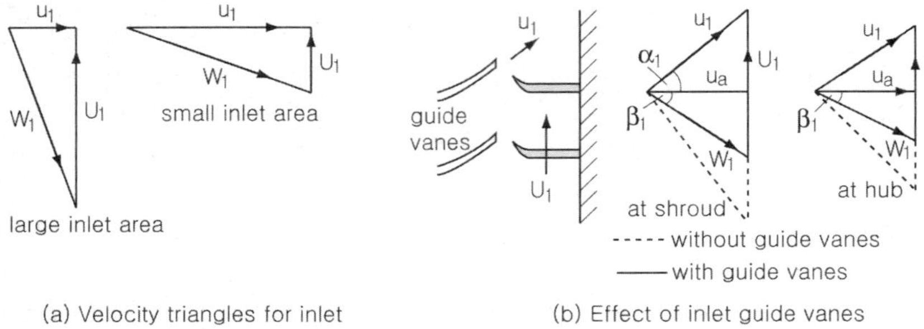


[그림 7.6] 입구에서의 속도삼각형과 입구 유도 베인의 효과

임펠러 입구의 상대속도를 줄이는 하나의 방안이 입구 통로에 유도 베인을 설치하는 것이다. 그림 7.6(b)에서 유도 베인을 설치한 경우의 효과를 보여주고 있다. 유도 베인 때문에 입구 절대속도의 선회가 일어나서 접선방향 성분인 $u_{1x}$가 더 이상 0이 아니고, 그 결과로 상대속도가 줄어들게 된다. 물론 일펠러의 일도 $U_1 u_{1x}$만큼 줄어들게 된다. 그리고 허브 쪽에는 임펠러의 회전속도가 작기 때문에 사실 선회를 시킬 필요가 없다.

원심압축기에서 디퓨저를 통과한 후의 유속은 보통 90m/s 정도의 크기를 갖고 있다. 디퓨저 베인의 최대 **사이각**2)은 대략 11°이다. 이 각보다 크면 디퓨저 베인에서 경계층 박리가 일어나 손실이 발생한다. 또한 설계유량이나 설계 압력비로 운전되지 않을 경우에도 유동이 원활하게 이루어지지 않기 때문에 디퓨저 베인에서 손실이 발생한다. 따라서 요즈음에는 탈설계 조건으로 작동할 때에도 정상적인 성능을 얻기 위해서 **가변각**(variable-angle) 디퓨저 베인을 사용하기도 한다. 그리고 디퓨저에서의 **서징**(surging, 불안정한 유동상태) 확률을 감소시키는 방안으로 디퓨저 베인의 수를 임펠러 깃 수의 홀수 배로 한다. 이렇게 하면 디퓨저 베인으로 들어가는 공기의 압력 변동이 균등해진다.

디퓨저에서의 절대 마하수가 1보다 크면 베인 없는 공간에서 **자유와류**(free vortex)에 의한 감속이 일어나 아음속으로 전환된다는 것을 이미 언급한 바 있다. 자유와류란 선회속도가 반경에 반비례하는 유동을 말하며, 식으로 표현하면 다음과 같다.

---

2) 이웃하는 디퓨저 베인 중심선을 연장시켜서 만난 각

$$u_x r = const \tag{7.21}$$

일반적으로 자유와류에 의해서 절대 마하수가 0.8정도로 감소한다. 디퓨저 베인 입구에서의 마하수가 크다면 디퓨저 베인 입구 정체점에서의 압력이 커지고, 이것은 곧바로 디퓨저 주위 유동의 압력장에 영향을 미치게 된다. 이러한 압력의 변화는 임펠러로도 전파되며, 임펠러에 주기적으로 영향을 끼치기 때문에 결국 피로파괴(fatigue failure)로까지 발전하기도 한다.

그림 7.7은 베인 없는 공간에서의 유동 형태를 보여주고 있다. 그림에서 $\alpha'$은 절대속도 유동각(angle of absolute velocity vector)으로서 절대속도와 반경방향 벡터 사이의 각이다. 왼쪽 그림에서처럼 유동 방향이 디퓨저 베인의 앞쪽 정체점을 정확하게 향한다면, 디퓨저 베인각(angle of diffuser vane) $\beta$는 $90-\alpha'$이 된다. 그러나 종종 유동각 $\alpha'$을 단순히 디퓨저 베인각이라 하기도 한다.

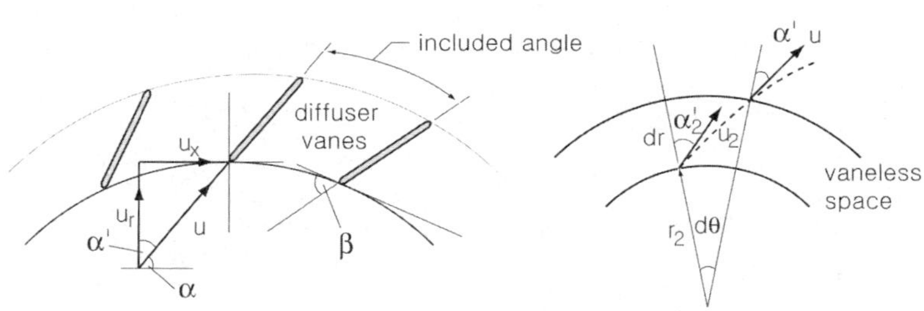


[그림 7.7] 베인 없는 공간에서의 유동 형태와 유동각

[예제 7.1] 깃의 수가 17개, 팁 직경이 165mm인 직선형 임펠러를 가진 원심압축기가 있다. 회전속도는 46000rpm이며, 공기 유량은 0.6kg/s이다. 입구에서의 선회는 없다. 공기로 전달되는 동력을 구하라(동력계수는 1). 입구 아이의 평균 직경은 63.5mm이고 허브와 슈라우드 사이의 폭은 25mm이다. 임펠러 입구로 유입되는 공기의 정압은 93kPa, 온도는 293K이다.

1) 임펠러 아이의 평균 직경을 기준으로 할 때 깃 입구각을 구하라.
2) 임펠러 출구의 정압과 온도를 구하라. 단, 임펠러 효율은 0.9이다.

**풀이** (핵심) 정(static) 성질과 전(total) 성질 구분, 그림 7.1 참조

공기의 성질, $c_p = 1.005\text{kJ/kg}\cdot\text{K}$, $\gamma = 1.4$, $R = 0.287\text{kJ/kg}\cdot\text{K}$

1) $\beta_2 = 90^o$이므로 Stanitz 식으로부터 슬립계수는

$\sigma = 1 - 0.63\pi/17 = 0.884$

임펠러 팁 속도, $U_2 = (\pi N D_2)/60 = (\pi \times 46000 \times 0.165)/60 = 397.4\text{m/s}$

$u_{1x} = 0$, $u_{2x} = U_2$이므로 동력은

$\dot{W} = \dot{m}\,\sigma\,U_2^2 = 0.6 \times 0.884 \times 397.4^2/1000 = 83.76\text{kW}$

2) 허브 반경을 $r_h$, 아이 팁(슈라우드)의 반경을 $r_t$이라 표기하고, 그림 7.1을 참고하면

$(r_h + r_t)/2 = 63.5/2 = 31.75\text{mm}$, $r_t - r_h = 25\text{mm}$이므로

$r_h = 19.25\text{mm}$, $r_t = 44.25\text{mm}$

아이에서 $\rho_1 = p_1/RT_1 = 93/(0.287 \times 293) = 1.106\text{kg/m}^3$

질량유량 관계식 $\dot{m} = \rho_1 A_1 u_1$을 사용하면

$u_1 = 0.6/[1.106 \times \pi(0.04425^2 - 0.01925^2) = 108.7\text{m/s}$

그림 7.1의 속도삼각형으로부터 $\tan\beta_1 = U_1/u_1$, 아이 평균 직경에서의 회전속도는

$U_1 = \pi N D_m/60 = \pi \times 46000 \times 0.0635/60 = 152.9\text{m/s}$

입구각은 $\beta_1 = \tan^{-1}(152.9/108.7) = 54.6^o$

3) $h_{t1} = c_p T_1 + u_1^2/2 = 1.005 \times 293 + 108.7^2/(2 \times 1000) = 300.4\text{kJ/kg}$

$w = \dot{W}/\dot{m} = h_{t2} - h_{t1}$ , $h_{t2} = w + h_{t1} = 83.76/0.6 + 300.4 = 440\text{kJ/kg}$

$T_{t2} = h_{t2}/c_p = 440/1.005 = 437.8\text{K}$

4) 임펠러 전효율 $\eta_I = (h_{t2s} - h_{t1})/(h_{t2} - h_{t1}) = (h_{t2s} - h_{t1})/w$ 로부터

$c_p(T_{t2s} - T_{t1}) = \eta_I w = 0.9 \times 83.76/0.6 = 125.64\text{kJ/kg}$

$$T_{t2s} = 125.64/1.005 + (T_1 + u_1^2/2c_p) = 125.64/1.005 + [293 + 108.7^2/(2 \times 1005)] = 423.9\text{K}$$

$T_{t1} = h_{t1}/c_p = 300.4/1.005 = 298.9\text{K}$

$p_{t1} = p_1(T_{t1}/T_1)^{\gamma/(\gamma-1)} = 93(298.9/293)^{3.5} = 99.7\text{kPa}$

$p_{t2} = p_{t1}(T_{t2s}/T_{t1})^{\gamma/(\gamma-1)} = 99.7(423.9/298.9)^{3.5} = 338.7\text{kPa}$

[예제 7.2] 원심압축기(축방향 유입, 반경류형 임펠러)의 설계조건이 다음과 같다.

| | |
|---|---|
| 질량유량=15kg/s | $p_{t1}$=101kPa |
| 회전속도=16000rpm | $T_{t1}$=288K |
| 임펠러 효율=0.9 | 슬립계수 $\sigma$=0.9 |
| 임펠러 외부 직경=55cm | 동력계수 $\psi$=1.0 |
| 베인 없는 공간 길이=42mm | 베인 없는 공간 폭(축방향)=37mm |

1) 입구 예선회가 없을 때($u_{1x}=0$), 임펠러 출구의 전(total) 성질

2) 임펠러 출구에서 반경방향 속도가 대략 100m/s임을 보이고, 마하수와 절대속도 유동각 $\alpha'_2$를 구하라.

3) 디퓨저 베인 입구에서의 유동각 $\alpha'$을 구하고 마하수를 구하라. 베인 없는 공간에서의 확산과정은 등엔트로피 과정으로 생각한다.

**풀이** (핵심) 유동각의 정의, 그림 7.1, 7.7 참조

공기의 성질, $c_p=1.005$kJ/kg·K, $\gamma=1.4$, $R$=0.287kJ/kg·K

1) 임펠러 팁 속도, $U_2=(\pi ND_2)/60=(\pi\times16000\times0.55)/60=460.7$m/s

$$T_{t3}=T_{t2}=\sigma U_2^2+T_{t1}=0.9\times460.7^2/1005+288=478.1\text{K}$$

$$T_{t2}/T_{t1}=478.1/288=1.66$$

$$p_{t2}/p_{t1}=(1+0.9\times(478.1-288)/288)^{1.4/0.4}=5.11,$$

$$p_{t2}=101\times5.11=516\text{kPa}$$

2) 반경류형 깃이므로 $u'_{2x}=\sigma u_{2x}=\sigma U_2=0.9\times460.7=414.6$m/s

$u_{2r}\approx100$m/s로 가정하고 구하자(시행착오법 사용). 우선 임펠러 출구 유동 단면적은

$$A_2=\pi D_2\cdot impeller\ width=\pi\times0.55\times0.037=0.0639\text{m}^2$$

출구쪽 속도 삼각형으로부터 $u_2^2=u_{2r}^2+u'^2_{2x}$ 이므로

$$u_2=(100^2+414.6^2)^{1/2}=426.5\text{m/s}$$

$$T_2=T_{t2}-u_2^2/2c_p=478-426.5^2/(2\times1005)=387.5\text{K}$$

$$p_2=p_{t2}(T_2/T_{t2})^{\gamma/(\gamma-1)}=516(387.5/478)^{3.5}=247.5\text{kPa}$$

$$\rho_2=p_2/RT_2=247.5/(0.287\times387.5)=2.23\text{kg/m}^3$$

연속방정식으로부터 $u_{2r}$ 을 다시 구하면,

$$u_{2r} = \dot{m}/(A_2 \rho_2) = 15/(0.0639 \times 2.23) = 105.2\text{m/s}$$

가정한 값과 같지 않으므로 다시 반복 계산해야 한다. 여기서 반복계산은 생략한다.

디퓨저 출구에서의 음속, 속도 및 마하수는

$$c_2 = \sqrt{\gamma R T_2} = \sqrt{1.4 \times 287 \times 387.5} = 394.6\text{m/s}$$

$$u_2 = \sqrt{2c_p(T_{t2} - T_2)} = \sqrt{2 \times 1005(478.1 - 387.5)} = 426.7\text{m/s}$$

$$M_2 = 426.7/394.6 = 1.08$$

출구쪽 속도삼각형으로부터 $\cos\alpha'_2 = u_{2r}/u_2 = 0.2467$ 이므로

절대속도 유동각은 $\alpha'_2 = 75.7^o$

3) 디퓨저 베인 입구 팁의 반경은 $r = 55/2 + 4.2 = 31.7\text{cm}$, 팁에서의 선회속도는

$$u_x = u_{2x} r_2 / r = 426.7 \sin 75.7 \times (0.55/2)/0.317 = 358.5\text{m/s}$$

역시 $u_r \approx 100\text{m/s}$로 가정하고 시작하자. 확산과정은 단열과정이므로 $T_t = T_{t2}$ 성립

$$u = (u_r^2 + u_x^2)^{1/2} = (100^2 + 358.5^2)^{1/2} = 372.3\text{m/s}$$

$$T = T_t - u^2/(2c_p) = 478.1 - 372.3^2/(2 \times 1005) = 409.1\text{K}$$

$$p = p_{t2}(T/T_{t2})^{\gamma/(\gamma-1)} = 516(409.1/478.1)^{3.5} = 299\text{kPa}$$

$$\rho = p/RT = 299/(0.287 \times 409.1) = 2.547$$

$$A = 2\pi r \cdot width = 2\pi \times 0.317 \times 0.037 = 0.0737\text{m}^2$$

$$u_r = 15/(2.547 \times 0.0737) = 79.9\text{m/s}$$

79.9m/s로 다시 계산하면

$$u = (u_r^2 + u_x^2)^{1/2} = (79.9^2 + 358.5^2)^{1/2} = 367.3\text{m/s}$$

$$T = T_t - u^2/(2c_p) = 478.1 - 367.3^2/(2 \times 1005) = 411\text{K}$$

$$p = p_{t2}(T/T_{t2})^{\gamma/(\gamma-1)} = 516(411/478.1)^{3.5} = 303.9\text{kPa}$$

$$\rho = p/RT = 303.9/(0.287 \times 411) = 2.576$$

$$u_r = 15/(2.576 \times 0.0737) = 79\text{m/s}$$

여기서 79m/s(계산값) $\approx$ 79.9m/s(가정값)이므로 근사적으로 만족됨!

디퓨저 베인 입구 팁에서 $\tan\alpha' = u_x/u_r = 358.5/79 = 4.538$ 이므로

절대속도 유동각은 $\alpha' = \tan^{-1} 4.358 = 77.1^o$

마하수는 $M = u/\sqrt{\gamma RT} = 358.5/\sqrt{1.4 \times 287 \times 411} = 0.88$

## 4. 성능 특성 곡선

앞에서 설명한 바와 같이 터보기계의 성능 특성은 무차원 변수를 사용하여 나타낸다. 전형적인 원심압축기의 성능특성 곡선을 그림 7.8에서 보여주고 있다. 주어진 속도변수 $N/\sqrt{T_{t1}}$ 에 대해서, 유량함수 $\dot{m}\sqrt{T_{t1}}/p_{t1}$ 을 변화시켜가면서 전압력비와 효율을 구하여 나타낸 것이다. 그림에서 표시된 모든 변수의 값은 설계 기준 값으로 나눈 값, 즉 비의 형태로 나타나 있다.

일정한 속도변수(회전속도)에서 유량과 압력비의 관계는 유량이 증가함에 따라 최대 값을 나타낸 후 급격하게 감소하는 경향을 보여주고 있다. 설계점은 최대효율점으로 정하기 때문에 압력비가 최대가 되는 점이 설계점이 되는 경우는 거의 없으며, 실제로는 약간 오른쪽으로 치우쳐 있다. 압력비의 최대 값의 오른쪽 부분을 유동 안정영역(음의 기울기 영역)이라 하며, 왼쪽 부분을 불안정 영역(양의 기울기 영역)이라 한다. 예를 들어 후류에서 어떤 장애가 순간적으로 발생하여 유량이 조금 줄어들었다고 생각하자. 음의 기울기 영역에서는 압력비가 커지기 때문에 높아진 압력비에 기인하여 유량이 다시 증가하게 되므로 곧 원래 상태로 복구된다. 그러나 기울기가 양인 영역에서는 유량이 줄어들면 압력비도 줄어들기 때문에 결과적으로 유량이 더욱 줄게 되고, 원래 상태로 복구되지 않는다. 이와 같이 유체의 불안정성이 시작되는 점을 서지점이라 하며, 각각의 속도변수에서의 서지점을 연결한 선을 서지선(surge line)이라 한다. 이론적으로는 압력비가 최대인 점이 서지점이 되나, 실제로는 약간 왼쪽으로 치우쳐 있다. 물론 속도변수가 커질수록 서지점은 최대 압력비를 나타내는 점으로 접근한다. 만일 베인이 없는 디퓨저를 사용한다면 서지선은 그림에서 나타낸 것보다 조금 더 왼쪽으로 치우치게 된다.

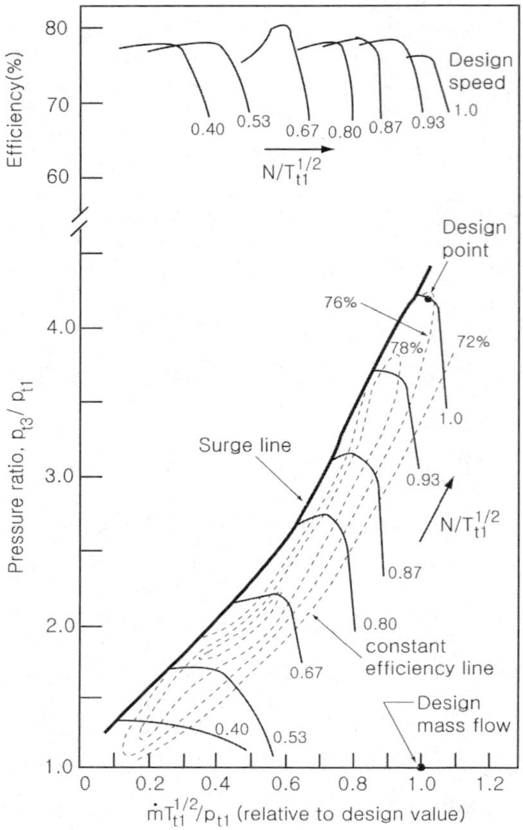


[그림 7.8] 원심압축기의 성능 특성 곡선

안정영역에서 유량이 증가하여 임계질량유량보다 커지면 질식(choking) 현상이 발생한다. 일반 유동에서는 절대속도가 질식되지만, 터보기계에서는 상대속도가 질식된다. 질식은 입구나 임펠러 또는 디퓨저 베인에서도 일어날 수 있으며, 질식이 발생할 때가 바로 작동 가능한 최대 유량 조건이 된다. 최대 유량 조건에서 질량유량을 더 증가시키는 것은 아무 의미가 없다. 압력비가 급격하게 떨어져서 아예 압력이 상승하지 않기 때문이다($p_{t3} = p_{t1}$). 이 경우는 임펠러의 일이 공기의 마찰손실 등에 모두 사용되기 때문에 압력상승에는 전혀 기여하지 못한다는 것을 의미한다. 따라서 그림에서 그려져 있는 부분만이 운전이 가능한 영역이라 할 수 있다. 속도변수가 작을 경우 운전영역의 유량범위가 넓으나, 속도변수가 커지면서 운전영역의 범위가 좁아짐을 알 수 있다.

## 7.3 축류 압축기

### 1. 개요

축류압축기, 원심압축기 할 것 없이 압축기설계의 목적은 운전 범위 내에서 공기역학적 안정성을 갖고 최소한의 단수로 또 고효율로 충분한 양의 공기를 압축할 수 있도록 설계하는 것이다. 다단 축류 압축기의 개략도와 압축기 내에서의 압력 및 속도 분포를 그림 7.9에서 보여주고 있다. 공기는 축에 평행한 방향으로 **로터**(rotor, 회전자)의 **동익**(rotor blade)과 **고정자**(stator)의 **정익**(stator vane)을 교대로 통과하면서 압축된다. 로터는 축에 장착되어 있고, 고정자는 압축기 케이싱에 고정되어 있다. 로터에서 가속된 공기의 운동에너지는 고정자를 통과하면서 압력에너지로 변환된다. 물론 로터에서도 확산에 의해서 압력은 상승한다. 고정자의 정익은 원심압축기의 디퓨저 베인과 같은 역할을 하며, 동시에 공기가 다음 동익으로 매끄럽게 들어가도록 하는 유도통로 구실도 한다.

축류 압축기에서 하나의 로터에 하나의 고정자를 합해서 단이라 하는데, 한 단에서 얻을 수 있는 압력비는 보통 1.19~1.3 정도이므로 높은 압력비로 압축시키기 위해서는 다단(multistage) 형식으로 단 수를 많이 증가시켜야 한다. 예를 들어 요구

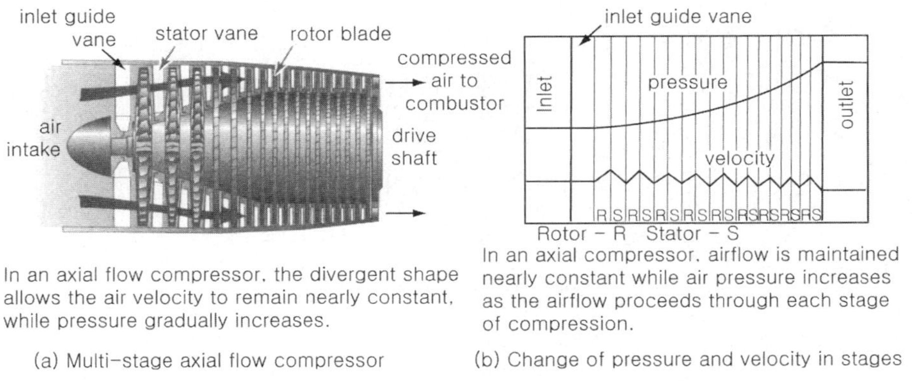


[그림 7.9] 다단 축류 압축기와 각 단의 압력과 속도의 변화

되는 압력비가 12라면 최소 10단에서 최대 12단이 사용되어야 한다. 현재 사용되고 있는 가스터빈의 축류 압축기의 단수는 보통 8~39단 사이에 있다. 그림 7.9(a)에서 압축기 맨 앞쪽에 설치되어 있는 정익은 입구 유도 베인으로 단의 일부는 아니며, 공기가 정확한 방향을 갖고 로터로 들어가게 하기 위해서 설치되어 있다. 그림 7.9(b)에서 보듯이 단을 거치면서 압력은 꾸준하게 증가하지만, 속도의 변화는 작다. 그 이유는 로터에서 부가된 운동에너지가 고정자에서 모두 압력에너지로 변환되면 본래의 상태로 복귀하기 때문이다. 그리고 깃의 반경방향 길이는 후류로 갈수록 짧아져서 유동 단면적이 줄어드는데, 이것은 공기의 축 방향 속도를 일정하게 유지하기 위해서이다. 후류로 갈수록 압력증가에 따라 밀도가 증가하지만 질량유량은 일정하기 때문에 축 방향 속도를 일정하게 유지하려면 유동 단면적을 줄이는 수밖에 없다. 그림 7.10은 축류 압축기의 조립도를 보여주고 있다.

한편 팬은 축류 압축기의 일종으로 생각할 수 있다. 팬은 한 단에서 압축 전후의 밀도비가 1.05보다 작은 압축기를 말하기 때문에 저압 압축기라 부르기도 한다. 아음속용 팬의 압력비는 보통 1.3~1.8 정도로 설계하며, 초음속용은 2.5~4 정도로서 2~3단의 다단 형식을 사용하고 있다.

축류 압축기는 일반적으로 다음과 같은 장점을 가지고 있다.

- 원심압축기에 비해서 많은 유량을 압축시킬 수 있다.
- 공기 질량유량에 비해 공기를 흡입하는 입구면적이 상대적으로 작다.
- 동일 방향으로 유입, 송출되므로 다단에 적합하다.
- 제작하기는 다소 어렵지만 구성상 로터와 고정자가 나란히 배열된 단순한 캐스케이드식의 구조이기 때문에 각 구성요소의 결과가 그대로 압축기 설계에 이용될 수 있다.
- 고 압력비가 될수록 압축기 효율이 좋아진다.

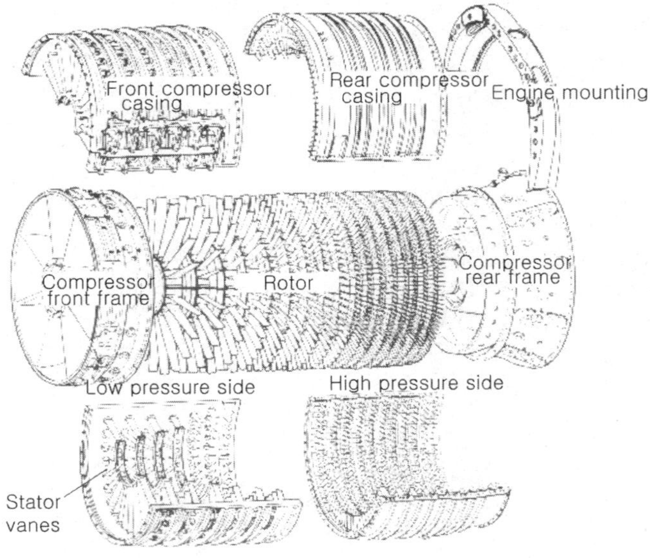


[그림 7.10] 축류 압축기의 조립도

그러나 축류 압축기의 성능은 설계점에서의 질량유량에 매우 민감하다는 단점을 갖고 있다. 탈설계 질량유량 조건에서는 축류 압축기의 효율이 급격하게 떨어지기 때문이다. 따라서 축류 압축기는 항공기용 가스터빈처럼 거의 일정한 부하를 갖는 경우에 아주 적합하다. 또한 발전소에서 피크 부하(peak load)일 때 보조용으로 사용한다면 매우 적합하다고 할 수 있다.

실제 가스터빈에서 사용하는 원심압축기는 단수가 많아봐야 2단 정도이므로 압력비가 12 이상인 경우에는 거의 사용하지 않는다. 따라서 최근에는 중.소형 산업용 가스터빈인 경우를 제외하고는 축류 압축기가 대부분 사용되고 있다.

표 7.2는 원심압축기를 사용하는 가스터빈 모델의 압축단수와 압력비를 각 제작사 별로 보여주고 있다.

[표 7.2] 축류 압축기를 적용한 가스터빈 모델의 단수와 압력비

| 제작사 | 모델 | 압축기 단수 | 압력비 (at max. rpm) |
|---|---|---|---|
| General Electric Co. | J79-GE-8 | 17 | 12.9 |
| | J85-GE-4B | 8 | 6.8 |
| | T64-GE-7A | 14 | 14.1 |
| | CF6-50C | 18 | 29.3 |
| | GE-90B1 | 14 | 39.0 |
| United Technologies, Pratt & Whitney Aircraft | TF30-P-3/P-103 | 16 | 17.1 |
| | TF33-P-3 | 15 | 13.0 |
| | F100-PW-100 | 13 | 24.8 |
| | JT8D-11 | 13 | 16.2 |
| | JT9D-7 | 15 | 22.3 |
| | PW2040 | 17 | 27.6 |
| Rolls Royce | RB211-524B2 | 14 | 28 |
| | Spey MK.512-14 | 17 | 21 |
| | Tyne R Ty-20 MK 801 | 15 | 13.95 |

## 2. 기본 관계식

그림 7.11은 축류 압축기에서의 깃의 명칭과 속도삼각형을 각각 보여주고 있다. 축 방향 유동이기 때문에 절대속도 및 상대속도의 유동각은 각각의 속도 벡터와 축 방향 사이의 각을 말한다. 그림에서 보는바와 같이 전 단계의 정익에서 유동각 $\alpha_1$, 절대속도 $u_1$으로 빠져나온 공기는 회전속도 $U$가 더해져서 상대속도 $W_1$으로 동익으로 들어간다. 동익을 통과하면 유동각 $\alpha_2$, 속도 $u_2$가 되며, 정익으로 들어가서 유동각 $\alpha_3$, 속도 $u_3$가 되어 나오고 하나의 단이 마무리 된다. 그림에서 동익과 정익 사이의 공간을 다소 크게 그려졌지만, 사실 그 틈은 작다.

한 단을 통과한 후에 원래의 입구상태로 복구되면 **정상적**(normal)이라 한다. 정상적인 단에서는 $u_1 = u_3$이고 $\alpha_1 = \alpha_3$이다. $W_2$는 $W_1$보다 작은데, 이 사실은 동익에서 상대속도의 확산이 일어난다는 것을 의미하기 때문에 동익을 통과하면서도 정압이 다소 상승하게 된다. 이를 위해서는 출구 쪽 상대속도 유동 단면적이 입구 쪽 상대속도 유동 단면적보다 커야하며($A_e > A_i$), 효율적인 확산을 위한 **원추각**[3](cone angle)은 보통 7~8° 정도로 알려져 있다.

3) 원심압축기 디퓨저 베인에서의 사이각과 같은 의미

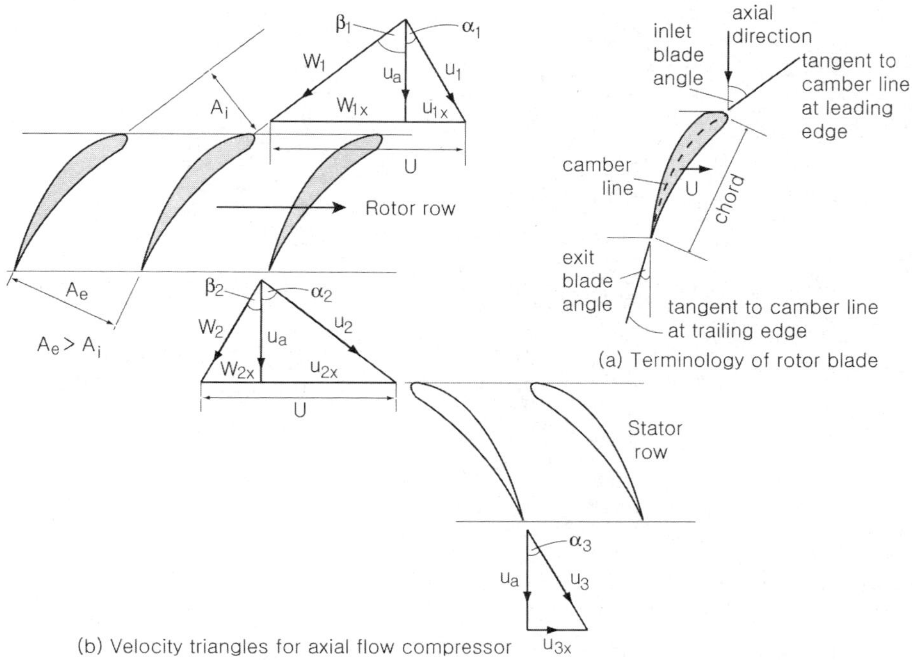


[그림 7.11] 축류 압축기 깃의 명칭과 속도삼각형

로터에서 공기에 전달된 에너지가 곧 전달된 일이므로 공기 단위 질량당으로 나타내면

$$w = U_2 u_{2x} - U_1 u_{1x} \quad \text{(J/kg)} \tag{7.22}$$

가 된다. $u_a$는 전 과정을 통해서 일정하고, $U_1 = U_2 = U$이므로

$$u_{2x} = U - u_a \tan\beta_2, \quad u_{1x} = U - u_a \tan\beta_1$$

이 성립한다. 따라서 $u_{2x} - u_{1x} = u_a(\tan\beta_1 - \tan\beta_2)$이므로 최종적으로 로터에서의 일은

$$w = U u_a(\tan\beta_1 - \tan\beta_2) = U u_a(\tan\alpha_2 - \tan\alpha_1) \tag{7.23}$$

으로 표시된다.

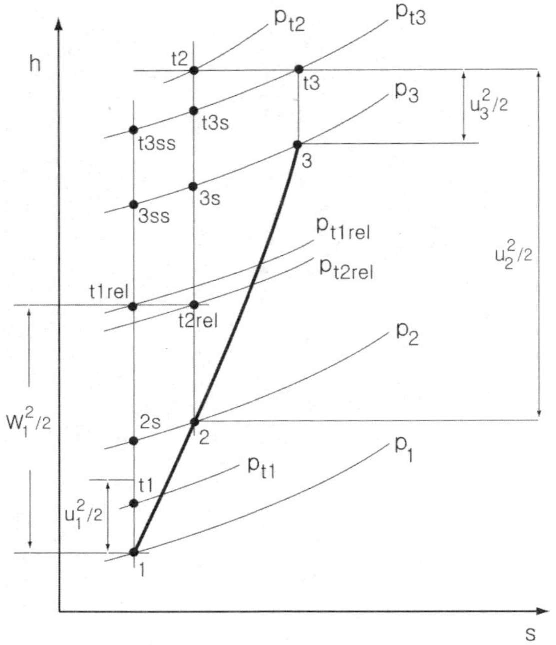


[그림 7.12] 축류 압축기 과정에 대한 h-s선도

그림 7.12는 로터와 고정자에서의 압축과정을 h-s 선도 상에 표시한 것이다. 고정자에서의 과정은 단열과정이므로 $h_{t3} = h_{t2}$이며, 로터에서의 공기 단위 질량당 일은 전엔탈피의 차이로서 다음과 같이 표시된다.

$$w = h_{t2} - h_{t1} \text{ (kJ/kg)} \tag{7.24}$$

전엔탈피 관계식 $h_t = h + u^2/2 = h + (u_a^2 + u_x^2)/2$를 사용하여 위의 식을 정리하면

$$h_{t2} - h_{t1} = (h_2 - h_1) + (u_{2x}^2 - u_{1x}^2)/2 = U(u_{2x} - u_{1x}) \tag{7.25}$$

가 된다. 이 식을 속도 사이의 관계를 사용하여 변형하면, 상대속도를 기준으로 하는 전엔탈피 $h_{trel}$(=$h + W^2/2$)로 표시되는 식을 유도할 수 있다. 각자 유도해보길 바란다. 정리하면 최종적으로 다음의 관계식을 얻게 된다.

$$h_{t2rel} = h_{t1rel}, \quad h_2 + W_2^2/2 = h_1 + W_1^2/2 \tag{7.26}$$

이 식은 로터를 통과하면서 상대속도를 기준으로 하는 전엔탈피가 일정하다는 사실을 나타내고 있으며, 나중에 축류 터빈 로터에서도 그대로 적용된다. 한편 이 식과 원심압축기에서의 식 (7.13)을 비교해보면, 축류 압축기 한 단에서의 엔탈피 차이가 원심압축기에서의 차이보다 확실히 작다는 것을 확인할 수 있다. 다시 말해서 원심압축기의 경우는 입·출구 회전속도 운동에너지의 차이인데 반하여, 축류 압축기에서는 거의 같은 크기를 갖고 있는 상대속도 운동에너지의 차이이기 때문이다.

축류 압축기에서는 슬립계수를 고려할 필요가 없기 때문에 최종 압력비는 다음과 같이 나타낼 수 있다.

$$p_{t3}/p_{t1} = [1 + \eta_C (T_{t3} - T_{t1})/T_{t1}]^{\gamma/(\gamma-1)} \tag{7.27}$$

한편 식 (7.23)과 (7.24)를 같게 놓으면

$$T_{t3} - T_{t1} = U u_a (\tan\beta_1 - \tan\beta_2)/c_p \tag{7.28}$$

의 관계를 유도할 수 있다. 축류 압축기의 등엔트로피 효율 $\eta_C$의 정의는 원심압축기와 동일하다.

실제로 $u_a$는 동익의 반경방향 길이(span)에 따라 균일하지 않기 때문에 식 (7.28)의 우변 항은 다소 과대하게 계산된 값이다. 이를 보정하기 위해서 일에 관계된 일량계수(work done factor) $\lambda$를 고려한다. 일량계수는 다음과 같이 정의한다.

$$\lambda = \frac{Actual\ work\ absorbing\ capacity}{Ideal\ work\ absorbing\ capacity}$$

따라서 일량계수를 사용하면 식 (7.28)은

$$T_{t3} - T_{t1} = \lambda\, U u_a (\tan\beta_1 - \tan\beta_2)/c_p \tag{7.29}$$

가 된다. 일량계수는 첫째 단에서는 1에 가까운 값을 갖지만 단을 거치면서 그 영향이 누적되므로 작아진다. 처음에는 급격하게 작아지지만 대략 8단부터는 감소율이 완만해지면서 0.85 정도의 값으로 수렴한다.

온도상승이나 압력상승에 관련해서 로터와 고정자의 균형은 매우 중요하다. 이를 나타내기 위해 **반동도**(reaction ratio)를 사용한다. 반동도는 총 압축과정 엔탈피 변화에 대한 로터에서의 엔탈피 변화로 다음과 같이 정의한다.

$$\hat{R} = (h_2 - h_1)/(h_3 - h_1) \tag{7.30}$$

로터 입·출구의 상대속도 기준 전엔탈피가 같고, $u_1 = u_3$이므로

$$h_2 - h_1 = (W_1^2 - W_2^2)/2,\ h_3 - h_1 = h_{t3} - h_{t1} = U(u_{2x} - u_{1x})$$

가 성립하고, 이것을 식 (7.30)에 대입하여 정리하면 최종적으로 다음과 같은 관계식을 얻을 수 있다. 자세한 유도과정은 생략한다.

$$\begin{aligned}\hat{R} &= (W_{1x} + W_{2x})/2U \\ &= u_a(\tan\beta_1 + \tan\beta_2)/2U \\ &= \phi(\tan\beta_1 + \tan\beta_2)/2\end{aligned} \tag{7.31}$$

위 식에서 $\phi$는 **유량계수**(flow coefficient, $=u_a/U$)라 한다. 식 (7.31)을 다음과 같이 조금 다르게 표현하여 사용하기도 한다.

$$\hat{R} = [1 + \phi(\tan\beta_2 - \tan\alpha_1)]/2 \tag{7.32}$$

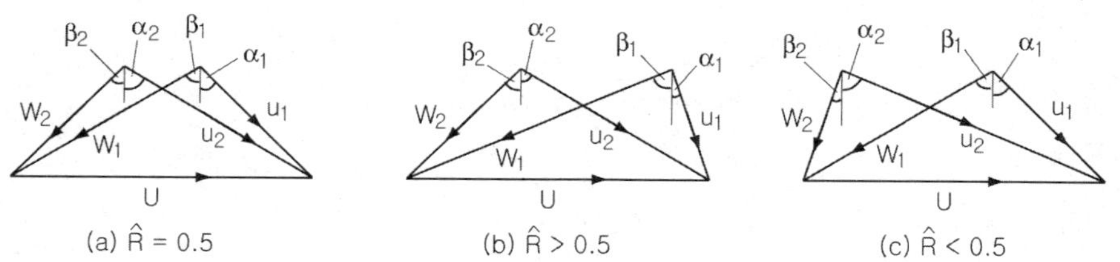


[그림 7.13] 반동도 변화에 대한 속도삼각형의 변화

반동도가 50%라면 $h_2 - h_1 = h_3 - h_2$가 성립하므로 로터와 고정자에서의 온도 상승이 같다고 말할 수 있다. 이 경우 $\beta_2 = \alpha_1$이 성립하므로 로터 입구의 속도삼각형과 출구의 속도삼각형은 그림 7.13에서 보는 바와 같이 서로 대칭이다. 반동도가 0.5보다 큰 경우를 그림 (b)에서 보여주고 있는데, $\beta_2 > \alpha_1$이고 로터 측의 엔탈피 상승이 크기 때문에 정압상승도 크다고 할 수 있다. 반동도가 0.5보다 작은 경우는 그림 (c)에서 보여주고 있으며, 고정자 측의 엔탈피 상승이 크기 때문에 고정자에서의 온도상승이나 압력상승이 로터 측보다는 크다.

최적 설계의 관점에서 반동도는 50%를 기준으로 한다. 이 조건에서 로터와 고정자에서의 역 압력 구배가 균등하게 분배되기 때문에 경계층 박리 현상을 억제할 수 있으며, 최대의 온도상승을 이루기 때문에 효율도 최대가 된다.

마지막으로 동익에서 발생하는 **양력**(drag force)과 **항력**(lift force)에 대해서 간단히 살펴보도록 하자. 축류 압축기에서 소요 동력을 회전속도에 의한 동력으로 나눈 비를 **단부하계수**(stage loading factor, $\psi$)라 정의한다(원심압축기의 동력계수와 혼동하지 말 것).

$$\begin{aligned} \psi &= \dot{W}/(\dot{m}\,U^2) = (h_{t3} - h_{t1})/U^2 = \lambda\,(u_{2x} - u_{1x})/U \\ &= \lambda\,(u_a/U)(\tan\alpha_2 - \tan\alpha_1) \\ &= \lambda\,\phi\,(\tan\alpha_2 - \tan\alpha_1) \end{aligned} \tag{7.33}$$

그림 7.14는 동익 주위의 유동 형태를 보여주고 있으며 날개 주위의 유동 양상과 유사하다는 것을 알 수 있다. 항력은 평균 상대속도 벡터 $W_m$의 방향으로 작용한다고 정의한다. 당연히 양력은 항력에 수직한 방향이 된다. 그림에서 나타낸 항력 D와 양력 L은 유동하는 공기가 받는 힘을 각각 나타낸다. 공기에 작용하는 힘의 원주방향 성분은

$$F_x = L\cos\beta_m + D\sin\beta_m = L\cos\beta_m\,[1 + (C_D/C_L)\tan\beta_m]$$

이 된다. 양력계수 $C_L$은 상대속도를 사용하여 다음과 같이 정의한다.

$$C_L = L/(0.5\,\rho\,W_m^2\,A)$$

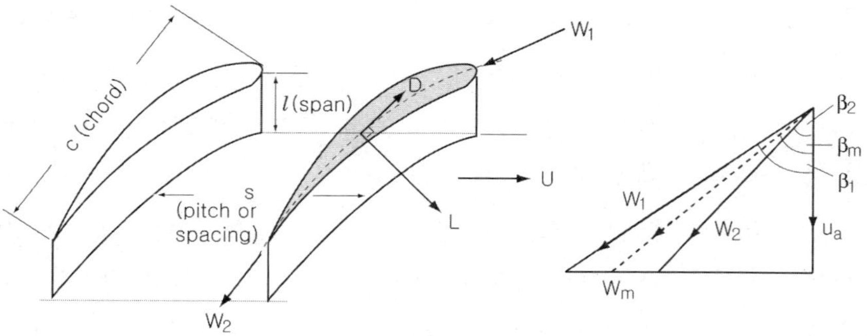


[그림 7.14] 축류 압축기 동익에서의 양력과 항력 및 유동각

항력계수 $C_D$도 똑같은 형태로 정의되며, A는 익의 표면적으로 동익 코드(chord) 길이 c와 스팬(span)길이 $l$의 곱이다. 동익의 스팬은 크지 않기 때문에 깃 높이(blade height)라고 하기도 한다.

$W_m = u_a / \cos\beta_m$인 관계를 대입하여 다시 정리하면, 원주방향 힘의 성분은

$$F_x = \rho\, u_a^2\, c\, l\, C_L \sec\beta_m\, [1 + (C_D / C_L)\tan\beta_m]/2$$

가 된다.

한편 동익 사이의 간격을 $s$라 하면, 한 개 통로의 유동 단면적은 $sl$이 되고

$$UF_x = \dot{m}\,(h_{t3} - h_{t1}) = \rho\, u_a\, s\, l\,(h_{t3} - h_{t1})$$

이 성립하므로, 이러한 관계식들을 식 (7.33)에 대입하고 정리하면, 최종적으로 단부하계수는 다음과 같이 표현된다.

$$\psi = \phi\,(c/s)\sec\beta_m\,(C_L + C_D\tan\beta_m)/2 \tag{7.34}$$

최대 효율을 얻기 위한 평균 유동각 $\beta_m$은 보통 45°로 알려져 있다. 이 각을 식 (7.34)에 대입하면, 최적 단부하계수는 다음과 같이 나타낼 수 있다.

$$\psi_{opt} = (\phi/\sqrt{2})(c/s)(C_L + C_D) \tag{7.35}$$

일반적으로 잘 설계된 동익에서는 양력계수가 항력계수보다 훨씬 크기 때문에 위 식에서 항력계수를 무시하고 다음과 같이 나타낼 수도 있다.

$$\psi_{opt} = (\phi / \sqrt{2})(c/s)\, C_L \tag{7.36}$$

일반적으로 성능해석은 **평균반경**[4](mean radius)에서의 유동을 기초로 하여 수행한다. 즉 평균반경에서의 값이 성능의 평균값이라는 가정이 암묵적으로 내재되어 있다. 그러나 깃의 높이가 커서 허브와 팁의 **반경비**(hub/tip ratio)가 0.8보다 작은 경우에는 평균반경에서의 값이 성능의 평균값이라 할 수 없다. 다시 말해서 반경방향 속도 변화의 효과도 고려해야 한다는 것을 뜻한다. 지금까지는 유동의 원주방향(x)과 축 방향(z)만을 고려하였다(2차원 유동).

다음의 예제들을 통해서 지금까지 배운 내용을 확인해보자.

[예제 7.3] 축류 압축기의 한 단에서 전온도 상승이 20K이다. 일량계수는 0.92이고 깃의 회전속도는 깃의 허브(깃뿌리)에서 157.5m/s, 평균반경에서 210m/s, 팁에서 262.5m/s이다. 공기의 축 방향 속도는 허브에서 팁에 이르기까지 157.5m/s로 균일하다. 평균반경에서 구한 반동도는 0.5이다. 입·출구에서의 유동각을 허브, 평균반경 및 팁을 기준으로 해서 각각 구하라. 또한 허브와 팁에서의 반동도도 구하라. 반경방향으로는 자유와류를 가정한다.

**풀이** (핵심) 식 (7.29) 사용, 그림 7.11 참조, 깃의 높이에 따라 결과 다름.

공기의 성질, $c_p = 1.005\text{kJ/kg}\cdot\text{K}$, $\gamma = 1.4$, $R = 0.287\text{kJ/kg}\cdot\text{K}$

평균반경 :

식 (7.29) $T_{t3} - T_{t1} = \lambda U_m u_a (\tan\beta_1 - \tan\beta_2)/c_p$로부터

$$\tan\beta_1 - \tan\beta_2 = 20 \times 1005/(0.92 \times 210 \times 157.5) = 0.66$$

반동도 식 $\hat{R} = u_a(\tan\beta_1 + \tan\beta_2)/(2\,U_m)$으로부터

$$\tan\beta_1 + \tan\beta_2 = 0.5 \times 2 \times 210/157.5 = 1.333$$

유동각에 대한 두 개의 식을 연립하여 풀면

4) 깃의 맨 밑인 허브(또는 깃뿌리) 반경과 깃의 끝인 팁 반경 사이의 중간 값

$\beta_1 = 44.8^o, \quad \beta_2 = 18.78^o$

평균반경에서 반동도가 0.5이므로 $\alpha_1 = \beta_2, \ \alpha_2 = \beta_1$

팁 : 반동도를 모름. 그림 7.11을 참조하면

깃 입구에서,

$\tan\alpha_1 + \tan\beta_1 = U/u_a = 262.5/157.5 = 1.666$

자유와류인 경우, 모든 반경에서 $r \ u_{1x} = const$

평균반경에서와 팁에서 $r_m \ u_{xm} = r_t \, u_{xt}, \ r_m u_a \tan\alpha_{1m} = r_t u_a \ \tan\alpha_{1t}$

$\tan\alpha_{1t} = (r_m/r_t)\tan\alpha_{1m} = (U_m/U_t)\tan\alpha_{1m} = (210/262.5)\tan 18.78^o$

$\alpha_{1t} = 15.21^o$

$\tan\beta_{1t} = U_t/u_a - \tan\alpha_{1t} = 262.5/157.5 - \tan 15.21^o$

$\beta_{1t} = 54.37^o$

깃 출구에서,

$\tan\alpha_2 + \tan\beta_2 = U/u_a = 262.5/157.5 = 1.666$

$r u_{2x} = const$

$\tan\alpha_{2t} = 0.8\tan\alpha_{2m} = 0.8\tan 44.8^o = 0.794$

$\alpha_{2t} = 38.45^o$

$\tan\beta_{2t} = 1.666 - \tan\alpha_{2t} = 1.666 - 0.794 = 0.872$

$\beta_{2t} = 41.1^o$

반동도는

$\hat{R}_t = (\phi/2)(\tan\beta_{1t} + \tan\beta_{2t}) = [157.5/(2\times 262.5)](\tan 54.37^o + \tan 41.1^o)$

$=0.68$

허브 : 팁에서와 같은 방법으로 구하면

$\alpha_{1r} = 24.38^o, \ \beta_{1r} = 26.68^o, \ \alpha_{2r} = 52.94^o, \ \beta_{2r} = -17.95^o, \ \hat{R}_r = 0.112$

[예제 7.4] 반동도가 50%인 축류 압축기에 관련된 데이터가 다음과 같다.

| | | | |
|---|---|---|---|
| 입구 공기 전온도 | 290K | 로터 출구 상대속도 유동각 | $32^o$ |
| 유량계수 | 0.55 | 로터 입구 상대속도 마하수 | 0.75 |

단에서의 유동은 정상적이다. 첫 단에서의 전온도 상승값을 구하라.

**풀이** (핵심) 식 (7.29) 사용, $T_{t3} = T_{t2}(h_{t3} = h_{t2})$

$T_{t3} - T_{t1} = \lambda U u_a(\tan\beta_1 - \tan\beta_2)/c_p$를 구하기 위해서 $u_a$, $\lambda$, $\beta_1$ 등을 구해야 함.

첫 단이므로 일량계수는 1로 가정하고 유량계수로부터 $U = u_a/\phi$임.

식 (7.31)로부터 $\tan\beta_1 = 2\hat{R}/\phi - \tan\beta_2 = 2\times 0.5/0.55 - \tan 32^o \doteq 1.19$

상대속도 입구 유동각 $\beta_1 = 50^o$

마하수 관계식 $M_{1r} = 0.75 = W_1/\sqrt{\gamma R T_1}$ 로부터 $W_1^2 = \gamma_{1r}^2(T_{t1} - u_1^2/2c_p)$

한편 $\beta_2 = \alpha_1$이고 $W_1 = u_a/\cos\beta_1 = u_a/\cos 50^o = u_a/0.643$

$u_1 = u_a/\cos\alpha_1 = u_a/\cos 32^o = u_a/0.848$

$W_1$과 $u_1$을 마하수 관계식에 대입하여 정리하면

$u_a^2 = \gamma R M_{1r}^2[T_{t1} - u_a^2/(2\times 0.848^2 c_p)]0.643^2 = 2.7\times 10^4 - 0.064 u_a^2$

$u_a = 159.6\,\mathrm{m/s}$

$\therefore T_{t2} - T_{t1} = 159.6^2(\tan 50^o - \tan 32^o)/(1005\times 0.55) = 26.1\mathrm{K}$

## 3. 깃 캐스케이드

앞 절에서는 주로 압축 단의 입·출구각이나 유동각 변화에 대한 에너지 전달을 중점적으로 다루었다. 다음 단계는 최소의 압력손실과 최대의 효율을 나타내면서 일을 전달하는 깃 형태를 결정하는 것이다.

**깃 캐스케이드**(blade cascade)란 기하학적으로 비슷한 깃들이 일정한 간격을 두고 유동 방향으로 겹겹이 배열된 형태를 나타내는 단어이다. 깃과 깃 사이의 동일한 위치의 점을 연결한 원주길이를 **피치**(pitch)라고 하며, 코드를 피치로 나눈 비를 **고형비**(solidity ratio, $\sigma_s = c/s$)라 한다. 원주방향으로 배열된 깃의 수가 많을수록 고형비는 커진다. 고형비가 작은 경우에는 깃 주위를 흐르는 유동은 주위의 다른 깃의 영향을 거의 받지 않기 때문에 여러 개의 깃이 부착되어 있다고 해도 하나의 깃만을 고려하여 해석하면 된다. 그러나 가스터빈용 축류 압축기는 높은 고형비를 갖고 있으면서 축 방향으로도 캐스케이드 식으로 배열되어 있기 때문에 주변 깃의 영향을 반드시 고려해야 한다. 사실 깃의 캐스케이드 효과를 고려하여 깃의 형태를 결

정하기 위해서는 캐스케이드 관련 이론뿐만 아니라 풍동에서 광범위한 실험을 수행하여 얻은 캐스케이드 데이터가 기본적으로 필요하다. 이에 대한 자세한 내용을 언급하는 것은 본 교재의 범위를 벗어난다. 따라서 본 절에서는 캐스케이드 깃 설계에 관련된 중요 변수와 최소한의 관계식만을 알아보도록 하자.

그림 7.15는 캐스케이드 설계에 관련된 중요한 각의 형태 및 기호를 보여주고 있다. 결국 캐스케이드 깃 설계란 캐스케이드 효과를 고려한 관계식과 데이터를 이용하여 그림에 나타낸 모든 각과 고형비 등을 결정하는 것을 말한다.

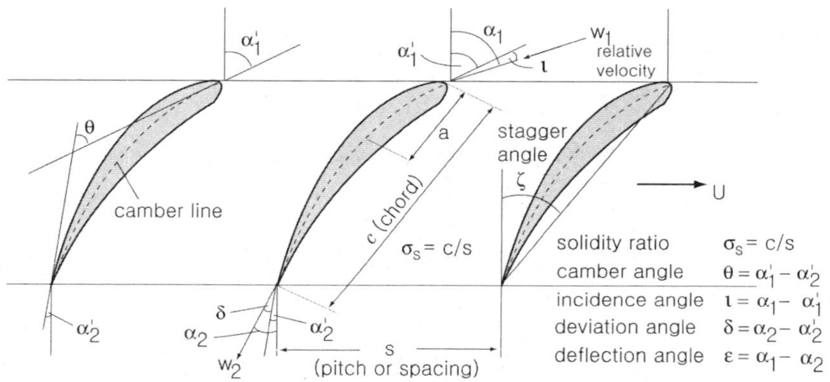


[그림 7.15] 캐스케이드 깃 설계에서 사용하는 각종 각과 명칭

깃 입·출구에서 축 방향과 캠버 라인에 접하는 선이 이루는 각을 각각 $\alpha'_1$, $\alpha'_2$라 하고, 그 차이 각인 $\alpha'_1 - \alpha'_2$를 **캠버각**(blade camber angle, $\theta$)으로 정의한다. **엇각**(stagger angle, $\zeta$)은 축 방향과 코드가 이루는 각이다. 입구에서의 유동각(상대속도 기준)과 깃 입구각의 차이 $\alpha_1 - \alpha'_1$를 **입사각**(incidence angle, $\iota$)이라 하며, 출구에서의 유동각과 깃 출구각의 차이 $\alpha_2 - \alpha'_2$는 **편차각**(deviation angle, $\delta$)이라 한다. 한편 입·출구 유동각의 차이인 $\alpha_1 - \alpha_2$는 **편향각**(air deflection angle, $\epsilon$)으로 정의한다. 그림에서 a는 캠버 라인의 최대 점까지의 코드길이이다. 일반적으로 캠버 라인으로 **원호**(arc)를 선택하는데 이 경우 a는 c/2가 된다.

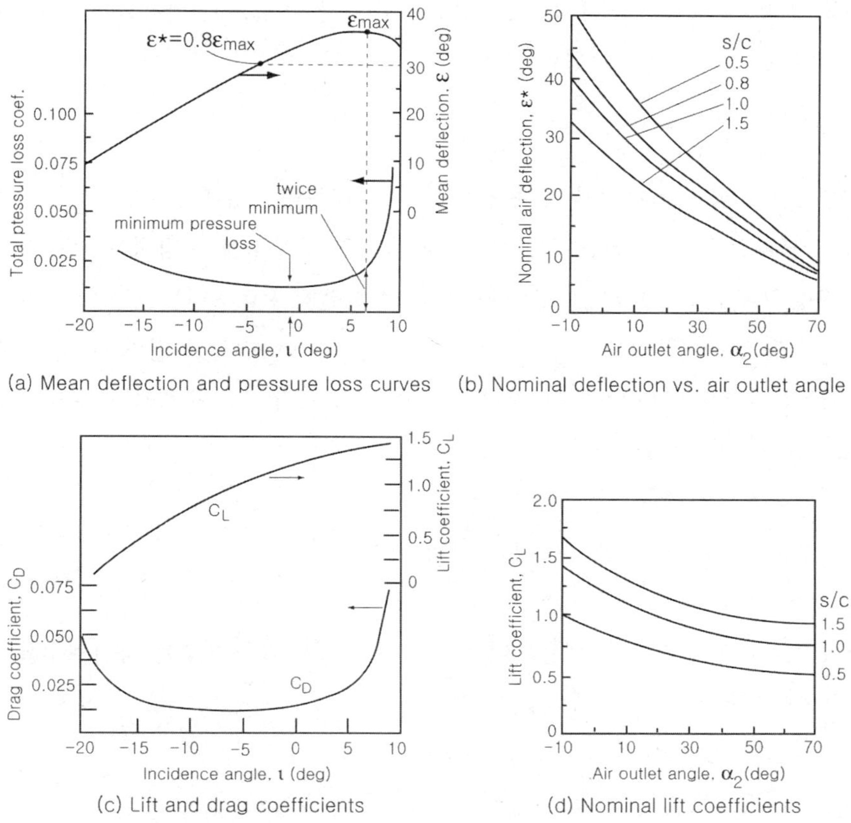


[그림 7.16] 캐스케이드 데이터 성능 곡선

그림 7.16은 캐스케이드 실험 데이터와 관계식을 사용하여 나타낸 전형적인성능 곡선을 보여주고 있다. 실험에 사용된 에어포일(airfoil)에 따라 다르기는 하지만 그림 7.16(a)에서 보는 것처럼 입.출구 사이의 전압력 손실계수는 일반적으로 입사각이 -10°~5° 일 때는 거의 일정하지만 입사각이 6° 이상이거나 -15° 이하일 경우에는 급격하게 그 값이 커지는 경향을 나타내고 있다. 최소 전압력 손실은 0° 보다 조금 작은 입사각에서 나타난다. 한편 입사각이 커지면 편향각도 커지며, 특정 입사각에서 최대 편향각을 나타낸 후 감소한다. 최대 편향각을 나타내는 입사각은 평균 전압력 손실이 급격하게 커지는 입사각과 거의 일치하며, 보통 최소 전압력 손실이 2배가 되는 입사각으로 그 값을 정한다. 그리고 정확한 설계점 편향각은 아니지만,

처음 설계할 때 명목상 설계 값으로 취하는 편향각 $\epsilon^*$(nominal deflection angle)는 최대 편향각($\epsilon_{max}$)의 80%로 정한다.

$$\epsilon^* = 0.8\,\epsilon_{max} \tag{7.37}$$

편향각은 그림 7.16(b)에서 보는 것처럼 깃의 고형비(그림에서는 고형비의 역수 값으로 나타나 있음)와 $\alpha_2$에도 의존한다. 깃 출구의 유동각을 포함하는 편향각이 깃 출구 유동각에도 의존한다는 사실만으로도 익형 설계가 어렵다는 것을 단적으로 보여주고 있다. 다시 말해서 깃 출구 유동각은 종속변수이면서 독립변수라는 것이다.

몇 가지 중요한 관계식을 더 살펴보자. 우선 편차각 $\delta$를 결정하는 실험식을 들 수 있는데 다음과 같다.

$$\delta = m\,\theta\,(s/c)^{1/2} \tag{7.38}$$

$$m = 0.23(2s/c)^2 + 0.1(\alpha_2/50)$$

선형 캐스케이드 이론을 적용하여 캐스케이드 깃의 항력계수와 양력계수를 유도해보면 각각 다음과 같이 나타낼 수 있다.

$$C_D = 2(s/c)(\bar{p}_t/\rho u_1^2)(\cos^3\alpha_\infty / \cos^2\alpha_1) \tag{7.39}$$

$$C_L = 2(s/c)\cos\alpha_\infty(\tan\alpha_1 - \tan\alpha_2) - C_D\tan\alpha_\infty$$

(7.40)

$$\alpha_\infty = \tan^{-1}[(\tan\alpha_1 + \tan\alpha_2)/2]$$

$$\bar{p}_t = \overline{p_{t1} - p_{t2}} = p_1 - p_2 + \rho(u_1^2 - u_2^2)/2$$

항력계수는 양력계수에 비해서 매우 작으므로 식 (7.40)에서 항력계수 항을 무시하고 사용하기도 한다. 그리고 $\bar{p}_t$는 양의 값임에 주의하라. 실제로는 동익에서 일이 공급되므로 출구 전압력이 입구보다 크지만, 캐스케이드 데이터는 깃을 회전시키는 것이 아니라 공기를 강제로 송풍시키고 피치를 따라서 측정한 값을 평균하여 얻은 결과이기 때문이다. 식 (7.39)의 $\bar{p}_t/(\rho u_1^2/2)$는 **캐스케이드 전압력 손실계수**(cascade total pressure loss coefficient)로 정의되는 값이다.

실제로 깃이 설치되어 있는 환상 공간에서는 환상 항력(annular drag)과 깃 후류에서 발생하는 와류에 의한 부차적 손실 등도 고려하여야 한다. **환상 항력계수**(annular drag coefficient)에 대한 실험식은

$$C_{DA} = 0.02\,(s/l) \tag{7.41}$$

이고, **부차적 손실 항력계수**는

$$C_{DS} = 0.018\,C_L^2 \tag{7.42}$$

로 표시되므로, 총 항력계수는 다음과 같이 나타낼 수 있다.

$$C_{DT} = C_D + C_{DA} + C_{DS} \tag{7.43}$$

[예제 7.5] 축류 압축기의 첫째 단을 설계하고자 한다. 관련된 데이터는 다음과 같다.

| | | | |
|---|---|---|---|
| 전온도 상승 | 22K | 공기질량유량 | 25kg/s |
| 회전속도 | 150rev/s | 공기유입속도($u_a$) | 157m/s |
| 일량계수 | 0.95 | 평균 회전속도 | 200m/s |
| 깃 종횡비 | 3 | 반동도(평균반경 기준) | 0.5 |
| 입구 전온도 | 288K | 입구 전압력 | 101.3kPa |

다음을 구하라.

1) 평균반경에서의 깃 입·출구 각과 유동각
2) 로터의 평균 직경과 깃 높이
3) 피치와 코드 길이
4) 깃의 수

풀이 (핵심) 식 (7.29) 사용, $T_{t3} = T_{t2}(h_{t3} = h_{t2})$

공기의 성질, $c_p = 1.005\text{kJ/kg}\cdot\text{K}$, $\gamma = 1.4$, $R = 0.287\text{kJ/kg}\cdot\text{K}$

1) $T_{t3} - T_{t1} = \lambda\, U_m\, u_a(\tan\beta_1 - \tan\beta_2)/c_p$로부터

$22 = 0.95 \times 200 \times 157(\tan\beta_1 - \tan\beta_2)/1005$

$\tan\beta_1 - \tan\beta_2 = 0.741$

반동도 식 (7.31)로부터 $\tan\beta_1 + \tan\beta_2 = 0.5 \times 2 \times 200/157 = 1.27$

상대속도 유동각에 대한 위의 식 2개를 연립하여 풀면

$$\beta_1 = 45.16^o = \alpha_2,\quad \beta_2 = 14.81^o = \alpha_1$$

2) 로터의 평균 직경은 평균 회전속도로부터 구한다.

$$r_m = U/(2\pi N) = 200/(2\pi \times 150) = 0.212\text{m}$$

깃 높이는 질량유량 관계식 $\dot{m} = \rho_1 A u_a$로부터 구한다.

$$u_1 = u_a / \cos\alpha_1 = 157/\cos 14.81^o = 162.4\text{m/s}$$

$$T_1 = T_{t1} - u_1^2/2c_p = 288 - 162.4^2/(2 \times 1005) = 274.88\text{K}$$

$$p_1 = p_{t1}(T_1/T_{t1})^{\gamma/(\gamma-1)} = 101.3(274.88/288)^{3.5} = 86.1\text{kPa}$$

$$\rho_1 = p_1/RT_1 = 86.1/(0.287 \times 274.88) = 1.09\text{kg/m}^3$$

$$A = 25/(1.09 \times 1157) = 0.146\text{m}^2$$

$A = 2\pi r_m$로부터 깃 높이 $l = 0.146/(2\pi \times 0.212) = 0.11\text{m}$

3) 상대속도 유동각 $\beta$는 캐스케이드 식에서는 $\alpha$에 해당하므로

$$\epsilon^* = \alpha_1 - \alpha_2 = \beta_1 - \beta_2 = 45.16 - 14.81 = 30.35^o$$

그림 7.16(b)에서 $(\alpha_2,\ \epsilon^*)$ 값으로부터 고형비 $s/c \approx 0.8$

깃 종횡비(span/chord$=l/c=3$)로부터 $c = 0.11/3 = 0.0366\text{m}$

피치 $s = 0.8 \times 0.0366 = 0.0293\text{m}$

4) 깃의 수= 평균 원주길이/s$=2\pi \times 0.212/0.0293 = 45.46$

*** 일반적으로 깃의 수는 어떤 수의 곱으로 표시되는 수를 선택하지 않는다. 계산된 값 근처의 소수를 선택하는 이유는 공진(resonant frequency)을 피하기 위해서이다. 따라서 이 예제의 경우에는 43개나 47개를 깃의 수로 선택하는 것이 바람직하다. 깃이 수를 바꾸면 평균 피치 길이 s가 달라지므로 다시 계산해야 한다. 각자 해 보도록!

**[예제 7.6]** 예제 7.5의 데이터와 캐스케이드 데이터 성능 곡선 및 관계식을 사용하여 다음을 구하라. 캠버 라인은 원호를 사용하며, 입사각은 0으로, 깃에서의 유동은 완전 복구된다고(normal) 가정한다($u_1 = u_3$).

1) 깃의 캠버각과 엇각 및 편차각 2) 총 항력계수와 총 전압력 손실계수

**풀이** (핵심) 그림 7.15와 그림 7.16 및 캐스케이드 관계식 사용

1) 우선 편차각을 구하기 위해서 식 (7.36)을 사용하자. 원호 캠버라인이므로 $2a/c=1$

$$m = 0.23(2a/c)^2 + 0.1(\alpha_2/50) = 0.23 + 0.1(14.81/50) = 0.26$$

$$\delta = m\theta(s/c)^{1/2} = 0.26(0.8)^{1/2}\theta, \quad \therefore\ \delta = 0.233\,\theta$$

$\theta = \alpha'_1 - \alpha'_2 = \alpha'_1 - (\alpha_2 - \delta)$, 입사각이 0이므로 $\alpha'_1 = \alpha_1 = \beta_1 = 45.16^o$

$$\theta = 45.16^o - 14.81^o + 0.233\theta \ \leftarrow\ \alpha_2 = \beta_2 = 14.81^o$$

캠버각: $\theta = 39.57^o$

엇각: $\zeta = \alpha'_1 - \theta/2 = 45.16 - 39.57/2 = 25.4^o$

편차각: $\delta = 0.233 \times 39.57 = 9.22^o$

2) 그림 7.16(d)에서 ($\alpha_2 = 14.81^o$, $s/c = 0.8$)로부터 $C_L \approx 0.9$

$$C_{DS} = 0.018\,C_L^2 = 0.018 \times 0.9^2 = 0.01458$$

$$C_{DA} = 0.02\,(s/l) = 0.02 \times 0.0283/0.11 = 0.005145$$

그림 7.16(a)에서 입사각이 0일 때 전압력 손실계수$\approx 0.012$, 식(7.39)에 대입하면

$$C_D = 0.8 \times 0.012(\cos^3\alpha_\infty / \cos^2\alpha_1)$$

$$\tan\alpha_\infty = (\tan\alpha_1 + \tan\alpha_2)/2 = (\tan 45.16 + \tan 14.81)/2 = 0.635$$

$$\alpha_\infty = 32.41^o$$

따라서 $C_D = 0.8 \times 0.012 \times \cos^3 32.41 / \cos^2 45.16 = 0.0116$

깃의 총 항력계수 : $C_{DT} = C_D + C_{DA} + C_{DS} = 0.0313$

전압력 손실계수 : 총 항력계수를 사용해야 함.

$$\frac{\bar{p}_t}{\rho u_1^2/2} = C_{DT}\,\frac{c}{s}\,\frac{\cos^2\alpha_1}{\cos^3\alpha} = \frac{0.0313\cos^2 45.16}{0.8\,\cos^3 32.41} = 0.0323$$

*** 이 예제로부터 깃의 형태를 설계하기 위해서는 그림 7.16과 같은 캐스케이드 데이터가 많이 필요하다는 사실을 알 수 있다.

## 4. 다단(Multi-Stage) 성능 해석

축류 압축기의 한 단에서 올릴 수 있는 압력비는 매우 작기 때문에 요구되는 압력비를 얻기 위해서는 그림 7.17에서 보는 것처럼 다단으로 설계해야 한다. 다단에서 중요한 것은 최종 단 출구에서의 압력뿐만 아니라, 각 단 출구에서의 압력이다.

각 단 출구 압력은 다음 단의 입구 압력이 되므로 계속해서 반복 계산해야 최종 단

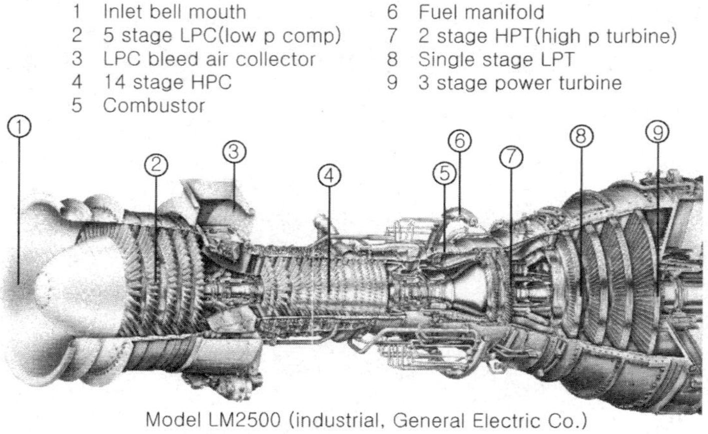


[그림 7.17] 다단 압축기의 구성(저압 5단, 고압 14단)

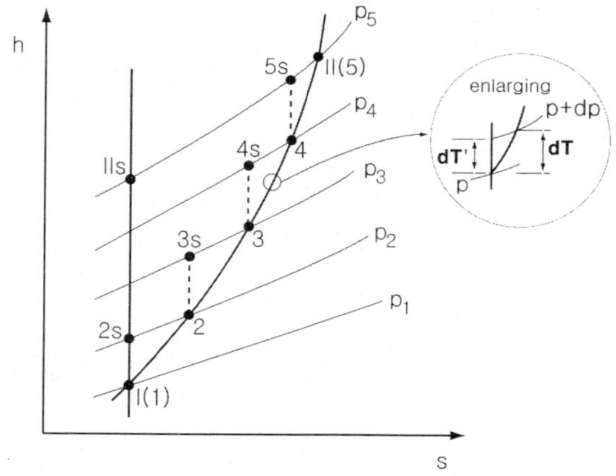


[그림 7.18] 다단 압축과정의 h-s 선도

의 출구 압력을 구할 수 있다. 이런 과정을 단계적으로 수행하기 위해서는 각 단에서의 효율을 알아야 한다. 결론적으로 각 단의 효율은 축류 압축기의 등엔트로피 효율과 같지 않다.

그림 7.18은 일례로 5단으로 구성된 압축과정의 h-s 선도를 보여주고 있다. 압축

기 입구는 I로, 최종 출구는 II로 나타내고 압축기의 등엔트로피 효율을 정의하면 다음의 식으로 표시된다.

$$\eta_C = (h_{IIs} - h_I)/(h_{II} - h_I) \tag{7.44}$$

한편 각 단에서는 단계적으로 일을 하므로 각 단에서의 이상적 일을 기준으로 하는 등엔트로피 **단효율**(stage efficiency)은 다음과 같이 정의할 수 있다.

$$\eta_S = \frac{(h_{2s} - h_1) + (h_{3s} - h_2) + (h_{4s} - h_3) + (h_{5s} - h_4)}{h_{II} - h_I} \tag{7.45}$$

식 (7.45)의 분자 항의 값은 식 (7.44)의 분자 항의 값보다 크다. 즉

$$(h_{2s} - h_1) + (h_{3s} - h_2) + (h_{4s} - h_3) + (h_{5s} - h_4) \quad > \quad h_{IIs} - h_I$$

이다. 그러므로 단효율이 압축기의 효율보다 크다는 사실을 알 수 있다.

$$\eta_S \ > \ \eta_C \tag{7.46}$$

각 단에서의 압축과정을 정확하게 해석하기 위해서 그림 7.18의 확대 그림에서와 같이 동일한 미소 압력상승에 기인한 등엔트로피 과정의 미소 온도변화($dT'$)와 실제 과정의 미소 온도변화($dT$)를 고려하자. 미소 온도변화의 비를 다음과 같이 **폴리트로픽 효율**(polytropic efficiency)이라 정의하며, 전 압축과정에서 동일하다고 가정한다.

$$\eta_p = dT' \,/\, dT \tag{7.47}$$

등엔트로피 과정에서는 $T/p^{(\gamma-1)/\gamma} = const$가 성립하므로, 이 식을 $p$에 대해서 미분하면

$$dT' = const\,[p^{-(1/\gamma)}(\gamma - 1)/\gamma\,]\,dp$$

가 되고, 식 (7.47)에 대입하여 정리하면

$$\eta_p\,(dT/T) = [(\gamma - 1)/\gamma]\,(dp/p)$$

가 된다.

위의 식을 압축 전 과정($I \rightarrow II$)에 대해서 적분하면

$$\ln (T_{II}/T_I) = [(\gamma-1)/\gamma \eta_p] \ln (p_{II}/p_I) \tag{7.48}$$

이 되고, 로그를 없앤 식으로 표시하면 다음과 같다.

$$p_{II}/p_I = (T_{II}/T_I)^{\eta_p \gamma/(\gamma-1)} \tag{7.49}$$

전형적인 폴리트로픽 효율 값은 0.88이며, 처음 계산할 때는 종종 폴리트로픽 효율과 단 효율이 같다고 가정한다.

식 (7.49)는 전압력과 전온도를 사용해도 똑같이 나타낼 수 있으며, 각 단에서의 전온도 상승이 동일하다고 가정하면 최종 출구의 전압력과 전온도는 다음의 식으로부터 구할 수 있다.

$$p_{tII}/p_{tI} = (T_{tII}/T_{tI})^{\eta_p \gamma/(\gamma-1)} \tag{7.50}$$

$$T_{tII}/T_{tI} = (T_{t1} + number\ of\ stage \times N \Delta T_t)/T_{tI} \tag{7.51}$$

위 식에서 $\Delta T_t$ 은 한 단에서의 전온도 상승값을 나타낸다. 압력과 온도로 표시된 경우와 같이 폴리트로픽 전효율과 단의 전효율(total to total stage efficiency)도 0.88로 서로 같다고 가정하는 것이 보통이다.

[예제 7.7] 총 10단으로 구성된 축류 압축기의 데이터가 다음과 같다.

| | | | |
|---|---|---|---|
| 깃 회전속도 | 200m/s | 반동도 | 0.5 |
| 폴리트로픽 효율 | 0.88 | 단 효율 | 0.84 |
| 로터 입구 절대속도 유동각 | 13° | 일량계수 | 0.86 |
| 로터 출구 절대속도 유동각 | 45° | 입구 전압력 | 99.3kPa |
| 입구 전온도 | 15°C | | |

첫째 단의 전압력비와 총 압축과정에서의 정압비를 구하라.

**풀이** (핵심) 그림 7.13 참조, 한 단에서는 $\eta_C = \eta_S$

반동도가 0.5이면 $\alpha_1 = \beta_2,\ \alpha_2 = \beta_1$

$$U = u_a \tan\alpha_1 + u_a \tan\beta_1 \ \rightarrow\ u_a = 200/(\tan 45^o + \tan 13^o) = 162.5\,\text{m/s}$$

$$\begin{aligned} T_{t3} - T_{t1} &= \lambda u_a U(\tan\beta_1 - \tan\beta_2)/c_p \\ &= 0.86 \times 162.5 \times 200(\tan 45^o - \tan 13^o)/1005 \\ &= 21.36\,\text{K} \end{aligned}$$

식 (7.27)로부터 첫째 단에서의 전압력비는

$$p_{t3}/p_{t1} = (1 + 0.84 \times 21.36/288)^{3.5} = 1.235$$

식 (7.49)로부터 총 압축과정의 정압비를 구한다.

우선 압축기 출구의 전온도는 $T_{tII} = T_{tI} + 10\,\Delta T_t = 288 + 10 \times 21.36 = 502\text{K}$

$$u_1 = u_a/\cos\alpha_1 = 162.5/\cos 13^o = 166.8\,\text{m/s}$$

$$T_I = T_1 = T_{t1} - u_1^2/2c_p = 288 - 166.8^2/(2 \times 1005) = 274.1\text{K}$$

$$T_{II} = T_{tII} - u_1^2/2c_p = 502 - 166.8^2/(2 \times 1005) = 488.1\text{K}$$

따라서 총 압축과정의 정압비는

$$p_{II}/p_I = (T_{II}/T_I)^{\eta_p \gamma/(\gamma-1)} = (488.1/288)^{0.88 \times 1.4/0.4} = 5.91$$

## 5. 성능 특성 곡선

축류 압축기의 전형적인 성능 특성 곡선을 그림 7.19에서 보여주고 있다. 주어진 속도변수 $N/\sqrt{T_{t1}}$에 대해서, 유량함수 $\dot{m}\sqrt{T_{t1}}/p_{t1}$을 변화시켜가면서 전압력비를 구하여 나타낸 것이다. 그림에서 표시된 모든 변수의 값은 설계 기준값으로 나눈 값, 즉 비의 형태로 나타나 있다.

원심압축기와는 달리 축류 압축기에서는 압력비가 질량유량의 변화에 아주 민감하다. 1점이 설계점인데 회전속도가 일정한 상태에서 유량을 조금 감소시키면 5점으로 상태가 변하며, 조금 증가시키면 2점의 상태로 변한다. 질량유량이 감소하면 후단(rear stage)에서의 압력비와 밀도는 커지지만, 유동속도 $u_a$는 감소하기 때문에 깃 입구 입사각이 급격하게 커지면서 **실속**[5](stall)이 발생한다. 한편 유량이 증가하면 그림에서 보는 것처럼 2점으로 압력비가 급격하게 떨어지고 아울러 밀도도 급

5) 압축이 되지 않는 상태. 전체적으로 서징이라 하기도 함.

격하게 작아진다. 반면에 유동속도는 증가하고 입사각이 큰 폭으로 작아지기 때문에(음의 각으로 변함) 후단에서 역시 실속이 발생하게 된다.

이번에는 압축기의 회전속도를 40% 줄여서 운전점이 4점이 되었다고 하자. 회전속도를 줄이면 회전속도가 떨어지는 비율보다 훨씬 빠르게 유동속도가 줄어들게 되는데, 결과적으로 이것은 입사각의 증가를 초래한다. 4점에서 질량유량을 줄인다면 압력비나 밀도의 증가는 미미하지만 유동속도가 더 떨어지기 때문에 입사각은 더 늘어나게 되고 결국 첫째 단에서 실속이 발생하게 된다. 한편 4점과 같이 낮은 회전속도에서 질량유량을 증가시킨다면 앞쪽 단에서의 실속의 발생 가능성은 감소하지만 후단에서는 밀도가 낮기 때문에 결과적으로 유동속도가 증가하여 질식 현상이 발생하게 된다.

결론적으로 축류 압축기에서의 탈설계 조건에서는 유동상태가 불안정해지면서 성능이 급격하게 떨어진다는 사실이며(성능이 조건 변화에 매우 민감), 따라서 축류 압축기는 거의 일정한 부하를 갖는 경우에 적합하다고 할 수 있다.

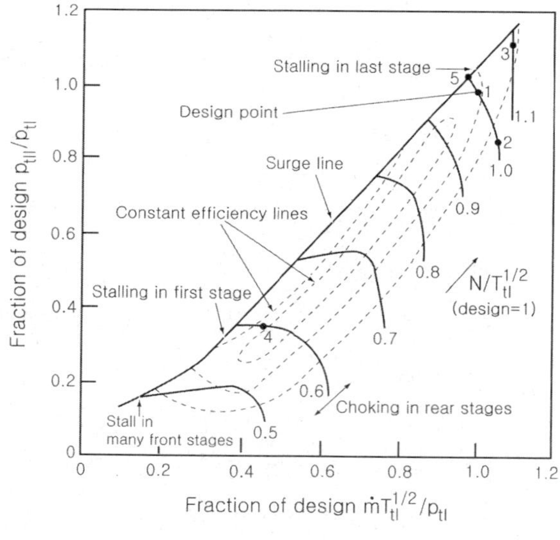


[그림 7.19] 축류 압축기의 성능 특성 곡선

## 7.4 축류-원심형 압축기

축류-원심형 압축기는 일반적으로 저압 측 압력상승에는 축류형을, 고압 측 압력상승에는 원심형을 사용한 압축기이다. 그림 7.20은 축류-원심형 압축기를 사용한 터보축 가스터빈(모델 T55, Allied Signal)을 보여주고 있다. 축류 7단 원심 1단으로 구성되어 있다. 일반적으로 축류-원심형 압축기는 유동이 매끄럽게 최종 임펠러로 유입되도록 최종 축류 단에서 가변각 고정자(variable angle stator)를 사용하며, 장점이라면 적은 단수로 압력비를 높일 수 있다는 것이다. 예를 들어 설계 압력비가 10이고, 축류 1단에서의 압력비가 1.2, 임펠러의 압력비가 4라 가정하고 근사적으로 계산해 보면 그 결과는 다음과 같다.

$$\text{축류형: } 1.2^x = 10 \rightarrow x = 12.6\text{단}$$

$$\text{축류-원심형: } 1.2^x \times 4 = 10 \rightarrow x = 5\text{단}$$

표 7.3은 축류-원심형 압축기를 적용한 가스터빈 모델의 각 단수와 압력비를 보여주고 있는데, 원심 단은 모두 1단이라는 사실을 알 수 있다.

본 장에서 압축기에 관한 내용을 전반적으로 다루었다. 압축기의 설계 목적은 축류형, 원심형 할 것 없이 운전범위 내에서 공기역학적 안정성을 갖고 최소한의 단수로 또 상대적으로 고효율로 충분한 양의 공기를 압축할 수 있도록 설계하는 것이다. 가스터빈의 구성장치 각각의 설계는 그 장치 하나만의 설계가 아니고 종합적

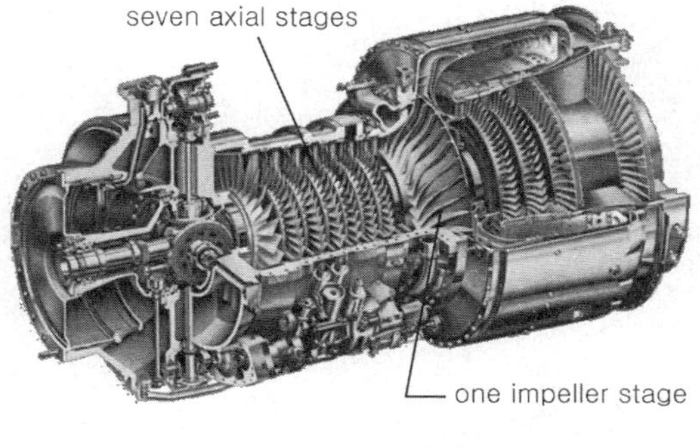


[그림 7.20] 축류-원심형 압축기를 사용한 가스터빈

인 것이라는 점을 명심해야 한다. 예를 들어 압축기 설계는 터빈동력에 의해 작동되므로 터빈 설계와 조화를 이루어야 한다. 또한 작동 범위 내에서 실속이나 질식이 일어나지 않게 설계해야 한다. 실속이나 질식의 발생은 압축기의 성능을 급격하게 떨어뜨리기 때문이다.

[표 7.3] 축류-원심형 압축기를 적용한 가스터빈 모델의 단수와 압력비

| 제작사 | 모델 | 압축기 단수<br>축류 | <br>원심 | 압력비<br>(at max. rpm) |
|---|---|---|---|---|
| GE Allison Gas Turbine Div. | 250-B17C | 6 | 1 | 7.2 |
| | 250-B17F,F1,F2 | 4 | 1 | 7.9 |
| Teledyne CAE | J69-T-29 | 1 | 1 | 5.3 |
| | J402-CA-702 | 2 | 1 | 8.5 |
| | 312-2 | 1 | 1 | 8.2 |
| Textron Lycoming Stratford Div. | LTP101-700A-1A | 1 | 1 | 8.6 |
| | GLC 38 | 5 | 1 | 22 |
| Pratt & Whitney Canada Inc. | PT 6A-15AG | 3 | 1 | 6.5 |
| | PT 6A-42 | 3 | 1 | 8.0 |
| | PT 6A-65AG | 4 | 1 | 9.7 |

## 연습문제

**7.1** 원심압축기로 100kPa, 15°C의 공기가 0.8kg/s의 율로 유입된다. 아이 허브 직경은 0.13m이고 아이 팁 직경은 0.3m이며, 임펠러의 회전속도는 16200rpm이다. 허브와 팁에서의 깃 입구각을 각각 구하라. 아이에서 예선회는 없고, 입구손실도 없다.

**7.2** 깃의 수가 19개인 경우 예제 7.1을 다시 구하라. 다른 성질은 동일하다.

**7.3** 질량유량이 17kg/s로 늘어났을 때 예제 7.2를 다시 구하라. 다른 성질은 동일하다.

**7.4** 회전속도가 13000rpm으로 줄었을 때 예제 7.2를 다시 구하라. 다른 성질은 동일하다. 그리고 예제 7.2의 결과와 문제 7.2와 7.3의 결과를 서로 비교 검토하라.

**7.5** 전온도 상승이 30K일 때 예제 7.3을 다시 구하고 결과를 비교하라. 다른 성질은 동일하다.

**7.6** 로터 출구 유동각이 28°로 줄었을 때와 37°로 커졌을 때 예제 7.4를 각각 다시 구하고 그 결과를 비교 검토하라. 다른 성질은 동일하다.

**7.7** 공기 질량유량이 20kg/s로 줄었을 경우와 30kg/s 늘어났을 때 예제 7.5를 다시 구하고 그 결과를 비교 검토하라. 다른 성질은 동일하다.

**7.8** 문제 7.7의 데이터와 결과를 사용하여 예제 7.6을 다시 구하고 그 결과를 비교 검토하라. 다른 성질은 동일하다.

**7.9** 로터 입구 절대속도 유동각이 11°로 줄었을 경우와 출구 절대속도 유동각이 41°로 줄었을 경우 예제 7.7을 다시 구하고 그 결과를 비교 검토하라. 다른 성질은 동일하다.

**7.10** 전압력비가 6인 축류압축기가 있다. 입구에서의 전압력과 전온도는 408kPa, 300K이다. 압축기의 전효율은 82%, 반동도는 0.5이며, 각 단에서의 일의 값은 동일하고 일량계수는 0.92이다. 한편 평균반경에서의 축 방향 공기속도는 171m/s이고 깃 회전속도는 203m/s이다. 로터 입구 상대속도 유동각, 단의 수, 로터 입구 온도 및 로터 입구 상대속도 마하수를 각각 구하라.

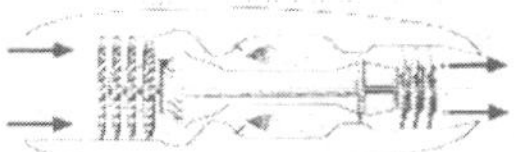

# 제8장

# 터빈

터빈은 고온의 연소가스가 갖고 있는 압력과 운동에너지로부터 동력을 얻는 장치이다. 터빈을 지나는 유동은 고압영역에서 노즐 쪽의 저압영역으로 팽창하면서 흐르기 때문에 강제로 공기를 유동시키는 압축기와는 달리 경계층박리와 같은 현상은 발생하지 않는다. 따라서 터빈 깃의 **회전각**(turning angle)을 크게 할 수 있어 한 단의 에너지전환 양을 높일 수 있으므로 1단의 터빈만으로도 10단 이상의 축류 압축기를 구동시키는 것이 가능하다.

터빈에는 두 종류가 있다. 반경류형과 축류형이 그것이다. **반경류형**(radial flow type) 터빈은 원심압축기와 유사하나 유동방향은 그림 8.1에서 보는 바와 같이 정반대이다. 즉 반경 방향으로 들어와서 축 방향으로 나간다. 반경류형 터빈은 아주 적은 동력이 필요하거나, 성능보다는 소형이 요구되는 경우를 제외하고는 거의 사용되지 않는다. 따라서 본 장에서는 축류 터빈에 대한 내용을 주로 다룰 것이다.

터빈도 터보기계의 일종이므로 설계를 위해서는 4, 5장에서 다루었던 열역학적 관계식과 깃의 운동학적 관계식을 연계시켜야 한다. 이제 터빈에 대한 중요한 사항을 살펴보도록 하자.

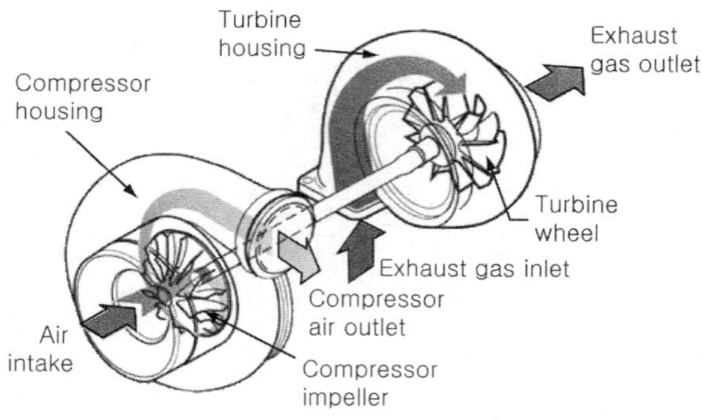


[그림 8.1] 원심압축기와 반경류형 터빈의 유동방향

## 8.1 축류 터빈

### 1. 개요

본질적으로 보면 축류 터빈은 축류 압축기를 거꾸로 작동시킨 것이라 할 수 있다. 다른 점이라면 압축기와는 달리 압력이 작아지는 순방향으로 유동한다는 것이다. 따라서 회전각을 크게 만들 수 있기 때문에 압력 변화량과 에너지전환 양이 커지며 효율 또한 높아진다. 그러나 압력이나 온도의 변화가 커진다는 것은 깃에 작용하는 응력이 커진다는 것과 일맥상통하기 때문에 설계할 때 주의를 요한다.

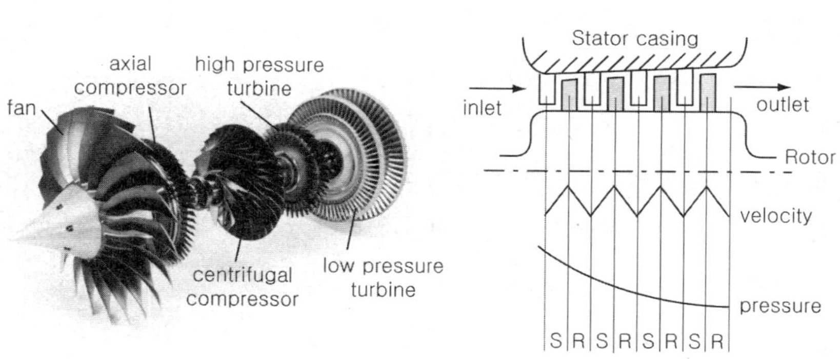


(a) Moving parts of FJ44 turbofan engine (b) Pressure and velocity of reaction turbine

[그림 8.2] 터보팬 엔진의 로터 뭉치와 축류 터빈에서의 속도와 압력분포

축류 터빈은 보통 1단이나 다단으로 구성되고 각 단은 고정자단(stator stage)과 로터단(rotor stage)으로 이루어진다. 고정자는 노즐이라 하기도 하며, 로터는 터빈바퀴(turbine wheel)라 하기도 한다. 그림 8.2에 터보팬 엔진(모델 FJ44, Rolls Royce)의 로터 뭉치와 터빈에서의 속도 및 압력 분포를 보여주고 있다. 터빈을 통과하는 유동의 축 방향 속도를 일정하게 유지하기 위해서는 그림에서처럼 후방으로 갈수록 깃 높이를 증가시켜야 한다. 터빈을 통과하면서 압력은 계속해서 낮아지지만 속도는 노즐에서 복구되므로 증가-감소를 계속해서 반복한다.

압축기 해석에서와 마찬가지로 평균 반경에 기초하여 해석을 하며, 깃 높이에 비해서 평균반경이 충분히 크기 때문에 2차원으로 가정한다(반경방향 속도성분=0).

## 2. 기본 관계식

터빈 단에서의 속도 삼각형을 그림 8.3에서 보여주고 있다. 압축기에서처럼 로터 입·출구를 1점과 2점으로 표시하기 위해서 노즐 입구상태는 0점으로 표시하였다. 그림에서 보듯이 연소가스는 절대속도 $u_1$, 유동각 $\alpha_1$으로 노즐을 빠져나오고, 회전속도 벡터 $U$를 빼면 상대속도 $W_1$, 유동각 $\beta_1$으로 로터로 들어간다. 로터를 지나면서 유동방향이 변하고 절대속도 $u_2$, 유동각 $\alpha_2$로 다음 노즐로 들어간다.

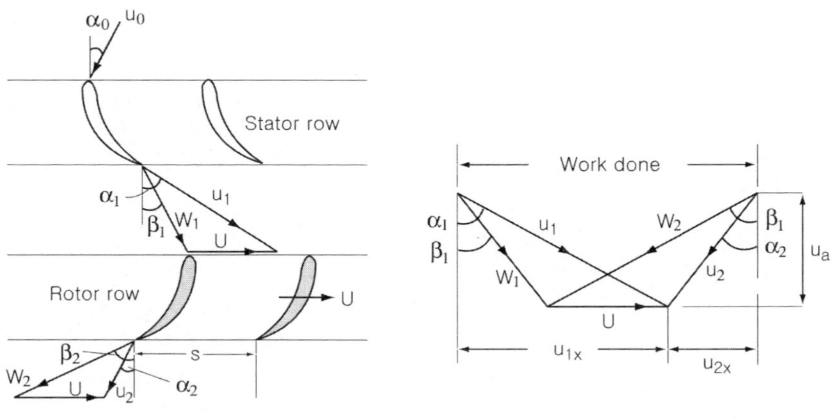


(a) Velocity triangle (b) Superimposed velocity triangle

[그림 8.3] 터빈 단에서의 속도삼각형

이 과정 동안의 단위질량유량 당 에너지전환 양(또는 터빈 일)은 다음과 같이 표시된다.

$$E = \dot{W}/\dot{m} = U(u_{1x} - u_{2x}) \text{ (J/kg)} \tag{8.1}$$

속도 $u_{2x}$는 반대방향이므로 위 식은

$$w = U(u_{1x} + u_{2x}) = U(W_{1x} + W_{2x}) \tag{8.2}$$

가 된다. 절대속도의 축 방향 성분 값이 서로 다르다면($u_{1a} \neq u_{2a}$), 축에 추력이 작용하기 때문에 축 방향 속도는 $u_a$로 일정하다는 가정을 보통 사용한다. 따라서 식 (8.2)는 다음과 같이 나타낼 수 있다.

$$w = U u_a (\tan\alpha_1 + \tan\alpha_2) = U u_a (\tan\beta_1 + \tan\beta_2) \tag{8.3}$$

한 단에서의 과정을 h-s 선도에 표시하면 그림 8.4와 같다. 노즐에서는 단열과정이므로 전엔탈피가 일정하고($h_{t0} = h_{t1}$), 팽창과정이므로 전압력은 $p_{t0}$에서 $p_{t1}$으로 낮아진다. 로터에서는 팽창하면서 일을 수행하기 때문에 전압력과 전엔탈피는 각각 $p_{t2}$, $h_{t2}$로 변하게 된다. 로터에서 수행한 일은

$$w = h_{t0} - h_{t2} = h_{t1} - h_{t2} \tag{8.4}$$

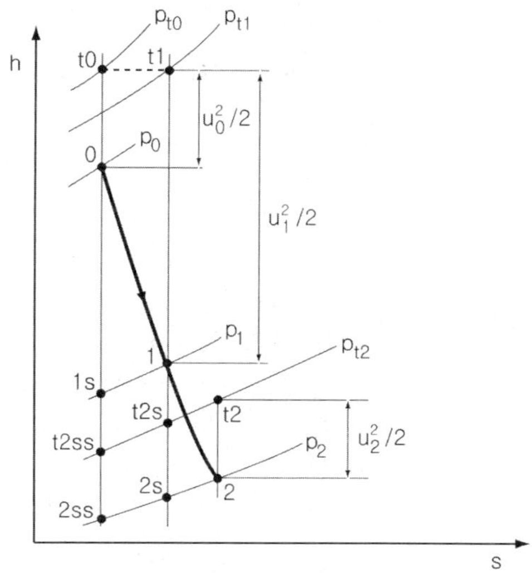


[그림 8.4] 터빈 과정에 대한 h-s 선도

가 되며, 식 (8.3)과 연계하면 다음과 같이 표시된다.

$$c_p(T_{t1} - T_{t2}) = U u_a(\tan\beta_1 + \tan\beta_2) \tag{8.5}$$

참고로 로터에서의 과정은 7장에서 유도한 바와 같이 상대속도를 기준으로 하는 전엔탈피 값이 일정한 과정이다($h_{t1rel} = h_{t2rel},\ h_{trel} = h + W^2/2$).

한편 터빈 **전효율**(total to total efficiency)은 가역단열적 일에 대한 실제 일의 비로서 다음과 같이 정의된다.

$$\begin{aligned}\eta_{T_T} &= (h_{t0} - h_{t2})/(h_{t0} - h_{t2ss}) \\ &= (T_{t0} - T_{t2})/(T_{t0} - T_{t2ss})\end{aligned} \tag{8.6}$$

이 식을 정리하면 터빈 단에서의 전온도 차이는 다음과 같이 표현된다.

$$\begin{aligned}T_{t0} - T_{t2} &= \eta_{T_T} T_{t0}(1 - T_{t2ss}/T_{t0}) \\ &= \eta_{T_T} T_{t0}[1 - (p_{t2}/p_{t0})^{(\gamma-1)/\gamma}]\end{aligned} \tag{8.7}$$

터빈 단의 출구에 다른 단이나 후기연소기 또는 노즐과 같은 장치가 장착되어 있다면 터빈 단 출구의 전온도, 전압력은 다음 단계의 입구 정체성질로 그대로 이용될 수 있으므로 정체성질로 효율을 정의하는 것이 의미가 있다. 그러나 터빈 단 출구에 어떤 장치도 장착되지 않아서 터빈을 통과한 연소가스가 그대로 방출된다면, 연소가스의 운동에너지는 활용이 안 되기 때문에 전압력은 의미가 없어진다. 따라서 이런 경우에는 **정효율**(total to static efficiency)을 사용하게 되며, 그 정의는 다음의 식과 같다(그림 8.4 참조).

$$\begin{aligned}\eta_{T_s} &= (h_{t0} - h_{t2})/(h_{t0} - h_{2ss}) \\ &= (T_{t0} - T_{t2})/(T_{t0} - T_{2ss})\end{aligned} \tag{8.8}$$

터빈 전효율과 정효율을 비교해보면 분자는 같으나 분모는 정효율이 크므로 터빈 정효율이 터빈 전효율 보다 항상 작은 값이나 그 차이는 매우 작다.

### 3. 노즐과 로터에서의 손실

노즐과 로터에서 마찰에 기인한 손실은 다음과 같은 무차원 손실계수(loss coefficient)를 정의하여 구하게 된다.

노즐 : $\zeta_N = (h_1 - h_{1s})/0.5u_1^2$, $Y_N = (p_{t0} - p_{t1})/(p_{t1} - p_1)$

로터 : $\zeta_R = (h_2 - h_{2s})/0.5\,W_2^2$, $Y_R = (p_{t1rel} - p_{t2rel})/(p_{t2rel} - p_2)$

광범위한 실험 데이터를 근거로 한 손실계수 실험식은 다음과 같다.

$$\zeta_{N\,\mathrm{or}\,S} = (10^5/Re)^{0.25}\,\zeta_1 \tag{8.9}$$

$$Re = \rho_1\,u_1\,d_H/\mu_1$$

$$d_H = (4\times flow\ \ area/wetted\ \ perimeter)at\ \ stator\ \ outlet$$
$$= 4\,s\,l\,\cos\alpha_1/[2(s\,\cos\alpha_1 + l)]$$

$$\text{for rotor, }\ 1+\zeta_1 = (1+\zeta_{nom})[0.975 + (0.075\,c\,\cos\alpha_\infty)/l]$$

$$\text{for nozzle, }\ 1+\zeta_1 = (1+\zeta_{nom})[0.933 + (0.021\,c\,\cos\alpha_\infty)/l]$$

$$\tan\alpha_\infty = (\tan\alpha_1 + \tan\alpha_2)/2$$

$$\zeta_{nom} = 0.04 + 0.06\,(\epsilon/100)^2 \ \ \text{--- Soderberg correlation}$$

$$\text{for rotor, }\ \epsilon = \beta_1 + \beta_2,\ \text{for nozzle, }\ \epsilon = \alpha_1 + \alpha_2$$

위 식에서 $c$는 깃의 코드 길이이며, $l$은 깃 높이이고 $s$는 깃 사이의 간격이다.

실제로 설계 초기단계에서 식 (8.9)를 사용하여 손실계수를 구할 수는 없다. 왜냐하면 식에 관련된 변수들이 모두 결정되어있지 않기 때문이다. 따라서 설계 초기단계에서는 Soderberg 상관식으로 알려진 $\zeta_{nom}$ 을 구하여 사용한다. Soderberg 상관식은 레이놀즈수가 105이고, 축 방향 코드길이를 기준으로 한 깃의 종횡비($l/c\,\cos\alpha_\infty$)가 3인 경우에 유도된 실험식이다. 전형적인 노즐의 손실계수는 0.05 정도이며, 로터의 손실계수는 0.09 정도이다.

손실계수를 사용하면 **정상적인 단**(normal stage)에서의 터빈 전효율과 정효율은 다음과 같이 나타낼 수 있다. 정상적인 단에서는 $u_0 = u_2$, $\alpha_0 = \alpha_2$가 성립한다.

$$\begin{aligned}\eta_{T_T} &= (h_{t0} - h_{t2})/(h_{t0} - h_{t2ss}) \\ &= (h_0 - h_2)/(h_0 - h_{2ss}) \\ &= (h_0 - h_2)/[(h_0 - h_2) + (h_2 - h_{2s}) + (h_{2s} - h_{2ss})] \\ &= (h_0 - h_2)/[(h_0 - h_2) + W_2^2\zeta_R/2 + (T_2/T_1)\zeta_N u_1^2/2] \\ &= 1 + [\zeta_R W_2^2 + \zeta_N u_1^2 (T_2/T_1)]/[2(h_0 - h_2)]^{-1}\end{aligned} \tag{8.10}$$

$$\begin{aligned}\eta_{T_S} &= (h_{t0} - h_{t2})/(h_{t0} - h_{2ss}) \\ &= (h_0 - h_2)/(h_0 - h_{2ss} + u_0^2/2) \\ &= (h_0 - h_2)/[(h_0 - h_2) + (h_2 - h_{2s}) + (h_{2s} - h_{2ss}) + u_0^2/2] \\ &= 1 + [\zeta_R W_2^2 + \zeta_N u_1^2 (T_2/T_1) + u_0^2]/[2(h_0 - h_2)]^{-1}\end{aligned} \tag{8.11}$$

위 식에서 $h_{2s} - h_{2ss} = (T_2/T_1)(h_1 - h_{1s})$의 관계를 사용하였으며, 일정 압력 하에서의 엔탈피 변화는 $dh = Tds$ 이므로 이 관계를 이용하면 쉽게 유도할 수 있다. 그리고 $T_2/T_1 \approx 1$ 이라는 가정을 보통 사용한다.

한편 터빈에서의 일은 **단부하계수**(stage loading coefficient)를 사용하여 나타낼 수도 있다. 단부하계수는 깃부하계수 또는 온도강하계수(temperature drop coefficient)라고도 하며, 다음과 같이 정의한다.

$$\begin{aligned}\psi &= \dot{W}/\dot{m}\,U^2 = c_p\,(T_{t1} - T_{t2})/U^2 \\ &= (u_a/U)(\tan\beta_1 + \tan\beta_2) = \phi\,(\tan\beta_1 + \tan\beta_2)\end{aligned}$$

(8.12)

위 식에서 $\phi$는 유량계수($=u_a/U$)이다.

그림 8.5는 유량계수와 터빈 전효율의 변화에 대한 단부하계수의 변화를 보여주고 있다. 유량계수가 작다는 것은 축 방향 유동속도가 작다는 것을 의미하며, 유동속도가 작다는 것은 주어진 질량유량에 대해서 유동 단면적(환상 공간 단면적)을 크게 만들면 되기 때문에 마찰손실이 줄어들고 터빈 효율이 좋아진다. 그러나 요구되는 동력을 발생시키기 위해서는 단 수가 증대되어야 한다.

산업용 가스터빈의 경우에는 비연료소모율 SFC가 중요 변수가 되므로 터빈 전효율이 커야 한다. 그림에서 보듯이 터빈 전효율이 커지기 위해서는 유량계수와 단부하계수가 작으면 되기 때문에 직경이 크고 상대적으로 긴(단수가 증대된) 터빈 형태가 이에 해당한다. 그러나 항공기용의 경우에는 중량과 크기가 우선시되기 때문에 콤팩트한 형태로 만들어야 한다. 따라서 유량계수와 단부하계수는 커야 하며, 터빈

효율은 작아진다.

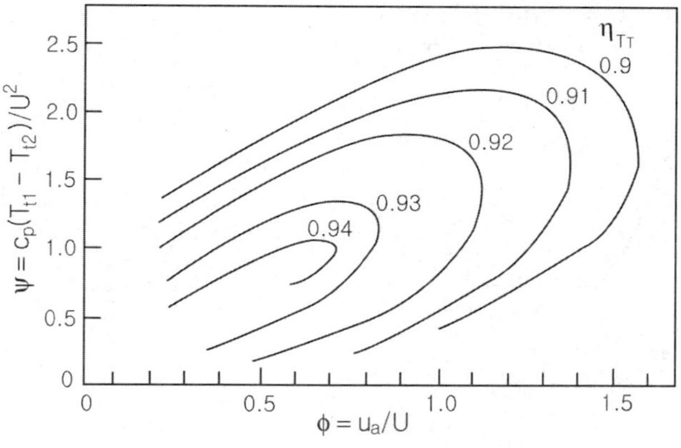


[그림 8.5] 유량계수와 단부하계수의 관계

## 4. 반동도

**반동도**(degree of reaction) $\hat{R}$은 터빈 단에서의 엔탈피 변화에 대한 로터에서의 엔탈피 변화로 정의된다. 즉

$$\begin{aligned}\hat{R} &= (h_1 - h_2)/(h_0 - h_2) \\ &= (h_1 - h_2)/[(h_{t0} - u_0^2/2) - (h_{t2} - u_2^2/2)]\end{aligned} \tag{8.13}$$

이 된다. 정상적인 단에서는 $u_0 = u_2$ 이고 노즐에서는 단열과정으로 $h_{t0} = h_{t1}$ 이 성립하므로 위의 식은 다음과 같이 된다.

$$\hat{R} = (h_1 - h_2)/(h_{t1} - h_{t2})$$

(8.14)

한편 $h_{t1rel} = h_{t2rel}$로부터 $h_1 - h_2 = (W_2^2 - W_1^2)/2$이고 식 (8.5) 등을 이용하면 반동도는 다음과 같은 운동학적 관계식으로 변형할 수 있다. 자세한 유도과정은 생략하며, 축 방향 속도성분 $u_a$가 일정하다는 가정이 사용되었다.

$$
\begin{aligned}
\hat{R} &= \phi(\tan\beta_2 - \tan\beta_1)/2 \\
&= 0.5 + u_a(\tan\beta_2 - \tan\alpha_1)/(2U) \\
&= 1 + u_a(\tan\alpha_2 - \tan\alpha_1)/(2U)
\end{aligned}
\tag{8.15}
$$

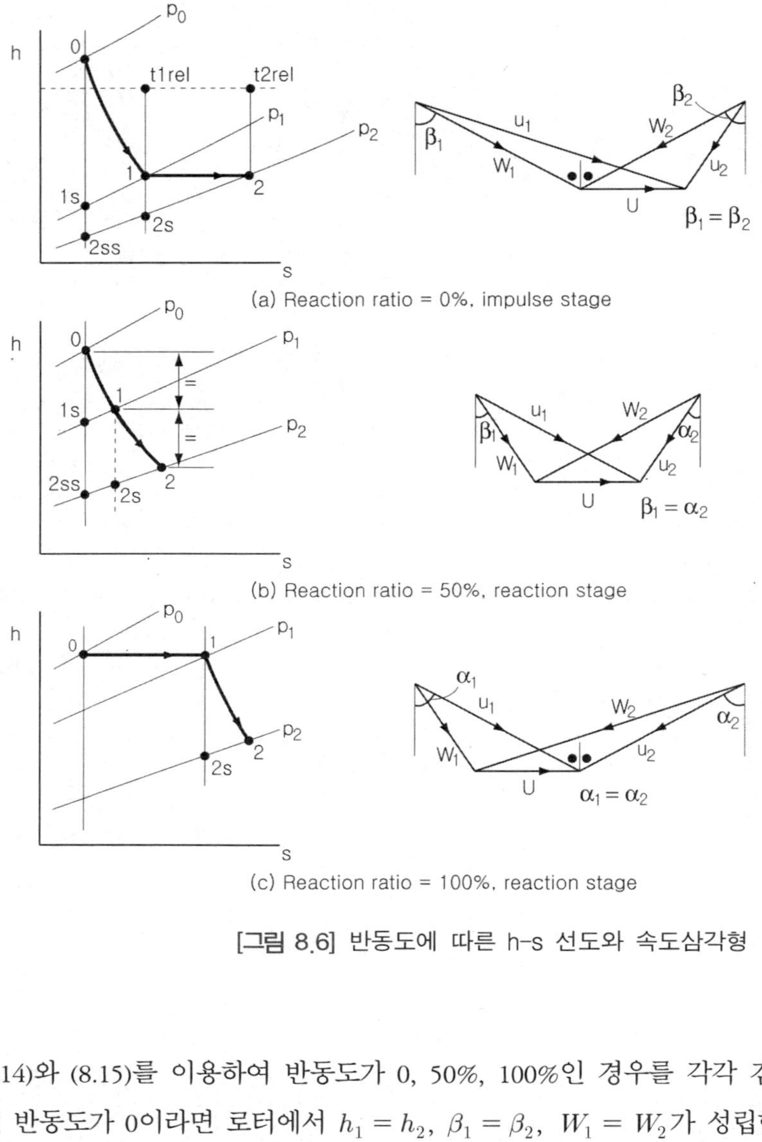


[그림 8.6] 반동도에 따른 h-s 선도와 속도삼각형

식 (8.14)와 (8.15)를 이용하여 반동도가 0, 50%, 100%인 경우를 각각 검토해보자. 우선 반동도가 0이라면 로터에서 $h_1 = h_2$, $\beta_1 = \beta_2$, $W_1 = W_2$가 성립한다. 엔탈피 변화가 없기 때문에 로터에서의 일은 전적으로 운동에너지의 변화에 기인한다. 따라서 터빈을 돌리는 힘은 로터 전후의 운동량 변화율에 전적으로 의존한다.

반동도가 0인 터빈 단을 충격단(impulse stage)이라 하며, 그림 8.6(a)에서 충격단의 h-s 선도와 속도삼각형을 보여주고 있다.

반동도가 0인 아닌 터빈 단을 **반동단**(reaction stage)이라 하며, 깃 옆면에서 압력차에 의한 힘(반동력)과 깃 입·출구 사이의 운동량 변화에 의한 힘(충격력)이 일을 수행한다. 일반적으로 반동단이라 하면 통상 50%의 반동단을 지칭한다. 50% 반동단은 대칭단이며, 노즐과 로터에서의 엔탈피 변화량이 균형을 이루고 다음의 조건을 만족한다.

$$\beta_2 = \alpha_1,\ \beta_1 = \alpha_2,\ u_1 = W_2,\ u_2 = W_1$$

그림 8.6(b)에서 50% 반동단의 h-s 선도와 속도삼각형을 보여주고 있다.

마지막으로 반동도가 100%인 경우는 $\alpha_1 = \alpha_2,\ u_1 = u_2$가 성립하며, 가스 팽창에 의한 힘에 의해서 일을 수행한다. 그림 8.6(c)에서 100% 반동단의 h-s 선도와 속도삼각형을 보여주고 있다.

만일 로터 출구 절대속도의 원주방향 성분이 없다면($u_{2x} = 0,\ \alpha_2 = 0$) 반동도는 단부하계수를 사용하여 다음과 같이 간단하게 나타낼 수도 있다.

$$\hat{R} = 1 - \psi/2 \quad \text{for } u_{2x} = 0 \tag{8.16}$$

## 5. 깃의 종류와 설계

증기터빈의 경우에는 압력비가 매우 커서 1000:1 정도이기 때문에 충격단이나 충격단과 반동단의 혼합형을 사용하지만(보통 고압 측은 충격단, 저압 측은 반동단 사용), 가스터빈의 경우에는 압력비가 보통 10:1 정도이기 때문에 거의 대부분 3~4개 정도의 반동단만을 사용해도 충분하다. 충격단 깃과 반동단 깃의 전형적인 형태를 그림 8.7에서 보여주고 있다.

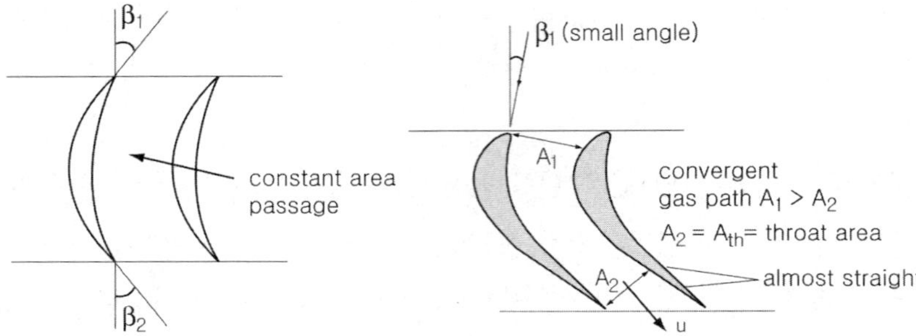

(a) Impulse turbine blade (b) Reaction turbine blade

[그림 8.7] 충격단 깃과 반동단 깃의 형태 비교

충격단의 경우에는 입·출구의 상대속도 유동각이 같고 속도의 변화가 없어야 하기 때문에 유동 단면적이 일정하며, 전형적인 입구각은 45°이다. 반면에 반동단에서는 그림 8.2의 압력과 속도 분포에서 알 수 있듯이 압력은 노즐과 로터를 지나면서 계속 감소하지만 노즐에서는 압력감소에 기인하여 속도가 복구되어야 하기 때문에 그림 8.7(b)에서처럼 유동 단면적이 점진적으로 줄어든다. 50%의 반동도를 갖는 경우 노즐 깃과 로터 깃의 형태는 같다. 그리고 반동단 깃의 경우 입구각 $\beta_1$은 거의 0°에 가까운 매우 작은 각으로 설계하고, 깃 뒤쪽 곡면은 선형으로 설계하는 것이 일반적이다. 또한 깃 높이가 다소 긴 경우에는 깃 팁 쪽에 보호 판을 대어 원주 방향으로 깃을 연결하여 고정한다(그림 8.2의 저압 측 터빈 참조). 이렇게 하면 깃의 과다한 진동을 방지할 수 있다.

한편 깃의 높이가 긴 경우에 깃 허브나 깃 팁 쪽의 형상이 똑같다면 로터의 효율 저하를 일부 초래하기 때문에 자유와류 조건으로 설계하기도 한다. 로터에서 반경 방향으로 전엔탈피의 변화가 없도록 하기 위해서는 반경 방향으로 속도의 변화가 없어야 한다($du_a/dr=0$). 이 조건을 만족시키기 위해서는 원주 방향 속도 성분인 $u_x$가 반경에 반비례해야 한다($u_x r = const$). 이와 같은 자유와류 조건을 로터 입·출구에 적용하면 각각

$$r_1\, u_a \tan\alpha_1 = r_{1m}\, u_a \tan\alpha_{1m},\; r_2\, u_a \tan\alpha_2 = r_{2m}\, u_a \tan\alpha_{2m}$$

이 되며, 하첨자 $m$은 평균 반경에서의 값을 나타낸다. 평균반경에서의 값들을 알고 있다면, 이 식으로부터 임의 반경 r에서의 유동각 $\alpha_1$, $\alpha_2$를 각각 결정할 수 있다. 평균반경을 기준으로 깃 허브 쪽으로 갈수록 유동각이 커지고 깃 팁 쪽으로 갈수록 유동각이 작아지게 된다. 다시 말해서 평균반경에서의 반동도가 50%일 때 깃 허브 쪽으로 갈수록 반동도가 작아지고 깃 팁 쪽으로 갈수록 반동도가 커지게 된다.

사실 터빈 깃 설계를 하기 위해서는 축류 압축기에서와 마찬가지로 많은 양의 캐스케이드 데이터가 필요하다. 위에서 언급한 내용은 가장 일반적인 것에 불과하다. 환상 항력계수를 알아야 터빈 단에서의 손실을 계산할 수 있고 이로부터 터빈 효율을 구할 수 있다. 또한 항력계수 관계식에는 캐스케이드 깃 형태에 관한 변수들이 포함되어 있기 때문에 항력계수 자체에 대한 데이터도 필요하다.

## 6. 다단(Multi-Stage) 설계와 성능 특성 곡선

다단 압축기에서와 같은 방법이 다단 터빈의 성능을 해석하는데 그대로 사용된다. 폴리트로픽 효율과 단 효율이 같다고 가정하고 각 단에서의 상태를 차례대로 구하면 최종 출구의 전압력과 전온도를 계산할 수 있으며, 이로부터 터빈의 등엔트로피 효율을 구할 수 있다.

축류 터빈에서의 다단은 단부하계수가 2보다 큰 경우에 사용하는 것이 일반적이다. 일례로 터빈 출구 선회속도가 0일 경우에 단부하계수가 2보다 크다면 반동도가 음수가 되어 처리할 수가 없다(식 (8.16) 참조). 기본적인 다단 설계조건은 터빈에서의 전온도 변화를 각 단에 균등하게 분배하는 것이다. 따라서 한 단에서의 전온도 변화를 $\Delta T_t$라 하면 다음의 관계가 만족된다.

$$T_{tI} - T_{tII} = number\ \ of\ \ stages \times \Delta T_t \tag{8.17}$$

위에서 하첨자 I와 II는 터빈 입구와 최종 출구를 각각 나타낸다. 각 단에서의 전온도 변화가 동일하면 각 단의 단부하계수와 반동도도 같게 된다. 즉

$$\psi_{stage1} = \psi_{stage2} = \ldots,\ \ \hat{R}_{stage1} = \hat{R}_{stage2} = \ldots \tag{8.18}$$

이 만족된다. 그러나 최대유량 조건으로 첫 번째 노즐 단에서 질식유동이 발생하면, 첫째 단의 단부하계수는 다른 단에 비해서 크며, 나머지 단의 값은 거의 같다. 표 8.1은 축류 터빈 설계에 대한 기본적인 가이드라인을 나타내고 있다. 고압 측 터빈에서 $AN^2$(A는 유동 단면적)은 첫째 단에서의 값으로 터빈 최대 회전속도를 규정하는 값이다.

[표 8.1] 축류 터빈 설계의 기본 가이드라인

| Parameter | Design range |
|---|---|
| High-pressure turbine | |
| maximum $AN^2$ | 2.6～3.2x10$^7$ m$^2$·rpm$^2$ |
| stage loading coefficient | 1.4～2.0 |
| exit Mach number | 0.4～0.5 |
| exit flow angle($\alpha_2$) | 0～20° |
| Low-pressure turbine | |
| inlet corrected mass flow rate | 195～215 kg/s·m$^2$ |
| hub/tip ratio at inlet | 0.35～0.50 |
| maximum stage loading at hub | 2.4 |
| exit Mach number | 0.4～0.5 |
| exit flow angle($\alpha_2$) | 0～20° |

표 8.2는 Pratt & Whitney 社의 터보팬 엔진 모델의 실제 설계사양을 보여주고 있다. JT3D는 B707에 사용되었고, JT9D는 높은 바이패스 비율(high Bypass ratio)을 갖는 최초의 엔진으로 B747-100(original jumbo jet)에 사용되었다. 기본적으로 압력비와 최대온도의 설계 기준이 점차 높아지고 있다.

[표 8.2] JT3D와 JT9D의 설계 사양 비교(Fratt & Whitney)

| Parameter | JT3D | JT9D |
|---|---|---|
| Year of introduction | 1961 | 1970 |
| Engine bypass ratio | 1.45 | 4.86 |
| Engine overall pressure ratio | 13.6 | 24.5 |
| Core engine flow(kg/s) | | |
| High-pressure turbine | | |
| inlet temperature(°C) | 950 | 1370 |
| power output(hp) | 24,100 | 71,700 |
| number of stages | 1 | 2 |
| average stage loading coefficient | 1.72 | 1.76 |
| coolant plus leakage flow(%) | 2.5 | 16.1 |
| Low-pressure turbine | | |
| inlet temperature(°C) | 765 | 870 |
| power output(hp) | 31,800 | 61,050 |
| number of stages | 3 | 4 |
| average stage loading coefficient | 1.44 | 2.47 |
| coolant plus leakage flow(%) | 0.7 | 1.4 |

일반적인 축류 터빈 설계과정을 요약하면 다음과 같다.

① 회전속도와 환상 공간 치수 선정
② 터빈 단수 선정
③ 평균반경에서 각 단의 유동각 계산
④ 각 단에서 깃 허브로부터 깃 팁까지 유동각의 변화량 계산
⑤ 터빈 재료의 선정
⑥ 캐스케이드 데이터를 사용하여 관련된 각종 깃 치수 선정
⑦ 터빈 냉각방법 선정(필요한 경우)
⑧ 캐스케이드 손실 데이터를 사용하여 터빈 효율 계산
⑨ 탈설계(off-design) 성능의 예측
⑩ 설계 실현성 검토

그림 8.8은 터빈 압력비(실제 팽창비를 의미함)에 따른 질량유량함수와 터빈효율의 변화 특성을 각기 보여주고 있다. 우선 질량유량함수는 압력비가 대략 2이상이 되면 회전속도에 상관없이 최대 유량조건이 되는데, 이것은 노즐이나 로터 출구에서 질식되었기 때문이다. 또한 압력비가 2보다 작은 경우라도 동일한 질량유량을 나타내는 압력비에는 큰 차이가 없다. 결국 압력비나 회전속도가 탈설계점으로 운전된다 해도 질량유량의 변화폭은 크지 않다는 것을 나타낸다. 이러한 경향은 터빈효율의 변화에서도 그대로 나타난다. 아주 작은 회전속도가 아니라면 2이상의 압력비에서의 터빈효율은 압력비나 회전속도에 상관없이 거의 일정하다고 할 수 있으며, 2보다 작은 경우라도 동일한 효율을 주는 압력비에는 큰 차이가 없다. 예를 들어 효율이 60%라면 이에 대응하는 압력비는 1.6~1.8 정도로 큰 차이가 없음을 알 수 있다. 터빈에서의 이러한 특성은 설계의 폭을 넓혀주며, 다른 장치 특히 압축기와의 조합에서 유리하게 작용한다. 7장에서 다룬 축류 압축기에서는 압력비나 회전속도의 변화에 대해서 질량유량이 매우 민감하기 때문에 설계의 폭이 크지 않다는 사실을 상기하자.

그림 8.9는 다단 성능 특성을 보여주고 있다. 한개 단일 경우 압력비가 2이상이면 질식 상태가 되므로 한개 단을 사용한다면 얻을 수 있는 최대 압력비는 2라 할 수 있다. 2단을 사용하면 최대 압력비는 3 이상으로 늘어나고, 다단을 사용할수록 얻을 수 있는 최대 압력비는 커진다. 그러나 동일한 압력비에 대해서 다단을 사용한다면 질량유량이 줄어든다는 사실을 알 수 있다.

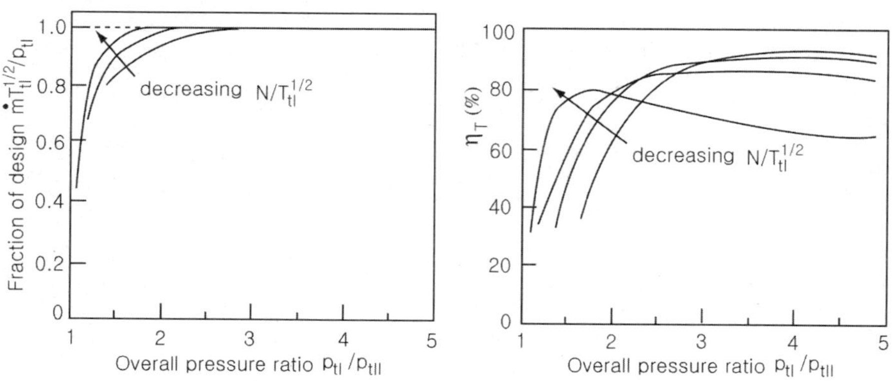


**[그림 8.8]** 축류 터빈의 전형적인 성능 특성 곡선

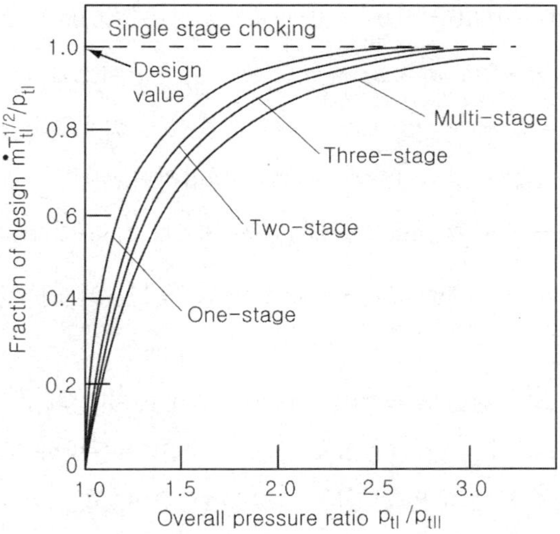


[그림 8.9] 축류 다단 터빈의 성능 특성 곡선

[예제 8.1] 유량계수가 0.65인 축류 터빈이 있다. 축 방향 절대속도는 일정하며, 노즐 출구의 절대속도 유동각은 65°이며, 터빈 출구의 절대속도의 선회 성분은 0이다. 정상적인 단일 때 다음을 구하라. 손실계수는 Soderberg 관계식을 사용한다.

1) 단부하계수 2) 로터 입.출구 상대속도 유동각

3) 반동도 4) 터빈 전효율과 정효율

**풀이** (핵심) 그림 8.3과 8.4 참조, 식 (8.10), (8.11) 사용

공기의 성질, $c_p = 1.147$kJ/kg.K, $\gamma = 1.33$, $R = 0.287$kJ/kg.K

1) $\alpha_1 = 65^o$, $\alpha_2 = 0$ 이므로 단부하계수는

$$\psi = \phi(\tan\alpha_1 + \tan\alpha_2) = 0.65 \times \tan 65^o = 1.394$$

2) 속도삼각형으로부터

$$\tan\beta_2 = U/u_a = 1/0.65 = 1.538, \ \beta_2 = 57^o$$

$$\tan\beta_1 = \psi/\phi - \tan\beta_2 = 1.394/0.65 - \tan 57^o = 0.605, \ \beta_1 = 31.2^o$$

3) $\hat{R} = 1 - \psi/2 = 0.303$

4) $\alpha_0 = \alpha_2 = 0^o$, $\epsilon_N = \alpha_0 + \alpha_1 = 65^o$, $\epsilon_R = \beta_1 + \beta_2 = 57 + 31.2 = 88.2^o$

$\zeta_N = 0.04 + 0.06(65/100)^2 = 0.0654$, $\zeta_R = 0.04 + 0.06(88.2/100)^2 = 0.0867$

$W_2^2 = u_a^2 \sec^2\beta_2$, $u_1 = u_a \sec^2\alpha_1$, $u_0 = u_2 = u_a$이므로

$h_0 - h_2 = U(u_{1x} + u_{2x}) = U u_{1x} = U u_a \tan\alpha_1$, $T_2/T_1 \approx 1$

위 관계식들을 식 (8.10)과 (8.11)에 대입하면

$$\eta_{T_T} = [1 + (0.0867\sec^2 57^o + 0.0654\sec^2 65^o)/(2\tan 65^o/0.65)]^{-1} = 0.909$$

$$\eta_{T_S} = [1 + (0.0867\sec^2 57^o + 0.0654\sec^2 65^o + 1)/(2\tan 65^o/0.65)]^{-1} = 0.799$$

**[예제 8.2]** 연소가스가 전온도 1400K, 전압력 2230kPa의 상태로 터빈의 노즐로 들어온다. 정상적인 단이며, 노즐 입구 가스의 유동방향은 축 방향이고, 축 방향 절대속도 성분은 일정하다. 질량유량은 36.4kg/s이다. 설계 데이터는 다음과 같다.

터빈 회전속도 = 14,000rpm, 깃의 평균직경 = 48.3cm

$u_a$ = 170m/s, $\alpha_1$ = 72°, $\zeta_N = 0.05$, $\zeta_R = 0.09$

1) 노즐 출구에서 절대속도의 마하수를 구하라.

2) 깃의 평균직경을 기준으로 할 때의 터빈일과 출력을 구하라.

3) 압력비 $p_{t0}/p_{t2}$를 구하라.

4) 유량함수 $\dot{m}\sqrt{T_{t0}}/(p_{t0}A_{th})$를 구하라. $A_{th}$는 노즐의 최소 면적(목 면적)이다.

**풀이** (핵심) 그림 8.3, 8.4 참조, 식 (8.3) 사용

공기의 성질, $c_p = 1.147$kJ/kg·K, $\gamma = 1.33$, $R = 0.287$kJ/kg·K

1) 문제의 조건에서 $\alpha_0 = \alpha_2 = 0^o$, $u_2 = u_0 = u_a = 170$m/s

각 단의 속도 성분과 유동각은

$U = r(2\pi \cdot rpm/60) = 0.483 \times \pi \times 14000/60 = 354$m/s

$u_1 = u_a/\cos\alpha_1 = 170/\cos 72^o = 550$m/s, $u_{1x} = u_1 \sin 72^o = 523$m/s

$W_{1x} = u_{1x} - U = 523 - 354 = 169$m/s

$\tan\beta_1 = W_{1x}/u_a = 169/170 = 0.9941$, $\beta_1 = 44.8^o$

$\tan\beta_2 = U/u_a = 354/170 = 2.082$, $\beta_2 = 64.3^o$

노즐 출구에서의 전엔탈피와 온도는

$h_{t1} = h_{t0} = c_p T_{t0} = 1.147 \times 1400 = 1605.8 kJ/kg = c_p T_1 + u_1^2/2, \quad T_{t0} = T_{t1}$

$T_1 = [1605.8 - 550^2/(2 \times 1000)]/1.147 = 1268.1\text{K}, \ h_1 = 1454.5\text{kJ/kg}$

노즐 출구에서의 절대속도 마하수는

$c_1 = \sqrt{\gamma R T_1} = \sqrt{1.33 \times 287 \times 1268.1} = 695.7, \ M_1 = u_1/c_1 = 0.79$

2) 터빈일, $w = U(u_{1x} + u_{2x}) = U u_{1x} = 354 \times 523/1000 = 185.1\text{kJ/kg}$

출력 $\dot{W} = \dot{m}\, w = 36.4 \times 185.1 = 6737.6\text{kW}$

3) $h_{t2} = h_{t1} - w = 1605.8 - 185.1 = 1420.7\text{kJ/kg}, \ T_{t2} = h_{t2}/c_p = 1238.6\text{K}$

$T_2 = T_{t2} - u_2^2/2\, c_p = 1238.6 - 170^2/(2 \times 1147) = 1226\text{K}, \ h_2 = 1406.2\text{kJ/kg}$

$\zeta_N = 0.05 = (h_1 - h_{1s})/0.5\, u_1^2, \ \zeta_R = 0.09 = (h_2 - h_{2s})/0.5\, W_2^2$

$h_{1s} = 1454.5 - 0.05 \times 0.5 \times 550^2/1000 = 1446.9\text{kJ/kg}, \ T_{1s} = 1261.5\text{K}$

$T_{t1s} = T_{1s} + u_1^2/2\, c_p = 1261.5 + 550^2/(2 \times 1147) = 1393.4\text{K}$

$W_2 = (u_a^2 + U^2)^{1/2} = (170^2 + 354^2)^{1/2} = 392.7\text{m/s}$

$h_{2s} = 1406.2 - 0.09 \times 0.5 \times 392.7^2/1000 = 1399.3\text{kJ/kg}, \ T_{2s} = 1220\text{K}$

$T_{t2s} = T_{2s} + u_2^2/2\, c_p = 1220 + 170^2/(2 \times 1147) = 1232.6\text{K}$

$p_{t1} = p_{t0}(T_{t1s}/T_{t0})^{\gamma/(\gamma-1)} = 2230(1393.4/1400)^{1.33/0.33} = 2188\text{kPa}$

$p_{t2} = p_{t1}(T_{t2s}/T_{t1})^{\gamma/(\gamma-1)} = 2188(1232.6/1400)^{1.33/0.33} = 1309.6\text{kPa}$

$\therefore p_{t0}/p_{t2} = 2230/1309.6 = 1.7$

4) $p_1 = p_{t1}(T_1/T_{t1})^{\gamma/(\gamma-1)} = 2188(1268.1/1400)^{1.33/0.33} = 1468.4\text{kPa}$

$\rho_1 = p_1/RT_1 = 1468.4/(0.287 \times 1268.1) = 4.03\text{kg/m}^3$

$A_{th} = \dot{m}/(\rho_1 u_1) = 36.4/(4.03 \times 550) = 0.01642\text{m}^2$ (그림 8.7 (b) 참조)

$\therefore \dot{m}\sqrt{T_{t0}}/(p_{t0} A_1) = 36.4\sqrt{1400}/(2230 \times 0.01642) = 37.2(\text{kg}\cdot\text{K/kJ})$

*** 터빈 단에서 최대속도는 노즐 출구에서의 절대속도이며, 만일 두 번째 단이 있다면 동일한 속도라 하드라도 두 번째 단의 온도가 떨어지기 때문에 마하수는 커진다.

[예제 8.3] 한 단으로 구성된 축류 터빈의 데이터가 다음과 같다.

| | |
|---|---|
| 입구 전압력과 전온도 | 420kPa, 1150K |
| 전압력비($p_{t0}/p_{t2}$) | 1.9 |

| | |
|---|---|
| 전온도강하( $T_{t0}-T_{t2}$) | 150K |
| 질량유량 | 25kg/s |
| 평균 깃회전속도 | 340m/s |
| 회전속도 | 15000rpm |
| 유량계수 | 0.75 |
| 터빈출구 유동각($\alpha_2$) | 12° |

정상적인 단이며, 절대속도 축 방향 성분은 일정하다. 다음을 구하라.

1) 단부하계수와 반동도　　2) 유동각　　3) 노즐 목 면적

4) $\zeta_N=0.05$인 경우 노즐 입·출구와 로터 출구의 유동 단면적(환상공간 면적)

5) 노즐 입·출구와 로터 출구의 유동 공간 팁/허브 반경 비율

**풀이** (핵심) 그림 8.3 참조, 식 (8.15), 손실계수 관계식 사용

공기의 성질, $c_p=1.147\text{kJ/kg}\cdot\text{K}$, $\gamma=1.33$, $R=0.287\text{kJ/kg}\cdot\text{K}$

1) 단부하계수 $\psi=c_p\,(T_{t1}-T_{t2})/U^2=1147\times150/340^2=1.49$

$U/u_a=\tan\beta_2-\tan\alpha_2$, $\tan\beta_2=1/0.75+\tan12^o$, $\beta_2=57.1^o$

$\psi=\phi(\tan\beta_1+\tan\beta_2)$, $\hat{R}=\phi(\tan\beta_2-\tan\beta_1)/2$

위 두 식으로부터 $\tan\beta_2=(\psi+2\hat{R})/2\phi\rightarrow$ $\tan57.1^o=(1.49+2\hat{R})/(2\times0.75)$

반동도 $\hat{R}=0.414$

2) 마찬가지로 $\tan\beta_1=(\psi-2\hat{R})/2\phi=(1.49-2\times0.414)/1.5\rightarrow\ \beta_1=23.8^o$

$\tan\alpha_1=\tan\beta_1+1/\phi=\tan23.8^o+1/0.75=1.774\ \rightarrow\ \alpha_1=60.6^o$

3) 축 방향 속도 $u_a=U\phi=340\times0.75=255\text{m/s}$로 일정함.

$u_1=u_a/\cos\alpha_1=255/\cos60.6^o=519.5\text{m/s}$

$T_{t1}-T_1=u_1^2/2c_p=519.5^2/(2\times1147)=117.6\text{K}$, $T_1=1150-117.6=1032.4\text{K}$

손실계수 관계식으로부터 $T_1-T_{1s}=0.05\times519.5^2/(2\times1147)=5.87\text{K}$

$T_{1s}=T_1-5.87=1032.4-5.87=1026.5\text{K}$

$p_1=p_{t0}(T_{1s}/T_{t0})^{\gamma/(\gamma-1)}=420(1026.5/1150)^{1.33/0.33}=265.7\text{kPa}$

$\rho_1=p_1/RT_1=265.7/(0.287\times1032.4)=0.897\text{kg/m}^3$

$A_{th} = \dot{m}/(\rho_1 u_1) = 25/(0.897 \times 519.5) = 0.0536\text{m}^2$

4) 노즐 출구 유동 공간 면적 $A_1 = \dot{m}/(\rho_1 u_a) = 25/(0.897 \times 255) = 0.109\text{m}^2$

마찬가지 방법으로 노즐 입구와 로터 출구에서 유동 단면적을 구한다.

$T_0 = 1120\text{K},\ p_0 = 377.9\text{kPa},\ \rho_0 = 1.17\text{kg/m}^3,\ A_0 = \dot{m}/(\rho_0 u_a) = 0.0838\text{m}^2$

$T_2 = 970.4\text{K},\ p_2 = 221.1\text{kPa},\ \rho_2 = 0.704\text{kg/m}^3,\ A_2 = \dot{m}/(\rho_2 u_a) = 0.139\text{m}^2$

5) $l$=깃 높이, $r$=허브 반경, $R$=팁 반경

$U_m = \pi\ rpm\ D_m/60 \rightarrow\ D_m = 340 \times 60/(\pi \times 15000) = 0.433\text{m}$

$A = \pi D_m l = 60 U_m l/rpm \ \rightarrow\ l = A \cdot rpm/60 U_m = 0.735A$

$\therefore\ l_0 = 0.061\text{m},\ l_1 = 0.08\text{m},\ l_2 = 0.102\text{m}$ (각각 $A_0,\ A_1,\ A_2$ 대입)

$R/r = (r_m + l/2)/(r_m - l/2)$

$\therefore\ (R/r)_0 = 1.328,\ (R/r)_1 = 1.45,\ (R/r)_2 = 1.61$ (각각 $l_0,\ l_1,\ l_2$ 대입)

[예제 8.4] 가스가 축 방향으로 유입되는 다단 충격터빈이 있다. 터빈 입구 압력과 온도는 각각 600kPa, 900K이며 터빈 출구 압력은 100kPa이고 터빈 전효율은 85%이다. 모든 단에서 노즐 출구 유동각 $\alpha_1$은 75°이고, 평균 깃회전속도가 250m/s이며, 축 방향 속도는 일정하다. 요구되는 단수를 구하라. 충격단은 최적조건인 $U/u_1 = \sin\alpha_1/2$을 만족한다.

**풀이** (핵심) 그림 8.6(a) 참조, 한 단에서의 온도강하 $\Delta T_t$, 단수=$(T_{tI} - T_{tII})/\Delta T_t$

공기의 성질, $c_p = 1.147\text{kJ/kg}\cdot\text{K},\ \gamma = 1.33,\ R = 0.287\text{kJ/kg}\cdot\text{K}$

충격단 조건에서 $\beta_1 = \beta_2,\ \ W_1 = W_2$, 문제의 조건에서 $\alpha_0 = \alpha_2 = 0,\ u_0 = u_2 = u_a$

터빈에서의 총 온도강하:

$\eta_{T_T} = (h_{tI} - h_{tII})/(h_{tI} - h_{tIIss}) = (h_I - h_{II})/(h_I - h_{IIss}) = 0.85$ (그림 8.4 참조)

$T_{IIss} = T_I (p_2/p_0)^{(\gamma-1)/\gamma} = 900(100/600)^{0.33/1.33} = 577\text{K}$

$T_{tI} - T_{tII} = 0.85(T_{tI} - T_{tIIss}) = 0.85(T_I - T_{IIss}) = 0.85(900 - 577) = 274.6\text{K}$

한 단에서의 온도강하 계산:

최적조건으로부터 $u_1 = 2U/\sin\alpha_1 = 2 \times 250/\sin 75^o = 517.6\text{m/s}$

$$u_{1x} = 2U = W_{1x} + U \quad \rightarrow \quad W_{1x} = U = 250\text{m/s}$$

$$u_a = u_1 \cos \alpha_1 = 517.6 \times \cos 75^o = 134\text{m/s}(= u_0 = u_2)$$

$$T_{t1} = T_{t0} = 900 + 134^2/(2 \times 1147) = 907.8\text{K}$$

$$T_1 = T_{t1} - u_1^2/2c_p = 907.8 - 517.6^2/(2 \times 1147) = 791\text{K}$$

$$\Delta T_t = T_{t0} - T_{t2} = T_0 - T_2 = T_0 - T_1 = 900 - 791 = 109\text{K}$$

No. of stage $= 274.6/109 = 2.5 \rightarrow$ 3단

## 7. 터빈 냉각

4장과 5장에서 공부한 바와 같이 가스터빈 엔진에서 동력이나 추력을 증대하는 효과적인 방법이 터빈 입구온도를 높이는 것이다. 그러나 고온에서 작용하는 터빈에 사용할 수 있는 재료(보통 니켈을 기본으로 하는 합금이거나 철기(ferrite base)나 코발트기(cobalt base)의 합금이 사용됨)상의 문제로 온도를 높이는 것은 많은 제한을 받고 있다.

따라서 재료와는 별개로 터빈을 냉각시킨다면 터빈 입구온도를 높일 수 있어 동력의 증대를 도모할 수 있다. 터빈 냉각에는 공기를 사용하는 방법과 액체를 사용하는 방법이 있다.

그림 8.10은 전형적인 공기 냉각시스템을 보여주고 있다. 기본적으로 압축기에서 추출한 공기를 노즐 깃과 로터 깃 및 연소가스와 접하는 내부 표면으로 골고루 순환시켜 냉각한다. 또한 그림에서 보듯이 깃의 표면으로 분출시키면 얇은 공기막을 형성하게 되는데, 이 공기막이 고온 가스와의 접촉을 막아 냉각이 이루어진다. 이러한 공기 냉각방식에는 다섯 가지 종류가 있으며, 각각의 방식에 대한 개략도를 그림 8.11에 나타내었다.

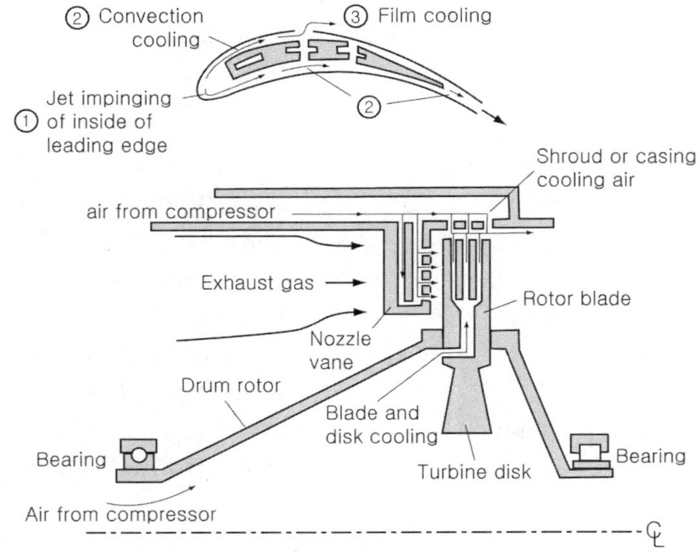


[그림 8.10] 전형적인 터빈 냉각 시스템 구성도

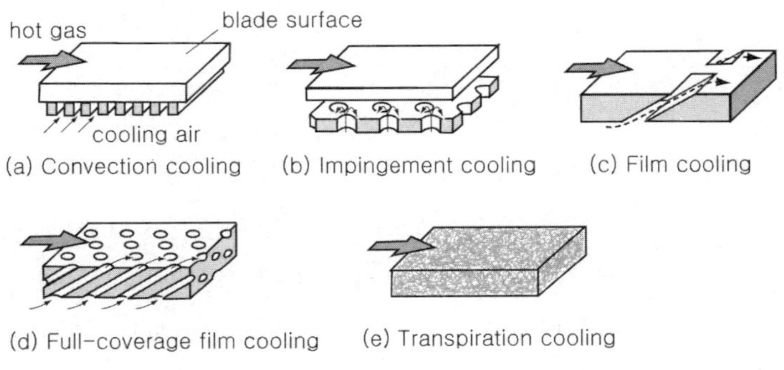


[그림 8.11] 공기 냉각 방식의 종류

- 대류냉각(convection cooling) — 깃 내부의 통로를 따라 냉각공기를 유동시켜 대류열전달로 냉각하는 방식
- 충돌냉각(impingement cooling) — 터빈 내에서 냉각공기를 깃 내부 표면에 충돌시켜 냉각하는 방식
- 박막냉각(film cooling) — 깃 표면과 일정한 각도를 이루는 구멍이나 슬릿을 통해 깃 표면으로 분출된 냉각공기가 막을 형성하여 냉각하는 방식
- 완전 박막냉각(full film cooling) — 깃 표면과 일정한 각도를 이루는 무수히 많은 구멍을 통해 깃 표면으로 냉각공기를 분출시키고 깃 전체를 막으로 둘러싸게 하여 냉각하는 방식
- 분출냉각(transpiration cooling) — 인공적으로 만든 미세한 구멍이나 재질자체를 다공성의 물질로 만들어 냉각공기를 깃 표면으로 일정하게 분출시켜 완전 박막냉각과 같은 효과로 냉각하는 방식

현재 사용되고 있는 상용엔진들은 터빈 공기냉각 방법을 사용하여 터빈 입구온도를 최대 1,800K 이상으로도 올리고 있다. 터빈 냉각은 주로 1단의 노즐 깃과 로터 깃을 냉각하는 방식을 사용한다. 1단에서 냉각이 적절하게 이루어지면 많은 에너지가 추출되면서 온도가 낮아지므로 냉각은 1단(또는 2단까지)에서만 하는 것이 보통이다. 그림 8.12는 터빈 냉각의 변천과정과 박막냉각을 적용한 로터 깃의 형상을 보여주고 있다. 그림에서 보듯이 현재의 터빈 냉각은 서너 가지 방식을 함께 사용하고 있음을 알 수 있다. 즉 깃 내부에서 통로를 지나며 대류냉각을 할뿐만 아니라 깃 전연(leading edge nose holes)과 후연(trailing edge holes) 및 깃 중간에 압력을 받는 표면에도 구멍(gill holes)을 내어 냉각하고 있다.

한편 액체(물) 냉각방식은 비열이 커서 냉각효과가 클 뿐만 아니라 증발냉각(evaporative cooling)의 가능성도 있기 때문에 바람직한 것 같지만 물의 공급문제, 밀폐문제, 부식 및 스케일링문제 등이 있어 사용에 제한을 받고 있다.

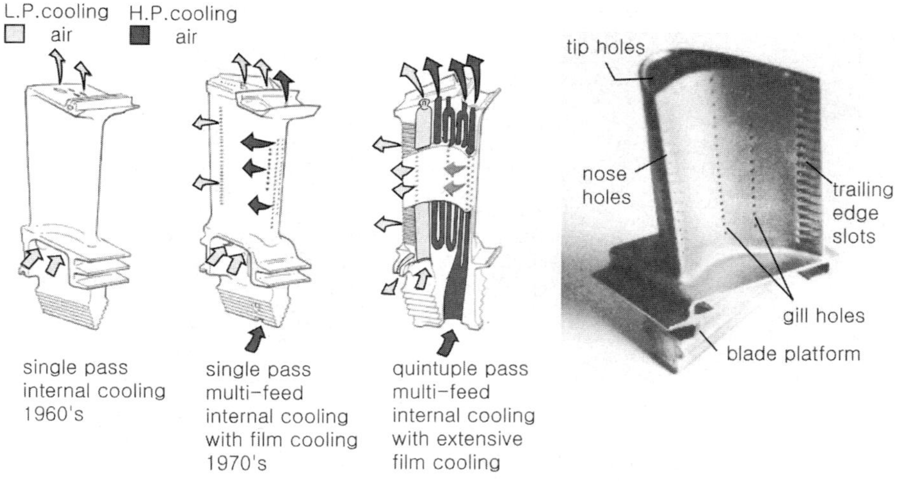


[그림 8.12] 터빈 냉각방식의 변화와 실제 로터 깃 형상

## 8.2 반경류형 터빈

반경류형 터빈의 구성도와 속도삼각형을 그림 8.13에서 보여주고 있다. 노즐에서는 유입되는 유동을 가속시켜 원주방향 속도성분을 증가시키고, 로터에서는 그 속도를 감속시키면서 일을 수행하게 된다. 로터를 빠져나가는 유동은 일반적으로 축방향이지만 실제에서는 약간의 선회성분이 존재한다. 이와 같은 반경류형 터빈은 von Ohain의 터보제트 엔진에서 사용되었고, 지금은 소형 가스터빈이나 **터보차저**(turbocharger)에서 주로 사용되고 있다.

반경류형 터빈 일은 입·출구의 전엔탈피 차이이므로

$$w = h_{t0} - h_{t2} = U_1 u_{1x} = U_1^2 \ \text{(J/kg)} \tag{8.19}$$

가 된다. 만일 그림에서처럼 디퓨저가 있다면 터빈 출구는 3점이 되고 일 관계식은 다음과 같다.

$$w = h_{t0} - h_{t3} = U_1 u_{1x} = U_1^2 \ \text{(J/kg)} \tag{8.20}$$

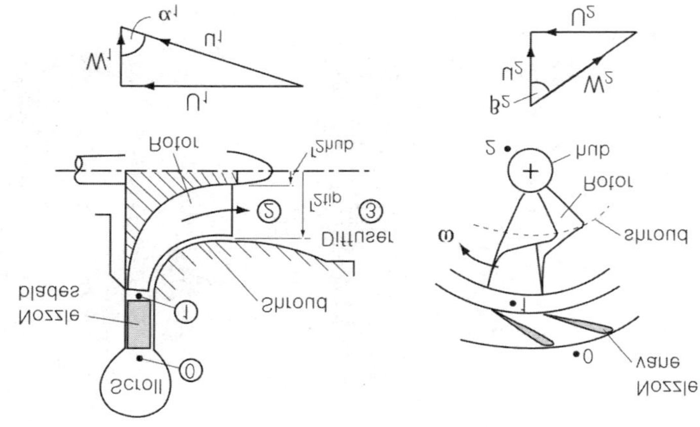


[그림 8.13] 반경류형 터빈의 구성도와 속도삼각형

터빈 정효율과 전효율은 손실계수와 $T_2/T_1 \approx 1$의 가정을 사용하면 다음의 식으로 표시되는데 자세한 유도과정은 생략한다.

$$\eta_{T_S} = 1 + [\zeta_N \operatorname{cosec}^2\alpha_1 + (r_{2av}/r_1)^2(\zeta_R \operatorname{cosec}^2\beta_{2av} + \cot^2\beta_{2av})]/2^{-1} \quad (8.21)$$

$$1/\eta_{T_T} = (1/\eta_{T_S}) - [(r_{2av}/r_1)^2 \cot^2\beta_{2av}]/2$$

(8.22)

$$\zeta_N = (h_1 - h_{1s})/(0.5u_1^2), \ \zeta_R = (h_2 - h_{2s})/(0.5\, W_2^2)$$

$$r_{2av} = (r_{2hub} + r_{2tip})/2, \ \beta_{2av} = relative \ \ flow \ \ angle \ \ at \ \ r_{2av}$$

로터에서 축 방향으로 가스가 유출된다면 노즐 손실계수는 0.063~0.235, 로터 손실계수는 0.384~0.777 정도의 값을 갖는다. 한편 일반적인 로터 입구 유동각의 설계 범위는 50~70°이다.

마지막으로 반경류형 터빈에서의 압력비는 단의 폴리트로픽 효율을 $\eta_p$라 하면 다음의 식으로 구할 수 있다.

$$p_{t2}/p_{t0} = (T_{t2}/T_{t0})^{\gamma/[(\gamma-1)\eta_p} = (1 - U^2/c_p T_{t0})^{\gamma/[(\gamma-1)\eta_p} \quad (8.23)$$

그림 8.14는 반경류형 터빈을 사용하는 전형적인 터보차저의 구조를 보여주고 있다.

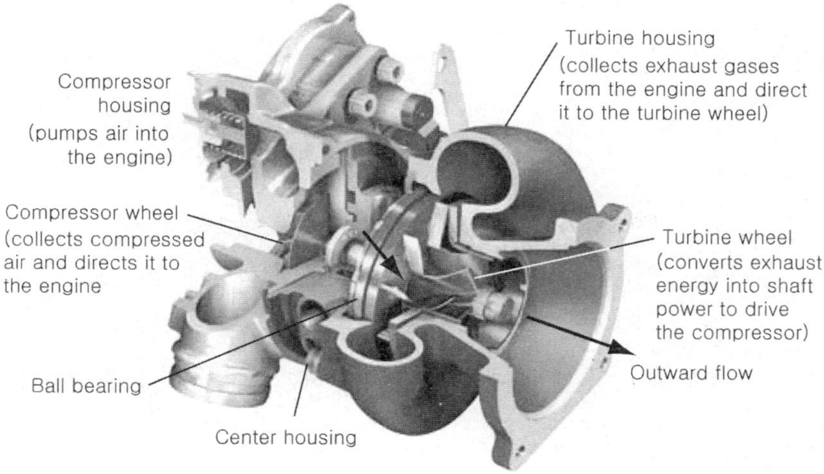


[그림 8.14] 터보차저 구조

## 연습문제

**8.1** 그림 8.4를 참고하여 식 (8.10)과 (8.11)에서 사용한 다음의 관계식을 유도하라.
$h_{2s} - h_{2ss} = (T_2/T_1)(h_1 - h_{1s})$

**8.2** 유량계수가 0.7일 때 예제 8.1을 다시 구하라. 다른 성질은 동일하다.

**8.3** 유량계수가 0.6일 때 예제 8.1을 다시 구하고, 예제 및 문제 8.1의 결과와 비교하라.

**8.4** 터빈 회전속도가 15000rpm인 경우 예제 8.2의 (1)과 (2)를 다시 구하라. 다른 성질은 동일하다.

**8.5** 노즐 출구 유동각 $\alpha_1$이 65°인 경우 예제 8.2의 (1)과 (2)를 다시 구하고, 예제 및 문제 8.3의 결과와 비교하라. 다른 성질은 동일하다.

**8.6** 터빈 출구 유동각이 15°인 경우 예제 8.3을 다시 구하라. 다른 성질은 동일하다.

**8.7** 터빈 출구 유동각이 10°인 경우 예제 8.3을 다시 구하고 그 결과를 비교하라. 다른 성질은 동일하다.

**8.8** 노즐 출구 유동각이 70°인 경우 예제 8.4를 다시 구하고 그 결과를 비교하라. 다른 성질은 동일하다.

**8.9** 50%의 반동도를 갖는 터빈이 450rpm으로 회전하면서 5MW의 출력을 내고 있다. 질량유량은 6.5kg/kWh이다. 어떤 터빈 단 출구의 온도와 압력이 620K, 100kPa이며, 출구각($\beta_2$)이 70°이고, 출구 상대속도는 평균 깃회전속도의 1.3배이다. 로터에서 깃높이에 대한 허브 직경의 비는 14이다. 로터 깃높이를 구하라.

**8.10** 반동도가 0인 충격터빈의 평균 깃회전속도가 290m/s이다. 노즐에서 입구 전온도는 1100K이며, 출구 유동각($\alpha_1$)은 65°이다. 터빈 단의 전효율을 구하라. 노즐 입구 전압력 400kPa, 노즐 출구 전압력 390kPa, 노즐 출구 압력 200kPa, 로터 출구 압력 188kPa이다. 터빈 단의 입·출구의 속도는 동일하다.

# 제9장

# 엔진 성능해석

우리는 지금까지 가스터빈에 관해서 많은 내용을 공부하였다. 4장과 5장에서는 터보축 가스터빈엔진과 분사 추진용 가스터빈엔진의 기본적인 특성과 성능해석에 대해서 공부하였고, 6장, 7장 및 8장에서는 가스터빈엔진 구성 부품의 특성과 기본적인 설계에 관한 내용을 공부하였다. 따라서 이 장에서는 지금까지 배운 내용을 종합하고자한다.

본 장에서 다루는 내용은 가스터빈엔진 성능해석에 대한 것이다. 다른 많은 가스터빈 교재에서 본 장의 내용에 대한 제목으로 '부분부하 성능계산'이나 '탈설계점 성능 예측' 또는 '부품 결합' 등으로 다양하게 나타내고 있지만, 사실 다루는 내용은 똑같다. 저자의 생각으로는 탈설계점 성능도 결국 가스터빈엔진의 성능으로 기본적으로 제시되어야 한다는 점에서 '엔진 성능해석'이라는 제목이 더 어울릴 것 같아 보인다.

부분부하 성능이나 탈설계점 성능이라는 것은 가스터빈엔진이 하드웨어적으로 실제 존재하거나 또는 수학적인 설계 단계를 마친 가상적인 엔진에 대해서 설계점과는 다른 작동조건을 주었을 때 나타나는 성능을 말한다. 이러한 성능도 설계점에서의 성능사양과 함께 주어져야 하며, 이미 앞에서도 일부 다루었던 내용이다. 예를 들어 표 4.1이나 표 5.2 또는 표 5.3과 같은 설계점에서의 성능뿐만 아니라 그림 4.8이나 그림 5.4 또는 그림 5.7~5.10과 같은 설계점이 아닌 조건에서의 성능도 제시되어야 한다는 것이다.

본 장에서는 가스터빈의 모든 기본 구성요소를 갖추고 있으면서 가장 간단한 단축(single spool) 터보제트엔진(후기연소 없음)을 기준으로 성능해석을 수행한다(그림 9.1 참조). 후기연소가 있거나 보다 복잡한 터보팬, 터보프롭엔진의 경우에도 결국 관계식의 수가 늘어나고 반복계산을 해야 한다는 점만 다를 뿐 해석하는 방법은 동일하다.

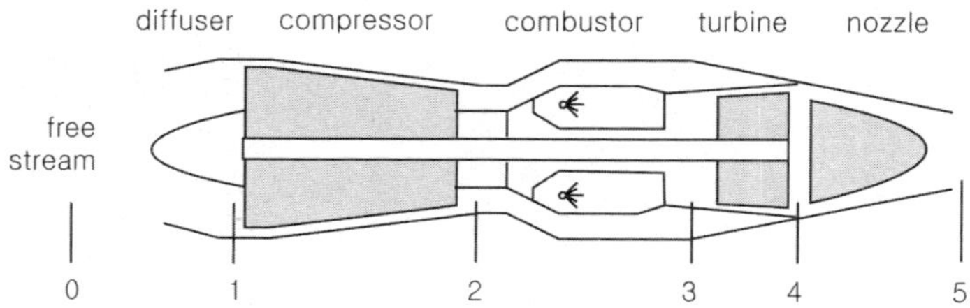


[그림 9.1] 단축 터보제트엔진의 구성도

## 9.1 성능변수의 분류

가스터빈엔진의 체계적인 성능해석을 위해서는 몇 가지의 규칙이 필요하다. 4장이나 5장에서는 편의를 위해서 각종 변수들을 변화시키면서 성능의 추이를 살펴보았지만 실제 엔진의 성능해석에서는 변화시키는 변수에도 약간의 제한이 있다.

우선 체계적인 해석을 위해서 술어를 몇 가지 정리해보자. 터보제트엔진 각 구성장치에서의 전온도비와 전압력비를 $\tau$와 $\pi$의 기호를 사용하여 나타낸 것이 표 9.1에 나타나 있다[6]. 하첨자 d, c, b, t, n은 각각 디퓨저(흡입구), 압축기, 연소기(burner), 터빈 및 노즐을 각각 나타낸다. 자유흐름에서의 $\tau_r$, $\pi_r$은 공기온도와 대기압에 대응하는 전온도, 전압력의 비이다.

가스터빈의 성능을 나타내는 변수는 상당히 많다. 변수들을 알고 있는 값(known values 또는 given values)과 구하는 값(unknown values)으로 간단하게 나타낼 수도 있지만, 조금 더 상세하게 구분하면 독립변수와 상수변수 및 종속변수로 나타낼 수 있다.

6) 앞에서 $\tau$는 추력기호로 사용되었으나 여기서는 추력 기호로 $F$를 사용한다.

[표 9.1] 전온도비와 전압력비 기호 설명

| Free stream | |
|---|---|
| $\tau_r = 1+(\gamma_a-1)M_0^2/2 = T_{t0}/T_0$ | $\pi_r = \tau_r^{\gamma_a/(\gamma_a-1)} = p_{t0}/p_0$ |
| **Core stream** | |
| $\tau_d = T_{t1}/T_{t0}$ | $\pi_d = p_{t1}/p_{t0}$ |
| $\tau_c = T_{t2}/T_{t1}$ | $\pi_c = p_{t2}/p_{t1}$ |
| $\tau_b = T_{t3}/T_{t2}$ | $\pi_b = p_{t3}/p_{t2}$ |
| $\tau_t = T_{t4}/T_{t3}$ | $\pi_t = p_{t4}/p_{t3}$ |
| $\tau_n = T_{t5}/T_{t4}$ | $\pi_n = p_{t5}/p_{t4}$ |
| $\tau_\lambda = c_{pg}T_{t3}/c_{pa}T_0 = h_{t3}/h_0$ | |

독립변수라 함은 가스터빈 성능해석에서 항상 선택되는 값으로 5개가 있다. 비행조건으로 대기온도($T_0$), 압력($p_0$), 비행 마하수($M_0$), 스로틀 세팅(throttle setting)에 관련된 엔진 상의 최고온도(연소기 출구온도, $T_{t3}$), 노즐 세팅에 관련된 출구압력($p_5$) 등이 그것이다. 독립변수는 설계점 사양을 결정하기 위한 해석이든 탈설계점 성능을 구하기 위한 해석이든 항상 선택되어야 하는 값이다.

상수변수는 설계상수(design constant)라 하기도 하며, 사실 변수가 아니라 주어지는 상수 값을 의미한다. 대표적인 설계상수로는 공기와 가스의 정압비열과 비열비($c_{pa}$, $c_{pg}$, $\gamma_a$, $\gamma_g$), 연료의 저위발열량($q_{LHV}$), 압축기와 터빈의 폴리트로픽 효율($e_c$, $e_t$), 흡입구에서 충격파에 의한 손실을 고려한 전압력비($\pi_{dmax}$), 연소기에서의 전압력비와 연소효율($\pi_b$, $\eta_b$), 터빈 동력 전달축의 기계적 효율($\eta_m$), 노즐에서의 전압력비($\pi_n$) 등이다. 앞에서는 정압비열과 비열비를 두 가지 경우(공기와 가스 또는 압축기 이전과 압축기 이후로 구분)에 대해서 각각 일정한 값으로 취하여 사용하였지만 실제 해석에서는 작동온도 범위에 따라 조금 더 정확한 평균값을 선택하여 계산에 사용할 수 있다.

한편 종속변수는 계산해서 구하는 성능변수로 대표적인 것이 추력($F$), 추력당 연료소비율($TSFC$), 연공비($f$), 노즐출구 마하수($M_5$), 추진효율과 열효율($\eta_P$, $\eta_{th}$) 등이 있다.

물론 해석에 따라서 설계상수로 주어지기도 하고 또는 종속변수로 취급되어구해야 하는 값이 되는 변수도 있다. 대표적인 것이 압축기에서의 전압력비($\pi_c$)와 공기질량유량($\dot{m}_0$)인데 기준 사양을 제시하기 위한 해석에서는 설계상수지만, 탈설계점 성능 계산에서는 종속변수가 된다.

## 9.2 기준성능 계산

### 1. 성능변수

**설계사양**(design specification 또는 기준사양 reference spec.)을 결정하기 위한 전형적인 변수들을 요약하여 표 9.2에 나타내었다. 엔진의 최고온도는 연료 분사량에 따라 변하기 때문에 스로틀 개도에 의존하며, 노즐출구 압력은 노즐 목면적이나 출구면적의 변화에 의존한다.

이미 앞 절에서 언급한 바와 같이 기준 조건인 독립변수는 5개가 선택된다. 물론 공기질량유량 $\dot{m}_0$는 주어지지 않았지만 결정되어 있는 값이다.

설계상수 중에서 $\pi_{dmax}$는 초음속 유동에서 충격파에 의한 압력손실을 보정하는 상수이다. 1점의 전압력은 이상적인 전압력 $p_{t0}$에서 충격파 발생에 의한 전압력손실($\Delta p_{tls}$)과 흡입구 마찰에 의한 전압력손실($\Delta p_{tlf}$)을 빼야한다. 즉

$$p_{t1} = p_{t0} - \Delta p_{tls} - \Delta p_{tlf}$$

이다. 이것을 비로 표현하면

$$\pi_d = \frac{p_{t1}}{p_{t0}} = \frac{p_{t0} - \Delta p_{tls}}{p_{t0}} \cdot \frac{p_{t0} - \Delta p_{tls} - \Delta p_{tlf}}{p_{t0} - \Delta p_{tls}} = \pi_{dmax} \cdot \eta_R$$

이 된다. 즉 $\pi_{dmax}$는 충격파 손실에 대한 보정계수이고 회복계수는 마찰손실에 대한 보정계수이다. 물론 아음속 유동인 경우에는 충격파에 의한 손실이 없으므로 $\pi_{dmax}$는 1이다.

다른 설계상수로 연소기와 노즐에서의 전압력비 $\pi_b$, $\pi_n$, 압축기와 터빈에서의 폴

리트로픽 효율 $e_c$, $e_t$, 연소효율 $\eta_b$ 및 터빈 동력축의 기계적 효율 $\eta_m$이 주어지는데, 언뜻 생각하면 이렇게 많은 변수들을 어떻게 상수로 줄 수 있는지에 대해서 의문이 생길 수도 있다. 그러나 전혀 다른 획기적인 방식으로 가스터빈 구성장치를 새롭게 제작하는 경우를 제외하면, 기존의 축적된 데이터를 충분히 활용할 수 있으며, 이러한 상수들을 상당히 정확하게 예측할 수 있다.

[표 9.2] 기준성능 계산을 위한 변수

| INPUTS | |
|---|---|
| Choices (independent variables=5) | |
| flight parameters | $M_0$, $T_0\,(K)$, $p_0\,(kPa)$ |
| throttle setting | $T_{t3}(K)$ |
| exhaust nozzle setting | $p_0\,/\,p_5$ |
| Design constants | |
| $\pi$'s | $\pi_{dmax}$, $\pi_c$, $\pi_b$, $\pi_n$ |
| $\tau$'s | not necessary |
| $\eta$'s | $e_c$, $e_t$, $\eta_b$, $\eta_m$ |
| gas properties | $\gamma_a$, $\gamma_g$, $c_{pa}$, $c_{pg}\,(kJ/kg\cdot K)$ |
| fuel | $q_{LHV}\,(kJ/kg)$ |
| Reference conditions | not necessary |
| **OUTPUTS** | |
| Overall performance | $F/\dot{m}_0\,[N/(kg/s)]$, $TSFC[(mg/s)/N]$, $\eta_P$, $\eta_{th}$, $\eta_O$, $\eta_C$, $\eta_T$, $etc.$ |
| Component behavior | $\pi_d$, $\tau_c$, $\tau_t$, $f$, $M_5$, $etc.$ |

## 2. 성능계산

성능계산에 사용되는 관계식은 이미 앞에서 다룬 내용에 거의 모두 포함되어 있다. 여기서는 효율적인 계산을 수행하기 위해서 원래의 식을 일부 변형시켜 사용한다는 것만 다를 뿐이지 동일한 식이다. 관계식 유도에 있어서 기본적인 원칙은 성능변수들을 가능한 한 전압력비 $\pi$와 전온도비 $\tau$의 함수로 표현하는 것이다. 성능계산 순서와 사용되는 관계식을 정리하면 아래와 같다.

■ Step 1 :

그림 9.1의 작동점을 기준으로 엔진의 추력을 표시하면 다음과 같다.

$$F = (\dot{m}_5 u_5 - \dot{m}_0 u_0) + A_5 (p_5 - p_0)$$

따라서 단위 질량유량 당 추력을 구하면

$$\frac{F}{\dot{m}_0} = c_0 \left( \frac{\dot{m}_5}{\dot{m}_0} \frac{u_5}{c_0} - M_0 \right) + \frac{A_5 p_5}{\dot{m}_0} \left( 1 - \frac{p_0}{p_5} \right) \tag{9.1}$$

이 되고, 이 식의 우변 둘째 항은 다음과 같이 면적을 없앤 형태로 변형하여 사용한다.

$$\begin{aligned} \frac{A_5 p_5}{\dot{m}_0} \left( 1 - \frac{p_0}{p_5} \right) &= \frac{\dot{m}_5}{\dot{m}_0} \frac{A_5 p_5}{\rho_5 A_5 u_5} \left( 1 - \frac{p_0}{p_5} \right) \\ &= \frac{\dot{m}_5}{\dot{m}_0} \frac{p_5}{[p_5 / (R_5 T_5)] u_5} \left( 1 - \frac{p_0}{p_5} \right) \\ &= \cdots \\ &= \frac{\dot{m}_5}{\dot{m}_0} \frac{R_5 T_5}{R_0 T_0} \frac{c_0^2}{\gamma_a u_5} \left( 1 - \frac{p_0}{p_5} \right) \\ &= c_0 \left[ \frac{\dot{m}_5}{\dot{m}_0} \frac{R_5}{R_0} \frac{T_5 / T_0}{u_5 / c_0} \frac{1 - P_0 / P_5}{\gamma_a} \right] \end{aligned} \tag{9.2}$$

식 (9.2)와 질량유량 식 $\dot{m}_5 = (1+f)\dot{m}_0$을 식 (9.1)에 대입하여 정리하면 단위질량유량 당 추력[N/(kg/s)] 관계식은 최종적으로 다음과 같이 표시된다.

$$\frac{F}{\dot{m}_0} = c_0 \left[ (1+f) \frac{u_5}{c_0} - M_0 + (1+f) \frac{R_t}{R_c} \frac{T_5 / T_0}{u_5 / c_0} \frac{1 - p_0 / p_5}{\gamma_a} \right] \tag{9.3}$$

$$R_c = (\gamma_a - 1) c_{pa} / \gamma_a, \ \ R_t = (\gamma_g - 1) c_{pg} / \gamma_g$$

■ Step 2 :

$u_5 / c_0$는 다음과 같이 변형하여 사용한다.

$$\left( \frac{u_5}{c_0} \right)^2 = \frac{c_5^2 M_5^2}{c_0^2} = \frac{\gamma_g R_t T_5}{\gamma_a R_c T_0} M_5^2 \tag{9.4}$$

다음으로 $\tau_\lambda$를 정의식으로부터 구한다.

$$\tau_\lambda = c_{pg} T_{t3} / (c_{pa} T_0) \tag{9.5}$$

■ **Step 3** :

노즐출구에서의 마하수를 구하면 다음과 같다.

$$M_5 = \frac{2}{\gamma_g - 1}\left[\left(\frac{p_{t5}}{p_5}\right)^{(\gamma_g - 1)/\gamma_g} - 1\right] \tag{9.6}$$

$$\frac{p_{t5}}{p_5} = \frac{p_0}{p_5}\pi_r \pi_d \pi_c \pi_b \pi_t \pi_n$$

■ **Step 4** :

노즐출구 온도와 입구 공기온도의 비를 구하면 다음과 같다.

$$\frac{T_5}{T_0} = \frac{T_{t5}/T_0}{(p_{t5}/p_5)^{(\gamma_g - 1)/\gamma_g}} \tag{9.7}$$

$$T_{t5}/T_0 = \tau_r \tau_d \tau_c \tau_b \tau_t \tau_n$$

**Step 5** :

연소효율을 고려하면 연소기에서의 에너지보존 식은 다음과 같다.

$$\dot{m}_0 c_{pa} T_{t2} + \eta_b \dot{m}_f q_{LHV} = \dot{m}_3 c_{pg} T_{t3}$$

이 식을 $\dot{m}_0 c_{pa} T_0$로 나누면

$$\tau_r \tau_c + f\frac{\eta_b q_{LHV}}{c_{pa} T_0} = (1+f)\tau_\lambda$$

가 되고, 연공비에 대해서 정리하면 다음과 같이 표시된다.

$$f = \frac{\tau_\lambda - \tau_r \tau_c}{\eta_b q_{LHV}/(c_{pa} T_0) - \tau_\lambda} \tag{9.8}$$

■ **Step 6** :

에너지보존법칙에 따라 압축기 소요일과 터빈에서 공급한 실제 일이 같아야

한다. 터빈 동력축의 기계적 효율을 고려하면 그 관계식은 다음과 같다.

$$\dot{m}_0 c_{pa}(T_{t2} - T_{t1}) = \eta_m \dot{m}_3 c_{pg}(T_{t3} - T_{t4})$$

이 식을 $\dot{m}_0 c_{pa} T_{t1}$으로 나누면

$$\tau_c - 1 = \eta_m (1+f) \frac{\tau_\lambda}{\tau_r} (1 - \tau_t)$$

가 되고 터빈의 전온도비에 대해서 정리하면 다음과 같이 된다.

$$\tau_t = 1 - \frac{1}{\eta_m (1+f)} \frac{\tau_r}{\tau_\lambda} (\tau_c - 1) \tag{9.9}$$

따라서 터빈 전압력비와 등엔트로피 전효율은 폴리트로픽 효율을 고려하여 다음의 식으로 구할 수 있다.

$$\pi_t = \tau_t^{\gamma_g / [(\gamma_g - 1) e_t]} \quad , \quad \eta_T = \frac{1 - \tau_t}{1 - \tau_t^{1/e_t}} \tag{9.10}$$

마찬가지로 압축기의 전온도비와 전효율은 다음의 식으로 구하게 된다.

$$\tau_c = \pi_c^{(\gamma_a - 1)/(\gamma_a e_c)}, \quad \eta_C = \frac{\pi_c^{(\gamma_a - 1)/\gamma_a} - 1}{\tau_c - 1} \tag{9.11}$$

- **Step 7** :

추력 당 연료소비율인 비연료소비율은 정의식을 사용하여 구한다.

$$TSFC = f / (F/\dot{m}_0) (\text{kgf/N} \cdot \text{s}) \tag{9.12}$$

- **Step 8** :

마지막으로 추진효율, 열효율 및 전체효율은 정의식으로부터 구한다.

$$\eta_P = \frac{2 u_0 (F/\dot{m}_0)}{c_0^2 [(1+f)(u_5/c_0)^2 - M_0^2]}$$

(9.13)

$$\eta_P = \frac{2\,u_0\,(F/\dot{m}_0)}{c_0^2\,[(1+f)(u_5/c_0)^2 - M_0^2]} \tag{9.14}$$

$$\eta_O = \eta_P \cdot \eta_{th} \tag{9.15}$$

표 9.2의 설계데이터를 기준으로 언급하지 않은 기본관계식을 포함해서 터보제트엔진의 기준사양 성능해석에 사용되는 관계식을 계산순서에 따라 다시 한번 정리해보면 아래와 같다.

■ 사용되는 관계식 요약

$$R_c = (\gamma_a - 1)c_{pa}/\gamma_a$$

$$R_t = (\gamma_g - 1)c_{pg}/\gamma_g$$

$$c_0 = \sqrt{\gamma_a R_c T_0}$$

$$u_0 = c_0 M_0$$

$$\tau_r = 1 + (\gamma_a - 1)M_0^2/2$$

$$\pi_r = \tau_r^{\gamma_a/(\gamma_a - 1)}$$

$$\eta_R = 1 \quad \text{for} \quad M_0 \le 1$$

$$\eta_R = 1 - 0.075(M_0 - 1)^{1.35} \quad \text{for} \quad M_0 > 1$$

$$\pi_d = \pi_{dmax}\ \eta_R$$

$$\tau_\lambda = c_{pg}\ T_{t3}/c_{pa}\ T_0$$

$$\tau_c = \pi_c^{(\gamma_a - 1)/(\gamma_a e_c)}$$

$$\eta_C = (\pi_c^{(\gamma_a - 1)/\gamma_a} - 1)/(\tau_c - 1)$$

$$f = (\tau_\lambda - \tau_r\,\tau_c)/[q_{LHV} \cdot \eta_b/(c_{pa}\ T_0) - \tau_\lambda]$$

$$\tau_t = 1 - \tau_r\,(\tau_c - 1)/[\eta_m\,(1+f)\,\tau_\lambda]$$

$$\pi_t = \tau_t^{\gamma_g/[(\gamma_g - 1)e_t]}$$

$$\eta_T = (1 - \tau_t)/(1 - \tau_t^{1/e_t})$$

$$p_{t5}/p_5 = (p_0/p_5)\pi_r\,\pi_d\,\pi_c\,\pi_b\,\pi_t\,\pi_n$$

$$M_5 = \sqrt{\frac{2}{\gamma_g - 1}\left[\left(\frac{p_{t5}}{p_5}\right)^{(\gamma_g - 1)/\gamma_g} - 1\right]}$$

$$T_5 / T_0 = \tau_\lambda \tau_t c_{pa} / [c_{pg} (p_{t5}/p_5)^{(\gamma_g - 1)/\gamma_g}]$$

$$u_5 / c_0 = M_5 \sqrt{\gamma_g R_t T_5 / (\gamma_a R_c T_0)}$$

$$\frac{F}{\dot{m}_0} = c_0 \left[ (1+f)\frac{u_5}{c_0} - M_0 + (1+f)\frac{R_t T_5 / T_0}{R_c u_5 / c_0} \frac{(1 - p_0/p_5)}{\gamma_a} \right]$$

$$TSFC = f / (F/\dot{m}_0)$$

$$\eta_{th} = \frac{c_0^2[(1+f)(u_5/c_0)^2 - M_0^2]}{2 f q_{LHV}}$$

$$\eta_P = \frac{2 u_0 (F/\dot{m}_0)}{c_0^2[(1+f)(u_5/c_0)^2 - M_0^2]}$$

$$\eta_O = \eta_P \cdot \eta_{th}$$

**[예제 9.1]** 다음과 같은 조건으로 운전되고 있는 터보제트엔진의 설계사양을 결정하라. 설계기준 비행고도는 12km이며, 공기질량유량은 50kg/s이다.

| Choices | |
|---|---|
| flight parameters | $M_0 = 2,\ T_0 = 216.7K,\ p_0 = 19.3kPa$ |
| throttle setting | $T_{t3} = 1800K$ |
| exhaust nozzle setting | $p_0 / p_5 = 0.5$ |
| Design constants | |
| $\pi$'s | $\pi_{dmax} = 0.95,\ \pi_c = 10,\ \pi_b = 0.94,\ \pi_n = 0.96$ |
| $\eta$'s | $e_c = 0.9,\ e_t = 0.9,\ \eta_b = 0.98,\ \eta_m = 0.99$ |
| gas properties | $\gamma_a = 1.4,\ \gamma_g = 1.3,\ c_{pa} = 1.004\,kJ/kg \cdot K,$<br>$c_{pg} = 1.239\,kJ/kg \cdot K$ |
| fuel | $q_{LHV} = 42{,}800\,kJ/kg$ |

**풀이** (핵심) 관계식 순서대로 계산하면 됨.

$R_c = 0.4 \times 1.004/1.4 = 0.2869\text{kJ/kg}\cdot\text{K},\ R_t = 0.3 \times 1.239/1.3 = 0.2859\text{kJ/kg}\cdot\text{K}$

$c_0 = \sqrt{1.4 \times 286.9 \times 216.7} = 295\text{m/s},\ u_0 = 295 \times 2 = 590\text{m/s}$

$\tau_r = 1 + 0.2 \times 2^2 = 1.8,\ \pi_r = 1.8^{3.5} = 7.82445$

$$\eta_R = 1 - 0.075 \times 1^{1.35} = 0.925,\ \ \pi_d = 0.95 \times 0.925 = 0.87875$$

$$\tau_\lambda = 1.239 \times 1800/(1.004 \times 216.7) = 10.2506$$

$$\tau_c = 10^{1/(3.5 \times 0.9)} = 2.0771$$

$$\eta_C = (10^{0.4/1.4} - 1)/(2.0771 - 1) = 0.8641 \quad \leftarrow \text{ 압축기 전효율}$$

$$f = \frac{10.2506 - 1.8 \times 2.0771}{42800 \times 0.98/(1.004 \times 216.7) - 10.2506} = 0.03567 \quad \leftarrow \text{ 연공비}$$

$$\tau_t = 1 - \frac{1}{0.99 \times 1.03567}\frac{1.8}{10.2506}(2.0771 - 1) = 0.8155$$

$$\pi_t = 0.8155^{1.3/(0.3 \times 0.9)} = 0.3746$$

$$\eta_T = (1 - 0.8155)/(1 - 0.8155^{1/0.9}) = 0.9099 \quad \leftarrow \text{ 터빈 전효율}$$

$$p_{t5}/p_5 = 0.5 \times 7.824 \times 0.8788 \times 10 \times 0.94 \times 0.3746 \times 0.96 = 11.621$$

$$M_5 = \sqrt{2(11.621^{0.3/1.3} - 1)/0.3} = 2.253 \leftarrow \text{ 노즐출구 마하수(노즐출구 상태 기준)}$$

$$T_5/T_0 = (10.2506 \times 0.8155 \times 1.004)/(11.621^{0.3/1.3} \times 1.239) = 3.846$$

$$u_5/c_0 = 2.253\sqrt{\frac{1.3 \times 0.2859 \times 3.846}{1.4 \times 0.2869}} = 4.25 \leftarrow \text{ 노즐출구 마하수(입구공기 기준)}$$

$$\frac{F}{\dot{m}_0} = 295\left(1.03567 \times 4.25 - 2 + 1.03567\frac{0.2859}{0.2869}\frac{3.846}{4.25}\frac{0.5}{1.4}\right) = 806.9$$

$$TSFC = f/(F/\dot{m}_0) = 0.03567 \times 10^6/806.9 = 44.21\,\text{mg/s}\cdot\text{N} \leftarrow \text{ 비연료소비율}$$

$$\eta_{th} = \frac{295^2[1.03835 \times 4.25^2 - 2^2]}{2 \times 0.03567 \times 42800 \times 1000} = 0.4205 \quad \leftarrow \text{ 열효율}$$

$$\eta_P = 2 \times 590 \times 806.9/295^2[1.03567 \times 4.25^2 - 2^2] = 0.7439 \quad \leftarrow \text{ 추진효율}$$

$$\eta_O = 0.4205 \times 0.7439 = 0.3128 \quad \leftarrow \text{전체효율}$$

위의 예제와 같은 계산을 다른 조합의 설계상수를 사용하여 계산할 수 있다. 비록 비행조건($M_0$, $T_0$, $p_0$)이나 스로틀 조건 $T_{t3}$가 일정하다고 해도 그 밖의 설계상수인 압축기의 압력비, 압축기와 터빈의 폴리트로픽 효율 등을 변화시키면 추력, 비연료소비율, 압축기와 터빈 전효율, 터빈에서의 전온도비 등을 다시 구할 수가 있으며, 계산된 결과 중에서 설계 요구사항(열역학적 및 유체역학적 요구사항)에 가장 적합한 것을 설계점 성능으로 최종 선택하게 된다. 최종 설계점 성능으로 선택된 결과는 특정한 설계상수를 사용하여 이루어진 것으로 다른 조건에서는 당연히 성능이 달라진다.

엔진 요구사항을 만족시키기 위해서 여러 설계상수들을 변화시킬 때, 선택할 수 있는 범위는 축적된 기술이나 엔진의 적용분야 또는 설계자의 요망사항 등에 따라서 어느 정도 다양하게 전개될 수는 있으나, 사실 많은 제약이 따른다. 대부분의 가스터빈엔진은 유동면적이 일정한 통로를 갖고 있기 때문에 선택할 수 있는 최고온도나 노즐 면적 등은 그 선택의 폭이 넓지 않다.

## 9.3 탈설계점 성능 계산

비행고도가 달라지면 주변 공기온도($T_0$)와 대기압($p_0$)이 변하고, 가속이나 감속운행을 할 때에는 연료 스로틀 개도에 따라 엔진 최고온도($T_{t3}$)가 변하며, 이에 따라 비행 마하수($M_0$)와 노즐출구 압력($p_5$)도 달라진다. 이처럼 설계점과는 다른 조건으로 작동되는 경우의 성능도 매우 중요하며, 이러한 성능은 엔진의 신뢰성에 직결된다. 따라서 탈설계점의 성능도 기본적인 성능데이터로서 제시할 수 있어야 한다.

### 1. 설계상수의 결정

탈설계점 성능을 계산하기 위해서 첫 번째로 해야 할 일은 많은 변수 중에서 어떤 변수를 상수로 취급하고 어떤 변수를 구해야 하는지 결정하는 것이다. 물론 바로 위에서 언급한 5개의 독립변수는 항상 선택되는 값이기 때문에 문제가 없지만 다른 변수들은 그렇지가 않다. 어떤 변수를 상수로 취급하고 어떤 변수를 구하느냐에 따라서 계산방법이나 순서에서 차이가 날 뿐만 아니라 결과의 신뢰성 문제와도 직결된다. 그러므로 타당성을 보장하는 변수의 조합을 결정하는 것이 매우 중요하다.

표 9.3은 기준사양 성능계산과 탈설계점 성능계산에서 전형적으로 사용되는 중요 변수의 비교를 보여주고 있다. 이미 7장과 8장에서 검토한 바와 같이 압축기나 터빈의 성능특성에서 중요 변수로 취급되는 것이 공기 질량유량과 압력비이다. 따라서 이 변수들을 부분부하 성능해석에서 구해야 하는 중요한 종속변수로 선정하는 것은 타당하다고 볼 수 있다. 물론 이런 이유뿐만 아니라 압축기의 압력비는 비

행조건($M_0$, $T_0$)과 스로틀 개도 변화에 직접적인 영향을 받으며, 질량유량은 압력비에 영향을 받기 때문에 설계상수로 선택할 수는 없다. 그러나 표에서 보면 터빈에서의 압력비는 부분부하 해석에서 상수로 취급하고 있다. 그 이유 또한 타당하다고 할 수 있다. 왜냐하면 터빈에서의 압력비 변화에 대한 질량유량이나 터빈 효율의 변화가 크지 않기 때문에 상수로 취급할 수 있는 것이다(그림 8.8과 8.9 참조). 또한 탈설계점 해석에서 터빈에서의 전온도 비율도 상수로 취급하고 있는데, 일단 어떤 터빈이 선정되면 터빈의 전온도비는 일정하기 때문이며, 이것은 터보제트엔진뿐만 아니라 터보팬 등의 엔진에서도 사실로 알려져 있다. 또한 압축기 전효율을 설계상수로 취급하고 있다. 압축기는 수동적인 장치이기 때문에 그 성능(압력비나 공기질량유량 등)이 터빈 출력과 압축기 입구조건에 주로 의존하기 때문이다.

[표 9.3] 해석에 따른 중요 변수 비교

| Variables | Design point analysis | Off-design analysis |
|---|---|---|
| air mass flow rate, $\dot{m}_0$ | independent | dependent |
| compressor pressure ratio, $\pi_c$ | independent | dependent |
| turbine pressure ratio, $\pi_t$ | dependent | independent |
| compressor efficiency, $\eta_C$ | dependent | independent |
| turbine temperature ratio, $\tau_t$ | dependent | independent |

탈설계점 성능을 구하는 방법에는 여러 가지가 있다. 가장 좋은 방법은 가스발생기인 압축기-연소기-터빈의 성능과 상호작용[7])을 면밀하게 검토하여 성능을 구하는 방법이다. 이 방법을 사용하기 위해서는 최소한 각 구성 부품에 대한 성능특성을 기본적으로 알고 있어야만 하기 때문에 하드웨어적인 결합이 완성되지 않은 **예비설계단계**(preliminary design)에서는 사용할 수가 없다. 그림 9.2는 압축기와 터빈에서의 기본 성능특성을 개략적으로 보여주고 있다.

따라서 예비설계단계에서는 가스발생기의 성능특성을 기본적인 원리로부터 구해야 하며, 관련되는 부품의 효율을 예측해야 한다. 실제로 엔진의 주요 성능들의 변화는 각 구성 부품의 효율보다는 추진효율이나 열효율의 변화에 주로 의존하기 때문에 특정한 부품의 효율은 설계점의 값과 같다고 놓는 것이 보통이다.

7) 가스발생기의 상호작용 특성을 펌핑특성(pumping characteristics)이라 한다.

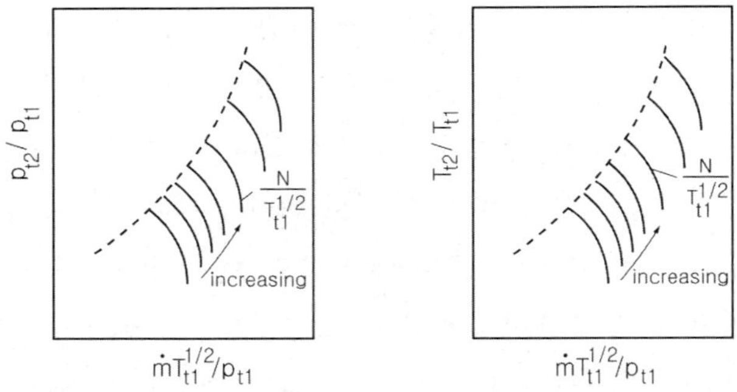


(a) Compressor performance

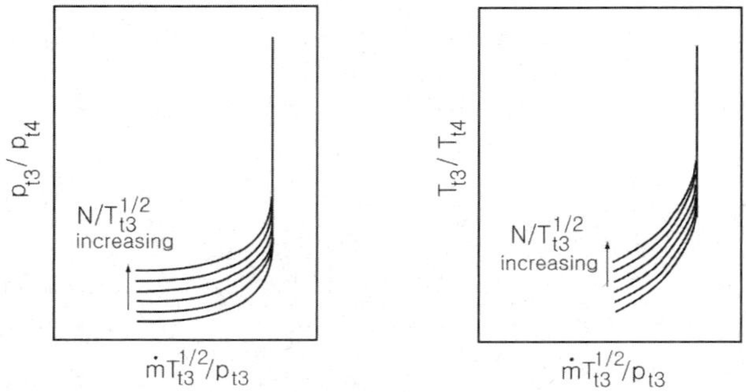


(b) Turbine performance

[그림 9.2] 압축기와 터빈에서의 성능특성

일반적으로 터보제트엔진의 탈설계점 성능을 구하기 위해서 사용하는 가정은 다음과 같다.

① 유동은 터빈 입구노즐(고압측 터빈과 저압측 터빈으로 구성된다면 각 터빈 입구노즐)에서 질식되며, 메인출구노즐(primary exit nozzle)에서도 질식된다.
② 연소기와 노즐에서의 전압력비는 기준(설계점 사양)값과 동일하다.
③ 압축기 효율 $\eta_C$와 연소효율 $\eta_b$도 기준 값과 동일하다.
④ 터빈냉각과 누설 효과는 무시한다.
⑤ 터빈 출력은 압축기를 구동하는 데에만 사용된다.

터빈 입구 유동면적이 일정한 터빈을 고정면적터빈(fixed-area turbine)이라 하며, 터빈입구에서의 질식 가정은 터보팬을 포함하여 최신 가스터빈에서도 사용된다. 실제 입구노즐에서 질식이 되지 않은 경우에도 터빈입구 마하수는 대부분 0.9 이상이며, 이 때의 단위 유동면적 당 수정질량유량은 1% 정도 줄어드는 것으로 나타나기 때문에 질식 가정을 사용하는 것은 타당성이 있다. 가정 ④와 ⑤는 해석을 단순화하기 위해서 사용된다.

## 2. 수정성능변수

성능결과를 단순한 값의 크기로 비교하는 것보다는 어떤 기준점을 사용하여 상대적으로 나타낸 값으로 비교한다면 보다 명확해진다.

우선 작동점 $i$에 대한 압력비와 온도비에 대한 무차원 수정변수를 다음과 같이 정의하자. 하첨자 ref는 기준점을 나타내며, 기준점은 설계점이 될 수도 있고 공기의 표준상태(101.325kPa, 288.15K)가 될 수도 있다.

$$\delta_i = p_{ti}/p_{ref}, \ \theta_i = T_{ti}/T_{ref} \tag{9.16}$$

수정온도와 수정압력을 사용하여 작동점 $i$에서의 수정질량유량(corrected mass flow rate) $\dot{m}_{ci}$는 다음과 같이 정의한다.

$$\dot{m}_{ci} = \dot{m}_i \sqrt{\theta_i} \ / \ \delta_i \tag{9.17}$$

수정질량유량의 물리적 의미를 알아보자. 유량함수 식 (3.28)의 우변 항을 $MFP(M_i)$로 표시하면 질량유량 $\dot{m}_i$은 $A_i p_{ti} MFP(M_i)/\sqrt{T_i}$가 되며, 이 식과 식 (9.16)을 식 (9.17)에 대입하면 다음과 같이 된다.

$$\dot{m}_{ci} = A_i p_{ref} MFP(M_i)/\sqrt{T_{ref}} \tag{9.18}$$

이 식으로부터 수정질량유량은 전압력과 전온도를 기준값으로 대치하는 경우의 질량유량을 나타낸다는 것을 알 수 있다.

기타 사용되는 수정성능변수는 다음과 같다.

**수정회전속도** $N_{ci} = N/\sqrt{\theta_i}$ (9.19)

**수정추력** $F_c = F/\delta_0$ (9.20)

**수정비연료소비율** $TSFC_c = TSFC/\sqrt{\theta_0}$ (9.21)

**수정연료질량유량** $\dot{m}_{fc} = \dot{m}_f/(\delta_1\sqrt{\theta_1})$ (9.22)

식 (9.20)~(9.22)는 밀접하게 연관되며, 비연료소비율의 정의식($=\dot{m}_f/F$)과 흡입구의 전압력비 $\pi_d = p_{t1}/p_{t0}$ 및 $\theta_1 = \theta_0(T_{t1} = T_{t0})$의 관계를 식 (9.21)에 대입하여 정리하면 수정비연료소비율은 다음과 같이 나타낼 수도 있다.

$$TSFC_c = \pi_d\,\dot{m}_{fc}/F_c \tag{9.23}$$

## 3. 가스발생기의 펌핑 특성

흡입구, 압축기, 연소기, 터빈 및 노즐은 가스터빈 핵심 구성 부품이며, 특히 압축기-연소기-터빈은 가스발생기로 이들의 상호작용 특성은 매우 중요하다. 상호작용은 각 장치의 성능특성이 서로 조화되는 상태점에서 일어난다. 가스발생기의 상호작용 특성을 검토하기 위해서 적용하는 기본 원리는 질량보존법칙과 에너지보존법칙이다.

### (1) 질량보존법칙

터빈에서의 유동특성은 이미 8장에서 다루었으며, 그림 8.8에서 회전속도에 따른 유량함수의 변화가 큰 차이를 보이지 않기 때문에 평균하여 하나의 선으로 나타낸 것이 그림 9.3(a)이다. 그림으로부터 팽창비가 2보다 커지면 대부분 질식 유동상태가 됨을 알 수 있다. 그러나 동일한 유량함수 값에서도 후류(노즐)쪽의 유동특성 변화에 따라서 팽창비는 늘어날 수도 있다.

터보제트엔진의 터빈에서 대부분의 유동 상태점은 A점 오른쪽에 위치하기 때문에 터빈 입구의 유동상태를 질식되었다고 가정하는 것은 타당성이 있다. 따라서 질식 상태에서 터빈 입구온도와 터빈 전효율이 일정하다면 터빈이 하는 일은 팽창비에만 의존하기 때문에, 그림의 A~D점은 모두 터빈에서의 상태점이 될 수 있다. 실

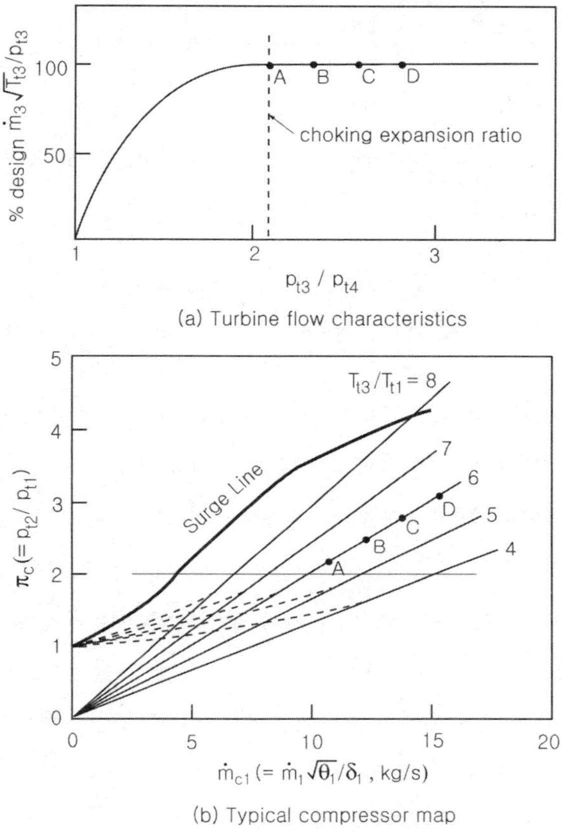


[그림 9.3] 터빈의 유동특성과 압축기의 성능특성

제 어떤 점이 작동점이 되느냐는 터빈에서의 조건만으로는 결정할 수가 없고 상호 작용을 고려해야 한다.

터빈에서의 질량유량 $\dot{m}_3$은 연소기에서의 연료공급량을 추가해야 하므로 다음과 같이 표시된다.

$$\dot{m}_1 + \dot{m}_f = (1+f)\dot{m}_1 = \dot{m}_3 = p_{t3}\, A_3\, MFP(M_3)/\sqrt{T_{t3}}$$

이 식에서 터빈 입구 유동면적 $A_3$은 일정하다.

압축기의 수정질량유량은 정의 식인 (9.17)과 식 (9.18)을 이용하면

$$\dot{m}_{c1} = \frac{\dot{m}_1\sqrt{\theta_1}}{\delta_1} = \frac{\sqrt{\theta_1}}{(1+f)\delta_1}\frac{p_{t3}A_3}{\sqrt{T_{t3}}}MFP(M_3)$$

이 되며, $p_{t3} = \pi_c\pi_b p_{t1}$의 관계를 대입하고 정리하면 압축기의 수정질량유량은 최종적으로 다음과 같이 표시된다.

$$\dot{m}_{c1} = \left(\frac{T_{t1}}{T_{t3}}\right)^{1/2}\pi_c\,\pi_b\frac{p_{ref}}{\sqrt{T_{ref}}}\frac{A_3}{1+f}MFP(M_3) \tag{9.24}$$

위 식에서 $\pi_c$를 제외하고 모두 상수로 취급하면 $\pi_c = C\dot{m}_{c1}$ (C는 상수)로 나타낼 수 있으므로 압력비는 수정질량유량에 비례한다. 이와 같은 선형적 관계를 $T_{t3}/T_{t1}$를 매개변수로 하여 나타내면 원점(0,0)을 지나는 직선으로 그림 9.2(b)[8]에서 실선으로 나타난다($M_3 = 1$). 그러나 압력비가 0일 때 질량유량이 0이라는 것은 불가능한 상태점이며, 이것은 터빈입구에서 질식되었다는 가정에 기인한다. 압력비가 2 이하가 되면 대부분 질식 상태가 아니기 때문에 그림에서 점선으로 표시한 것과 같이 압력비가 1로 접근함에 따라 질량유량이 0으로 접근되도록 수정해야 한다. 그림 (b)에서 상태점 A~D는 그림 (a)의 상태점 A~D의 가상적인 대응점이며, 질식 상태이므로 직선상에 위치해 있다.

식 (9.24)을 임의의 상수 $C_1$과 매개변수를 사용하여 다음과 같이 표시하자.

$$\dot{m}_{c1} = C_1\frac{\pi_c}{\sqrt{T_{t3}/T_{t1}}} \tag{9.25}$$

압축기의 압력비와 수정질량유량과의 상호관계는 나중에 유도되겠지만 터빈의 특성에 관련된다.

(2) 터빈과 노즐

마하수가 1인 경우 임의의 작동점 $i$에서의 유량함수를 다시 상기해보자.

8) 성능특성을 나타내는 그림 자체를 맵(map)이라 하기도 한다.

$$\frac{\dot{m}_i \sqrt{T_{ti}}}{p_{ti} A_i} = MFP(1) = \sqrt{\frac{\gamma_i}{R_i}} \left( \frac{2}{\gamma_i + 1} \right)^{(\gamma_i + 1)/[2(\gamma_i - 1)]} = \frac{\Gamma_i}{\sqrt{R_i}} \tag{9.26}$$

$$\Gamma_i = \sqrt{\gamma_i} \left( \frac{2}{\gamma_i + 1} \right)^{(\gamma_i + 1)/[2(\gamma_i - 1)]} \tag{9.27}$$

질량보존법칙에 따르면 터빈 입구에서 질식된 질량유량과 노즐 목부에서의 질량유량이 같아야 한다.

$$\dot{m}_3 = \dot{m}_{th} \quad \rightarrow \quad \frac{p_{t3} A_3 \Gamma_3}{\sqrt{T_{t3} R_3}} = \frac{p_{t4} A_{th} MFP(M_{th})}{\sqrt{T_{t4}}}$$

위 식에서 목부는 하첨자 $th$로 표시되었으며, 정리하면

$$\frac{\sqrt{T_{t4} / T_{t3}}}{p_{t4} / p_{t3}} = \frac{\sqrt{\tau_t}}{\pi_t} = \frac{A_{th}}{A_3} \frac{MFP(M_{th})}{\Gamma_3 / \sqrt{R_3}} \tag{9.28}$$

이 되며, 터빈 등엔트로피 전효율 관계식으로부터 터빈의 전압력비는 다음과 같이 표시할 수 있다.

$$\pi_t = \left( 1 - \frac{1 - \tau_t}{\eta_T} \right)^{\gamma_g / (\gamma_g - 1)} \tag{9.29}$$

터빈효율이 일정하고 노즐 목부에서도 질식 상태라면($M_{th} = 1$), 식 (9.28)과 (9.29)로부터 다음과 같은 결론을 얻을 수 있다.

| $\tau_t$ and $\pi_t$ constant for $M_{th} = 1$ and constant $A_3$ and $A_{th}$ |
|---|

터빈 전효율은 $\eta_T = (1 - \tau_t)/(1 - \tau_t^{1/e_t})$로 나타낼 수 있다. 따라서 터빈의 폴리트로픽 효율 $e_t$와 전온도비가 일정하다면 터빈 전효율 역시 일정하다는 사실을 거꾸로 확인할 수 있다.

그러나 만일 목부에서 질식 상태가 아니거나, 유동면적 $A_{th}$가 변한다면 터빈의 전온도비와 전압력비는 일정한 값을 갖는 상수가 아니다. 이 때에는 식 (9.28)과

(9.29)를 연립으로 풀어야 $\tau_t$ 와 $\pi_t$ 를 구할 수 있다.

만약 수축노즐을 사용하여 노즐 목부가 노즐 출구라면 유도된 식에서 첨자 $th$ 를 5점으로 대치하면 된다.

(3) 압축기작동선

이제 압축기와 터빈에 대해서 에너지보존법칙을 적용해 보자. 압축기 소요일과 터빈에서 축으로 전달된 일이 같아야 하므로

$$\dot{m}_1 c_{pa}(T_{t2} - T_{t1}) = \eta_m \dot{m}_1 (1+f) c_{pg}(T_{t3} - T_{t4})$$

$$\dot{m}_1 c_{pa} T_{t1}(\tau_c - 1) = \eta_m \dot{m}_1 (1+f) c_{pg} T_{t3}(1 - \tau_t)$$

$$\tau_c = 1 + \frac{T_{t3}}{T_{t1}} \frac{c_{pg}}{c_{pa}} \eta_m (1+f)(1-\tau_t) \tag{9.30}$$

이 성립한다. 한편 압축기의 전압력비는 압축기 전효율 관계식으로부터 다음과 같이 유도된다.

$$\pi_c = [1 + \eta_C(\tau_c - 1)]^{\gamma_a/(\gamma_a - 1)} \tag{9.31}$$

식 (9.30)을 (9.31)에 대입하면 압축기의 전압력비는 다음과 같이 표시된다.

$$\pi_c = \left\{1 + \frac{T_{t3}}{T_{t1}} \left[\frac{c_{pg}}{c_{pa}} \eta_C \eta_m (1+f)(1-\tau_t)\right]\right\}^{\gamma_a/(\gamma_a - 1)}$$

(9.32)

위의 식에서 [ ]안의 값은 상수로 취급할 수 있고 터빈의 전온도비 $\tau_t$는 알고 있으므로 식 (9.32)를 약간 변형시키면 전온도비 $T_{t3}/T_{t1}$을 압력비의 함수형태로 다음과 같이 나타낼 수 있다.

$$T_{t3}/T_{t1} = C_2[(\pi_c)^{(\gamma_a - 1)/\gamma_a} - 1] \tag{9.33}$$

식 (9.33)을 식 (9.25)에 대입하면 압축기의 수정질량유량은 최종적으로 다음과 같이 전온도비를 소거한 형태로 표시된다.

$$\dot{m}_{c1} = \frac{\pi_c}{\sqrt{\pi_c^{(\gamma_a - 1)/\gamma_a} - 1}} \frac{C_1}{\sqrt{C_2}} \quad \text{for constant } \tau_t \tag{9.34}$$

이와 같은 압축기의 수정질량유량과 압력비의 관계를 나타낸 것이 그림 9.4의 **압축기작동선**(compressor operating line)이다. 간단히 말해서 이 작동선은 압축기, 연소기 및 터빈을 연결하는 가스발생기에서의 펌핑특성을 고려한 것으로 질량보존법칙과 에너지보존법칙을 만족하며, 압축기의 실제 작동점을 표시한다. 조건변화에 따라서 압축기가 실제로 어떤 방향으로 작동될 것인지에 대한 중요한 결과를 이 그림으로부터 유추할 수 있다.

① 특정한 전온도비 $T_{t3}/T_{t1}$에 대해서 작동점은 하나뿐이다.

② $T_{t1}$이 일정한 경우 터빈출구 전온도가 상승하면(스로틀 개도가 커지면), 작동점은 압력비와 수정질량유량이 증가하는 방향으로 이동한다.

③ $T_{t3}$이 일정한 경우 압축기입구 전온도가 상승하면(비행속도가 증가하거나 고도가 낮아지면), 작동점은 압력비와 수정질량유량이 감소하는 방향으로 이동한다.

④ 노즐입구 면적이나 목면적이 커지면($A_4$ ↑) 압축기 작동선은 오른쪽으로 이동한다(점선). 특정 전온도비에서 보면 압력비와 수정질량유량이 증가하는 방향으로 작동점이 이동한다(o → o′).

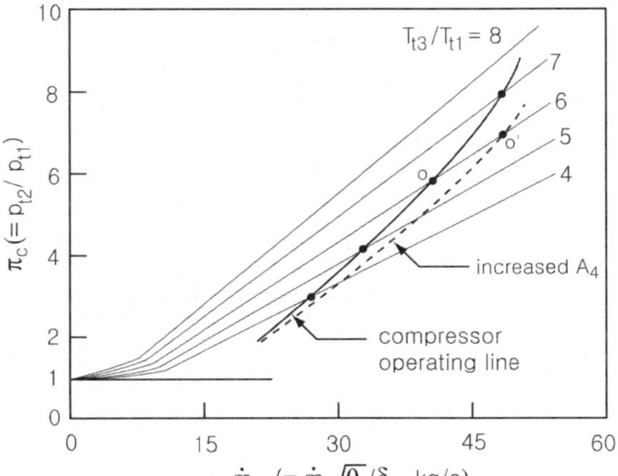


[그림 9.4] 전형적인 압축기작동선

[예제 9.2] 단축 터보제트엔진의 가상적인 압축기 맵이 그림 9.5와 같다. 설계점은 표준공기 정지상태 조건이며(압력 $p_0 = 101.3\text{kPa}$, 온도 $T_0 = 288.15\text{K}$), 압력비 $\pi_c = 5$, 수정질량유량 $\dot{m}_{c1} = 22.7\text{kg/s}$, $T_{t3} = 1200K$, $\eta_T = 92\%$이다. 터빈의 전압력비를 구하라. 연소기에서의 압력손실은 없으며($\pi_b = 1$), 터빈 전효율은 일정하고, 기계적효율은 1이며, 연료는 고려하지 않는다. 비열은 $1.004\text{kJ/kg}\cdot\text{K}$이고 비열비는 1.4를 사용한다.

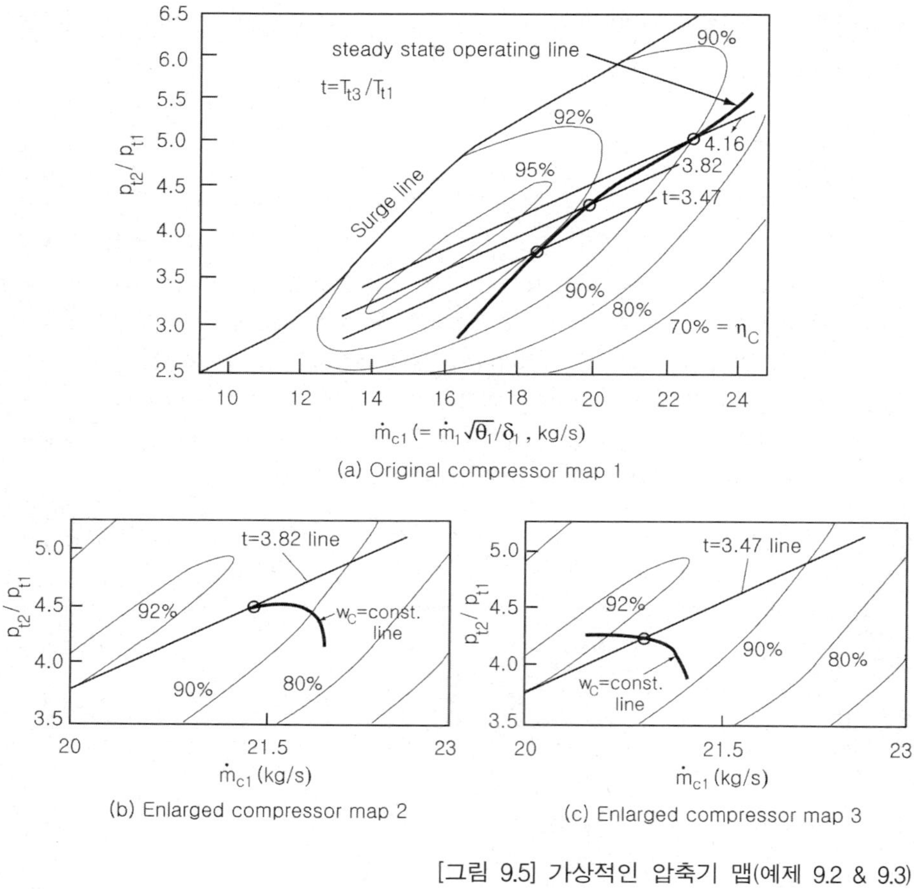


[그림 9.5] 가상적인 압축기 맵(예제 9.2 & 9.3)

**풀이** (핵심) 압축기 소요일=터빈 축일, 정지상태 $T_{t0}=T_0$, $T_{t1}=T_{t0}$

압축기 맵에서 압력비 5와 수정질량유량 22.7kg/s가 만나는 점이 설계점이다. 설계점에 대응하는 압축기효율을 그림 (a)에서 구하면 90%이다.

$$w_C = c_{pa}(T_{t2s}-T_{t1})/\eta_C = c_{pa}T_{t1}[(p_{t2}/p_{t1})^{(\gamma_a-1)/\gamma_a}-1]/\eta_C$$
$$= 1.004\times 288.15(5^{0.4/1.4}-1)/0.9 = 187.9\text{kJ/kg}$$

$$w_T = c_{pg}T_{t3}(1-T_{t4s}/T_{t3})\eta_T = c_{pg}T_{t3}[1-(p_{t4}/p_{t3})^{(\gamma_g-1)/\gamma_a}]\eta_T$$

$$p_{t3}/p_{t4} = [1-w_T/(c_{pg}T_{t3}\eta_T)]^{-\gamma_a/(\gamma_a-1)}$$
$$= [1-187.9/(1.004\times 1200\times 0.92)]^{-1.4/0.4} = 1.91$$

$T_{t3}/T_{t1} = 1200/288.15 = 4.16$(단열과정, $T_{t1}=T_{t0}$), $\theta_1 = 1$

$$T_{t4} = T_{t3} - w_T/c_{pg} = 1200 - 187.9/1.004 = 1012.8\text{K}$$

$$\tau_t = T_{t4}/T_{t3} = 1012.8/1200 = 0.844$$

$$\pi_t = p_{t4}/p_{t3} = 1/1.91 = 0.5236$$

*** 설계점 데이터를 이용하여 식 (9.25)의 상수값 $C_1$을 구하면

$$C_1 = \dot{m}_{c1}\sqrt{T_{t3}/T_{t1}}/\pi_c = 22.7\sqrt{4.16}/5 = 9.26$$

이 식을 $\pi_c = C\dot{m}_{c1}$으로 하여 기울기 $C$를 구하면 $C=\sqrt{4.16}/9.26 = 0.22$ 이다. 이 기울기를 갖는 직선은 $T_{t3}/T_{t1} = 4.16$에 대응하는 직선이다.

**[예제 9.3]** 예제 9.2의 설계점에서 스로틀을 줄임으로 해서 $T_{t3}$가 1100K와 1000K로 각각 감소한 경우, 작동점을 결정하라.

**풀이** (핵심) 압축기 맵, 압축기작동선

터빈입구와 노즐에서 질식상태이고, 유동면적이 일정하므로 $\tau_t$, $\pi_t$, $\eta_T$ 모두 일정함.

$T_{t3} = 1100\text{K}$ :

$p_{t3}/p_{t4} = 1.91$, $\eta_T = 0.92$, $\tau_t = 0.844$

$T_{t3}/T_{t1} = 1100/288.15 = 3.82$

$T_{t4} = 0.844\times 1100 = 928.4\text{K}$

설계점으로부터 $\pi_c = (1/C_1)\,\dot{m}_{c1}\sqrt{T_{t3}/T_{t1}} = (1/9.26)\,\dot{m}_{c1}\sqrt{T_{t3}/T_{t1}}$

$$\pi_c = (1/9.26) \times \sqrt{1100/288.15}\ \dot{m}_{c1} = 0.21\dot{m}_{c1}$$

기울기 0.21인 직선을 그으면 $T_{t3}/T_{t1} = 3.82$를 만족하는 선이다.

한편 터빈일은

$$w_T = c_{pg} T_{t3} [1 - (p_{t4}/p_{t3})^{(\gamma_g - 1)/\gamma_a}] \eta_T$$
$$= 1.004 \times 1100 (1 - 1.91^{-0.4/1.4}) \times 0.92 = 171.5 \text{kJ/kg}$$

$$w_C = 171.5 = c_{pa} T_{t1} [(p_{t2}/p_{t1})^{(\gamma_a - 1)/\gamma_a} - 1] / \eta_C$$

압력비를 임의로 주면서 거꾸로 압축기효율을 구해보면 다음과 같다.

| 압력비 $\pi_c\ (= p_{t2}/p_{t1})$ | 압축기 전효율 $\eta_C$ |
|---|---|
| 4.5 | 0.905 |
| 4.4 | 0.888 |
| 4.3 | 0.872 |
| - | - |

위의 표에 나타낸 상태점 ($\eta_C$ , $\pi_c$)을 압축기 맵 상에 표시하고 연결하면 에너지보존법칙을 만족하는 선이고, 이 선과 $T_{t3}/T_{t1} = 3.82$를 만족하는 선과 만나는 점이 바로 작동점이다(그림 9.5(b) 참조).

마찬가지로 1000K($T_{t3}/T_{t1} = 3.47$)일 때 작동점을 결정할 수 있다(그림 9.5(c) 참조). 이렇게 구한 작동점들을 연결하면 그림 9.5(a)에서의 압축기작동선이 된다.

*** 위의 두 예제는 설계점과 탈설계점의 성능을 구해서 작동점을 각각 결정하고, 작동점들을 연결한 압축기작동선을 최종 결정하는 방법에 대한 것이다. 이러한 일련의 과정을 부품 결합(component matching)이라 하기도 한다.

(4) 엔진 회전속도의 변화

압축기 일을 운동학적 관계식과 연관시킨 식 (7.28)을 수정회전속도를 사용하여 다음과 같은 형태로 바꿀 수가 있다.

$$T_{t2} - T_{t1} = K_1 N_2^2$$

$$(T_{t2}/T_{t1} - 1) = (\tau_c - 1) = K_1 N^2 / T_{t1}$$
$$= K_1 N_{c1}^2 \ / T_{ref}$$

위 식에서 $K_1$은 상수이다. 한편 식 (9.31)을 압축기 전온도비로 변형하면

$$\tau_c - 1 = \eta_C (\pi_c^{(\gamma_a - 1)/\gamma_a} - 1)$$

이 되고, 위의 두 식을 연관시키면

$$\frac{\pi_c^{(\gamma_a - 1)/\gamma_a} - 1}{N_{c1}^2} = \frac{K_1}{\eta_C T_{ref}} = \frac{\pi_{cR}^{(\gamma_a - 1)/\gamma_a} - 1}{N_{c1R}^2}$$

이 된다. 위 식에서 $\pi_{cR}$과 $N_{c1R}$은 기준점에서의 압축기 압력비와 수정회전속도를 각각 나타낸다. 따라서 기준점에 대한 압축기의 수정회전속도의 비는 다음의 식으로 표시된다.

$$\frac{N_{c1}}{N_{c1R}} = \sqrt{\frac{\pi_c^{(\gamma_a - 1)/\gamma_a} - 1}{\pi_{cR}^{(\gamma_a - 1)/\gamma_a} - 1}} \tag{9.35}$$

그림 9.6은 기준점 압력비가 16일 때 압축기의 압력비에 대한 수정회전속도 비를 보여주고 있다. 회전속도의 변화는 비행조건이 변화되었기 때문인데, 압력비 변화에 대한 회전속도의 변화폭은 크지 않다. 예를 들어 압력비가 기준점인 16에서 11로 감소되었다면 무려 30%이상 감소한 것이지만 이에 대응하는 회전속도의 변화는 10%에 지나지 않는다.

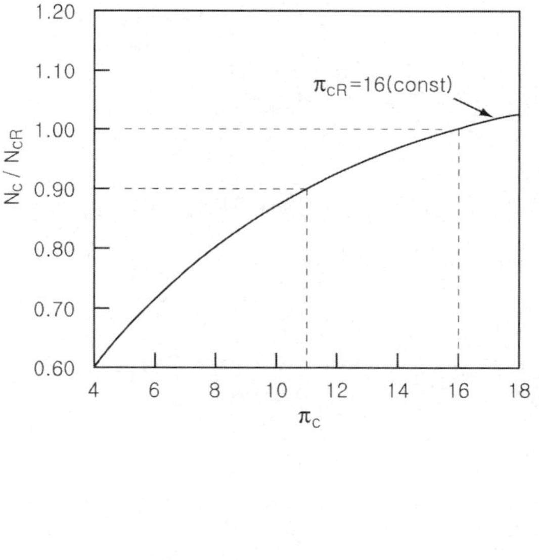


[그림 9.6] 압축기 압력비 vs. 수정회전속도 비

압축기의 수정회전속도비는 최고온도 $T_{t3}$의 함수형태로 변형시킬 수 있다. 우선 주변 공기의 수정온도는

$$\theta_0 = T_{t0}/T_{ref} = T_0 \cdot \tau_r / T_{ref} = \frac{T_0}{T_{ref}}\left(1+\frac{\gamma_a - 1}{2} M_0^2\right) \tag{9.36}$$

이 되고, 압축기의 압력비는 식 (9.33)에서 $T_{t1} = T_{t0}$(단열과정)이므로

$$\pi_c = \left(1+\frac{T_{t3}}{\theta_0} K_2\right)^{\gamma_a/(\gamma_a - 1)} \tag{9.37}$$

이 된다. $K_2$는 상수이다($=1/T_{ref} \cdot C_2$). 식 (9.37)을 (9.35)에 대입하고 정리하면 다음의 식을 얻는다.

$$\frac{N_{c1}}{N_{c1R}} = \sqrt{\frac{T_{t3}/\theta_0}{(T_{t3}/\theta_0)_R}} \tag{9.38}$$

압축기와 터빈은 같은 축에 연결되어 있기 때문에 회전속도는 같아야 한다.

$$N_1 = N_3, \quad N_{c1}\sqrt{T_{t1}/T_{ref}} = N_{c3}\sqrt{T_{t3}/T_{ref}}$$

$$N_{c1} = \sqrt{T_{t3}/T_{t1}}\, N_{c3} = \frac{1}{\sqrt{T_{ref}}}\sqrt{\frac{T_{t3}}{\theta_0}}\, N_{c3} \tag{9.39}$$

이 식에 식 (9.38)의 $N_{c1}$을 대입하면 다음과 같은 결론을 내릴 수 있다.

$$N_{c3} = N_{c1R}\sqrt{T_{ref}/(T_{t3}/\theta_0)_R} = \text{constant}$$

즉 터빈의 수정회전속도가 일정하다는 것이다. 그러나 이 결과는 터빈의 전온도비, 전압력비 및 전효율이 일정할 때에 성립하는 것이다.

## 4. 터보제트엔진의 탈설계점 성능 계산

앞에서 언급된 내용을 기본으로 하여 단축 터보제트엔진의 탈설계점 성능을 구해보자. 9.2절 기준성능 계산에서 유도된 식을 대부분 사용하며, 표 9.3에서 나타낸 바와 같이 추가되는 종속변수($\pi_c$, $\dot{m}_0$ 등)에 따라서 약간 추가되는 식과 계산순서가 약간 다르다.

표 9.4는 지금까지 언급된 결론과 기본가정을 바탕으로 탈설계점 성능계산에 사용되는 변수들을 보여주고 있다. 앞에서 언급되었던 내용을 바탕으로 설계상수로 선택된 것에 대해서 타당성이 있는지 다시 한번 검토해 보길 바란다.

[표 9.4] 탈설계점 성능계산을 위한 변수

| INPUTS | |
|---|---|
| Choices (independent variables=5) | |
| flight parameters | $M_0$, $T_0\,(K)$, $p_0\,(kPa)$ |
| throttle setting | $T_{t3}\,(K)$ |
| exhaust nozzle setting | $p_0\,/\,p_5$ |
| Design constants | |
| $\pi$'s | $\pi_{dmax}$, $\pi_b$, $\pi_t$, $\pi_n$ |
| $\tau$'s | $\tau_t$ |
| $\eta$'s | $\eta_C$, $\eta_b$, $\eta_m$ |
| gas properties | $\gamma_a$, $\gamma_g$, $c_{pa}$, $c_{pg}\,(kJ/kg\cdot K)$ |
| fuel | $q_{LHV}\,(kJ/kg)$ |
| Reference conditions | |
| flight parameters | $M_{0R}$, $T_{0R}(K)$, $p_{0R}(kPa)$, $\tau_{rR}$, $\pi_{rR}$ |
| throttle setting | $T_{t3R}$ |
| component behavior | $\pi_{dR}$, $\pi_{cR}$, $\tau_{cR}$ |
| OUTPUTS[1)] | |
| Overall performance | $F(N)$, $\dot{m}_0(kg/s)$, $TSFC[(mg/s)/N]$, $\eta_P$, $\eta_{th}$, $\eta_O$, $etc.$ |
| Component behavior | $\pi_d$, $\pi_c$, $\tau_c$, $f$, $M_5$, $N/N_R$, $etc.$ |

1) 실제의 종속변수는 $\dot{m}_0$, $\pi_c$, $\tau_c$, $f$, $M_5$, $T_5/T_0$임(6개)

기준성능 계산에서의 단계 6까지는 탈설계점 성능계산에서도 동일하다. 압축기의 전온도비에 대한 식 (9.30)을 기준값인 $\tau_{cR}$을 사용하여 변형하면 기계적 효율과 비열이 사라진 형태로 다음과 같이 표시된다.

$$\tau_c = 1 + (\tau_{cR} - 1)\frac{T_{t3}/T_{t1}}{(T_{t3}/T_{t1})_R} \tag{9.40}$$

공기 질량유량은 3점에서의 질식 유동조건으로 계산하면

$$\dot{m}_0 = \frac{p_{t3}}{\sqrt{T_{t3}}}\frac{A_3}{1+f}MFP(1) = \frac{p_0\ \pi_r\ \pi_d\ \pi_c}{\sqrt{T_{t3}}}\left[\frac{\pi_b A_3}{1+f}MFP(1)\right]$$

이 된다. 세 번째 식의 [ ]안의 값은 일정 상수이기 때문에 나머지 변수들을 첫 번째 식으로 이항하면 다음과 같이 기준값에 대한 식으로 바꿀 수 있다.

$$\frac{\dot{m}_0\sqrt{T_{t3}}}{p_0\ \pi_r\ \pi_d\ \pi_c} = \frac{\pi_b A_3}{1+f}MFP(1) = \left(\frac{\dot{m}_0\sqrt{T_{t3}}}{p_0\ \pi_r\ \pi_d\ \pi_c}\right)_R$$

이 식을 정리하면 공기 질량유량은 다음의 식으로 구할 수 있다.

$$\dot{m}_0 = \dot{m}_{0R}\frac{p_0\ \pi_r\ \pi_d\ \pi_c}{(p_0\ \pi_r\ \pi_d\ \pi_c)_R}\sqrt{\frac{T_{t3R}}{T_{t3}}} \tag{9.41}$$

노즐 목면적이 일정하기 때문에 노즐출구 면적은 유량함수로부터 구할 수 있다. 목부에서 질식이 일어난다는 가정을 사용하므로 목부에서의 질량유량은

$$\dot{m}_{th} = \frac{p_{t4}A_{th}}{\sqrt{T_{t4}}}\frac{\Gamma_g}{\sqrt{R_t}} \quad \text{--- (i)}$$

가 되고 노즐 출구에서의 질량유량은

$$\dot{m}_5 = \frac{p_{t5}A_5}{\sqrt{T_{t5}}}\frac{\sqrt{\gamma_g}}{\sqrt{R_t}}M_5\left(1+\frac{\gamma_g - 1}{2}M_5^2\right)^{-(\gamma_g+1)/[2(\gamma_g-1)]} \quad \text{--- (ii)}$$

가 된다. 노즐에서는 단열과정($T_{t5} = T_{t4}$)이고 $\pi_n = p_{t5}/p_{t4}$이므로 목부에서의 질량유

량 식을 노즐출구 질량유량 식과 같게 놓고 정리하면 유동면적 비에 대한 관계식을 얻을 수 있다.

$$\frac{A_5}{A_{th}} = \frac{\Gamma_g}{\sqrt{\gamma_g}} \frac{1}{\pi_n} \frac{1}{M_5} \left(1 + \frac{\gamma_g - 1}{2} M_5^2\right)^{(\gamma_g+1)/[2(\gamma_g-1)]} \quad \text{--- (iii)}$$

5점에서의 마하수를 구하면 다음과 같다.

$$M_5 = \sqrt{\frac{2}{\gamma_g - 1}[(p_{t5}/p_5)^{(\gamma_g-1)/\gamma_g} - 1} \quad \text{--- (iv)}$$

식 (iv)를 식 (iii)에 대입하여 정리하면 출구면적과 목면적의 비는

$$\frac{A_5}{A_{th}} = \Gamma_g \sqrt{\frac{\gamma_g - 1}{2\,\gamma_g}} \frac{1}{\pi_n} \frac{(p_{t5}/p_5)^{(\gamma_g+1)/(2\gamma_g)}}{\sqrt{(p_{t5}/p_5)^{(\gamma_g-1)/\gamma_g} - 1}} \tag{9.42}$$

가 된다. 목부의 유동면적 $A_{th}$는 일정하므로 식 (9.42)는 기준점의 유동면적 $A_{5R}$로 대체할 수 있다. 따라서 노즐출구 유동면적 비는 최종적으로 다음과 같이 표시된다.

$$\frac{A_5}{A_{5R}} = \left[\frac{p_{t5}/p_5}{(p_{t5}/p_5)_R}\right]^{(\gamma_g+1)/(2\gamma_g)} \sqrt{\frac{(p_{t5}/p_5)_R^{(\gamma_g-1)/\gamma_g} - 1}{(p_{t5}/p_5)^{(\gamma_g-1)/\gamma_g} - 1}}$$

(9.43)

표 9.4의 설계데이터를 기준으로 언급하지 않은 기본관계식을 포함해서 터보제트엔진의 탈설계점 성능해석에 사용되는 관계식을 계산순서에 따라 다시 한번 정리해보면 아래와 같다.

■ 사용되는 관계식 요약

$$R_c = (\gamma_a - 1)c_{pa}/\gamma_a \tag{1}$$

$$R_t = (\gamma_g - 1)c_{pg}/\gamma_g \tag{2}$$

$$c_0 = \sqrt{\gamma_a R_c T_0 g} \tag{3}$$

$$u_0 = c_0 M_0 \tag{4}$$

$$\tau_r = 1 + (\gamma_a - 1) M_0^2 / 2 \tag{5}$$

$$\pi_r = \tau_r^{\gamma_a / (\gamma_a - 1)} \tag{6}$$

$$\eta_R = 1 \quad \text{for} \quad M_0 \leq 1 \tag{7.a}$$

$$\eta_R = 1 - 0.075 (M_0 - 1)^{1.35} \quad \text{for} \quad M_0 > 1 \tag{7.b}$$

$$\pi_d = \pi_{dmax} \ \eta_R \tag{8}$$

$$\tau_\lambda = c_{pg} \ T_{t3} / c_{pa} \ T_0 \tag{9}$$

$$T_{t1} = T_0 \, \tau_r \tag{10}$$

$$\tau_{rR} = 1 + (\gamma_a - 1) M_{0R}^2 / 2 \tag{11}$$

$$T_{t1R} = T_{0R} \, \tau_{rR} \tag{12}$$

$$\pi_{rR} = \tau_{rR}^{\gamma_a / (\gamma_a - 1)} \tag{13}$$

$$\tau_c = 1 + (\tau_{cR} - 1) \frac{T_{t3} / T_{t1}}{(T_{t3} / T_{t1})_R} \tag{14}$$

$$\pi_c = [1 + \eta_C (\tau_c + 1)]^{\gamma_a / (\gamma_a - 1)} \tag{15}$$

$$f = (\tau_\lambda - \tau_r \, \tau_c) / [q_{LHV} \cdot \eta_b / (c_{pa} \ T_0) - \tau_\lambda] \tag{16}$$

$$\dot{m}_0 = \dot{m}_{0R} \frac{p_0 \, \pi_r \, \pi_d \, \pi_c}{(p_0 \, \pi_r \, \pi_d \, \pi_c)_R} \sqrt{\frac{T_{t3R}}{T_{t3}}} \tag{17}$$

$$p_{t5} / p_5 = (p_0 / p_5) \pi_r \, \pi_d \, \pi_c \, \pi_b \, \pi_t \, \pi_n \tag{18}$$

$$M_5 = \sqrt{\frac{2}{\gamma_g - 1} \left[ \left( \frac{p_{t5}}{p_5} \right)^{(\gamma_g - 1)/\gamma_g} - 1 \right]} \tag{19}$$

$$T_5 / T_0 = \tau_\lambda \, \tau_t \, c_{pa} / [c_{pg} \, (p_{t5} / p_5)^{(\gamma_g - 1)/\gamma_g}] \tag{20}$$

$$u_5 / c_0 = M_5 \sqrt{\gamma_g \, R_t \ T_5 / (\gamma_a \, R_c \ T_0)} \tag{21}$$

$$\frac{F}{\dot{m}_0} = c_0 \left[ (1 + f) \frac{u_5}{c_0} - M_0 + (1 + f) \frac{R_t \ T_5 / T_0}{R_c u_5 / c_0} \frac{(1 - p_0 / p_5)}{\gamma_c} \right] \tag{22}$$

$$F = \dot{m}_0 \, (F / \dot{m}_0) \tag{23}$$

$$TSFC = f / (F / \dot{m}_0) \tag{24}$$

$$\eta_{th} = \frac{c_0^2 [(1 + f)(u_5 / c_0)^2 - M_0^2]}{2 \ f \ q_{LHV}} \tag{25}$$

$$\eta_P = \frac{2\,u_0\,(F/\dot{m}_0)}{c_0^2\,[(1+f)(u_5/c_0)^2 - M_0^2\,]} \tag{26}$$

$$\eta_O = \eta_P \cdot \eta_{th} \tag{27}$$

$$\frac{N}{N_R} = \sqrt{\frac{T_0\,\tau_r}{T_{0R}\,\tau_{rR}}\,\frac{\pi_c^{(\gamma_a-1)/\gamma_a}-1}{\pi_{cR}^{(\gamma_a-1)/\gamma_a}-1}} \tag{28}$$

$$\frac{\dot{m}_{c1}}{\dot{m}_{c1R}} = \frac{\pi_c}{\pi_{cR}}\sqrt{\frac{(T_{t3}/T_{t1})_R}{T_{t3}/T_{t1}}} \tag{29}$$

$$\frac{A_5}{A_{5R}} = \left[\frac{p_{t5}/p_5}{(p_{t5}/p_5)_R}\right]^{(\gamma_g+1)/(2\gamma_g)}\sqrt{\frac{(p_{t5}/p_5)_R^{(\gamma_g-1)/\gamma_g}-1}{(p_{t5}/p_5)^{(\gamma_g-1)/\gamma_g}-1}} \tag{30}$$

**[예제 9.4]** 예제 9.1을 설계점(기준점)으로 하여 고도 9km, 마하수 1.5, 최고온도 1670K, 압력비 $p_0/p_5 = 0.955$에 대한 탈설계점 성능을 구하라. 예제 9.1의 결과와 표 9.4를 참조하여 입력변수를 나타내면 아래 표와 같다.

| | |
|---|---|
| Choices | |
| flight parameters | $M_0 = 1.5,\ T_0 = 229.8K,\ p_0 = 30.8kPa$ |
| throttle setting | $T_{t3} = 1670K$ |
| exhaust nozzle setting | $p_0\,/\,p_5 = 0.955$ |
| Design constants | |
| $\pi$'s | $\pi_{dmax} = 0.95,\ \pi_b = 0.94,\ \pi_n = 0.96,\ \pi_t = 0.3746$[a)] |
| $\tau$'s | $\tau_t = 0.8155$[b)] |
| $\eta$'s | $\eta_b = 0.98,\ \eta_m = 0.99,\ \eta_C = 0.8641$[c)] |
| gas properties | $\gamma_a = 1.4,\ \gamma_g = 1.3,\ c_{pa} = 1.004\,kJ/kg\cdot K,$ $c_{pg} = 1.239\,kJ/kg\cdot K$ |
| fuel | $q_{LHV} = 42{,}800\,kJ/kg$ |
| Reference conditions | |
| flight parameters | $M_{0R} = 2.0,\ T_{0R} = 216.7K,\ p_{0R} = 19.3kPa$ $\tau_{rR} = 1.8,\ \pi_{rR} = 7.82445$ |
| throttle setting | $T_{t3R} = 1800K$ |
| component behavior | $\pi_{dR} = 0.87875,\ \pi_{cR} = 10,\ \tau_{cR} = 2.0771$ |

a), b), c) 기준성능 계산에서는 종속변수임.

**풀이** (핵심) 관계식 순서대로 계산하면 됨.

$R_c = 0.4 \times 1.004/1.4 = 0.2869\text{kJ/kg}\cdot\text{K}$, $R_t = 0.3 \times 1.239/1.3 = 0.2859\text{kJ/kg}\cdot\text{K}$

$c_0 = \sqrt{1.4 \times 286.9 \times 229.8} = 303.8\text{m/s}$, $u_0 = 295 \times 1.5 = 455.7\text{m/s}$

$\tau_r = 1 + 0.2 \times 1.5^2 = 1.45$, $\pi_r = 1.45^{3.5} = 3.671$

$\eta_R = 1 - 0.075 \times 0.5^{1.35} = 0.0.9706$, $\pi_d = 0.95 \times 0.9706 = 0.922$

$\tau_\lambda = 1.239 \times 1670/(1.004 \times 229.8) = 8.9682$

$T_{t1} = 229.8 \times 1.45 = 332.2\text{K}$

$\tau_{rR} = 1.8$

$T_{t1R} = T_{0R}\,\tau_{rR} = 216.7 \times 1.8 = 390.1\text{K}$

$\pi_{rR} = 7.824$

$$\tau_c = 1 + (2.0771 - 1)\frac{1670/333.2}{1800/390.1} = 2.17$$

$\pi_c = [1 + 0.8641(2.17 - 1)]^{1.4/0.4} = 11.53$

$$f = \frac{8.9682 - 1.45 \times 2.17}{42800 \times 0.98/(1.004 \times 229.8) - 8.9682} = 0.03368$$ ← **연공비**

$p_{t5}/p_5 = 0.955 \times 3.671 \times 0.922 \times 11.53 \times 0.94 \times 0.3746 \times 0.96 = 12.6$

$M_5 = \sqrt{2(12.6^{0.3/1.3} - 1)/0.3} = 2.301$ ← **노즐출구 마하수**(노즐출구 기준)

$T_5/T_0 = (8.9682 \times 0.8155 \times 1.004)/(12.6^{0.3/1.3} \times 1.239) = 3.303$

$$u_5/c_0 = 2.301\sqrt{\frac{1.3 \times 0.2859 \times 3.303}{1.4 \times 0.2869}} = 4.023$$ ← **노즐출구 마하수**(입구 기준)

$$\frac{F}{\dot{m}_0} = 303.8\left(1.03368 \times 4.023 - 1.5 + 1.03368\frac{0.2859}{0.2869}\,\frac{3.303}{4.023}\,\frac{0.045}{1.4}\right) = 815.9\ \text{N/(kg/s)}$$

$TSFC = f/(F/\dot{m}_0) = 0.03368 \times 10^6/815.9 = 41.28\text{mg/s}\cdot\text{N}$ ← **연료소비율**

$$\dot{m}_0 = 50\frac{30.8 \times 3.671 \times 0.922 \times 11.53}{19.4 \times 7.824 \times 0.8788 \times 10}\sqrt{\frac{1800}{1670}} = 46.78\text{kg/s}$$ ← **공기질량유량**

$F = \dot{m}_0(F/\dot{m}_0) = 46.78 \times 815.9 = 38170\text{N}$ ← **추력**

$$\eta_{th} = \frac{303.8^2[1.03368 \times 4.023^2 - 1.5^2]}{2 \times 0.03368 \times 42800 \times 1000} = 0.4636$$ ← **열효율**

$\eta_P = 2 \times 455.7 \times 815.9/303.8^2[1.03368 \times 4.023^2 - 1.5^2] = 0.5564$ ← **추진효율**

$\eta_O = 0.4636 \times 0.5564 = 0.2579$ ← **전체효율**

$$\frac{N}{N_R} = \sqrt{\frac{229.8 \times 1.45}{216.7 \times 1.8}\ \frac{11.53^{0.4/1.4}-1}{10^{0.4/1.4}-1}} = 0.9278(\mathrm{rpm/rpm}) \leftarrow \textbf{회전속도비}$$

$$\frac{\dot{m}_{c1}}{\dot{m}_{c1R}} = \frac{11.53}{10}\sqrt{\frac{1800/390.1}{1670/333.2}} = 1.016 \leftarrow \textbf{압축기 수정질량유량비}$$

$$\frac{A_5}{A_{5R}} = \left(\frac{12.6}{11.62}\right)^{2.3/1.3}\sqrt{\frac{11.62^{0.3/1.3}-1}{12.6^{0.3/1.3}-1}} = 1.052 \leftarrow \textbf{노즐출구 면적비}$$

표 9.4에 나타나 있는 설계상수들을 기준점 사양과 타당한 가정에 의거하여 모두 결정한다면 위의 예제에서처럼 반복계산 없이 탈설계점의 사양을 순서대로 결정할 수 있다. 그러나 설계상수 중에 하나라도 주어지지 않는다면 결국 반복계산을 사용해서 결정해야 한다. 물론 본 장에서 언급된 계산방법이 논리적으로 잘 짜여져 있기 때문에 반복계산이 필요하지 않는 경우도 많이 있다.

예를 들어 압축기 전효율을 알 수 없다면 어떻게 계산이 이루어지겠는가? 압축기 전효율은 압력비에 관련되므로 압력비를 가정하는 것이 계산하기 수월하다.

① 압축기 압력비를 가정하고 (16)식까지 계산한다(식 (15)는 제외).

② 압축기 소요일과 터빈 전달일이 일치하는지 확인한다.

$$\dot{m}_1 c_{pa} T_{t1}[\pi_c^{(\gamma_a-1)/\gamma_a}-1] = \eta_m \dot{m}_1(1+f)c_{pg}T_{t3}[1-\pi_t^{(\gamma_g-1)/\gamma_g}]$$

③ 만족되지 않는다면 위의 식을 만족하는 $\pi_c$를 구하면 그 값이 바로 정확한 압력비 값이다. 왜냐하면 (16)까지의 계산식 중에서 압력비에 관련된 것은 (15)식 외에는 없기 때문이다.

④ 따라서 식 (15)로부터 압축기 전효율을 구하면 된다.

$$\eta_C = [\pi_c^{(\gamma_a-1)/\gamma_a}-1]/(\tau_c+1)$$

이와 같이 일부 설계상수가 주어지지 않은 경우에는 계산식과 순서를 파악한 후 적당한 반복 방법을 적용하면 된다.

## 9.4 기타 엔진의 성능해석

후기연소가 있는 단축 터보제트엔진도 앞에서 언급된 동일한 방법을 사용하여 반복계산 없이 탈설계점 성능을 구할 수 있다. 그러나 터보팬과 터보프롭엔진의 성능해석은 터보제트엔진처럼 주어진 설계상수를 사용하여 반복계산 없이 탈설계점 성능을 구할 수는 없다.

표 9.5는 그림 5.4와 같은 비혼합형 이축 터보팬엔진의 탈설계점 성능해석에 사용되는 변수를 보여주고 있다. 터빈은 고압터빈과 저압터빈으로 구분되며, 저압터빈은 팬을 구동하고 고압터빈은 압축기를 구동한다. 표를 보면 독립변수 4개에 종속변수의 수가 11개이다. 코어 노즐과 팬 노즐이 있기 때문에 노즐출구 압력이 독립변수에서 빠져 있음을 알 수 있으며, 팬을 구동하는 저압터빈의 전온도비 $\tau_{tL}$이 종속변수이기 때문에 반복계산 방법을 사용해야 한다. 엔진이 복잡해질수록 반복계산을 해야 하는 변수의 수가 늘어나기 때문에 컴퓨터 프로그램을 작성하여 성능해석을 하는 것이 보통이다.

본 장에서 가장 간단한 터보제트엔진을 모델로 설계점 및 탈설계점 성능해석을 해보았다. 다른 엔진도 반복계산이 필요하기는 하지만 여기에서 소개된 것과 거의 동일한 방법으로 해석한다는 점을 명심하기 바란다.

[표 9.5] 비혼합형 터보팬엔진의 탈설계점 해석에 사용되는 변수

| Component | Variables | | |
|---|---|---|---|
| | independent | constant | dependent |
| Engine | $M_0$, $T_0$, $p_0$ | | $\dot{m}_0$, $BPR$ |
| Diffuser | | $\pi_d = f(M_0)$ | |
| Fan | | | $\pi_f$, $\tau_f$ |
| High pressure compressor | | | $\pi_{cH}$, $\tau_{cH}$ |
| Burner | $T_{t3}$ | $\pi_b$, $\eta_b$ | $f$ |
| High pressure turbine | | $\pi_{tH}$, $\tau_{tH}$ | |
| Low pressure turbine | | | $\pi_{tL}$, $\tau_{tL}$ |
| Core exhaust nozzle | | $\pi_n$ | $M_5$ |
| Fan exhaust nozzle | | $\pi_{fn}$ | $M_{5d}$ |

## 연습문제

**9.1** 노즐출구 압력 $p_5$가 성능에 끼치는 영향을 검토하라.

**9.2** 예제 9.1을 다시 구하라. 설계고도는 10km이며, 비행 마하수는 1.8, 스로틀 세팅은 1600K이고 압력비 $p_0/p_5$는 0.65이다. 다른 조건은 동일하다.

**9.3** 예제 9.4를 다시 구하라. 탈설계점 조건은 다음과 같다.
고도 8km, 비행 마하수 1.3, 스로틀 세팅 1400K, 압력비 $p_0/p_5=0.9$

**9.4** 그림과 같은 압축기 가상 맵을 사용하여 압축기작동선을 그려라. 압축기의 설계점 사양은 다음과 같으며, 표준대기 정지상태 조건을 사용한다(288.15K, 101.3kPa).
압력비 6.5, 수정질량유량 35kg/s, 터빈입구온도 1300K, 터빈 전효율 0.9
연료의 양은 무시하며, 압력손실은 없다.

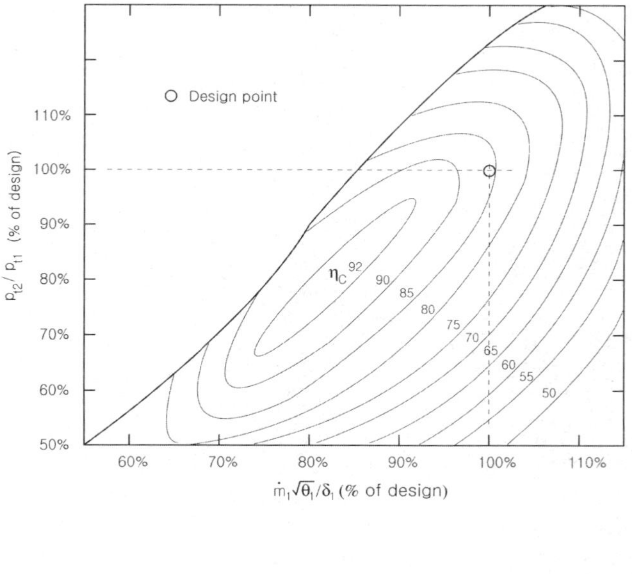


[그림 P 9.4] 압축기 성능특성 가상 맵

# 제10장

# 가스터빈 기술발전 동향

1930년대 Whittle과 Ohain이 최초로 가스터빈엔진을 개발한 이후 현재까지 많은 기술발전을 이룩하였다. 군사용 전투기의 추진엔진으로 시작된 가스터빈의 역사는 시대적 요구사항에 발맞추어 지금은 다양한 분야에 적용되고 있다. 이미 앞에서 살펴본 바와 같이 항공기 추진용 엔진으로는 이미 확고한 위치를 점유하고 있으며, 발전용이나 선박과 탱크의 추진엔진으로 또 오일/가스 수송용 동력기관 등으로 그 적용의 범위를 넓혀가고 있다. 이렇게 가스터빈이 그 적용분야를 넓히게 된 밑바탕에는 생산기술의 발전, 내열재료의 개발 및 냉각기술의 진보 등을 들 수 있다.

본 장에서는 국내외 기술개발 현황을 간단하게 살펴보고 근래에 들어 중요시되고 있는 배기가스 규제에 대해서 간단하게나마 언급하고자 한다.

## 10.1 국내외 기술개발 동향

국내에서의 가스터빈 기술개발은 1970년대 이후 열병합발전 설비가 설치되면서 시작되었다고 할 수 있다. 도심 중심부에 대단위 아파트 단지가 들어서면서 지역적으로 요구되는 전기와 온수 공급을 위하여 가스터빈을 이용한 열병합발전 설비가 설치되었다. 1980년대에는 현대, 한라, 쌍용 등의 기업이 외국과의 기술협력을 통해서 기술을 어느 정도 확보하게 되었으며, 이와 함께 KIMM, KIST, KARI 등의 정부출연 연구소에서도 시스템 전반에 대한 기술개발과 아울러 각 구성 부품에 대한 기술개발이 동시에 이루어지게 되었다. 그러나 기본적인 기술축적이 전혀 되어있지 않은 상태에서 시작하였기 때문에 대부분의 기술개발은 부품의 성능향상에만 초점이 맞추어 진행된 것 또한 사실이다. 표 10.1은 국내의 가스터빈 기술개발 동향을 보여주고 있다.

국외에서는 많은 기술축적이 이루어져 있기 때문에 성능개선을 위한 고효율, 고성능에 관련된 연구뿐만 아니라 환경문제에 관련되어 저배기(특히 $NO_x$), 저소음 등 환경친화적 가스터빈 개발 연구에 박차를 가하고 있다. 표 10.2는 국외의 기술개발 동향을 나타내고 있다.

현재 세계의 가스터빈 시장은 미국이 주도하고 있으며, 영국, 프랑스, 스웨덴, 이태리 및 일본 등이 일정 부분 시장을 점유하고 있다. 사실 항공기용 가스터빈 분야의 경우 우리나라가 비집고 들어갈 틈이 전혀 없다고 할 수 있다. 최근 한국형 차세대 전투기사업(KF-X)의 추진을 KDI가 경제성이 없다고 결론을 내린 것도 이와 무관하지 않다(확정된 것은 아님). 그러나 산업용 분야는 아직도 그 적용 가능성이 무궁무진 하다고 할 수 있어서 특정 분야를 선정하여 집중 투자한다면 아직 가능성은 충분히 남아있다. 한국중공업(현 두산중공업)의 예에서 보듯이 현재 스팀터빈 발전분야 플랜트 수주를 상당히 거두고 있으며, GE와 같은 세계 유수업체들과 경쟁하고 있다.

[표 10.1] 국내의 가스터빈 기술개발 동향

| 연구기관 | 연구내용 | 년도 |
|---|---|---|
| KIST | 축류터빈 설계 S/W 개발 | 1990 |
| | 가변익 터빈 개발 | 1988 |
| | 터빈 케이싱 내 유동해석 및 형상설계 | 1988 |
| | 니켈기 초내열 합금개발 | 1986～1989 |
| | Hastelloy 합금제조가공 | 1980 |
| KIMM | 50kW Hybrid 자동차용 터보발전기 개발 | 1996～2002 |
| | 화재진압용 비활성가스 제너레이터 개발 | 1999～2002 |
| | 터보기계 설계기술 개발 | 1994～1998 |
| | 열병합발전플랜트 설계 및 제작기술 개발 | 1993～1995 |
| | 터보기계 내부 유동장 수치시뮬레이션 | 1993～1994 |

| 연구기관 | 연구내용 | 년도 |
|---|---|---|
| KARI | 원심압축기 설계기술 개발 | 1991~1994 |
| | 소형스팀터빈 설계기술 개발 | 1992~1993 |
| | 가스터빈용 압축기 개발 | 1990~1991 |
| | 고속회전체 Balancing 기술개발 | 1988~1990 |
| | 항공기엔진 시스템설계 및 성능시험 기법 | 1986~1992 |
| | 항공기엔진 부품 CAD/CAM 기술개발 | 1992~1995 |
| 한국항공기술연구소 | 지역발전용 가스터빈 개발 | 1993~1995 |
| 서울대학교 | 연소기 최적설계 및 성능시험 기술개발 | 1991~2000 |
| | 가스터빈 캐스케이드 열전달해석 S/W 개발 | 1991~2000 |
| | 캐스케이드 유동 수치해석 | 1991~2000 |
| 삼성테크윈 | 항공기엔진 정비시설 및 성능시험설비보유 | - |
| | 100kW급 APU 개발 사업추진 | 1997~2000 |
| | 1.2MW 산업용 가스터빈엔진 사업추진 | 1992~1997 |
| 한국중공업 | 소규모 지역발전용 가스터빈 개발 | 1993 |
| 한라중공업 | 대형건물 비상발전용 가스터빈 개발 | 1994 |
| 쌍용중공업 | 선박용 터보차저 개발 | 1994~2000 |

[표 10.2] 국외의 가스터빈 기술개발 동향(산업용 기준)

| 회사 | 생산기종 | 기술개발 동향 | 시장점유율 |
|---|---|---|---|
| GE | LM500 | 4.4MW, low NOx 연구 | 40% |
| | LM2500 | 25MW, 상동 | |
| | LM4000 | 30MW, 상동 | |
| | LM5000 | 34MW, 상동 | |
| | LM6000 | 42MW, 내부냉각기 장착 | |
| | GEX | 90MW, 고효율, 고비출력 연구 | |
| P & W | FT4000 | 50MW, dry low NOx 연구 | 5% |
| | FT4001C | 100MW, 내부냉각사이클 적용, 고 TIT | |
| | HAT | 260MW, 플랜트 효율 55.3% 목표 | |
| Westing House | RB211 | 27.2MW, 고비출력, low NOx 연구 | 7% |
| | 251B11/12 | 49.2MW, 상동 | |
| | TRENT | 50.8MW, 상동 | |
| | 501D5 | 121MW, 상동 | |
| | 701DA | 138MW, 상동 | |
| | 501F | 163MW, 상동 | |
| | 701F | 235MW, 상동 | |
| ABB | GT11N2 | 109MW, 고비출력, low NOx 연구 | 15% |
| | GT13 | 97MW, TIT=820oC, 상동 | |
| | GT13D | 89MW, TIT=990oC, 상동 | |
| | GT13E | 148MW, TIT=1070oC, 상동 | |
| | GT13E2 | 164MW, 35.4% 열효율, TIT=1100oC | |
| | GT35 | 17MW, 저배기, 고효율 연구 | |

| 회사 | 생산기종 | 기술개발 동향 | 시장점유율 |
|---|---|---|---|
| EBARA | PW-6E | 570kW, low NOx 연구 | 5% |
| | PW-7E | 700kW, dry low NOx 연구 | |
| | FT8 | 25MW, 상동 | |
| | PW-6M | 614MW, 상동 | |
| | PW-7M | 747MW, 상동 | |
| Rolls Royce | RB211-24G | 25ppm low NOx without steam or water jet 연구 | 7% |
| | RB311 | quick start, 고효율 연구 | |
| Mitsubishi | MF-61 | 5925kW, 소재연구, 고비출력 연구 | 5% |
| | MF-111A | 12.6MW, 상동 | |
| | MF-111B | 14.5MW, 상동 | |
| | MW-221 | 30MW, 상동 | |
| | MW-251 | 36MW, 상동 | |
| | MW-501 | 104MW, 상동 | |
| | 501F | 158MW, 상동 | |
| | 701F | 221MW, 상동 | |
| Kawasaki | SIA series | 220kW, 고효율, 고비출력 연구 | 6% |
| | SIEMENS | 400kW, 상동 | |
| | MIA series | 1170kW, 상동 | |
| | MIT series | 2000~300kW, 상동 | |
| | M7A series | 6000kW, 상동 | |
| SIEMENS | PGT2 | 2180kW, 고효율, 고비출력 연구 | 10% |
| | PGT5 | 5070kW, 상동 | |
| | PGT5R | 4850kW, 상동 | |
| | PGT10 | 10.4MW, 상동 | |
| | V64.3 | 63MW, 상동 | |
| | V84.2 | 106MW, 31%(단순사이클적용) 효율상승 | |
| | V84.3 | 154MW, 상동 | |
| | V94.2 | 156MW, 상동 | |
| | V94.3 | 222MW, 상동 | |

## 10.2 배기가스와 소음의 규제

항공기나 산업용 가스터빈에서 배출되는 오염물질은 매연과 가스배출물인 불연소탄화수소(HC), 일산화탄소(CO) 및 질소산화물($NO_x$)이 있으며 모두 규제 대상이다. 현재 이와 같은 오염물질에 대한 규제가 점점 강화되고 있으며, 특히 $NO_x$는 스모그(smog)와 산성비의 원인이 되기 때문에 가장 대표적인 규제 대상 물질이다. 이들 오염물질은 주로 호흡기계통 질환(특히 폐질환)을 유발하는 것으로 알려져 있다.

미국에서는 과거 30년 동안 오염물질에 대한 규제를 계속해서 강화해 오고 있다. 1974년에 매연에 대한 규제를 시작으로 1984년에는 불연소탄화수소의 규제가 시작되었고 1997년부터는 질소산화물과 일산화탄소가 규제 대상에 포함되었으며, 2005년 질소산화물에 대한 기준치가 강화되어 현재에 이르고 있다. 미국은 독자적으로 기준치를 제정하였으나 2005년부터는 유엔 산하기구인 ICAO(International Civil Aviation Organization, 국제민간항공기구)와의 공조를 통해서 기준을 통일하였다.

우리나라에서도 ICAO 부속서의 최신 개정내용을 모두 반영하여 항공기 제작관련 안전기준과 배기가스 배출기준 및 소음기준을 국제기준과 동등하게 되도록 2007년 7월에 '항공기기술기준'을 고시하였다(고시 제2007-13호). 따라서 우리나라의 기준도 ICAO의 기준과 동일하다.

연소가스 배출에 관련 규제 기준치는 비행기종, 제작년도에 따라 그 값이 다르며, 사용연료와 시험방법에 대해서도 엄격한 기준을 적용하고 있다. 따라서 여기서는 다루지 않을 것이다. 관심이 있는 사람은 우리나라 건설교통부 항공안전본부 홈페이지에 가면 상세한 정보를 얻을 수 있다.

산업용 가스터빈의 경우에는 항공기용 보다는 저급의 연료(황(S)성분 포함)를 사용하기 때문에 이산화황($SO_2$) 가스의 배출도 규제 대상이다. 그러나 전체적으로 볼 때 동일 출력의 디젤엔진에 비해서 오염물질 배출정도는 15%밖에 되지 않는다. 또한 지상에서 운전되는 가스터빈에서는 여러 가지 부속장치를 사용할 수 있으므로 이산화황이나 질소산화물의 배출을 더욱 줄일 수 있다. 질소산화물을 줄이는 대표적인 방법이 연소기 일차영역(primary zone)에서 물이나 수증기를 분사하는 가스터빈을 들 수 있다. 이 형태의 가스터빈은 출력과 열효율이 약간 상승하는 부수적인 효과도 얻을 수 있지만 깨끗하게 정수된 물을 계속해서 공급해야 하고 압축된 물이 연소기 안으로 들어가게 되면 화염이 꺼지기도 하는 단점을 갖고 있으며, 일산화탄소의 배출량이 증가할 가능성도 있다. 한편 배출구에 탈황시설을 설치하여 이산화황의 배출정도도 낮출 수 있다.

최근에는 소음도 환경문제가 되어 규제 대상이 된다. 비행기에서 발생하는 소음은 엔진소음과 기타소음으로 구분할 수 있는데, 엔진소음은 흡·배기가스의 유동소음과 엔진내부 회전기계 소음을 말하며, 기타 소음은 소닉붐(sonic boom)이나 플랩소음(flap noise) 등을 말한다. 터보팬엔진은 팬이 있기 때문에 터보제트엔진에 비해서 배기제트의 소음이 큰 폭으로 줄어든다.

소음 규제 기준치도 배기가스 배출기준과 마찬가지로 비행기종, 제작년도에 따라 그 값이 다르며, 시험방법에 대해서도 엄격한 기준을 적용하고 있다.

## 10.3 향후 가스터빈의 응용 분야

21C에 들어서 가스터빈 기술 향상과 더불어 크게 부각되고 있는 것이 **마이크로가스터빈**(micro gas turbine)이다. 보통 수 kW에서 1000kW 미만의 출력을 생산하는 가스터빈을 마이크로가스터빈이라 하지만 25kW~250kW급의 마이크로가스터빈이 주로 개발되고 있다. 마이크로가스터빈은 발전기와 일체가 된 1축형으로 1단의 반경류형 압축기와 1단의 반경류형 터빈 및 열회수기(recuperator)로 구성된다. 그림 10.1(b)에서 그 형태를 개략적으로 보여주고 있다. 발전기의 속도는 43,000~116,000rpm 정도이고 발전기 측은 유체윤활 베어링을 사용하고 가스터빈 측은 온도가 높기 때문에 세라믹 볼베어링을 채용하기도 한다.

마이크로가스터빈이 현재 적용되고 있는 주된 분야는 **소형 분산발전시스템**(small distributed power system) 분야이다. 전력회사가 건설과 투자회수에 장기간을 요하는 대규모의 발전소의 건립을 억제하고 수요지에 근접한 소형 분산발전(광전지, 연료전지, 풍력발전, 마이크로가스터빈 발전 등)으로 확대해 나갈 것이 예상되고 있기 때문이다. 그림 10.1(a)에 분산발전시스템의 개념을 개략적으로 나타낸 것이다. 미국 Capstone사를 비롯하여 Allison사, NREC사(Northern Research Engineering Corp.), Elliot사, GE사, Simens사 등이 마이크로가스터빈 개발에 박차를 가하고 있으며, 많은 제품이 상용화되어 시판되고 있다. 전형적인 마이크로가스터빈 분산발전 적용범위는 다음과 같다.

- 40kW급 이하 편의점, 수개 단위의 연립주택
- 80kW급 레스토랑, 소형 슈퍼마켓
- 250kW급 중규모 호텔, 병원

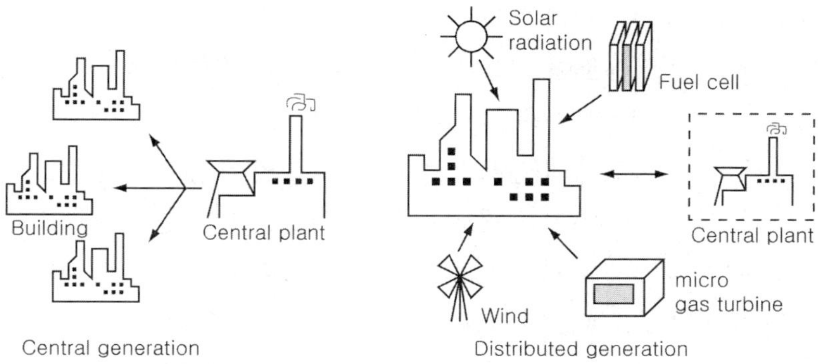

(a) Comparison between cenral and distributed generation

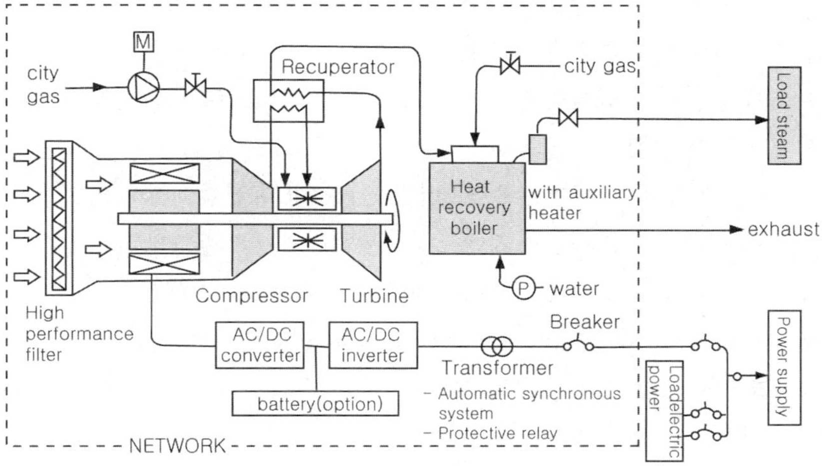

(b) Schematic diagram of microgasturbine generation system

[그림 10.1] 분산발전의 개념과 시스템 구성도

이들의 열효율은 30%를 상회하며, 천연가스를 사용하는 경우 NOx 레벨은 20ppm 이하이다. 그리고 이들 마이크로가스터빈은 기본적으로 열의 이용을 염두에 둔 것이 많기 때문에 열병합(cogeneration)의 경우 열효율은 60% 이상이다. 현재 마이크로가스터빈의 제작비는 $700/kW 정도인데 $500/kW 이하로 낮춰야만 일반적인 상용화가 가능할 것으로 보인다.

이러한 일반회사들의 개발경쟁에 고무되어 미국 DOE(Department of Energy, 에너지성)도 개발연구를 수행하고 있으며, 현재 30%를 상회하는 열효율을 2010년까지

50%로 향상시키고자 노력하고 있다.

또한 마이크로가스터빈은 **마이크로가스터빈/연료전지 혼합형 발전시스템**으로 사용되고 있다. 두 가지 방식의 단점을 보완하고 장점을 구현 가능하도록 구성하면 시너지 효과를 얻을 수 있다. 따라서 가스터빈/연료전지 혼합형 발전시스템은 시너지효과에 의해서 기존의 발전시스템보다 획기적인 성능의 개선을 구현할 수 있다.

혼합형 발전시스템에도 두 가지 종류가 있는데 상용화에 가장 근접한 시스템이 연료전지를 상부시스템으로 가스터빈을 하부시스템으로 구성하는 것이다. 연료전지로는 **고체산화물 연료전지**(Solid Oxide Fuel Cell, SOFC)가 사용된다. 연료전지는 고온(800~1000℃)에서 작동하며, 압축기에서 압력이 상승된 고압의 공기가 연료전지에 공급되기 때문에 연료전지의 효율이 향상된다. 연료전지에서 반응을 끝낸 가스는 터빈으로 보내져서 동력을 발생시키고 발생된 동력으로 압축기를 구동하고 남은 여분의 동력이 발전기를 구동하는데 사용되므로 교류 전력을 추가로 얻게 된다. 그림 10.2(a)는 이와 같은 마이크로가스터빈/연료전지 혼합형 시스템의 개략도를 보여주고 있으며, 그림 (b)와 (c)는 지멘스/웨스팅하우스가 공동 개발한 세계 최초 혼합형 발전시스템과 미국 NREC사가 개발한 220kW급 모델을 보여주고 있다. SOFC/microGT 시스템은 1MW 미만에서 100MW급 이상도 가능한데, 열효율은 용량이 증가할수록 커지고 55%~70% 정도의 값을 나타낸다. 이 정도의 열효율은 복합발전시스템의 열효율보다 크다.

한편 마이크로가스터빈의 마이크로에 걸 맞는 초소형 가스터빈도 개발되고 있다. 휴대폰, GPS 리시버, PDA 등 소형 전자제품의 기능이 소비자들의 요구로 다양해짐에 따라 더 강력한 전력을 제공하는 전지기술에 대한 관심도 증가하고 있다. 이미 수십억 달러를 투자한 마이크로연료전지가 초기단계나마 막 시판되고 있는 가운데 미세전자소자기술(MEMS)에 기반한 마이크로가스터빈도 마이크로연료전지를 대체할 대안으로 떠오르고 있다. 그림 10.3은 마이크로가스터빈의 구성도와 주요 부품의 크기를 보여주고 있다.

매사추세츠 공과대학 가스터빈 연구소에서 개발하고 있는 마이크로가스터빈은 지름이 21mm, 두께 3.7mm의 크기에 무게 10g 정도로 지름 6mm의 터빈로터가 1분에 100만번 이상 회전함으로서 휴대폰이나 PDA와 같은 소형 전자제품을 구동시킬 수 있는 충분한 전력을 생산하도록 설계되었다. 내부 구조는 일반 가스터빈과 같이 압축기, 연소기, 터빈, 배기구로 구성되며, 배기구를 노즐로 대체하면 배기제트를 이용하여 초소형 비행체와 같은 기계의 추진력을 만들어낼 수 있다. 이러한 마이크로가스터빈의 장점은 수소나 탄화수소계열의 모든 연료(가솔린, 경유, 천연가스, 프로판, kerosene)를 사용함으로서 리튬이온전지보다 10배나 많은 전기를 생산할 수 있을 뿐만 아니라 기존 전지보다 수배나 더 작고 가벼우며, 연료 카트리지만 교환하면 되기 때문에 충전에 시간을 소비할 필요가 없다는 점이다. 비록 마이크로가스터빈의 연구가 마이크로연료전지보다 뒤처지고 그 규모도 작기는 하지만 마이크로연료전지의 출력이 1~2W인데 반하여 마이크로가스터빈은 15~20W의 전력을 만들어낸다.

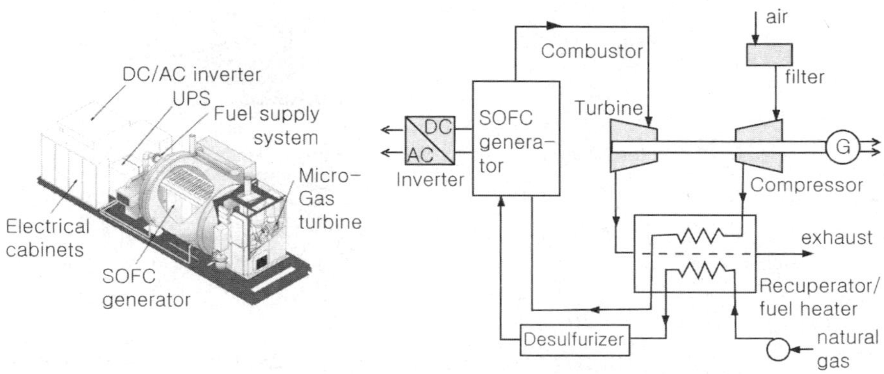

(a) Shematic diagram of SOFC/Microturbine generator system

(b) SIMENS사(220kW)

(c) NREC사(220kW)

[그림 10.2] SOFC/MicroGT 혼합형 발전시스템 구성도와 실제 모델

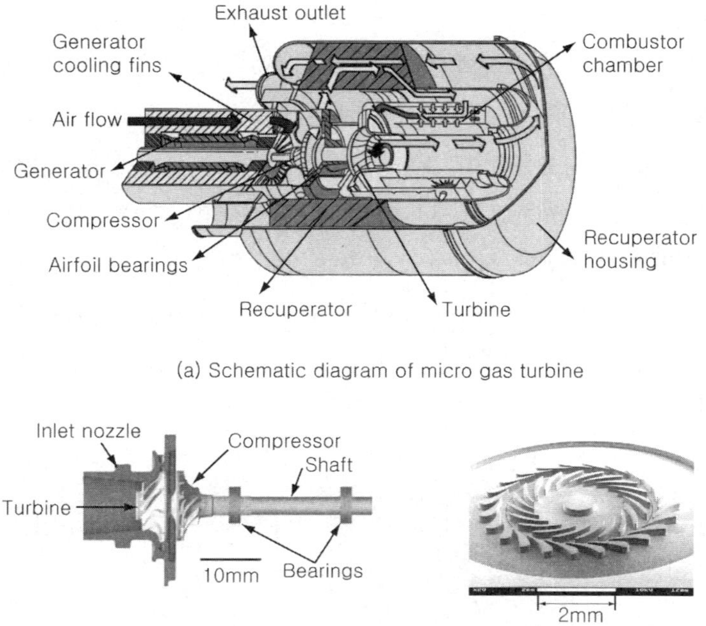


(a) Schematic diagram of micro gas turbine

(b) Mold of rotor group and inlet nozzle (made by silicon nitride)

(c) Shape of impeller and diffuser

[그림 10.3] 마이크로가스터빈 구성도와 크기 비교

그러나 마이크로가스터빈의 크기로 소형화하는 데에는 많은 기술적인 문제가 있다. 크기가 작아질수록 커지는 유체의 점성효과, 더 짧아야 하는 화학반응 시간, 점화를 위한 공기와 연료의 비율, 매우 높은 속도로 회전하는 로터의 마찰 완화방법, 회전 시 원심력이 초래하는 불균형을 보정하는 방법, 재료의 내구성과 배기가스의 처리 등은 마이크로가스터빈 설계에서 계속 해결해야 할 과제들이다. 현재의 추세로 볼 때, 휴대용 전자제품에 사용될 만한 파워를 생산하는 현실성이 있는 마이크로가스터빈은 2, 3년 후에나 가능할 것으로 보이며, 그 상품화는 그 후 1, 2년이 더 지나야 할 것으로 보인다.

앞으로 소형 센서나 소형 무인비행기 등에 전력을 제공하거나, 전투에서 GPS 수신기, 무전기, 야시경 등의 각종 장비를 구동하기 위해 지고 다녀야 하는 9kg이 넘는 휴대용 전지를 마이크로가스터빈이 대체할 것으로 전망된다.

한편 마이크로가스터빈은 소형 비행체의 추진기관으로도 개발되고 있는데 그림

10.4는 개발된 소형 터보제트엔진을 보여주고 있다.

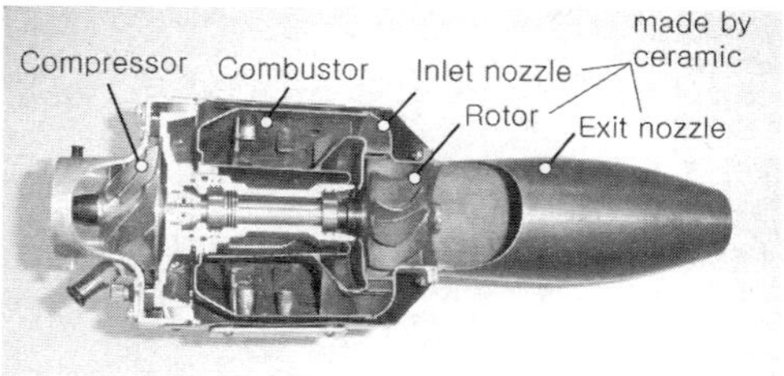


Model: Sophla J850(Turbojet)
metal and ceramic(turbine and nozzle)
diameter 110mm, Length 350mm
weight 1.4kg
TIT 1100°C
max thrust 8.5kgf at 130,000rpm

[그림 10.4] 소형 터보제트엔진(Model J850)

## 10.4 결론

향후 10년 내에 중국, 브라질, 인도네시아 등이 자동차, 조선, 중전기 분야의 기술에서 한국을 바짝 추격할 것으로 전망됨에 따라 이들과의 격차를 벌이기 위해서는 반드시 가스터빈 기술을 확보하여 앞서 나가야 할 것이다.

가스터빈 기술 확보를 위해서는 선진국과의 상호협력을 유도해야 하는데 미국, 일본 및 유럽의 선진국들은 자국의 이익 보호 및 군사상의 이유로 우리나라와 같은 개도국과의 협력을 기피하고 있다. 지금까지의 우리나라의 기술개발 현황을 볼 때, 독자적으로 기술개발을 할 수 있는 가능성은 매우 낮다고 할 수 있다.

한 때 군사용 가스터빈 기술에서 미국과 필적하던 구소련이 붕괴함에 따라 그 전에는 자국의 가스터빈 공급을 도맡아 온 러시아의 주요 민간 가스터빈 업체들은 세계 유수업체들과의 경쟁에서 뒤쳐져 상당수가 도태되어가고 있다. 항공용의 경우는 정부의 지원으로 기술력을 아직 유지하고 있지만 산업용의 경우는 기술향상을 위한 연구가 제대로 이루어지지 않고 있는 실정이다. 러시아나 우크라이나의 가스터빈 기술이 선진국에 비해서 큰 차이가 없다고 판단되기 때문에 독자적인 기술이 거의 없는 우리나라에서는 이들 민간기업과의 협력을 통해서 기술향상을 모색해야 할 것으로 보인다.

이제 가스터빈에 대한 대단원의 막을 내려야 할 때가 왔다. 여러분들은 지금까지한 학기 동안 가스터빈엔진 전반에 걸쳐서 상당히 많은 내용을 공부하였다. 여러분들이 모든 부분을 완벽하게 이해했으리라고는 생각하지 않는다. 저자도 여러분과 같은 학생시절에는 마찬가지였기 때문이다. 그렇지만 여러분들은 사실 가스터빈에 대해서 꽤 많은 내용을 알고 있다고 저자는 단언할 수 있다. 또한 가스터빈에 대한 관심도 많이 증폭되었을 것이라 확신한다. 앞으로 가스터빈 관련 뉴스가 신문지상이나 TV에 나오면 관심을 갖고 보기를 기대하면서 대단원의 막을 내린다.

## 연습문제

**10.1** 마이크로가스터빈의 응용 분야는 교재에서 나타낸 것보다 많이 있을 것이다. 향후 마이크로가스터빈이 적용될 분야에 대해서 나름대로의 생각을 요약하라.

**10.2** 가스터빈 응용분야 중에 식수제조 분야가 있다. 식수제조에 가스터빈이 어떻게 사용되는지를 조사하라.

**10.3** 가스터빈 응용분야 중에 화재진압 분야가 있다. 화재진압에 가스터빈이 어떻게 사용되는지를 조사하라.

**10.4** 지금까지 배운 내용 중에서 가장 재미있었거나 기억에 남는 내용에 대해서 후기를 작성하라.

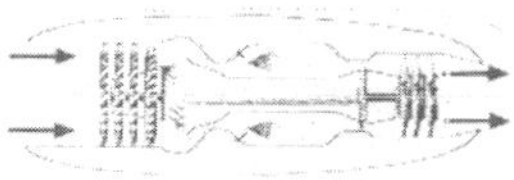

# 부록

(성능해석 프로그램 예시용)

```
//
// ************************************************************
//
//  PERFORMANCE ANALYSIS OF GAS TURBINE (FIRST)
//
// ************************************************************
//
// - Turbojet and Turbofan ----------------------------------
//
// - Jan 2008, Prepared by Sungpil Won ----------------------
//
//      CONSTANTS:  Efficiencies
//                       diffuser                   100%
//                       fan                         85%
//                       compressor                  87%
//                       turbine(total to total)     89%
//                       main & fan nozzles         100%
//
//                       Turbine inlet temp         1400K(total)
//                       Fuel/air ratio             0.03
//                       Lower heating value        44422kJ/kgf
//                       Mach Number                0.85(but at altitude=0, M=0)
//
//      PARAMETERS:      Altitude(0, 5000 or 11000m)
//                       Pressure ratio(Rp, 4 to 20)
//                       Bypass ratio(BPR, 0, 2 or 5)
//
//      VARIABLES:       T(static temperature), TT(total temperature)
//                       P(static pressure), PT(total pressure)
// ************************************************************
```

```
//
#include <iostream.h>
#include <fstream.h>
#include <math.h>
#include <stdlib.h>
//
const double cpa=1.005;                  // specific heat of air(kJ/kg)
const double cpg=1.147;                  // specific heat of gas(kJ/kg)
const double R=0.287;                    // gas constant(kJ/kgK)
const double ka=1.4;                     // specific heat ratio of air
const double kg=1.33;                    // specific heat ratio of gas
const double kat=(ka-1.0)/ka;            // adiabatic constant for T
const double kap=ka/(ka-1.0);            // adiabatic constant for P
const double kgt=(kg-1)/kg;              // adiabatic constant for T
const double kgp=kg/(kg-1);              // adiabatic constant for P
const double M0=0.85;                    // Mach No of flight speed
const double qlhv=44420;                 // lower heating value(kJ/kg)
const double f=0.03;                     // fuel/air ratio
const double etaD=1.0;                   // diffuser eff.
const double etaF=0.85;                  // fan eff.
const double etaC=0.87;                  // compressor eff.
const double etaT=0.89;                  // turbine eff.
const double etaN=1.0;                   // nozzle eff.
const double TT3=1400.0;                 // turbine inlet temperature
//
int main()
{
        double alt ;            // altitude
        cout << "Altitude(0, 5000 or 11000) = " ;
        cin >> alt ;
        double T0, P0 ;
        if (alt==0) {           // temp(K) and pressure(kPa) at diffuser inlet
                T0=288.15 ;
                P0=101.325 ;}
        if (alt==5000) {
                T0=255.65 ;
                P0=54.02 ;}
        if (alt==11000) {
                T0=216.65 ;
                P0=22.632 ;}
//
        double BPR, Rpf, Rp ;           // bypass ratio, pressure ratio of fan
                                        // and compressor
        cout << "Bypass ratio(0, 2 or 5) = " ;
        cin >> BPR ;
        if (BPR==0) {
```

```
                Rpf=0.0 ;
            cout << "Pressure ratio of compressor(4 to 20) = " ;
                cin >> Rp ;}
        else {
                cout << "Pressure ratio of fan(1.35 or 1.7) = " ;
                cin >> Rpf ;
                cout << "Pressure ratio of compressor(4 to 20) = " ;
                cin >> Rp ;}
//
// ----- Diffuser --------------------------
        double c0, u0, TT0, TT1, TT1s, PT1 ;
        c0=sqrt(ka*R*1000.0*T0) ;
        if (alt==0) {
                u0=0.0 ;
                TT0=T0 ;
                TT1=TT0 ;
                TT1s=TT1 ;
                PT1=P0 ;}
        else {
                u0=M0*c0 ;
                TT0=T0*(1.0+(ka-1.0)*pow(M0,2)/2.0) ;
                TT1=TT0 ;
                TT1s=TT1 ;
                PT1=P0*pow(TT1s/T0,kap) ;}
//
// ----- Compressor ------------------------
        double TT2s, TT2, PT2, wC ;
        PT2=Rp*PT1 ;
        TT2s=TT1*pow(Rp,kat) ;
        TT2=TT1+(TT2s-TT1)/etaC ;
        wC=cpa*(TT2-TT1) ;              // compressor work(kJ/kga)
//
// ----- Combustor -------------------------
        double PT3, qH ;
        PT3=PT2 ;
        qH=f*qlhv ;                     // heat supply(kJ/kga)
//
// ----- Fan -------------------------------
        double P5d, PT2d, TT2ds, TT2d, wF, T5ds, T5d, TT5d, u5d ;
        wF=0.0 ;
        u5d=0.0 ;
        TT2d=T0 ;
        TT5d=T0 ;
        if (BPR!=0) {
                P5d=P0 ;
                PT2d=Rpf*PT1 ;
```

```
            TT2ds=TT1*pow(PT2d/PT1,kat) ;
            TT2d=TT1+(TT2ds-TT1)/etaF ;
            wF=cpa*(TT2d-TT1) ; // fan work(kJ/kga)
            T5ds=TT2d*pow(P5d/PT2d, kat) ;
            T5d=T5ds ;
            TT5d=TT2d ;
            u5d=sqrt(2.0*cpa*1000*(TT5d-T5d)) ;} // jet speed at fan
                                                        // nozzle outlet
//
// ----- Turbine --------------------------
      double P5, wT, TT4, TT4s, PT4, T5s, T5, TT5, u5, c5, M5 ;
      P5=P0 ;
      wT=(wC+BPR*wF)/(1.0+f) ;      // turbine work(kJ/kga)
      TT4=TT3-wT/cpg ;
      TT4s=TT3-(TT3-TT4)/etaT ;
      PT4=PT3*pow(TT4s/TT3,kgp) ;
      T5s=TT4*pow(P5/PT4,kgt) ;
      T5=T5s ;
      TT5=TT4 ;
      u5=sqrt(2.0*cpg*1000*(TT5-T5)) ;// jet speed at main nozzle outlet
      c5=sqrt(kg*R*1000*T5) ;
      M5=u5/c5 ;
//
// ----- Thrust & TSFC ---------------------
      double Tau, TSFC, etaTh ;
      Tau=(1+f)*u5-u0+BPR*(u5d-u0) ;// thrust(N, 1kg/s base)
      TSFC=f*3600/Tau ;                  // Thrust-SFC(kgf/N.hr, 1kg/s base)
      etaTh=(((1+f)*pow(u5,2)-pow(u0,2))/2.0+BPR*(pow(u5d,2)
            -pow(u0,2))/2.0)/(qH*1000) ;      // thermal efficiency
//
// ----- OUTPUT ----------------------------
      cout << "OUTPUT --------------------------------" << endl;
      cout << endl;
      cout << "Alt                  = " << alt << " m" << endl;
      cout << "Comp ratio           = " << Rp << endl;
      cout << "Fan ratio            = " << Rpf << endl;
      cout << "BPR                  = " << BPR << endl;
      cout << "Flight speed         = " << u0 << " m/s" << endl;
      cout << endl;
      cout << "T0                   = " << T0 << " K" << endl;
      cout << "P0                   = " << P0 << " kPa" << endl;
      cout << "TT1                  = " << TT1 << " K" << endl;
      cout << "TT2                  = " << TT2 << " K" << endl;
      cout << "TT3                  = " << TT3 << " K" << endl;
      cout << "TT4                  = " << TT4 << " K" << endl;
      cout << "TT5                  = " << TT5 << " K" << endl;
```

```
        cout << "TT5d                    = " << TT5d << " K" << endl;
        cout << "Jet speed               = " << u5 << " m/s" << endl;
        cout << "Fan jet speed           = " << u5d << " m/s" << endl;
        cout << "QH                      = " << qH << " kJ/kga" << endl;
        cout << "Wc                      = " << wC << " kJ/kga" << endl;
        cout << "Wf                      = " << wF << " kJ/kga" << endl;
        cout << "Wt                      = " << wT << " kJ/kga" << endl;
        cout << "*Thrust      = " << Tau << " N (1kg/s base)" << endl;
        cout << "*TSFC        = " << TSFC << " kgf/N.hr (1kg/s base)" << endl;
        cout << "*ETAth       = " << etaTh << endl;
//
return 0;
}
```

# 참고문헌

1. 가스터빈의 기초이론, 홍용식, 청문각, 1995.
2. Fundamentals of Gas Turbine, William W. Bathie, 2nd ed., John Wiley & Sons, Inc., 1996.
3. Elements of Gas Turbine Propulsion, Jack D. Mattingly, McGraw-Hill, 1996.
4. Hydraulic and Compressible Flow Turbomachines, A. T. Sayers, McGraw Hill, 1998.
5. The Design of High-Efficiency Turbomachinery and Gas Turbines, David G. Wilson and Theodosios Korakianitis, 2nd ed., Prentice Hall, 1998.
6. Gas Turbines, V. Ganesan, TaTa McGraw Hill, 1999.
7. Combined-Cycle Gas & Steam Turbine Power Plants, Rolf Bachmann, Henrik Nielsen et al., 2nd ed., PennWell Pub. Co., 1999.
8. Gas Turbine Theory, H. I. H. Saravanamuttoo, G. F. C. Rogers, and H. Cohen, 5th ed., Prentice Hall, 2001.
9. 가스터빈, 양협 외, 태훈출판사, 2003.
10. 열역학, 원성필, 보성각, 2003.
11. Offshore Gas Turbines(and major driven equipment) Integrity and Inspection Guidance Notes, Martin Wall, Richard Lee, and Simon Frost, HSE Books, 2006.
12. Mechanical Engineer's Handbook(Energy and Power, Book 4), edited by Myer Kutz, 3rd ed., Wiley, 2006.
13. Gas Turbine Inlet Air Cooling System, Bob Omidvar, Proceedings of The 3rd Annual Australian Gas Turbine Conference, Dec. 2001.
14. 테마기획 Energy/Power, 기계저널, Vol. 42, No.2, 2002.

15. Performance Analysis of General Electric LN6000 Aeroderivative Gas Turbine Power Plant, Travis Alexander, Priyanshu Gupta, Russel Moncrief, Jayant Premkumar, Report of Term Project, Department of Mechanical Engineering, University of Texas at Austin, Dec. 2004.
16. Technical Analysis of Cogeneration Projects, Arul Joe Mathias, Proceedings of 2004 Cogeneration Week in Vietnam, April 2004.
17. Design of a Turbofan Engine Cycle with a Afterburner for a Conceptual UAV, Björn Montgomerie, FOI Report, No. FOI-R-1835-SE, Stockholm, Sweden, Dec. 2005.
18. Emissions Standards and Test Procedures for Aircraft and Aircraft Engines(Summary and Analysis of Comments), EPA420-R-05-004, Nov. 2005.
19. Control of Air Pollution from Aircraft and Aircraft Engines; Emission Standards and Test Procedures, 2005/Rules and Regulations, Federal Register, Vol. 70, No. 221, pp. 69664~69687, 2005.
20. Gas Turbine Emission Standards, Manfred Klein, Proceedings of IGTI Conference, June 2005.

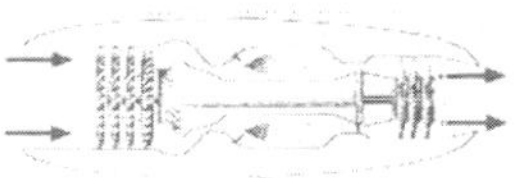

# 찾아보기

(s)

Soderberg 상관식 · 252

(ㄱ)

가변 수축-확대 노즐 · 191

가스발생기 · 104, 107, 111-113, 117-121, 126, 129, 141, 145, 159, 162, 171, 175, 287, 290, 295

가스터빈 발전 시스템 · 123

경사 충격파 · 81

고정자단 · 249

고형비 · 231

공기표준 사이클 · 51, 87, 91

공기흡입구 효율 · 93

공연비 · 48, 59, 91

깃 높이 · 228, 236, 249

깃 입구각 · 203, 211, 232

깃 출구각 · 203, 232

깃 캐스케이드 · 231

(ㄴ)

내부 냉각 가스터빈 · 115, 122

노즐 · 15, 20, 27, 28, 43, 51, 54-56, 58-59, 63, 65, 70-80, 85, 86, 92, 96-98, 103, 145, 151, 153-155, 158, 161-164, 172, 173, 175, 179, 181, 182, 190-192, 194-197, 247, 249-252, 254, 256, 257, 259, 261-267, 269-271, 273, 274, 277, 278, 281, 285, 286, 288, 289, 290, 292-295, 297, 302, 303, 306-308, 319

노즐 효율 · 77, 97

(ㄷ)

다단 · 237, 258

단부하계수 · 227, 253

단효율 · 239

대등 비연료소비율 · 172

대등축동력 · 170

대등축마력 · 170

동력 발생용 가스터빈 · 18, 101, 104

동력계수 · 205

동익 · 219, 225, 227

(ㄹ)

램 효율 · 94, 185

로터단 · 249

(ㅁ)
마이크로가스터빈 · 316
마하수 · 63, 64, 75-77, 80-84, 86, 155, 164, 184, 186-190, 194, 200, 202, 203, 211-213, 215-217, 230, 231, 246, 263, 264, 277, 281, 285, 286, 289, 292, 303, 305, 306, 309
밀폐형 가스터빈 · 135

(ㅂ)
바이패스 비율 · 159, 169, 259
반경류형 터빈 · 247, 270, 316
반경비 · 229
반동단 · 256
반동도 · 226, 254
반응열 · 49
발열량 · 50
복합사이클 발전 · 124, 126
분사 추진용 가스터빈 · 20
분산발전시스템 · 316
비연료소비율 · 100, 152

(ㅅ)
상당비 · 195
상대속도 · 203, 204, 209, 211, 212, 218, 222, 224-227, 230-232, 235, 236, 246, 249, 251, 257, 262, 274
서징 · 212
설계상수 · 277, 286
성능 특성 곡선 · 217, 241, 258
손실계수 · 233, 252, 262
수정성능변수 · 289
수증기 분사 가스터빈 · 113
수직 충격파 · 79, 185
수축 노즐 · 71, 153, 191
수축-확대 노즐 · 74, 154, 191
스팬 · 228
슬립계수 · 204, 210

(ㅇ)
아음속 흡입구 · 182
압축기 효율 · 94, 96, 205, 210
압축기작동선 · 294
엇각 · 232, 237
역추력 장치 · 192
연공비 · 48, 92, 195, 281
연소 효율 · 95, 151
연소기 · 194
연소열 · 49
열기관 · 11, 41
열병합 · 18, 124, 131, 311
영각 · 183
완전연소 · 48, 195
원심압축기 · 201, 206
원추각 · 222
유량계수 · 226, 253
이상기체 · 45, 75
일량계수 · 225
임펠러 · 206, 243
입사각 · 232, 241

(ㅈ)
재생 가스터빈 · 105
재생기 · 107
재열 가스터빈 · 119
전압력 손실계수 · 233
전압력 손실률 · 95, 151
절대속도 · 203, 211, 222
정익 · 219
정체상태 · 64
증발-재생 가스터빈 · 114

(ㅊ)
초음속 흡입구 · 185
추력 · 20-22, 47, 54, 57, 58, 61, 63, 70, 87, 146, 147, 149, 152-158, 160-164, 167-170, 172-176, 178, 179, 190-193, 250, 269, 276, 277, 280, 282, 285, 290, 306
추진효율 · 147, 158, 277
축류 압축기 · 219
축류 터빈 · 248
축류-원심형 압축기 · 243
충격단 · 255

(ㅋ)
카르노 사이클 · 41
캠버각 · 232

(ㅌ)
탈설계점 · 286, 301
터보제트 · 52, 149, 301
터보축 · 18, 87, 136
터보팬 · 20, 101, 158
터보프롭 · 169
터빈 냉각 · 267
터빈 전효율 · 96, 117, 251
터빈 정효율 · 97
통형 연소기 · 196
통-환상형 연소기 · 197

(ㅍ)
편차각 · 232
편향각 · 232
폴리트로픽 효율 · 239
피치 · 231
핀치 포인트 · 128

(ㅎ)
환상 항력계수 · 234, 258
환상형 연소기 · 197
회복계수 · 94, 185, 278
회전각 · 247
회전속도 · 69, 104, 217, 298
후기연소 · 175, 307